21 世纪经典工程结构设计解析丛书

经典回眸

中国建筑西北设计研究院有限公司篇

中国建筑西北设计研究院有限公司　编

中国建筑工业出版社

图书在版编目（CIP）数据

经典回眸. 中国建筑西北设计研究院有限公司篇 /
中国建筑西北设计研究院有限公司编.— 北京：中国建
筑工业出版社，2023.8
（21世纪经典工程结构设计解析丛书）
ISBN 978-7-112-29036-9

Ⅰ. ①经…　Ⅱ. ①中…　Ⅲ. ①建筑结构—结构设计—
作品集—中国—现代　Ⅳ. ①TU318

中国国家版本馆 CIP 数据核字（2023）第 155257 号

责任编辑：刘瑞霞　杨　允
责任校对：张　颖

21世纪经典工程结构设计解析丛书
经典回眸　中国建筑西北设计研究院有限公司篇
中国建筑西北设计研究院有限公司　编

*

中国建筑工业出版社出版、发行（北京海淀三里河路9号）
各地新华书店、建筑书店经销
国排高科（北京）信息技术有限公司制版
天津图文方嘉印刷有限公司印刷

*

开本：880毫米×1230毫米　1/16　印张：29¼　字数：852千字
2023年9月第一版　　2023年9月第一次印刷
定价：**298.00**元
ISBN 978-7-112-29036-9
（41644）

（按姓氏拼音排序）

顾　问：陈　星　　丁洁民　　范　重　　柯长华　　李　霆

　　　　李亚明　　龙卫国　　齐五辉　　任庆英　　汪大绥

　　　　杨　琦　　张　敏　　周建龙

主　编：束伟农

副主编：包联进　　戴雅萍　　冯　远　　霍文营　　姜文伟

　　　　罗赤宇　　吴宏磊　　吴小宾　　辛　力　　甄　伟

　　　　周德良　　朱忠义

编　委：蔡凤维　　贾俊明　　贾水忠　　李宏胜　　林景华

　　　　龙亦兵　　孙海林　　王洪臣　　王洪军　　王世玉

　　　　王　载　　向新岸　　许　敏　　袁雪芬　　张　坚

　　　　张　峥　　赵宏康　　周定松　　周　健

主编单位：北京市建筑设计研究院有限公司

参编单位：中国建筑设计研究院有限公司

华东建筑设计研究院有限公司

上海建筑设计研究院有限公司

同济大学建筑设计研究院（集团）有限公司

中国建筑西南设计研究院有限公司

中国建筑西北设计研究院有限公司

中南建筑设计院股份有限公司

广东省建筑设计研究院有限公司

启迪设计集团股份有限公司

丛书总序

伴随着中国的城市化进程，我国土木与建筑工程领域经历了高速发展时期，行业技术水平在大量工程实践中得到了长足发展。工程结构设计作为土木与建筑工程领域的重要组成部分，不仅关乎建筑物的安全与稳定，更直接影响着建筑的功能和可持续性。21世纪以来，随着社会经济发展和人们生活需求的逐步提升，一大批超高层办公楼、体育场馆、会展中心、剧院、机场、火车站相继建成。在这些大型复杂项目的设计建造过程中，研发的先进技术得以推广应用，显著提升了项目品质。如今，我国建筑业发展总体上仍处于重要战略机遇期，但也面临着市场风险增多、发展速度受限的挑战，总结既往成功经验，继续保持创新意识，加强新技术推广，才能适应市场需求，促进建筑业的高质量发展。

为了更好地实现专业知识与经验的集成和共享，推动行业发展，国内十家处于领军地位的建筑设计研究院汇聚了21世纪以来经典工程项目的设计研究成果，编撰成系列丛书，以记录、总结团队在长期实践过程中积累的宝贵经验和取得的卓越成绩。丛书编委会由十家大院的勘察设计大师和总工程师组成，经过悉心筛选，从数千个项目中选拔出200余项代表性大型复杂项目，全面展现了我国工程结构设计在各个方向的创新与突破。丛书所涉及的项目难度高、规模大、技术精，具有普通工程无法比拟的复杂性。这些案例均由在一线工作的项目负责人主笔撰写，因此描述细致深入，从最初的结构方案选型，到设计过程中的结构布置思考与优化，再到结构专项技术分析、构造设计和试验研究等，进行了系统性的梳理归纳，力求呈现大型复杂工程在设计全过程中的思维方式和处理策略。

理论研究与工程实践相结合，数值分析与结构试验相结合，是丛书中经典工程的设计特点。土木工程是实践性很强的学科，只有经得起工程检验的研究成果才是有生命力、有潜力的。在大型复杂工程的设计建造过程中，对新技术、新工艺的需求更高，对设计人员也是很大的考验，要求在充分理解规范的基础上，大胆创新，严谨验证，才能保证研发成果圆满落地，进而推动行业的发展进步。理论与实践的结合，在本套丛书中得到了很好的体现，研究团队的技术成果在其中多项工程得到应用，比如大兴国际机场、雄安站、上海中心大厦、中央电视台新台址CCTV主楼等项目，加快了建造速度，提升了建筑品质，取到了良好的效果。

本套丛书开创了国内大型建筑设计院合作著书的先河，每个大院以一册的形式总结自己的杰出工程案例，不仅是对各大院在工程结构设计领域成就的展示，也是对我国工程结构设计整体实力的展示。随着结构材料性能提高、组合结构发展、分析手段完善、设计方法进步，新型高性能材料、构件和结构体系不断涌现，这些新材料、新技术和新工艺对推动建筑行业科技进步起到了重要作用，在向工程技术人员提出了更高挑战的同时也提供了创新空间。未来的土木工程学科将是追求高性能、高质量发展的学科，工程结构设计领域的发展需要不断的学习、积累和创新。希望这套丛书能够为广大结构工程师和相关从业人员提供有价值的参考，激发他们的灵感和创造力。同时，也希望通过这套丛书的分享和传播，进一步推动我国工程结构设计领域的创新和进步，为我国城镇建设和高质量发展贡献更多的智慧和力量。

中国工程院院士
清华大学土木工程系教授
2023 年 8 月

本书编委会

顾　问：杨　琦

主　编：辛　力

副主编：贾俊明　　王洪臣　　任同瑞　　刘万德　　唐旭阳

　　　　曹　莉

编　委：（按姓氏拼音排序）

车顺利　　陈宏伟　　程倩倩　　董凯利　　段小东

郭　东　　韩刚启　　李　靖　　梁立恒　　吕旭东

卢　骥　　马云美　　史生志　　王　磊　　王　进

王　景　　王世斌　　王伟锋　　韦孙印　　吴　琨

吴素静　　许　嵘　　严震霖　　赵　波　　朱　聪

张　涛　　仲崇民

序

改革开放 40 多年，中国经济高速发展，建筑行业日新月异，中华大地雨后春笋般地建起了众多非常有特色和特点的建筑作品，同时也成就了一大批优秀的建筑师和工程师。

西安是十三朝古都，中国建筑西北设计研究院有限公司（简称："中建西北院"），扎根这片厚土 70 年，以对中华民族优秀传统文化的弘扬和发展为己任，始终坚持以作品立世，用执着专注、精益求精、追求卓越诠释新时代工匠精神。建院 70 多年，特别是近 40 年来，以扎实的理论基础、深厚的技术积淀、严谨的设计态度、持续的技术创新，精心设计、诚信服务，铸就了一大批经典工程。

西北地区是中建西北院的主场，有着与国内其他地区截然不同的地理特点。大厚度强湿陷性黄土场地的处理是大部分工程项目都不能逾越的问题，高填方地基也会经常遇到；西北地震带、华北地震带和南北地震带在此交错，造就了 8 度及以上的高烈度区，汾渭断裂带横贯山西及陕西腹地，形成了众多的发震断裂带……所有这些都给结构设计带来了不小的挑战。

《经典回眸　中国建筑西北设计研究院有限公司篇》分册，涵盖了 21 世纪以来中建西北院有代表性的 19 项工程，涵盖框架、框架-剪力墙、框架-核心筒、框架-支撑、空间网格等各种结构体系以及混凝土、钢、钢-混凝土组合等各类结构形式，既体现技术创新又突出地域特色，特别是对于涉及大厚度强湿陷性黄土场地、高填方地基、高烈度区复杂结构、超高层及大跨度结构及近发震断裂带建筑结构设计会有所裨益。

希望本书既是设计成果及经验交流的媒介，也是新时期建筑业创新发展及转型发展的起点，真心希望科技与创新引领企业及行业取得更大的成就。

杨琦

中国建筑西北设计研究院有限公司首席总工程师

2023 年 9 月于西安

前　言

中国建筑西北设计研究院有限公司（简称"中建西北院"）成立于1952年，是新中国成立初期国家组建的六大区建筑设计院之一。建院70多年来，扎根陕西、服务全国、面向世界，坚持以创作为基、以创新为本，以作品立世，高起点、高水平、高标准设计完成了一大批地标建筑。

"21世纪经典工程结构设计解析丛书"由国内有影响力的10家设计院共同完成，《经典回眸　中国建筑西北设计研究院有限公司篇》分册，涵盖了21世纪以来中建西北院有代表性的19项工程，从整体方案、构件选型到细部构造，从地基基础、地下工程到上部结构，从理论分析、数值计算到经验措施，从技术传承、技术创新到科技研发，全方位、多视角展示了中建西北院结构专业的最新发展成果。

本分册共分19章。其中第1~3章为交通建筑，包括西安咸阳国际机场东航站楼、西宁曹家堡机场T3航站楼、西安火车站改扩建工程；第4、5章为体育类建筑，包括渭南市体育局体育场、曲江电竞产业园场馆区；第6~10章为超高层建筑，包括西安绿地中心、西安迈科商业中心、陕建丝路创发中心、延长石油科研中心、西咸1-A楼；第11~13章为文博类建筑，包括中国大运河博物馆、中国国家版本馆西安分馆、大唐芙蓉园；第14~18章为剧院展陈类建筑，包括延安大剧院、陕西大剧院、西安城市展示中心、西安曲江国际会议中心、中央礼品文物管理中心；第19章为大型城市地下空间项目——西安市幸福林带工程。以上建筑基本处于高烈度区，建筑功能要求高、结构体系覆盖面广、技术难点多样。本书系统梳理建筑结构设计全过程，重点探讨复杂技术问题解决方案，突出技术创新性和实用性，适用于从事建筑结构设计的工程师、土木工程类科研人员和学生，希望通过我们的分享与交流，能给业界带来一些借鉴与参考，为行业高质量发展贡献中建西北院智慧。

本书编写人员均为相关工程的结构专业设计负责人，具有深厚的理论、概念、分析与实践基础，在时间紧、任务重的情况下高质量完成了编写工作，实属难能可贵。编写过程中得到中建西北院领导、各位结构总工的大力支持，同时得到中国建筑工业出版社刘瑞霞编审的悉心指导和帮助，在此表示衷心的感谢。

书中工程项目也是中建西北院与业主单位、总包单位以及咨询单位等通力合作的成果，在此对一直以来关心、支持、帮助中建西北院发展的业界同仁表示诚挚的谢意。

本书涉及内容多、参与人员广，编写、校审、统稿均在日常设计工作外加班加点完成，遗漏和错误在所难免，还望业内专家多多指正！

中国建筑西北设计研究院有限公司执行总工程师
2023年9月于西安

目 录

全书延伸阅读扫码观看

第 1 章

西安咸阳国际机场东航站楼

1.1 工程概况

1.1.1 建筑概况

西安咸阳国际机场是我国八大枢纽机场之一，也是国家"十三五"规划中明确建设的国际航空枢纽之一。西安咸阳国际机场三期工程位于现有场区（西航站区）的东侧，航站区主要分为东航站楼、综合交通中心、过夜用房三个建筑单元，其中东航站楼建筑面积约 70 万 m^2，综合交通中心建筑面积约 35 万 m^2，过夜用房建筑面积约 6 万 m^2。东航站楼由 1 个集中式主楼及 6 条指廊构成，南北长 1242m，东西宽 832m；其中主楼中央区采用隔震设计，其余单元采用抗震设计。主体均为钢筋混凝土框架结构，屋盖及其支承柱均为钢结构。东航站楼建筑效果如图 1.1-1 所示。

(a) 鸟瞰图 (b) 室内效果图

图 1.1-1 东航站楼建筑效果图

主楼地上 3 层、地下 1 层（局部地下 3 层），建筑高度 47.5m，自下至上分别为：−18.12m 捷运层（局部地下 3 层）、−11.5m 行李分拣层（局部地下 2 层）、−6.5m 卫星厅到达层（地下 1 层）、0.5m 到达层（首层）、4.2m 国际到达层（夹层）、7.5m 国内混流层（2 层）、14.5m 国际出发层（3 层）、20.5m 商业（夹层）。指廊地上 2～3 层，建筑高度 20.5～24.0m，自下而上分别为：4.2m 国际到达层（夹层）、7.5m 国内混流层（2 层）、14.5m 国际出发层（3 层）。在主楼下部有 APM 捷运系统通过；在指廊下部有地下市政通道、管廊及机场线穿过，建筑剖面如图 1.1-2 所示。

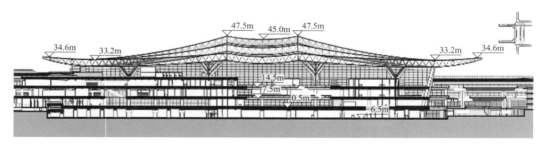

图 1.1-2 建筑剖面图

1.1.2 设计条件

1. 主体控制参数

结构主体控制参数见表 1.1-1。

2. 抗震设计条件

主楼中央区采用隔震设计后，隔震层以上主体结构的设防目标按降一度考虑，即 7 度（0.10g），钢筋混凝土框架抗震等级一级，钢结构抗震等级三级。

指廊按 8 度（0.20g）考虑，钢筋混凝土框架抗震等级一级，钢结构抗震等级二级。

结构控制参数　　　　　　　　　　　　　　　　　表 1.1-1

项目		标准
结构设计基准期		50 年
建筑结构安全等级		一级
结构重要性系数		1.1
建筑抗震设防分类		重点设防类（乙类）
地基基础设计等级		甲级
设计地震动参数	抗震设防烈度	8 度
	设计地震分组	第二组
	场地类别	Ⅱ类
	小震特征周期/s	0.43（咸阳市区划）
	大震特征周期/s	0.48
	设计基本地震加速度值/g	0.20
建筑结构阻尼比	多遇地震	钢：0.02；混凝土：0.05
	罕遇地震	0.05
水平地震影响系数最大值	多遇地震	0.175（安评）
	设防烈度地震	0.45（规范）
	罕遇地震	0.90（规范）
地震峰值加速度/（cm/s²）	多遇地震	70

3．风荷载

东航站楼钢屋面对风荷载表现较为敏感，建筑造型也超出荷载规范中的常见形式，因此委托中国建筑科学研究院国家重点实验室对本工程进行了风洞试验及风致响应分析。试验采用刚性模型，缩尺比例为 1:300，风洞试验模型如图 1.1-3 所示。

结构变形验算时，按 50 年一遇取基本风压为 $0.35kN/m^2$，承载力验算时按基本风压的 1.1 倍采用，场地粗糙度类别为 B 类。设计中，采用了规范风荷载和风洞试验结果进行位移与强度包络验算。

4．温度作用

主楼中央区平面尺寸 486m×252m，为满足建筑空间效能最优，在进行隔震设计后采用不分缝处理。因结构严重超长，温度作用显著，需考虑温度变化对结构的影响并进行专项分析。工程建设所在地咸阳市全年温度分布情况如图 1.1-4 所示。

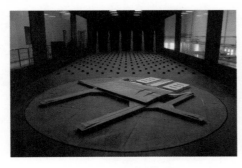

图 1.1-3　风洞试验模型图

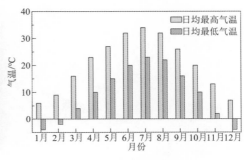

图 1.1-4　咸阳市全年温度分布图

1.2 建筑特点

1.2.1 双坡双脊、重檐三叠屋面造型

东航站楼屋盖总体造型为主楼中部与指廊端部轻轻折起，形成中央殿堂-两侧阁楼遥相呼应的中国传统建筑意象；主楼屋盖在南北两侧各设有 2 道错落的弧形竖向采光天窗，在南北向中轴设置一道中央采光带，从而形成了"双坡双脊，重檐三叠"的建筑屋面形象。

结合建筑造型、结构跨度及屋盖受力特点，主楼和指廊屋盖分别采用网架结构和钢梁结构，结构体系与建筑造型合二为一。针对本工程钢屋盖结构特点，研究了竖向传力体系和水平传力体系的工作性能，妥善解决了结构承载问题。

主楼屋盖为由斜圆钢管柱与 Y 形钢柱支承的正放四角锥空间曲面网格钢结构组成，竖向及水平天窗的存在会对屋盖结构产生不利影响，对其进行分析并设置了加强桁架使力流能够有效传递并提高屋盖结构的整体性。对屋盖进行了极限承载力分析、多维多点时程分析，分析结果表明，屋盖结构体系合理、传力明确，节点及构件安全可靠。主楼钢屋盖结构模型如图 1.2-1 所示。

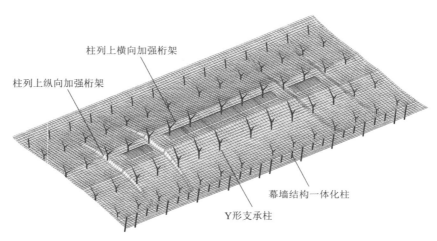

柱列上横向加强桁架

柱列上纵向加强桁架

幕墙结构一体化柱

Y形支承柱

图 1.2-1　主楼钢屋盖结构模型图

指廊屋盖为由圆钢管柱支承的单向实腹变截面钢梁结构，中间为 4m 宽采光天窗，端头造型为起伏屋檐，纵向起伏长度约为 90m，横向跨度为 38m。根据建筑造型及采光通透性的要求，指廊端部采用折型钢架结构，支承柱列跨度为 18m，钢架间距为 6m。分析结果表明，屋盖结构体系合理，传力明确，节点及构件安全可靠。指廊建筑造型如图 1.2-2 所示，钢屋盖结构模型如图 1.2-3 所示。

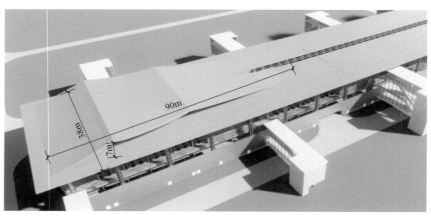

90m

38m

7m

图 1.2-2　指廊建筑造型图

铰接H形钢梁
刚接H形钢梁
变截面H形钢梁
纵向刚接箱形钢梁

图 1.2-3 指廊钢屋盖结构模型图

1.2.2　Y 形支承柱

  Y 形钢柱是航站楼室内重要的展示构件，其与四周圆钢管柱共同支承起整个主楼造型屋面。由于简洁、美观的建筑室内空间要求，屋面下穿雨水管需隐藏在 Y 形钢柱内部，此要求给特殊钢管柱的细部构造、管道防漏检修提出了很高的要求，需要解决开孔、焊接、补强等施工难点问题。在现场建造过程中，根据预置雨水管位置对构件内部隔板、焊接预留孔以及可操作间距等要求同步调整，借助 BIM 技术建模确认并顺利实施。Y 形柱雨水管内穿构造做法如图 1.2-4 所示，现场实施情况如图 1.2-5 所示。

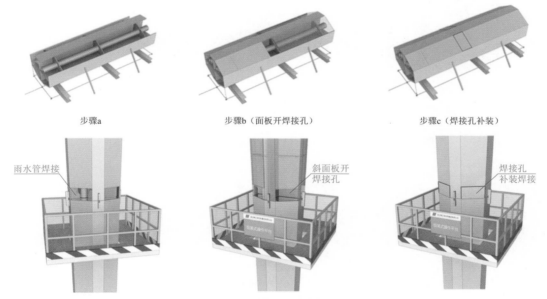

步骤a　　　　　　步骤b（面板开焊接孔）　　　　　步骤c（焊接孔补装）

雨水管焊接　　　　　　斜面板开焊接孔　　　　　焊接孔补装焊接

图 1.2-4 Y 形柱雨水管内穿构造做法图

图 1.2-5 Y 形柱现场实施图

1.2.3　陆侧通高中庭和各层楼面大开洞

航站楼中设置了大面积的采光中庭，以满足建筑采光通透性的要求，由此结构楼层设置大量洞口，尤其是在 7.5m 标高层，楼板开洞面积大于 30%，局部有效宽度小于 50%。由于楼板不连续，平面内刚度削弱较多，设计中对楼板应力进行计算复核后，采取适当增加板厚、提高楼板配筋率等措施，保证面内荷载的有效传递。

由于建筑空间效果需求，在陆侧靠近楼前高架桥位置有局部通高庭院，从−6.5m 标高直通钢屋面。由此，陆侧斜柱分为两类，分别为在每层均有梁板拉结的 A 类斜柱，和直接从首层隔震支墩直接通至屋盖的 B 类通高斜柱。A 类斜柱柱顶与网架铰接，柱底与 14.5m 层楼面刚接；B 类斜柱顶端与网架铰接，柱底与隔震层上支墩铰接。陆侧斜柱示意如图 1.2-6 所示。

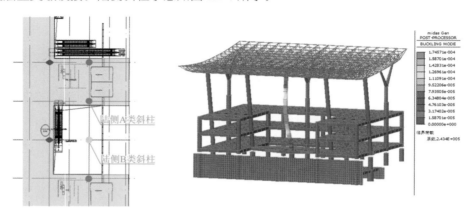

图 1.2-6　陆侧斜柱示意图

1.2.4　行李工艺设备管线穿插的隔震层

机场航站楼工程设防标准高，是旅客集聚的主要区域，具有平面尺寸超长、建筑空间开阔、结构跨度大、造型复杂、内部设备系统昂贵、服务要求高等特点。主楼为建筑核心功能区，结构体系复杂，温度效应显著，为从根本上提高航站楼大厅中心区域的抗震性能，减小温度变化对主体结构底层边柱的水平作用，在此区域设置隔震层。

相较于一般的大型公共建筑，航站楼建筑除了结构体系的复杂之外，其和行李工艺、机电设备、市政管廊等专业的设计配合工作量也非常巨大。主楼在采用隔震技术后，穿越隔震层的楼梯、电梯、扶梯均需根据具体情况进行特殊设计，例如设置滑动装置、增加可变形装置等，以保证其在罕遇地震作用下具有充分的变形能力，同时还需兼顾美观，特别是公共空间的观光梯。航站楼中重要的行李工艺，有大量输送线反复穿越隔震层，需采取特殊设计将大多数穿越隔震层的行李输送线通过钢平台吊挂于地下室顶板上，尽可能避免对其进行隔震处理。

1.3　体系与分析

1.3.1　方案比选

在方案深化阶段，建筑专业对航站楼的外部造型、内部空间、工艺流程等进行了一系列优化，结构设计配合具体调整进行了结构单元划分、隔震层方案、钢屋盖选型及 Y 形柱构型等对比工作。

1.结构单元划分

东航站楼整体采用"1+6"的构型,即由中央区主楼和南北各3条指廊组成,南北长1242m,东西宽832m。综合考虑不同建筑功能、空间布局、结构层数及建筑高度等因素,对严重超长的结构进行单元划分。通过设置隔震缝及防震缝将航站楼划分为各自独立的结构单元,其中主楼采用隔震设计,其余单元采用抗震设计。

主楼区域采用隔震技术后,由于约束程度降低,结构温度效应显著减小,使得主楼划分为独立结构单元成为可能。指廊区均为2~3层建筑,屋脊高度20.5~24.0m,以北三(N3)指廊为例,平面尺寸414m×44m。为减小由于结构纵长引起的不规则振动,通过计算初判长宽比按$L/B=3$控制,由此结构单元长度控制在100m左右,在满足结构设计相关控制指标情况下同时也可满足建筑立面完整、空间效果简洁的需求。

按上述原则,东航站楼下部混凝土主体结构划分为23个结构单元,主楼平面尺寸为486m×252m;由于指廊端部屋面折起造型需求,钢屋盖部分局部结构单元需合并整体考虑,划分为17个结构单元,主楼区屋盖平面尺寸为521m×286m。主体结构和钢屋盖结构单元划分如图1.3-1所示。

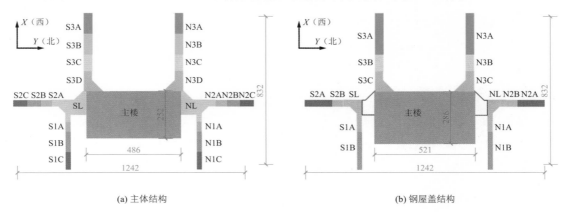

(a) 主体结构   (b) 钢屋盖结构

图1.3-1 结构单元划分图

2.隔震方案

在方案设计阶段,最初考虑在主楼地下室顶板设置隔震层,但由于要增加单独隔震检修层,对建筑功能空间、行李工艺及设备管线穿越造成极大困难。此后,对主楼隔震层的设置部位提出了两种方案,分别为基础顶隔震方案和地下室柱顶隔震方案,如图1.3-2所示。考虑到主楼地下室局部区域有捷运轨道系统及市政管廊分别从横向及纵向穿过,交接界面复杂;由于建筑功能的不同,不同区域的基础底标高差异较大,最大高差近10m,不利于实现基础隔震;在地下室顶板部位,没有错层且楼板开洞较少,整体性好,有利于隔震层设置后有效传递水平力。综合考虑以上因素,最终确定在主楼地下室柱顶设置隔震层。

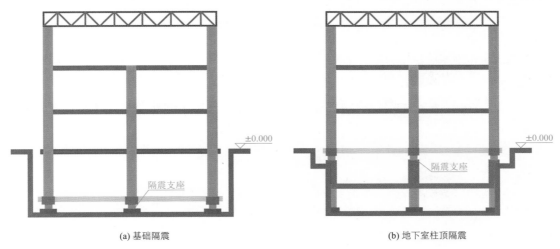

(a) 基础隔震   (b) 地下室柱顶隔震

图1.3-2 隔震方案图

隔震层由铅芯橡胶隔震支座、普通橡胶隔震支座、弹性滑板支座和黏滞阻尼器组成。根据竖向承载、水平向减震需求以及结构扭转控制要求确定各类支座的尺寸、参数及布置，在竖向荷载较大处布置弹性滑板支座，能够减少并联支座数量，从而节省空间以满足行李及管线穿行要求；黏滞阻尼器设置在地下室结构周边，有利于进一步提高减震效果，有效控制隔震层在罕遇地震作用下的变形及扭转效应。隔震支座共计使用 656 个，弹性滑板支座使用 60 个，均为 ESB1500。共布置 84 个黏滞阻尼器，阻尼系数 1500 kN/(m/s)$^{1.0}$，阻尼指数 1.0。隔震支座和阻尼器布置如图 1.3-3 所示。

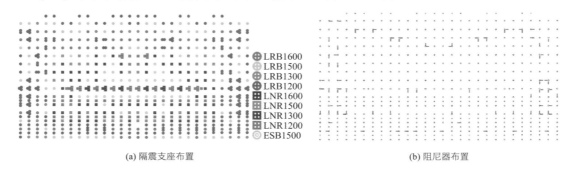

(a) 隔震支座布置   (b) 阻尼器布置

图 1.3-3　隔震层布置示意图

3. 钢屋盖选型

主楼钢屋盖平面投影为矩形，宽度为 286m，长度为 521m，南北对称布置的竖向采光天窗将屋盖分为高、中、低三个部分，屋盖结构分区如图 1.3-4 所示。高区屋脊标高为 47.5m，各区屋盖在蓝色屋檐部分合为一体，中区屋盖由 4 根 Y 形柱支撑，高区屋盖由 12 根 Y 形柱支撑。为满足建筑功能和效果，侧窗仅用两端铰接的单杆相连接，侧向天窗的弱连接设置能有效减小温度作用。

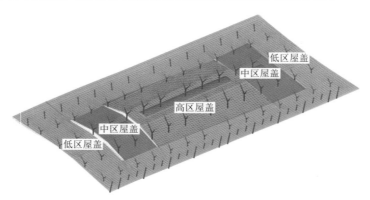

图 1.3-4　屋盖结构分区图

（1）竖向传力分析

竖向荷载作用下钢屋盖在竖向天窗处的传力如图 1.3-5 所示。不同分区的屋盖只通过两端铰接的天窗竖杆相连，杆件只传递少量竖向力，不传递弯矩。通过分析可知，天窗处屋盖受力模式类似悬臂梁，两边竖向支承处杆件轴力较大，天窗竖杆的轴力较小。天窗杆件与竖向 Z 轴成一定角度，且两端铰接，竖向刚度非常弱，仅能起到一个围护作用。

（2）水平传力分析

当水平力沿纵向作用时，每个分区屋面有较好的平面内刚度，能够很好地传递水平力。在天窗处，杆件均为铰接，无法传递相邻屋盖的水平力。因此大部分水平力将沿着两侧非天窗处传递至另一个分区屋面，如图 1.3-5 所示。由于两侧非天窗处屋盖面积较大，水平力仍能进行有效传递。在纵向柱列处，设置加强桁架，使部分水平力能通过加强桁架进行传递。柱列上的加强桁架增加了不同高度屋面之间的联系，从而提高整体屋面的面内刚度。

当水平力沿横向作用时，屋面网架内部有较好的平面内刚度，能够很好地传递水平力。在中央天窗处结构为弧形钢梁，平面内刚度较弱。因此，在柱列上设置横向加强桁架，使水平力能进行有效传递。

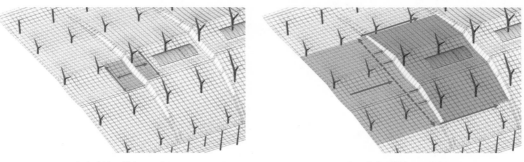

(a) 竖向力流（横向）示意图　　　　　　　　(b) 水平力流（纵向）示意图

图 1.3-5　钢屋盖力流传递示意图

4．Y 形钢柱选型

主楼屋盖支撑体系采用 Y 形钢柱 + 幕墙斜柱。其中，Y 形钢柱造型较为独特，室内效果如图 1.3-6 所示。根据建筑造型需求，在方案阶段选取了三种结构方案进行对比，如图 1.3-7 所示。

图 1.3-6　Y 形柱建筑造型效果图

(a) 方案 1　　　　　　　　　(b) 方案 2　　　　　　　　(c) 方案 3

竖直段为由 4 根箱形分肢组成的格构式柱体，分叉段为由 3 根分肢组成的格构式柱体　　竖直段为由 8 根圆管柱组成的编织式柱体，分叉段为由 5 根圆管柱组成的编织式柱体　　竖直段采用八边形实腹式柱体，分叉段采用异形实腹式柱体，分叉过渡段为弯扭构件

图 1.3-7　Y 形柱结构方案演化示意图

对比方案 1～3 后得出，方案 1、2 刚度较弱，且施工建造较为复杂；最终选用方案 3 作为实施方案，Y 形柱各段截面如图 1.3-8 所示。

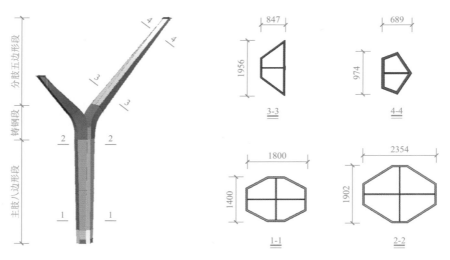

图 1.3-8　高区 Y 形柱结构截面示意图

1.3.2　结构布置

航站楼下部主体部分为钢筋混凝土框架结构，主楼屋盖为由斜圆钢管柱与 Y 形钢柱支撑的正放四角锥空间曲面网格钢结构，指廊屋盖为由圆钢管柱支承的单向实腹变截面钢梁结构。

1. 主楼主要构件截面

航站楼典型柱网尺寸为18m×18m，楼盖结构采用现浇钢筋混凝土井字梁楼盖体系。柱混凝土强度等级采用 C50，梁混凝土强度等级采用 C40，钢柱钢材强度为 Q355GJC、Q390GJC。主楼典型结构平面布置如图 1.3-9 所示，主体结构典型构件如表 1.3-1 所示。

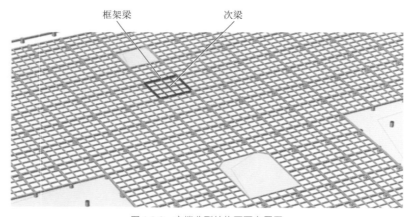

图 1.3-9　主楼典型结构平面布置图

主楼主要构件尺寸表　　　　　　　　　　　　　　　　　　　　　　　　表 1.3-1

主楼结构典型构件	尺寸
典型柱网	18m×18m
典型柱	钢筋混凝土圆柱 $D=1600\sim1800$mm
支撑 Y 形柱框架柱	型钢混凝土圆柱 $D=2400$mm
典型框架梁	钢筋混凝土梁：1000mm×1300mm、1200mm×1300mm
典型次梁	钢筋混凝土梁：400mm×1000mm
楼层板	板厚 140mm

2. 钢屋盖主要构件截面

主楼屋盖采用正放四角锥网架结构，南北向柱网跨度均为36m，东西向柱网跨度分别为36m、54m、72m、54m、18m，最东侧悬挑端为高架桥车道边雨篷，最大悬挑25m。网架下部支承于Y形钢管柱以及空陆侧的斜钢管柱上，Y形柱为变截面钢管柱，柱顶支座与屋盖铰接，柱底为刚接，Y形钢管柱下插为十字形型钢混凝土柱。网架的典型网格尺寸4.5m×4.5m，厚度根据跨度不同分为 3.4~3.7m。大屋面中间采光天窗跨度18m，矢高1.8m，采用弧形钢梁结构。网架杆件采用高频直缝焊接钢管，节点采用焊接球节点。主楼钢屋盖主要构件截面如表1.3-2所示。

主楼钢屋盖主要构件截面　　　　　　　　　　　　　表1.3-2

结构分类	截面/mm
网架部分	$\phi75.5\times3.75$、$\phi88.5\times4$、$\phi114\times4$、$\phi140\times4$、$\phi159\times6$、$\phi140\times10$、$\phi159\times10$、$\phi159\times12$、$\phi180\times12$、$\phi219\times14$、$\phi245\times14$、$\phi325\times16$、$\phi400\times25$
天窗钢梁	跨度方向为$200\times500\times16$矩形钢管，次方向为$150\times300\times10$矩形钢管

3. 地基基础设计

东航站楼建设场地地貌单元属黄土塬，为自重湿陷性黄土场地，湿陷等级为Ⅱ（中等）级~Ⅳ级（很严重）。根据地基处理及基础方案经济性比对结果，需先进行黄土的湿陷性预处理，以提高有效桩长范围内的单桩承载力。参考机场周边近年来湿陷性黄土地基处理经验，采用静压沉管成孔工艺素土挤密桩，成孔直径$D=560mm$，桩距1200mm，正三角形布置，桩体填料压实系数不小于0.97，桩间土挤密系数不小于0.93，处理至4层黄土层底，处理深度为原状地面下约14~15m。

主楼结构体系复杂，设备及行李工艺使用荷载较大，柱网间距大且在14.5m标高需隔跨抽柱，以满足建筑高大空间需求，故而造成本工程中单柱荷载巨大，荷载分布不平衡等特点。在预先消除地基湿陷性后，采用柱下钻孔灌注桩基础，通过沉降变形和承载力双控标准确定桩的设计参数。地基处理土层深度及桩基础示意如图1.3-10所示。

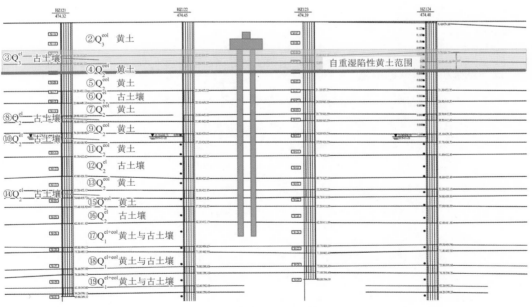

图1.3-10　地基处理土层深度及桩基础示意图

主楼基础方案采用桩基＋承台＋梁筏基础，桩型为钻孔灌注桩，考虑到地下三层捷运轨道区荷载较大且对基础变形控制要求较高，此区域桩基增加后注浆工艺。主楼区域桩直径分别为700mm及1000mm，对应桩长分别为32m及57m，单桩承载力特征值分别为2900kN及7600kN。指廊区无地下室，基础方案采用桩基＋承台＋拉梁基础，桩型为钻孔灌注桩，桩直径分别为600mm、700mm及800mm，对应桩长分别为32m、33m及48m，单桩承载力特征值分别为2500kN、2900kN及5000kN。

在施工过程中，因现场工序组织及工期原因，经过专家论证，在N2（北二）指廊区将原设计混凝土钻孔灌注桩改为预制空心桩内夯载体桩。预制空心桩内夯载体桩主要由预制预应力混凝土空心桩桩身和桩底端夯实扩大头载体等组成。因为该桩型在本地区实际工程经验较少，在取得场外试桩检测报告数据并通过专家论证后，进行了设计修改。原设计桩长33m、直径700mm灌注桩，单桩承载力特征值为2900kN，修改后采用载体桩桩径为600mm，桩身采用预应力高强混凝土管桩，采用18m和22m两种桩长，单桩承载力特征值分别为2900kN和3400kN。载体桩技术要求参数如表1.3-3所示，桩身剖面如图1.3-11所示。

载体桩设计参数表　　　　　　　　　　　　　　　表1.3-3

桩径/mm	桩长L/m	持力层	三击贯入度/mm	单桩抗压承载力特征值/kN	桩身型号
600	18	⑥层古土壤	<80	2900	PHC-600-AB-130-18
600	22	⑦层黄土	<80	3400	PHC-600-AB-130-22

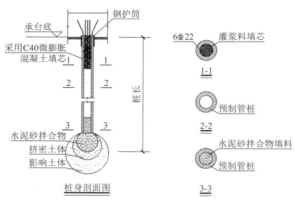

图1.3-11　载体桩桩身剖面图

1.3.3　性能目标

1. 抗震超限分析和采取的措施

主楼下部为钢筋混凝土框架结构，屋盖为大跨空间钢结构，屋脊高度47.5m，属于高层建筑。其超限情况为：主体结构存在扭转不规则、楼板不连续、夹层等不规则项；主楼屋盖结构单元的长度大于300m；主楼采用层间隔震技术，属于未列入规范的特殊形式大型公建，考虑上述因素，综合评定为超限工程。

针对超限问题，设计中采取了如下应对措施：

（1）对航站楼主楼进行隔震专项分析，确保各水准地震作用及风荷载、温度作用等工况下隔震层支座均能正常工作。

（2）针对楼板缺失情况，采用弹性楼板假定进行有限元应力分析，对开洞薄弱部位的周边结构构件（如楼板和梁）均考虑加强，按双层双向配筋。并且进行大震弹塑性楼板损伤分析。

（3）对大跨度超长屋盖进行详细的风荷载、温度作用、水平地震作用、竖向地震作用、多点多维时程、防连续倒塌及非线性稳定极限承载力分析，找出屋盖薄弱部位并进行相应加强。

（4）对Y形柱进行专项分析，包括对柱顶及柱脚的有限元分析。

（5）对关键节点进行非线性承载能力分析，确保节点不先于构件发生破坏。

（6）对超长混凝土结构进行施工阶段和使用阶段的温度作用分析，并考虑混凝土收缩和徐变的影响。

（7）对穿层柱进行屈曲分析，复核计算长度，并采取比规范更严格的构造措施进行加强。

（8）对结构进行罕遇地震下的弹塑性时程分析，复核罕遇地震下主体结构、钢屋盖结构以及关键构件的承载能力，检验整体结构的抗震性能。根据罕遇地震下的结构表现，对于相对薄弱的部位有针对性地采取措施，提高延性和抗震性能。

2. 抗震性能目标

根据主楼结构自身特点及超限情况，并综合考虑其功能和规模、震后损失和修复的难易程度等因素，参照《高层建筑混凝土结构技术规程》JGJ 3-2010，将其抗震性能目标设定为 B 级，具体性能目标如表 1.3-4 所示。

主楼抗震性能目标 表 1.3-4

位置	构件	构件分类	小震	中震	大震
主体结构	屋面钢柱	关键构件	弹性	弹性	抗剪弹性、抗弯不屈服
	屋面钢柱下插型钢柱	关键构件	弹性	弹性	抗剪弹性、抗弯不屈服
	一般框架柱	普通构件	弹性	弹性	抗剪弹性、抗弯不屈服
	一般框架梁	耗能构件	弹性	抗剪弹性、抗弯不屈服	抗剪不屈服
隔震层	隔震支座下支墩	关键构件	弹性	弹性	弹性
	0.5m 隔震层框架梁	关键构件	弹性	弹性	抗剪弹性、抗弯不屈服
屋盖	支座相邻及悬挑端根部杆件	关键构件	弹性	弹性	不屈服
	屋盖其余杆件	普通构件	弹性	不屈服	局部杆件出现塑性

1.3.4 结构分析

1. 小震弹性计算分析

主楼采用隔震技术，采用减震系数法对隔震层以上的主体结构进行分析与设计。主体结构采用底部增加上支墩层、支墩柱底部为铰接的计算模型，本章中的分析数据均为此模型下的计算结果。主体结构小震和中震下的分析与设计均按照隔震后水平地震作用降一度计算，竖向地震作用不减小。

采用 YJK 和 MIDAS Gen 两个软件分别计算，振型数取为 60 个，周期折减系数为 0.9。计算结果见表 1.3-5～表 1.3-8。结构主要振型图如图 1.3-12 所示。两种软件计算的结构总质量、振动模态、周期、基底剪力、层间位移比等基本一致，可以判断模型的分析结果准确可信。

《建筑抗震设计规范》GB 50011-2010（2016 年版）（简称《抗规》）第 12.2.5 条规定，隔震层以上各楼层的水平地震剪力应符合本地区设防烈度的最小剪重比的要求。从表 1.3-7 可以看出两种程序得到的剪力值相差不大，剪重比值相近，计算所得结构底部剪重比略小于 3.2% 的限值规定。依据第 5.2.5 条条文说明，在构件设计阶段对各楼层剪力进行调整，以满足剪重比限值要求。

总质量与周期计算结果 表 1.3-5

项目		YJK	MIDAS Gen	YJK/MIDAS Gen	说明
总质量/t		1074923	1076229	99.8%	
周期/s	T_1	1.6388	1.6153	101%	Y 向平动
	T_2	1.2842	1.2576	102%	高阶振型
	T_3	1.2650	1.2346	102%	高阶振型
	T_4	1.1759	1.1506	102%	高阶振型

项目		YJK	MIDAS Gen	YJK/MIDAS Gen	说明
周期/s	T_5	1.1293	1.1059	102%	高阶振型
	T_6	1.1213	1.0761	104%	X向平动
	T_7	1.1031	1.0558	104%	扭转振型
	T_8	1.0073	0.9752	103%	高阶振型
	T_9	1.0010	0.9667	104%	Y向平动

周期、振型、质量参与系数及周期比计算结果　　　　　　　　　　表 1.3-6

YJK						MIDAS Gen					
振型号	周期/s	振型参与质量系数/%				振型号	周期/s	振型参与质量系数/%			
		X向平动	Y向平动	Z向平动	Z向扭转			X向平动	Y向平动	Z向平动	Z向扭转
1	1.6388	0.00	12.33	0.00	0.11	1	1.6153	0.00	11.24	0.00	0.36
2	1.2842	0.00	0.30	0.00	0.01	2	1.2576	0.00	0.19	0.00	0.02
3	1.2650	0.00	1.67	0.00	0.03	3	1.2346	0.00	1.66	0.00	0.11
4	1.1759	0.00	1.97	0.00	0.11	4	1.1506	0.00	1.84	0.00	0.21
5	1.1293	0.08	3.05	0.00	0.00	5	1.1059	0.01	2.54	0.00	0.14
6	1.1213	46.84	0.01	0.00	0.00	6	1.0761	47.48	0.01	0.00	0.22
7	1.1031	0.00	2.81	0.00	27.50	7	1.0558	0.16	2.20	0.00	44.46
8	1.0073	0.01	0.14	0.00	0.04	8	0.9752	0.00	34.61	0.00	0.89
9	1.0010	0.00	31.31	0.00	1.40	9	0.9667	0.01	0.19	0.00	0.00

X向平动振型参与质量系数总计：99.57%　　　　　　X向平动振型参与质量系数总计：99.65%
Y向平动振型参与质量系数总计：99.38%　　　　　　Y向平动振型参与质量系数总计：99.45%
Z向平动振型参与质量系数总计：91.80%　　　　　　Z向平动振型参与质量系数总计：91.63%

周期比：1.1031（振型 7）/1.6388（振型 1）= 0.67　　周期比：1.0558（振型 7）/1.6153（振型 1）= 0.65

剪力及剪重比计算结果　　　　　　　　　　表 1.3-7

层号	层位	YJK				MIDAS Gen			
		X方向		Y方向		X方向		Y方向	
		剪力/kN	剪重比	剪力/kN	剪重比	剪力/kN	剪重比	剪力/kN	剪重比
4	屋盖	40512	0.1028	25097	0.0637	40380	0.1038	22033	0.0572
3	20.5m	62722	0.0692	61246	0.0675	89577	0.0991	65944	0.0737
2	14.5m	140211	0.0390	139174	0.0387	172687	0.0484	141317	0.0402
1	7.5m	186332	0.0300	187181	0.0302	222750	0.0363	191549	0.0316
剪重比限值		规范要求：3.2%							

层间位移比计算结果　　　　　　　　　　表 1.3-8

程序	层号	层位	X方向位移比	X方向层间位移角	Y方向位移比	Y方向层间位移角	位移角规范限值
YJK	4	屋盖	1.01	1/1132	1.03	1/589	1/250
	3	20.5m	1.22	1/1532	1.05	1/1822	1/550
	2	14.5m	1.23	1/1467	1.09	1/1605	1/550
	1	7.5m	1.22	1/1576	1.08	1/1582	1/550
MIDAS Gen	4	屋盖	1.01	1/1192	1.02	1/593	1/250
	3	20.5m	1.00	1/1519	1.02	1/1887	1/550
	2	14.5m	1.00	1/1473	1.03	1/1698	1/550
	1	7.5m	1.00	1/1617	1.03	1/1676	1/550

经典回眸　中国建筑西北设计研究院有限公司篇

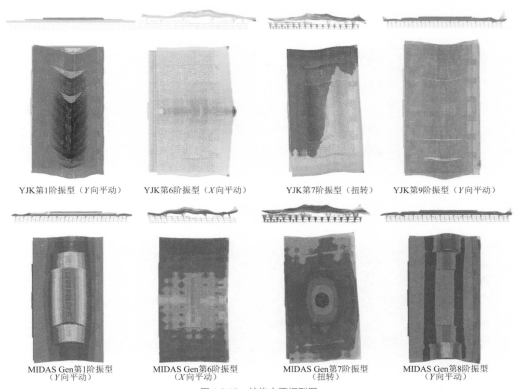

YJK第1阶振型（Y向平动）　　YJK第6阶振型（X向平动）　　YJK第7阶振型（扭转）　　YJK第9阶振型（Y向平动）

MIDAS Gen第1阶振型　　MIDAS Gen第6阶振型　　MIDAS Gen第7阶振型　　MIDAS Gen第8阶振型
（Y向平动）　　　　　　（X向平动）　　　　　　（扭转）　　　　　　（Y向平动）

图 1.3-12　结构主要振型图

2．小震弹性时程分析

对主楼进行小震弹性时程补充分析，根据小震时程分析结果对反应谱分析结果进行相应调整。选取实际 5 条强震记录和 2 条人工模拟的加速度时程曲线，时程曲线满足整体模型（屋盖 + 下部结构模型）下每条时程曲线计算所得的结构底部剪力不应小于振型分解反应谱计算结果的 65%，多条时程曲线计算所得结构底部剪力的平均值不应小于振型分解反应谱法计算结果的 80% 的要求。

多遇地震弹性时程计算基底剪力结果见表 1.3-9，各层层间位移角如图 1.3-13 所示。

小震弹性时程基底剪力及剪重比　　　　　　　　　　　　表 1.3-9

工况	X方向		Y方向	
	基底剪力/kN	剪重比	基底剪力/kN	剪重比
El	224208	3.62%	212992	3.43%
NRG	195329	3.15%	176611	2.85%
PEL	160234	2.58%	166393	2.68%
SAN	203927	3.29%	182297	2.94%
TAFT	283240	4.57%	284420	4.59%
人工波 1	188756	3.04%	169072	2.73%
人工波 2	204211	3.29%	195346	3.15%
平均值	208558	3.36%	198162	3.20%

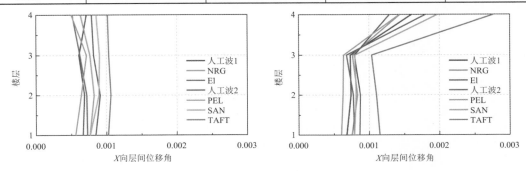

图 1.3-13　层间位移图

3. 动力弹塑性时程分析

大震弹塑性时程分析计算采用 MIDAS Gen 2020 完成，重点分析混凝土结构与屋盖支承构件、屋盖关键杆件的塑性变形及其发展。

1）构件模型及材料本构关系

混凝土梁、柱采用修正武田三折线模型，钢结构部分采用随动强化滞回模型，对隔震装置考虑非线性特性，其中铅芯橡胶支座水平向本构采用双折线模拟，竖向考虑拉压刚度变化的特性，阻尼器采用 Maxwell 非线性单元模拟。在非弹性铰定义方面，梁铰采用弯矩-转角类型，柱铰采用 PMM 相关类型。

2）地震波输入

根据抗震规范要求，在进行动力时程分析时，按建筑场地类别和设计地震分组选用 2 组实际地震记录和 1 组人工模拟的加速度时程曲线。计算中，地震波峰值加速度取 400Gal（罕遇地震），地震波持续时间取 25s。

3）动力弹塑性分析结果

（1）罕遇地震分析参数

地震波的输入方向，依次选取结构 X 或 Y 方向作为主方向，另两方向为次方向，分别输入 3 组地震波的两个分量记录进行计算。结构初始阻尼比取 5%。主方向、次方向和竖向的峰值加速度的比值为 1：0.85：0.65，并分别以 X、Y 方向作为主方向，即 $X：Y：Z = 1：0.85：0.65$ 及 $X：Y：Z = 0.85：1：0.65$ 共进行 6 组时程分析。

（2）基底剪力响应

图 1.3-14 和图 1.3-15 分别给出了模型在大震分析下 X、Y 方向的基底总剪力时程曲线，表 1.3-10 给出了基底剪力峰值及其剪重比统计结果。

大震时程分析底部剪力及剪重比对比 表 1.3-10

地震波	X 主方向输入		Y 主方向输入	
	大震弹性剪力/kN	剪重比	大震弹性剪力/kN	剪重比
人工波 1	527564	8.57%	514266	8.35%
NRG	354609	5.76%	352354	5.72%
EI	436356	7.08%	354283	5.75%
包络值	527564	8.57%	514266	8.35%

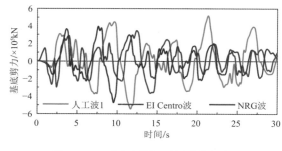

图 1.3-14 X 主方向输入下基底总剪力时程

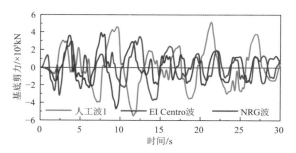

图 1.3-15 Y 主方向输入下基底总剪力时程

（3）楼层层间位移角响应

由计算得出，X 主方向输入时，X 向最大层间侧移角为 1/478，Y 向最大层间侧移角为 1/326；Y 主方向输入时，X 向最大层间侧移角为 1/507，Y 向最大层间侧移角为 1/302，平均层间位移角最大值均位于钢屋盖层。下部混凝土主体结构的最大层间位移角分别为 1/512 和 1/526，均出现在 1 楼。

（4）罕遇地震下竖向构件损伤情况分析

图 1.3-16 给出了隔震层上部结构框架柱在人工波（$X：Y：Z = 1：0.85：0.65$）作用下的塑性铰发展

情况，图 1.3-17 给出了隔震层下部结构框架柱在人工波（$X:Y:Z=1:0.85:0.65$）作用下塑性铰发展情况。从图中可以看出，在 8 度三向、罕遇地震作用下，框架柱基本完好，仅少量混凝土结构柱端出现塑性铰且均处于轻微屈服状态。

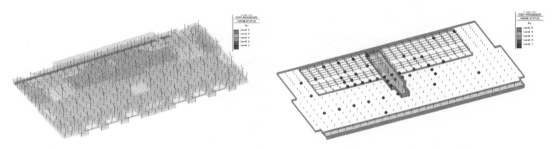

图 1.3-16　人工波 1 作用下 $t=25\mathrm{s}$ 上部框柱塑性铰　　图 1.3-17　人工波 1 作用下 $t=25\mathrm{s}$ 下部框柱塑性铰

（5）罕遇地震下框梁的损伤情况

图 1.3-18 给出了隔震层上部结构框架梁在人工波 1（$X:Y:Z=1:0.85:0.65$）作用下的塑性铰发展情况，图 1.3-19 给出了隔震层下部结构框架梁在人工波 1（$X:Y:Z=1:0.85:0.65$）作用下塑性铰发展情况。从图中可以看出，在 8 度三向、罕遇地震作用下，框架梁端塑性铰大多为轻微或轻度屈服状态，个别处于中等屈服状态。

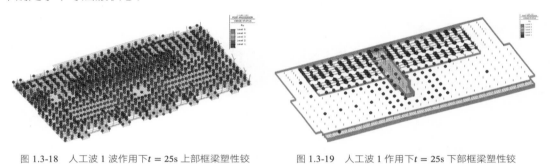

图 1.3-18　人工波 1 波作用下 $t=25\mathrm{s}$ 上部框梁塑性铰　　图 1.3-19　人工波 1 作用下 $t=25\mathrm{s}$ 下部框梁塑性铰

（6）罕遇地震下钢结构损伤情况

图 1.3-20 给出了钢结构在人工波 1（$X:Y:Z=1:0.85:0.65$）作用下的塑性铰发展情况，从图中可以看出，在 8 度三向、罕遇地震作用下，钢结构屋顶支承钢柱、屋顶关键杆件均处于弹性状态。

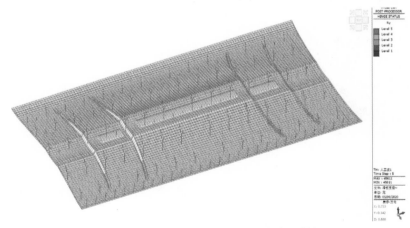

图 1.3-20　人工波 1 波作用下 $t=25\mathrm{s}$ 钢结构塑性铰

（7）罕遇地震下楼板损伤情况

在罕遇地震作用下，楼板协调框架柱间地震作用的分配，因此，楼板将不可避免地出现拉裂现象。楼板受拉开裂后，其抗拉刚度大幅削弱，地震作用将随即从楼板上卸载，不会造成裂缝扩展。在竖向荷载作用下，楼板依然以钢筋受拉、混凝土受压的方式来承担板上的竖向荷载，不会出现垮塌现象。通过分析可知，楼板受压损伤不明显，楼板钢筋未发生塑性变形，首层楼板损伤分析结果见图 1.3-21。

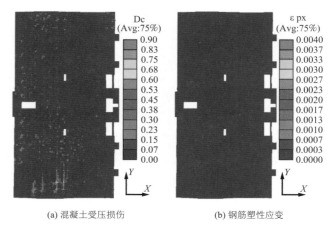

(a) 混凝土受压损伤　　　　(b) 钢筋塑性应变

图 1.3-21　首层楼板损伤及钢筋应变分析

（8）结论

根据大震弹塑性时程分析结果，可以得出以下结论：①混凝土结构最大层间位移角 1/512，钢屋盖最大层间位移角 1/302，均小于 1/100，满足规范"大震不倒"要求；②混凝土结构仅少量柱端出现塑性铰且均处于轻微屈服状态；梁端塑性铰大多为轻微屈服状态，个别处于中等屈服状态；钢结构屋顶支承钢柱、屋顶关键杆件均处于弹性状态；③虽有部分构件进入弹塑性工作状态，但强度及刚度退化程度不大，整体结构仍具有足够的能力进行内力重新分布以维持其整体稳定性并且保持承载能力。分析结果表明，整体结构在大震下能够达到预期的抗震性能目标。

1.4　专项设计

1.4.1　主楼隔震设计

1. 隔震设计

航站楼工程建设场地位于高烈度地区。为提高结构的抗震性能，在航站楼主楼采用隔震技术，经过分析对比，在地下室柱顶设置隔震层。

（1）地震动参数

工程地震动参数取值为：小震加速度峰值及反应谱地震影响系数最大值取安评报告的数值，分别为 70cm/s² 及 0.175。中震及大震计算时，地震动参数按规范取值。地震峰值加速度及水平地震影响系数最大值在中震时分别取 200cm/s² 及 0.45，在大震时分别取 400cm/s² 及 0.90。

（2）隔震目标

工程隔震目标为水平地震作用降低 1 度，隔震层以上与水平地震作用有关的抗震措施降低 1 度，竖向地震作用及其相关抗震措施不降低。为使本结构在隔震后达到 7 度（0.1g）的地震水平，水平向减震系数 β 取 0.4（$\beta = \alpha_{max1} \times \psi / \alpha_{max} = 0.225 \times (0.85 - 0.05)/0.45 = 0.4$）。

（3）隔震层布置

隔震层布置方案详见第 1.3.1 节，其计算偏心率小于规范 3% 的要求。

隔震层各类水平力与水平变形的关系见图 1.4-1。铅芯橡胶屈服时，隔震层总回复力为 160560kN，大于风荷载的 1.4 倍。支座橡胶层发生 100% 剪切变形时隔震层总回复力为 454792kN，大于隔震层铅芯橡胶支座总屈服力的 1.4 倍。1.0 恒荷载 + 1.0 活荷载工况下,全部弹性滑板支座的总静摩擦力为 71481kN（摩擦系数取 0.05 ），当隔震层回复力等于摩擦力时,隔震层的残余剪切变形约为 12.3mm。

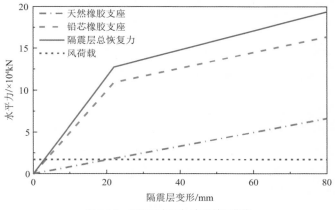

图 1.4-1　隔震层水平力-变形关系曲线

（4）结构动力特性

采用隔震技术前后结构主要周期对比结果如表 1.4-1 所示,结构自振周期显著延长,隔震效果显著。

航站楼主楼隔震前后主要周期对比　　　　　　　　　　　　　　　　表 1.4-1

振型	隔震前/s	隔震后/s	η
1	1.639（Y向平动）	4.471（Y向平动）	2.7
2	1.284（X向平动）	4.435（X向平动）	3.5
3	1.265（扭转）	4.203（扭转）	3.3

注:η 为隔震后模型与隔震前模型自振周期之比。

2. 隔震计算分析

时程分析选取了 5 条天然波（NRG、El Centro、PEL、SAN、TAFT 波）和 2 条人工波（R1 和 R2 波）。在设防地震和罕遇地震作用下的时程分析均采用这 5 条天然波;而由于在进行大震时程分析时,场地特征周期需增加 0.05s,T_g 由 0.43s 变成 0.48s,故另选取了两条特征周期为 0.48s 的人工波（R3 和 R4 波）。地震波的频谱特性、有效峰值和持续时间均符合《抗规》的相关规定。

在设防烈度地震作用下,通过时程分析计算得出减震系数。7 条地震波的各层平均水平地震减震系数均小于 0.38,如图 1.4-2 所示,能满足预期降低 1 度的目标。

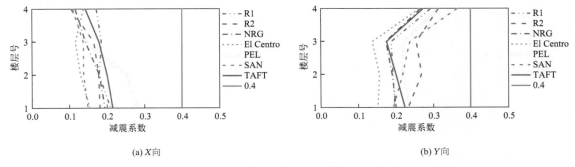

(a) X向　　　　　　　　　　　　　　　　(b) Y向

图 1.4-2　设防烈度地震下各层水平地震减震系数

橡胶隔震支座在重力荷载代表值作用下的压应力设计值最大值为 10.9MPa,弹性滑板支座的最大压应力为 16.8MPa,均满足《抗规》要求。

采用隔震技术后，隔震层上部结构的地震剪力大幅降低。在设防烈度地震水准下，在地震动时程（以人工波 1 为例）作用下，结构首层在隔震前与隔震后的层剪力对比如图 1.4-3 所示，结构首层质心处加速度时程对比如图 1.4-4 所示。可以看出，在整个地震动作用时间内，隔震后的楼层剪力大幅度减小，加速度峰值降低明显，隔震效果明显。

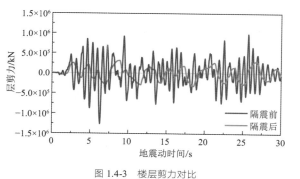

图 1.4-3　楼层剪力对比

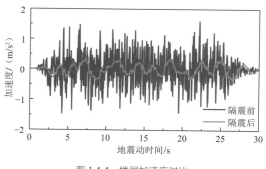

图 1.4-4　楼层加速度对比

罕遇地震作用下隔震层的水平位移计算采用时程分析法，隔震层各支座在 7 条地震波下的平均最大位移为 628mm，能满足橡胶隔震支座的水平极限位移允许值为 $\min(0.55D、3T_r) = \min(0.55 \times 1200、3 \times 220) = 660$mm。

罕遇地震作用下隔震层铅芯支座与普通橡胶支座短期极值压应力为 13.7MPa，弹性滑板支座最大压应力为 18.1MPa，满足相关规范要求，隔震支座未出现受拉现象。

3．隔震支墩大震变形验算

主楼隔震下支墩均为悬臂柱，悬臂柱高度根据地下室层高的可分为 6.5m 和 11.5m 两种。其中，6.5m 高悬臂柱采用钢筋混凝土柱，11.5m 高悬臂柱采用型钢混凝土柱，在其中部设置型钢混凝土拉梁层以减小悬臂柱高度，拉梁层以上悬臂柱高为 5m，如图 1.4-5 所示。

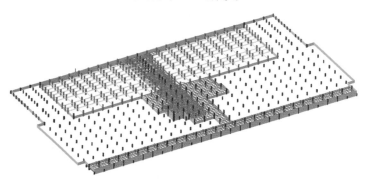

图 1.4-5　隔震层下支墩布置示意图

为保证隔震层以上结构具有良好的隔震效果，同时提高隔震结构体系的稳定性和安全性，设计时采取如下控制措施：①刚度方面，地下室支墩的最大层间位移角在罕遇地震作用下不大于 1/100；②承载力方面，竖向构件抗剪抗弯均满足大震弹性。

经计算，罕遇地震作用下地下室隔震支墩 X 向、Y 向的最大弹塑性层间位移角平均值分别为 1/342、1/333，最大弹塑性层间位移角分别为 1/240、1/224，能满足设计目标不大于层间位移角限值 1/100 要求。

4．隔震结构温度效应

采用隔震技术后，在大幅度降低结构的地震作用的同时，超长混凝土结构的温度作用也得到有效释放。需要注意的是，采用超长结构＋隔震技术后，隔震层在温度作用下的变形将明显增加，对楼梯、扶梯等穿越隔震层的构造以及建筑物周边隔震沟的构造提出了较高的要求。

对隔震层在温度作用下的变形按施工阶段和使用阶段两种工况计算。在施工阶段，通过合理设置结构后浇带的数量及位置来控制温度变形，通过方案比选，最终设置了 3 条东西向、1 条南北向后浇带。在此结构后浇带布置方案下，在施工阶段的温降作用下隔震层最大位移为 39.0mm（图 1.4-6a）。在正常使用阶段的温降作用下，隔震层最大位移为 39.2mm（图 1.4-6b），约占隔震支座允许变形的 5.9%，变形较小。参考《建筑与桥梁结构监测技术规范》GB 50982-2014 及云南省地方标准《建筑工程叠层橡胶隔震支座施工及验收标准》DBJ 53/T-48-2020，其分别给出的变形限值为 50mm 和 55mm，隔震层变形满足要求。

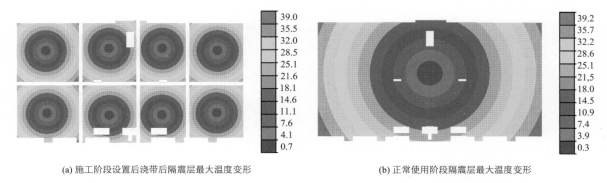

(a) 施工阶段设置后浇带后隔震层最大温度变形　　　　　　　(b) 正常使用阶段隔震层最大温度变形

图 1.4-6　首层楼板温度变形（单位：mm）

5．隔震层残余变形

隔震层布置的弹性滑板支座不具有自复位的能力，在遭遇罕遇地震作用后，需要依托普通橡胶支座和铅芯橡胶支座的回复力回正。为进一步验证结构在遭遇罕遇地震后的残余变形，采用时程分析法进一步计算。以人工波 1 为例，地震动本身持续时间为 30s，在地震动结束后，继续进行时程分析 10s，记录隔震层的震后变形，结果如图 1.4-7 所示。由计算可知，地震动结束后，结构振动形式大致呈简谐振动，但振动变形幅度不断衰减，最后稳定在 6.2mm 左右，振动的平衡点偏离初始位置较小，隔震层自复位能力良好。

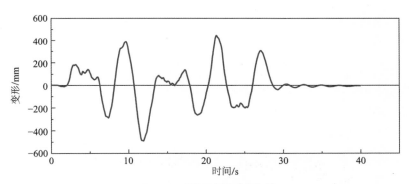

图 1.4-7　隔震层震后残余变形

1.4.2　超长结构设计

主楼混凝土结构平面尺寸486m × 252m，采用不分缝处理，结构超长导致温度效应明显。在过高的温度作用水平下，结构会产生大量不可控的裂缝及较大的结构变形，影响结构正常使用及承载力安全。为解决主楼结构超长问题，在设计中引入了"放""抗"相结合的设计理念。"放"的方法是通过施工期间布设一定数量的后浇带来释放混凝土自身的收缩变形，并通过隔震设计来降低上部结构竖向构件底部约束。"抗"的方法是通过在楼盖内建立预应力来抵消梁板的收缩及温度变形。

在超长结构专项设计中，主要解决以下几个问题：结构温变区间及合拢温度区间的确定；隔震设计对超长混凝土结构的影响；预应力布索方案的确定；超长混凝土结构裂缝控制。

1. 结构温变区间及合拢温度区间的确定

在施工阶段，考虑到结构仍处于裸露状态，结构温度取环境温度，即：结构最高温度37℃，结构最低温度–9℃。在正常使用阶段，考虑夏季空调设计温度为26～28℃，冬季采暖设计温度为20℃，同时考虑航站楼内的地上空调采暖区与地下非空调采暖区的温度差异，以及外围护幕墙处的冷热桥因素的影响，正常使用阶段混凝土结构温度取值如下：

地上区域（幕墙向内两跨范围）：最高温度取30℃、最低温度取5℃；

地上区域（中心区域）：最高温度取28℃、最低温度取10℃；

地下区域：最高温度取30℃、最低温度取5℃。

东航站楼结构设计时，混凝土收缩以当量温差的方式计入，徐变以应力松弛系数的方式计入，施工阶段及正常使用阶段混凝土结构温度取值汇总见表1.4-2。

温度作用取值   表1.4-2

	阶段	结构最高温度/℃	结构最低温度/℃	合拢最高温度/℃	合拢最低温度/℃	收缩当量温差/℃	升温温差/℃	降温温差/℃	徐变应力松弛系数
施工阶段	结构后浇带封闭前	37	–9	14	9	19	28	–42	0.3
	结构后浇带封闭后	37	–9	19	9	19	28	–47	0.3
正常使用阶段	地上幕墙向内两跨	30	5	19	9	19	21	–33	0.3
	地上中心区	28	10	19	9	19	19	–28	0.3
	地下区域	30	5	19	9	19	21	–33	0.3

2. 隔震前后超长结构对比分析

（1）隔震前后主楼结构整体变形对比分析

选取施工阶段主楼后浇带封闭后、围护结构施工前的最不利降温工况进行对比分析，隔震前后主楼结构的整体变形见图1.4-8。可以看出，在降温工况下，整体结构趋于向中心收缩，其变形量随着各构件距离建筑中心点的距离增大而增大。对于非隔震模型，由于竖向构件底部受到嵌固端约束而不能自由变形，因此会产生较大的内力，随着楼层逐渐升高，约束逐渐减弱，内力逐渐减小，变形也基本呈正比例增大。对于隔震结构，由于其上部结构和基础之间被柔性隔震层隔离，上部结构受到的侧移约束较小，整个结构在温度作用下更接近自由变形，各楼层位移较为接近。基于以上结论，要求结构后浇带的封闭应在围护结构施工完成后，隔震层变形较小时进行。

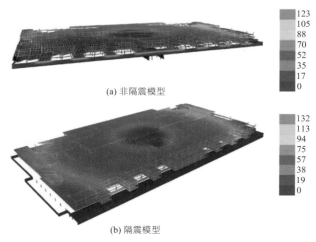

(a) 非隔震模型

(b) 隔震模型

图1.4-8 降温工况下主楼结构整体变形对比（单位：mm）

经典回眸 中国建筑西北设计研究院有限公司篇

（2）隔震前后楼板温度作用对比分析

正常使用阶段降温工况下隔震前后 0.5m 首层楼板的温度作用对比见图 1.4-9 和图 1.4-10，在未采用隔震技术时，首层楼板绝大部分区域的温度作用约为 4.0MPa；采用隔震技术后，同工况下楼板绝大部分区域的温度作用在 0.6MPa 以内，仅局部开洞应力集中区域应力在 1.3MPa 左右。由此可知，主楼采用隔震技术后，由于柔性隔震层的存在，隔震层以上楼板应力水平得到大幅度的降低。

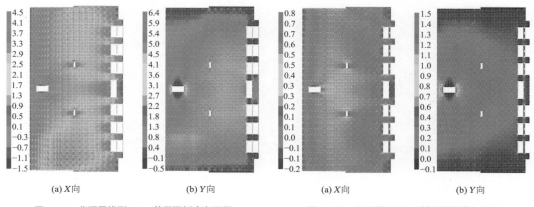

(a) X 向　　　(b) Y 向　　　　　　　(a) X 向　　　(b) Y 向

图 1.4-9　非隔震模型 0.5m 首层楼板应力云图　　　图 1.4-10　隔震模型 0.5m 首层楼板应力云图

3．预应力布索方案的确定

布索方案是超长混凝土结构预应力设计的关键内容。预应力布索主要解决以下几个问题：预应力筋类型及线形选择，预应力损失减小措施及预应力张拉跨数的选择。

预应力布索方案根据构件受力特点、预期目标及施工便捷程度选筋。主楼结构设计时，为抵消楼板中温度作用影响，在 0.5m 层楼板中布置缓粘结预应力筋，直线形布筋；为满足 18m 大跨度框架梁抗裂及挠度要求，各层框架梁中采用 C4 抛物线形的预应力布筋方案。为减少节点处钢筋密集程度并考虑后期改造施工安全、便捷需求，采用缓粘结预应力筋。

设计时综合考虑预应力损失、施工便捷度、预应力筋工程量等因素，对预应力张拉跨数、张拉形式进行对比，最终采用两跨两端张拉及单跨单端张拉相结合的张拉布筋方案。

4．超长混凝土结构裂缝控制

东航站楼超长结构的裂缝从设计、施工和材料三个方面进行控制。

（1）设计方面

设置一定数量的结构后浇带，结构后浇带范围内，结构梁、板、墙的钢筋不直通，在后浇带范围内错开搭接。对地下室外墙、基础底板等约束比较强、裂缝较难控制的位置，人为地设置诱导缝，引导裂缝开展。

（2）施工方面

严控施工质量、特别是提高普通混凝土施工质量。主楼采用跳仓法施工，分仓尺寸不超过 50m。控制水化热的升温，控制降温速度，加强大体积混凝土养护。

（3）材料方面

科学地选用材料配比，选择较低的水灰比、水和水泥用量。严格控制砂、石骨料的含泥量。

1.4.3　钢屋盖设计

1．主楼屋盖结构设计

1）屋盖结构分析

（1）静力荷载分析

屋面荷载标准值取值如下：恒荷载 1.2kN/m²（屋面板，檩条），0.5kN/m²（下弦吊顶）；活荷载 0.5kN/m²；风荷载根据风洞试验确定，雪荷载 0.25kN/m²（50 年一遇）。

通过分析可得，屋盖跨中最大挠度 145mm，满足《空间网格结构技术规程》JGJ 7-2010 的要求。屋盖悬挑位置在恒荷载 + 活荷载作用下挠度为 227mm，可通过预起拱方式来解决，起拱值为自重 +0.5 倍恒荷载下的挠度。

恒荷载与活荷载标准组合下屋盖支承柱的竖向最大变形为 −25mm，出现在屋盖中部 Y 形柱顶；水平最大变形 21mm，出现在屋盖中部 Y 形柱分叉处，侧移比 1/762。

（2）风荷载分析

风荷载与恒荷载标准组合下悬挑部分最大向上位移为 84.7mm，挠跨比为 1/537，未超过 $l/250 =$ 200mm 的限值，风荷载作用下屋盖挠度满足规范要求。

（3）温度作用分析

主楼钢屋盖长度为 521m，对温度作用较为敏感，故应对温度作用进行分析。施工阶段：最大温升 48℃；最大温降 28℃。使用阶段对室内室外不同环境进行区分：室内最大温升工况 28℃，最大温降 14℃；室外最大温升 28℃，最大温降 28℃。温度作用分项系数取 1.5，施工阶段荷载组合为 1.3 恒荷载 +1.5 温度作用。

正常使用阶段升温作用下屋顶钢结构最大变形出现在南北向端部，最大变形为 61mm，柱顶最大变形为 36mm（1/750）。

施工阶段升温作用下屋顶钢结构最大变形出现在南北向端部，最大变形为 103mm，柱顶最大变形为 80.9mm（1/303）。

2）屋盖非线性稳定极限承载力分析

（1）不考虑初始缺陷

屋盖钢结构非线性稳定极限承载能力采用通用有限元软件进行分析，考虑了几何非线性和材料非线性，荷载组合采用 1.0 恒荷载 +0.5 活荷载的标准荷载组合。对结构进行特征值屈曲分析，得到一阶失稳模态为中部的竖向失稳，荷载系数为 33.307。分析中将此失稳模态作为初始缺陷引入计算模型中。

不考虑初始缺陷，结构位移在约 2.5 倍标准荷载后变形增长较快，可认为结构局部发生破坏，结构的极限荷载因子不小于 2.5。

（2）考虑初始缺陷

考虑到实际的加工和安装误差，引入了初始缺陷进行极限承载力分析。将整体失稳时的破坏模态作为初始缺陷引入结构初始状态，最大初始缺陷取柱距的 1/300。

考虑初始缺陷后结构的极限荷载因子不小于 2.4，如图 1.4-11 所示。考虑初始缺陷后结构承载力稍有下降，较不考虑初始缺陷时提前进入破坏阶段，但是承载力下降不多，认为该结构对缺陷不敏感。

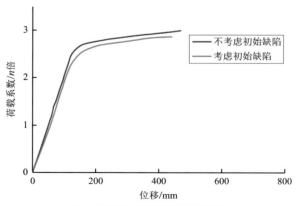

注：荷载系数为破坏荷载与标准荷载之比

图 1.4-11　节点的荷载-位移曲线

经典回眸　中国建筑西北设计研究院有限公司篇

3）防连续倒塌分析

计算分析考虑材料非线性及几何非线性，同时考虑生死单元，材料本构采用理想双折线模型，竖向荷载考虑 1.0 恒荷载 + 0.5 活荷载标准荷载组合。

根据发生偶然事件倒塌的可能性、竖向构件的支撑跨度、受荷大小以及失效后引起倒塌可能性的大小，经初步判断与分析，选择靠近车道入口的陆侧角柱失效工况建立分析模型 1；选择中央大厅柱失效工况建立模型 2，分别进行模拟分析，如图 1.4-12 所示。

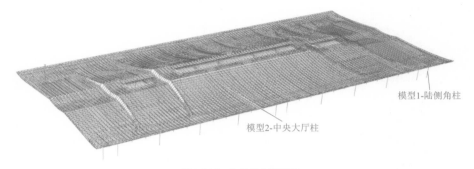

图 1.4-12　失效柱位置示意

陆侧角柱失效后，屋盖局部区域出现挠度迅速增大现象，承载力不能满足要求，局部区域杆件塑性应变最大值为 0.346，大于钢材极限应变，可认为发生局部区域的倒塌，如图 1.4-13 所示。模型 2 分析结果倒塌趋势与模型 1 类似，倒塌范围限于失效柱上方及相邻跨间，未出现向周围不断扩散的屋盖整体连续性倒塌，说明屋盖钢结构体系防连续倒塌能力较好。

PE, Max. In-Plane Principal

（平均:75%）
+3.462e-01
+3.173e-01
+2.885e-01
+2.596e-01
+2.308e-01
+2.019e-01
+1.731e-01
+1.442e-01
+1.154e-01
+8.655e-02
+5.770e-02
+2.885e-02
+0.000e+00

图 1.4-13　模型 1 陆侧角柱失效后结构塑性应变

4）多维多点时程分析

主楼属于超长结构，应对该结构进行多点输入地震反应分析考虑行波效应。采用时程分析方法，考虑地震波传播在时间上的差异，求解多点输入问题。地震波考虑沿 0° 和 90° 两个方向传播，地震激励方向与地震波传播方向垂直。地震观测证实，一般情况下地震动水平视波速大于 1000m/s，依据专项论证会建议本工程视波速取 1500m/s 进行计算分析。

（1）首层剪力对比

通过分析可知，X 向地震作用下，一致激励下的首层剪力为 192471kN，多点激励下的首层剪力为 160775kN，与一致激励下的首层剪力比为 0.835。Y 向地震作用下，一致激励下的首层剪力为 187144kN，多点激励下的首层剪力为 176753kN，与一致激励下的首层剪力之比为 0.944。可见，一致激励下的首层剪力均大于多点激励，多点激励的非同步性引起结构整体平动反应减小。

（2）扭转效应分析

多点输入与单点输入情况下的扭转效应对比，采用相应扭转角度反映。在屋盖两个方向的中心线上选择两点 A 和 B，扭转角度分析示意如图 1.4-14 所示。将这 2 个节点作为特征点，由于 A 与 B 的连线在初始模型中平行于总体坐标系的 X 或 Y 方向，因此可以计算两个节点的位移差，以此来分析结构在多点输入下的扭转效应。X向主激励时，多点激励的位移差较一致激励下有明显增大，说明多点激励比一致激励下的扭转效应大。Y向主激励时，多点激励比一致激励下的扭转效应小。对于扭转效应而言，不同激励方向没有相同的变化规律。

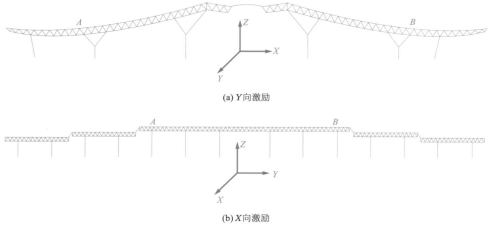

(a) Y向激励

(b) X向激励

图1.4-14　扭转角度分析示意图

（3）构件内力分析

根据各工况下构件内力统计，选取主楼中部柱，对其水平双向多点输入与一致输入的计算结果进行比较，如图1.4-15所示。由图可知，一致激励下的柱底剪力均大于多点激励下的柱底剪力；X向主激励时，影响因子最小为0.73；Y向主激励时，影响因子最小为0.91。

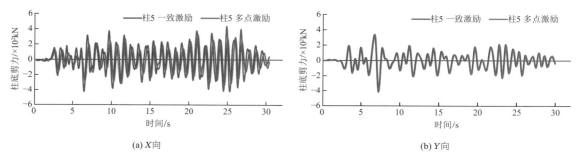

(a) X向

(b) Y向

图1.4-15　多点激励和一致激励下柱底剪力时程曲线对比

2. Y形柱设计

对Y形柱进行有限元分析，柱根位置的边界条件为完全固定，分析模型考虑网架对柱顶的约束，考虑恒、活荷载为控制荷载。

（1）竖向刚度及承载力分析

分析结果表明：在设计荷载（最大基本组合）下Y形柱的一阶屈曲模态为平面外方向的侧向失稳，屈曲特征值为4.2413。在1倍设计荷载作用下Y形柱的应力水平基本在355MPa以下，处于弹性范围内，位移很小。

持续加大荷载，在2.6倍设计荷载时，Y形柱开始出现大面积屈服，最大应力为597MPa，柱顶位移为2827mm，计算结果如图1.4-16、图1.4-17所示，此时发生极限破坏。

（2）侧向刚度及承载力分析

恒荷载＋活荷载保持不变，在1倍水平地震作用下Y形柱的应力水平基本在355MPa以下，处于弹性范围内，位移很小；仅将水平地震作用（多遇地震）不断增加，达到7.4倍地震作用后Y形柱变形增长加快，开始屈服；继续加载，达到8.8倍水平地震作用时，单元大面积屈服，Y形柱的应力最大为

567.6MPa，柱顶最大位移为 5375mm，发生极限破坏。柱顶水平荷载-位移曲线如图 1.4-18 所示。

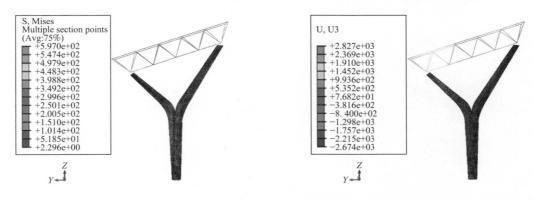

图 1.4-16　2.6 倍设计荷载作用下 Y 形柱应力云图（单位：MPa）　　图 1.4-17　2.6 倍设计荷载作用下 Y 形柱位移云图（单位：mm）

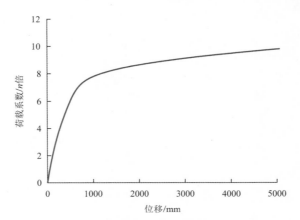

图 1.4-18　水平地震作用下柱顶水平荷载系数-位移曲线

1.5　试验研究

1.5.1　试验目的

通过对 Y 形柱开展理论与试验研究，明确其工作性能、破坏模式和承载能力，保证其在设计工作年限内达到预期的安全性及可靠性。

1.5.2　试验设计

1. Y 形柱试件基本尺寸

受试验场地及试验设备加载能力限制，试验方法采用了缩尺模型试验，缩尺比例为 1/3。缩尺后的 Y 形柱可根据相似第二原理（量纲分析法）确定相似指标之间的关系，并根据相似理论得到各控制指标的对应关系。试验测得的 Y 形柱承载力与实际结构中 Y 形柱的承载力之比大致为 1：9。

2. 试验装置及加载方案

Y 形柱静力试验在西安建筑科技大学草堂校区结构工程与抗震教育部重点实验室进行，试验装置如图 1.5-1 所示。试验加载分为预加载和正式加载，预加载取预估荷载的 10%。试验采用两台 5000kN 液压千斤顶，分别同时在 Y 形柱长肢和短肢顶部沿平行于 Y 形柱主肢长度方向加载（实际结构中的竖向荷载方向）。采用固定比例荷载分级控制加载，两肢顶荷载比例由实际结构中屋面恒载和活载作用下 Y 形柱两肢轴力的比例确定，长肢荷载与短肢荷载之比为 1.65：1.00。

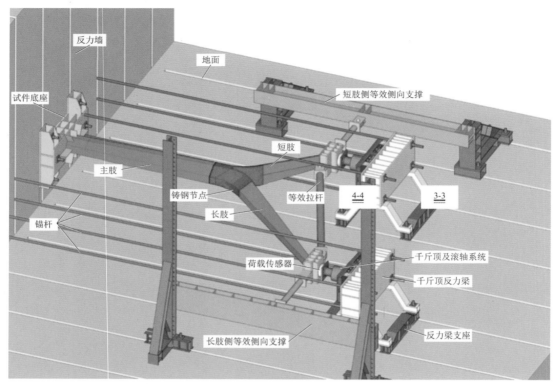

图 1.5-1　Y 形柱试验加载示意

1.5.3　试验现象与结果

1. 加载制度

首先，进行一次静力预加载至 200kN，检验试验各环节运行是否正常，预估最大加载至 1400kN。

2. 试验结果分析

（1）破坏形态

通过观察，在整个加载过程中，Y 形柱试件的长肢段和拉杆均存在肉眼可见的变形破坏现象。铸钢件与主肢段、长肢段和短肢段连接部位的焊缝状况完好、无裂纹，加载过程中也未发现明显的异常声响，卸载回弹后拉杆弯曲。Y 形柱各部位的破坏形态如图 1.5-2 所示。

(a) 试件整体变形　　　　　　　　　　　　　　(b) 试件整体变形

图 1.5-2　试验现场照片

（2）承载力分析

试件 Y-1 静力试验中长肢和短肢加载点的荷载-位移曲线如图 1.5-3 所示，其中图 1.5-3（a）的位移方向平行于主肢，图 1.5-3（b）的位移方向垂直于主肢。由荷载-位移曲线可知，长肢的极限荷载为 1406kN，短肢的极限荷载为 832kN。在达到极限荷载之前，整体表现出良好的线性关系，说明试件还基本处于弹性阶段。

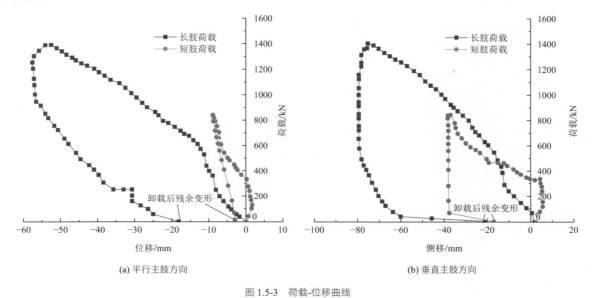

(a) 平行主肢方向　　　　　　　　(b) 垂直主肢方向

图 1.5-3　荷载-位移曲线

1.5.4　试验小结

试验结果表明，Y 形柱在整个加载过程中没有出现过大变形与损伤。在加载阶段，荷载-位移曲线基本为线性关系，荷载-应变关系也基本保持线性，除长肢个别截面和拉杆各截面外，绝大多数应变测点数据显示钢材未屈服。加载过程中，主肢、铸钢件、长肢和短肢焊缝均未见破坏，说明该 Y 形柱受力性能良好。随着等效拉杆轴向刚度增加，其对应的极限承载力更大，变形也更小。

考虑到拉杆的关键作用，根据试验结果，在建造过程中对 Y 形柱拉杆等效构件进行专项补强，以提高 Y 形柱的承载能力和钢屋盖的整体安全性。

1.6　结语

西安咸阳国际机场位于中国内陆中心，是目前西北地区最大、北方第二大机场，其由中央区主楼及南北共 6 条指廊构成，其中主楼采用隔震设计，其余单元采用抗震设计；主体均为钢筋混凝土框架结构，屋盖及其支撑柱均为钢结构。航站楼结构体系选型安全、合理，注重结构与幕墙、金属屋面等专业的一体化设计，完美实现建筑造型效果。

在结构设计过程中，主要完成了以下几方面的创新或重要工作：

1. 隔震设计与相关特殊构造研究

主楼采用组合隔震技术，隔震层由铅芯橡胶隔震支座、普通橡胶隔震支座、弹性滑板支座和阻尼器组成。根据竖向承载、水平向减震需求以及结构扭转控制确定铅芯橡胶支座、普通橡胶支座及弹性滑板支座的尺寸、参数及布置；铅芯橡胶隔震支座主要布置在建筑周边，以增强隔震层抵抗偶然偏心扭转的能力；竖向轴力较大处设置弹性滑板支座，减少支座数量，有利于行李管线穿越；设置少量黏滞阻尼器以有效控制隔震层在大震下的支座位移，确保结构具有足够的安全储备和结构设计的经济性。

2．超长结构研究

东航站楼结构平面尺度巨大，设计时首先对混凝土主体和钢屋盖进行了结构单元划分，以减小结构温度变形及应力；同时采用混凝土外加剂，预应力等技术进一步加强控制措施。此外，除设置结构后浇带以外，在施工阶段还将结构划分为更小的单元采取跳仓法进行施工，较大程度地缓解了温度及混凝土的收缩应力和变形。

3．钢屋盖选型

针对本工程钢屋盖结构特点，研究了竖向传力体系和水平传力体系的工作性能。主楼屋盖竖向及水平天窗的存在会对屋盖结构产生不利影响，计算分析后设置加强桁架使力流能够有效传递，同时提高屋盖结构的整体性。对屋盖进行了极限承载力分析、多维多点时程分析。分析结果表明，屋盖结构体系合理，传力明确，节点及构件安全可靠。

4．Y形柱选型及试验研究

Y形钢柱是航站楼室内重要的展示构件，其与结构四周圆钢管柱共同支承起整个主楼造型屋面。Y形柱造型独特，竖直段采用八边形实腹式主体，分叉段采用实腹式主体，分叉过渡段为铸钢弯扭构件。

特殊Y形柱受力复杂且设计无规范依据，为了保证关键构件受力安全，对Y形钢柱采取了概念设计、有限元分析和试验研究相结合的方法以对比验证。通过试验研究可知，试验结果与有限元分析结果基本一致，构件及节点的构造合理，设计方法可行。

近年来国内陆续建设中或已投运的干线机场航站楼，以北京大兴机场为代表，其最显著的特点就是规模巨大、结构体系复杂。东航站楼建成后将不仅具有航空港这一基本功能，还将通过无缝连接地铁、城铁、高铁、公路以及机场内部捷运系统、地下管廊系统，形成真正意义上的航空综合交通枢纽。目前，西安咸阳机场三期工程东航站楼主体结构已完成施工，机电管线安装正紧张有序进行中，此西北地区最大的民航工程将于2025年建成投运。

参考资料

[1] 长安大学. 西安咸阳国际机场三期扩建工程地震安全性评价报告[R]. 2020.

[2] 中建研科技股份有限公司. 西安咸阳国际机场风洞测压试验报告[R]. 2020.

[3] 机械工业勘察设计研究院有限公司. 西部机场集团有限公司西安咸阳国际机场三期工程试验段东航站区航站楼岩土工程勘察报告[R]. 2020.

[4] 中国建筑西北设计研究院有限公司. 东航站楼超限结构抗震设计可行性论证报告[R]. 2020.

[5] 曹莉, 扈鹏, 王勉, 等. 西安咸阳国际机场东航站楼结构设计[J]. 建筑结构, 2022, 52(11): 1-7, 21.

[6] 扈鹏, 曹莉, 李贞, 等. 西安咸阳国际机场东航站楼钢结构设计[J]. 建筑结构, 2022, 52(11): 8-14, 63.

[7] 李靖, 曹莉, 扈鹏, 等. 西安咸阳国际机场东航站楼隔震设计[J]. 建筑结构, 2022, 52(11): 15-21.

设计团队

项目负责人：安　军、王　刚

结构设计团队：曹　莉、扈　鹏、王　勉、杨　琦、辛　力、任同瑞、李　靖、朱　聪、苏忠民、杜　文、严震霖、张铭兴、程凯峰、鲍一轮、李　贞、王建卫、徐良齐、冯丽娜、戴凤亭、常振宁、王　珅

获奖信息

2019 年度中建西北院优秀设计奖（方案类）一等奖

第 2 章

西宁曹家堡机场 T3 航站楼

2.1 工程概况

2.1.1 建筑概况

西宁曹家堡机场三期扩建工程航站楼项目，位于西宁市东南方向海东市互助县高寨乡境内。航站楼平面呈 W 形布置，采用航站楼主楼加指廊的构型设计。航站楼由中心区及东、西、北 3 条指廊构成，总建筑面积 15.8 万 m²。航站楼地上 3 层（含夹层），中心区局部为地下 1 层，屋面建筑最高处标高 44.2m，最低处标高 16.9m。局部地下 1 层为换乘层，1 层为到达层，局部夹层为到达夹层，2 层为出发层。基础形式为桩基础。

航站楼东西长约 895m，南北宽约 391m，建筑屋面呈双曲面。下部主体结构为钢筋混凝土框架，屋盖结构为由钢管混凝土锥形柱支承的空间曲面网架结构体系。建筑建成效果如图 2.1-1 所示。

图 2.1-1 西宁曹家堡机场三期工程航站楼建筑效果图

2.1.2 设计条件

1. 主体控制参数

结构主体控制参数见表 2.1-1。

控制参数 表 2.1-1

项目		标准
结构设计基准期		50 年
建筑结构安全等级		二级
结构重要性系数		1.1
建筑抗震设防分类		重点设防类（乙类）
地基基础设计等级		甲级
设计地震动参数	抗震设防烈度	7 度
	设计地震分组	第三组
	场地类别	Ⅱ 类
	小震特征周期/s	0.45
	大震特征周期/s	0.50
	设计基本地震加速度值/g	0.15（安评）

建筑结构阻尼比	多遇地震	采用材料阻尼比：混凝土 0.05，钢 0.02
	罕遇地震	0.05
水平地震影响系数最大值	多遇地震	0.149（安评）
	设防烈度地震	0.23（规范）
	罕遇地震	0.50（规范）
地震峰值加速度/（cm/s²）	多遇地震	35

2．结构抗震设计条件

混凝土结构抗震等级一级，钢结构抗震等级三级。采用首层底板作为上部结构的嵌固端。

3．风荷载

结构变形验算时，按 50 年一遇取基本风压为 0.35kN/m²，承载力验算时按基本风压的 1.1 倍采用，场地粗糙度类别为 B 类。项目开展了风洞试验，模型缩尺比例为 1∶250，模型如图 2.1-2 所示。设计中采用了规范风荷载和风洞试验结果进行位移和强度包络验算。

图 2.1-2　航站楼模拟风洞试验照片

4．温度作用

根据《建筑结构荷载规范》GB 50009-2012，青海省西宁市 50 年月平均最高气温为 29℃，月平均最低气温为−19℃；再结合西宁市历史基本气温资料统计，合拢温度定为 5～15℃，基本可满足 3～10 月份顺利合拢。

2.2　建筑结构特点

2.2.1　高填方工程地基基础

航站楼用地范围原状场地整体地势呈西高东低、北高南低，海拔高程为 2127～2169m。根据场地竖向规划要求，航站楼主楼及西指廊首层绝对标高为 2167.1m，北指廊首层绝对标高为 2167.5m，东指廊首层绝对标高为 2166.5m。因此，航站楼用地范围须进行回填，回填厚度大，最大填方高度约 40m，平均填方高度约 20m，拟建场地地势平面示意图详见图 2.2-1。

大面积的高填方所产生的自重荷载将给地基土带来较大的附加压力，且影响深度较大，由此将产生较大的压缩沉降，且填筑体本身也将在附加荷载作用下产生一定的沉降。综合考虑造价、施工难易程度等因素，并在结合二期工程经验的基础上，采用分层碾压结合强夯补强填筑工艺。

航站楼结构柱距较大，局部位置承担的荷载较大。依据地勘资料及高填方实际情况，对基础方案进行比选，最终采用扩底钻孔灌注桩基础加独立承台的形式，承台双向设置基础拉梁，桩端持力层为中风化泥岩。考虑到本工程填方厚度特别大，回填完成后与桩基础施工的时间间隔很短，填筑体存在一定工后沉降，将使得桩周土层产生的沉降大于桩基的沉降。基于上述考虑，桩基设计采取如下措施：

（1）设计前选取与航站楼回填深度相近的回填试验段进行试桩；

（2）考虑桩侧负摩阻力对桩承载力及沉降的影响，将负摩阻力作为附加下拉荷载进行桩的承载力设计；

（3）首层设置梁板结构。

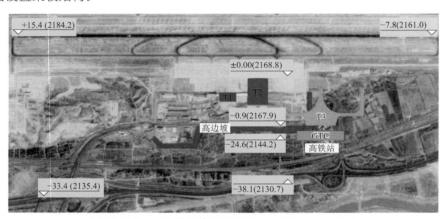

图 2.2-1　西宁曹家堡机场三期工程拟建场地地势平面示意图

2.2.2　航站楼中心区超长混凝土结构

受建筑造型和工艺流程限制，最大限度地控制结构缝的间距，结构分缝的间距均超过规范要求，形成超长混凝土结构。尤其是航站楼中心区，东西向长 298m，南北向宽 234m。超长结构在混凝土自身收缩及季节温变工况下，由于梁板混凝土的变形受到约束，在梁板内会产生沿结构水平向的收缩及温度作用，且梁板中应力呈现出两端小中间大的趋势。收缩及季节温变工况下，竖向构件内同样会产生可观的内力，由于变形协调的缘故，竖向构件内力呈现出与梁板内力相反的趋势。过高的温度作用下，结构会产生大量不可控的裂缝及较大的结构变形，影响结构正常使用及承载力安全。为解决超长问题，在航站楼结构整体抗变形设计中采用"放""抗""防"相结合的概念。

"放"的方法是通过施工期间布设一定数量的后浇带来释放混凝土自身的收缩变形（内部约束）。"抗"的方法是通过在楼盖内建立预应力来抵消梁板的收缩及温度变形。"防"的方法是通过调整结构的约束分布、约束形成的次序等方法，降低结构的约束程度，进而达到结构内力、变形及裂缝总体可控的目的。总的设计原则是："以防为主，抗放兼备"。

2.2.3　空间双曲面屋盖结构

西宁曹家堡机场 T3 航站楼屋盖建筑设计理念为"高原之冠""三江溯源""青海之钻"，由一个中心 C 区，3 条指廊构型组成。屋盖整体为跌落式台阶布置，中心 C 区南侧为最高点，东西两侧屋面由最高点依次向北逐渐跌落，形成三个自然台阶，台阶跌落处均为带形侧天窗。航站楼屋盖由中心 C 区向外自然延伸为 3 条指廊，指廊中部均为弧线形天窗采光带，延伸至指廊尽端。航站楼屋盖分区及关键部位见图 2.2-2。

中心 C 区出发层入口处屋盖为撕裂口错层造型。其中错层布置最高点达到 7.5m 高差，低阶错层处最大悬挑 26.0m，兼具出发层入口雨篷功能。建筑典型剖面见图 2.2-3 及图 2.2-4。

T3 航站楼屋盖表皮为自由曲面，通过 Rhino（犀牛）软件进行曲面分析，结合屋面排水要求，等高线网格划分最终形成双曲面形态。常规结构建模手段对于此类空间双曲面表皮难以准确模拟，因此通过表皮分段划分，结合下部主体结构分缝位置将屋盖表皮划分为中心 C 区、带形侧天窗区域、西指廊、北指廊、东指廊 5 个表皮分块，分块进行结构模型搭建。采用 Rhino（犀牛）参数化建模、局部结合 3D3S 网格投影方式建模，通过各分段拼接完成整体结构模型。建筑表皮划分见图 2.2-5。

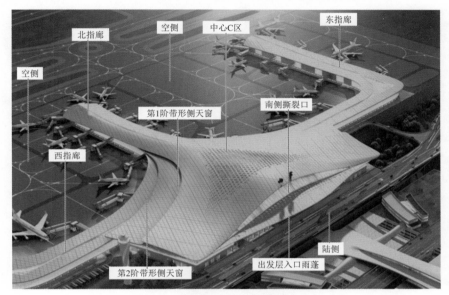

图 2.2-2 航站楼屋盖分区及关键部位示意

图 2.2-3 航站楼屋盖东西向剖面

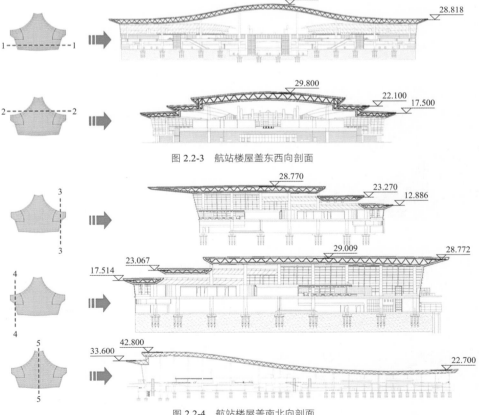

图 2.2-4 航站楼屋盖南北向剖面

图 2.2-5　航站楼屋盖中心 C 区表皮网格划分（局部）

2.2.4　侧天窗搭接网格结构

　　西宁曹家堡机场 T3 航站楼屋盖建筑造型分别在东西两侧为带状弧形侧天窗，陆侧出发层位置为撕裂口侧天窗，建筑造型复杂，侧天窗造型要求较高，南侧撕裂口位置上下层屋面最高处落差达 7.5m，同时侧窗外侧为下层屋面兼作出发层入口雨篷；航站楼东西两侧由两个台阶错层处理，将屋面划分为 4 个分段，错层最高点位置落差达 5.0m。建筑屋面较多错层布置给结构受力带来较高的技术挑战，为满足建筑造型及侧天窗功能要求，结构设计采用空间搭接网格结构，见图 2.2-6，较好地解决建筑造型要求，也达到了结构受力合理的目的。侧天窗建筑效果及结构方案详见图 2.2-7～图 2.2-10。

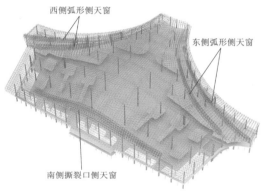

图 2.2-6　航站楼屋盖侧天窗位置结构模型示意

图 2.2-7　航站楼屋盖南侧撕裂口侧天窗效果图

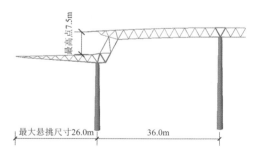

图 2.2-8　南侧撕裂口侧天窗典型剖面图

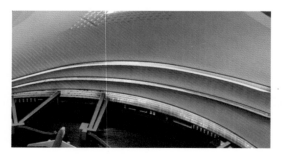

图 2.2-9　航站楼屋盖东西侧侧天窗效果图

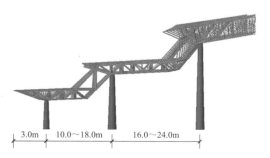

图 2.2-10　东西侧侧天窗位置典型剖面图

2.3 体系与分析

2.3.1 结构体系及布置

1. 下部主体结构体系及布置

1）结构单元划分

西宁曹家堡机场航站楼采用中心区主楼加东西北 3 条指廊的整体构型。航站楼及指廊主要基于以下因素进行结构单元的划分：

（1）应最大限度地满足建筑使用功能的需求；

（2）航站楼主楼单元划分时应考虑中心区主楼及钢屋盖的整体性要求；

（3）混凝土及钢屋盖的单元划分应统筹兼顾、统一考虑；

（4）划分单元后，超长结构的温度作用问题能够解决；

（5）单元平面和竖向规则性控制。

根据以上划分原则，将航站楼混凝土主体结构划分为 10 个结构单元，西侧与 T2 连接的西连廊，主体结构划分为 2 个结构单元；西连廊与航站楼设缝分开。各结构单元之间的结构缝按防震缝的要求进行设置。结构单元划分示意见图 2.3-1。

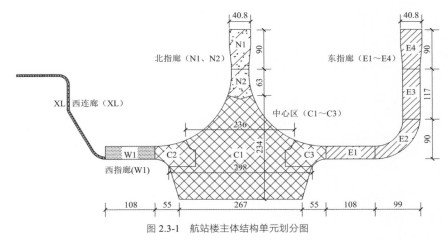

图 2.3-1 航站楼主体结构单元划分图

2）航站楼系统构成

航站楼中心 C1 区整体模型如图 2.3-2 所示，整个结构系统由屋盖系统、主体结构两个分系统构成，如图 2.3-3 所示。

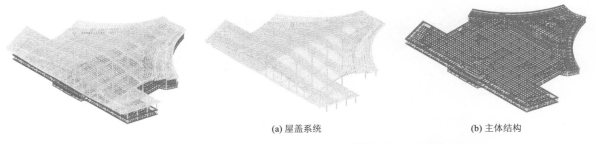

(a) 屋盖系统　　　　　　　(b) 主体结构

图 2.3-2 航站楼中心 C1 区整体模型　　　图 2.3-3 航站楼中心 C1 区结构系统构成

3）主体结构

航站楼中心 C1 区典型柱网尺寸为18m×18m，采用全现浇钢筋混凝土框架结构体系，楼盖结构采用现浇钢筋混凝土井字梁楼盖体系。柱混凝土强度等级采用 C50，梁混凝土强度等级采用 C40，钢柱钢材牌号为 Q355C。

航站楼按建筑楼层功能自下至上划分为：−6.40m 局部地下一层换乘层、±0.00m 首层到达层、4.80m 为到达夹层、8.80m 二层平面出发层。

针对 8.80m 二层平面出发层荷载较大的区域，在框架梁中布设缓粘结预应力筋，以提高其竖向荷载下的抗裂能力。针对主楼混凝土结构超长问题，则视不同区域温度作用水平采用补偿收缩技术、楼板中布设缓粘结预应力筋、设置后浇带等措施来解决。

考虑到航站楼建筑楼板内预埋管线较多，板厚采用 140mm，根据较经济的板厚和跨度之间关系，楼板跨度按 4.5m 设置。因此，楼面采用井字梁布置，间距 4.5m。结构典型平面布置及构件尺寸分别见图 2.3-4 及表 2.3-1。

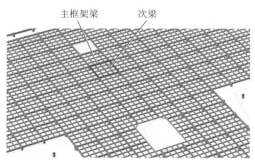

图 2.3-4　中心区典型结构平面布置图

中心区主体结构典型构件尺寸表　　　　　　表 2.3-1

典型柱网	18m × 18m
典型柱	钢筋混凝土圆柱 $D = 1200 \sim 1800$mm
支承钢屋盖柱	钢管混凝土圆柱 $D = 1600 \sim 1800$mm
典型框架梁	钢筋混凝土：1000mm × 1300mm、1000mm × 1200mm
典型次梁	钢筋混凝土梁：400mm × 1100mm
楼层板	板厚 140mm

4）指廊结构

航站楼指廊区典型柱网尺寸为 9m × 9m，采用全现浇钢筋混凝土框架结构体系，楼盖结构采用现浇钢筋混凝土井字梁楼盖体系。柱混凝土强度等级采用 C50，梁混凝土强度等级采用 C40，钢柱钢材牌号为 Q355C。航站楼指廊区（以东指廊 E2 段）的计算模型见图 2.3-5，主要构件尺寸见表 2.3-2。

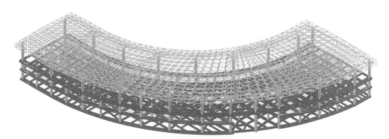

图 2.3-5　航站楼 E2 区整体模型轴测图

指廊区主体结构典型构件尺寸表　　　　　　表 2.3-2

典型柱网	9m × 9m
典型柱	钢筋混凝土圆柱 $D = 800 \sim 1000$mm
支承钢屋面柱	钢管混凝土圆柱 $D = 1200$mm
典型框架梁	钢筋混凝土梁：400mm × 750mm、400mm × 800mm
典型次梁	钢筋混凝土梁：300mm × 700mm
楼层板	板厚 130mm

2．上部钢屋盖结构体系及布置

1）屋盖结构概述

西宁 T3 航站楼屋盖钢结构由中心 C 区及 3 条指廊组成，屋盖整体为跌落式台阶布置，中部南侧为最高点，在东西两侧，屋面由南向北逐渐跌落，形成 3 个自然台阶，并依次延伸为 3 条指廊。屋盖结构分区示意见图 2.3-6。中心 C 区屋盖最高点为 43.0m，陆侧出发层入口处屋盖撕裂口位置屋面上下最高落差 7.5m，最大悬挑长度 26.0m，兼具出发层入口雨篷功能。中心 C 区支承屋面柱典型柱网为 36.0m×36.0m，局部 36.0m×54.0m，中心 C 区结构为锥形柱支承的空间网格结构体系；指廊屋盖结构为周边支承空间网格结构体系，结构跨度分别为 27.0m 或 36.0m，外侧支承柱距为 18.0m。建筑典型剖面图见图 2.3-7，结构典型剖面见图 2.3-8～图 2.3-10。

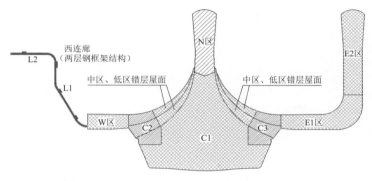

图 2.3-6　航站楼屋盖结构分区图

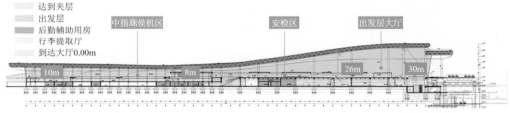

图 2.3-7　航站楼南北剖面图

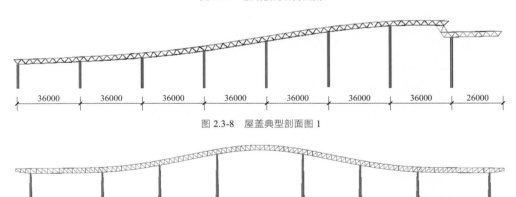

图 2.3-8　屋盖典型剖面图 1

图 2.3-9　屋盖典型剖面图 2

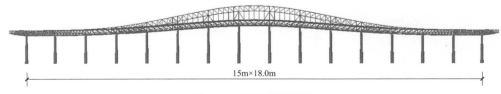

图 2.3-10　屋盖典型剖面图 3

西宁机场 T3 航站楼屋盖采用正放四角锥、双向正交正放网格结构。指廊区均为双向正交正放网格结构；中心 C 区为正放四角锥网格结构，局部为双向正交正放网格结构。中心 C 区屋盖结构陆侧撕裂口边处屋盖结构最大悬挑长度 26.0m，左右两侧陆侧檐口位置最大悬挑长度 12.0m；屋盖杆件均采用热轧无缝钢管，材质为 Q355B 级钢，节点采用焊接球节点。屋盖下部支承柱均采用锥形变截面钢管柱，柱顶支座与屋盖铰接，柱底为刚接。屋盖锥形支承柱渐变截面从出发层 8.8m 起至屋盖支座底。钢管锥形柱截面尺寸为 ϕ(1000～1800mm)×40mm，或 ϕ(800～1600mm)×30mm，Q355GJC 级钢，8.8m 以下均为等截面钢管混凝土柱直柱，下插至混凝土基础承台顶。屋盖结构三维轴测图见图 2.3-11。

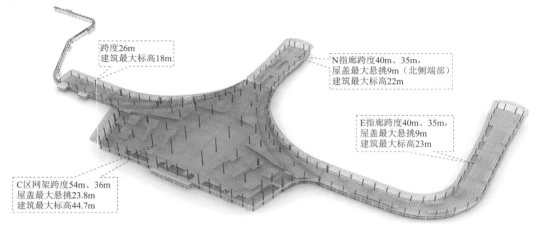

图 2.3-11　航站楼屋盖结构三维轴测图

2）屋盖侧天窗竖向传力路径分析

中心 C 区屋盖结构东西两侧采用错落台阶式建筑构型，台阶位置突变布置竖向形成建筑侧窗，侧天窗屋盖局部示意见图 2.3-12，屋盖结构水平向传力路径及平面外刚度均有较大削弱，有必要对结构传力路径进行分析，确定合理的结构体系。为考察此处结构受力合理性，取局部模型进行力学分析，不同分区的屋盖通过转折搭接桁架体系连接，屋盖侧天窗结构搭接示意见图 2.3-13。竖向荷载作用下钢屋盖在侧天窗处的轴力分布见图 2.3-14，节点竖向变形见图 2.3-15。

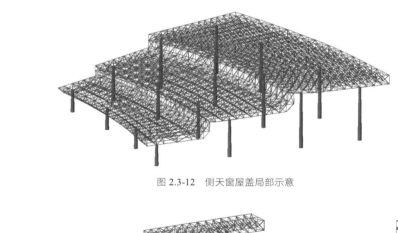

图 2.3-12　侧天窗屋盖局部示意

图 2.3-13　屋盖侧天窗结构搭接示意

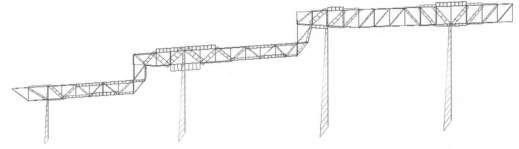

图 2.3-14　竖向荷载作用下杆件轴力分布

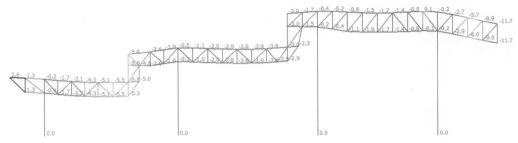

图 2.3-15　竖向荷载作用下节点竖向变形示意

　　通过计算可知，侧天窗位置采用折板搭接桁架结构体系，搭接位置竖杆或斜杆均有轴力，说明竖向荷载作用下结构内力传递具备连续性；从结构竖向变形可进一步验证该结构体系变形的协调性，说明空间搭接桁架体系可较好满足下部独立柱或无柱大跨度空间设计要求。结构传力明确、结构体系成立。

　　3）屋盖侧天窗水平传力路径分析

　　屋盖根据屋面高度划分为低区、中区、高区三个区域，相互间高差最大处约 5.0m 左右，因高差导致屋盖间整体性较差，难以有效传递水平力。有必要通过分析水平力传递进一步验证侧窗位置搭接网格结构体系的合理性。分别通过单榀计算模型及局部整体模型进行计算分析，单榀计算模型取水平风荷载节点力进行加载，局部整体计算模型取单向水平地震作用（EX）进行分析，如图 2.3-16 所示。

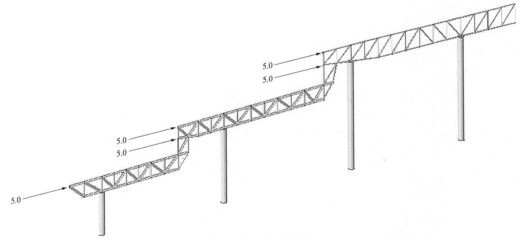

图 2.3-16　施加水平荷载模型（单榀）

　　通过分析可知，侧窗搭接网格处腹杆、弦杆等构件均有轴力，如图 2.3-17 所示，说明此处转折网格可以有效进行力的传递。从力的大小及分布可以看出，水平力传递主要沿柱列方向，见图 2.3-18，因此在柱列方向应进一步进行结构加强，如设置上下弦水平支撑、控制弦杆应力比等加强措施，见图 2.3-19。

　　通过转折搭接桁架结构体系，由于纵向斜杆的存在，使得水平力传递可以得到保证。在纵向柱列处，对局部双向正交网格结构通过设置水平支撑杆件，从而提高整体屋面的面内刚度，进一步加强柱列位置桁架结构整体性，提高水平力的传递，可以进一步明确侧窗搭接体系方案合理、可行。

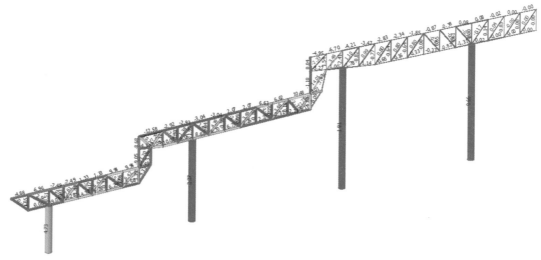

图 2.3-17　水平荷载作用下桁架杆件轴力分布（单榀）

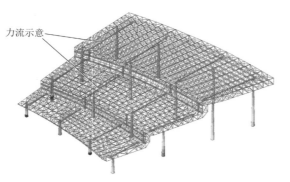

图 2.3-18　EX 水平地震作用下杆件轴力示意图

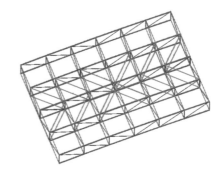

图 2.3-19　沿柱列位置网格上下弦设置水平支撑杆示意

3. 基础结构设计

1）地基基础设计等级

地基基础设计等级为甲级，建筑物湿陷等级分类为甲级，建筑桩基设计等级为甲级。

2）地基处理

T3 航站楼场地及周边地面发育陡坎、地形起伏大，地势整体呈西高东低、北高南低之势，大部分需要回填，回填分区平面见图 2.3-20。根据地质勘察报告并考虑建设工期及经济因素，航站楼区域湿陷性不进行预先处理，采用桩基穿透湿陷土层及厚填土区域，采用扩底钻孔灌注嵌岩桩，设计中考虑湿陷土层及回填土的负摩阻力。考虑后期地面沉降因素，首层标高设置一层结构梁板。

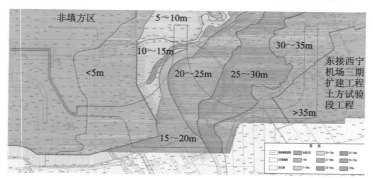

图 2.3-20　T3 航站楼工程回填分区平面图

对现有回填场地进行原地面夯实再分层回填夯实,施工前进行专门土方及地基处理试验研究(图2.3-21),为后期桩基施工提供参数。

图 2.3-21 土方回填试验段位置示意

3)基础设计

航站楼结构体系复杂,由于设备专业及行李工艺使用荷载较大,柱网间距大,故而造成本工程中单柱荷载巨大,荷载分布不平衡等特点。根据地质勘察报告中典型的工程地质剖面图(图2.3-22),航站楼大部分区域为回填土,且原地面土层具有湿陷性。经综合考虑,基础大部分采用扩底钻孔灌注嵌岩桩,对局部二期填筑区域,采用不扩底钻孔灌注嵌岩桩,桩基结构平面布置及桩基选型如图2.3-23及表2.3-3所示。桩基应穿透湿陷土层及厚填土区域,桩端进入⑥$_2$层中风化泥岩不少于2m。考虑后期地面沉降因素,首层标高设置一层结构楼板。

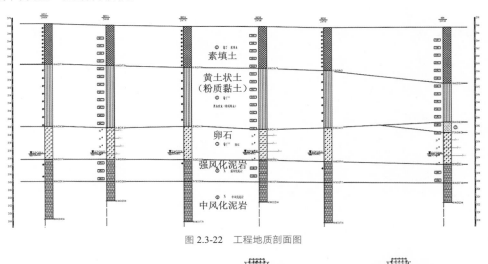

图 2.3-22 工程地质剖面图

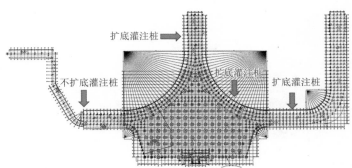

图 2.3-23 桩基平面布置图

位置参数	基础形式	桩径/mm	桩长/m	承载力特征值/kN	备注
航站楼中心区	扩底灌注桩	1000	60	4500	扩底 2m
西指廊、西连廊	不扩底灌注桩	800	45	3000	不扩底
北指廊	扩底灌注桩	800	48	3000	扩底 1.6m
东指廊	扩底灌注桩	1000	60	4200	扩底 2m

注：桩端进入⑥₂层中风化泥岩 2m 考虑。

4．基础方案对比

表 2.3-4 对两种基础方案进行了比较。综合造价、施工进度影响，实际施工图设计选用方案 2，采用现浇混凝土扩底灌注桩。

基础方案对比　　　　　　表 2.3-4

基础类型	首层是否设置梁板	回填土回填形式	湿陷性黄土是否处理	桩径/桩长/m	桩端是否扩底	桩承载力/kN	桩数
方案 1：桩基础不扩底	设置梁板	分层强夯	素土挤密桩	1.0/60	不扩底	2500	2803
方案 2：桩基础扩底	设置梁板	分层强夯	不处理	1.0/60	扩底	3500	2413

方案 2 比方案 1：
1. 单桩承载力提高约 40%；
2. 桩数减少 390 根，减少 14%；
3. 综合总价减少 5400 万元（取消挤密桩节约造价 2400 万元，减少桩数节约造价 3000 万元）。

2.3.2　性能目标

1．抗震超限分析和采取的措施

航站楼中心 C1 区主要存在以下超限特征：（1）主体结构存在扭转不规则，考虑偶然偏心的扭转位移比大于 1.2；（2）存在夹层、穿层柱；（3）屋盖结构错层导致水平力传递不连续；（4）陆侧屋盖大悬挑结构。

针对结构超限问题，设计中采取了如下应对措施：

（1）考虑到结构的复杂性，计算分析采用多个不同力学模型的结构分析软件进行整体计算分析，以保证力学分析的可靠性。

（2）对高度较高的穿层柱进行屈曲分析，复核计算长度。

（3）对错层屋盖结构体系进行受力分析，验证结构体系合理性。

（4）对大跨度屋盖进行详细的风荷载、温度作用、地震作用、防连续倒塌及非线性稳定极限承载力分析，多方面对比验证结构承载能力合理性。同时对可能存在的屋盖薄弱部位进行构造加强。

（5）对大跨屋盖结构关键性节点进行有限元模拟验算，保证结构刚度、承载能力，满足"强节点、弱构件"设计要求。

2．抗震性能目标

航站楼工程地处 7 度（0.15g）区，抗震设防类别为乙类，场地类别 Ⅱ 类。综合考虑航站楼的功能和规模、震后损失和修复的难易程度等因素，参照《高层建筑混凝土结构技术规程》JGJ 3-2010，抗震性能目标设定为 C 级，具体性能目标如表 2.3-5 所示。

主体结构				
构件	构件分类	多遇地震（性能水准 1）	设防烈度地震（性能水准 3）	罕遇地震（性能水准 4）
支承屋面柱	关键构件	弹性	无损坏；弹性	轻度损坏；抗剪不屈服、抗弯不屈服
一般框架柱	普通竖向构件	弹性	轻微损坏；抗剪弹性、抗弯不屈服	部分构件中度损坏；抗剪不屈服，抗弯允许屈服
一般框架梁	耗能构件	弹性	轻度损坏、部分中度损坏；抗剪不屈服	中度损坏、部分比较严重损坏；屈服

钢屋盖				
构件	构件分类	多遇地震（性能水准 1）	设防烈度地震（性能水准 3）	罕遇地震（性能水准 4）
与支座相连屋盖杆件	关键构件	无损坏；弹性	无损坏；弹性	不屈服
侧天窗斜杆	关键构件	无损坏；弹性	无损坏；弹性	不屈服
屋面其余杆件	普通构件	弹性	轻微损坏；不屈服	局部杆件出现塑性

2.3.3 结构分析

1. 小震弹性计算分析

采用 YJK 和 MIDAS Gen 分别计算，振型数取 72 个，周期折减系数取 0.85。计算结果见表 2.3-6～表 2.3-8。由表可见，两种软件计算的结构总质量、振动模态、周期、基底剪力、层间位移比等均基本一致，可以判断模型的分析结果准确、可信。结构第一扭转周期与第一平动周期比值为 0.89，表明结构整体抗扭刚度良好。

总质量与周期计算结果　　　　　　　　　　　　　　　　　表 2.3-6

周期		YJK	MIDAS Gen	YJK/MIDAS Gen	说明
总质量/t		256696.3	256942.5	99.9%	
周期/s	T_1	1.4768	1.4330	103%	X 平动
	T_2	1.3736	1.3467	102%	Y 平动
	T_3	1.3143	1.2753	103%	扭转振型
	T_4	1.1456	1.1148	103%	高阶振型
	T_5	1.0685	1.0641	100%	高阶振型
	T_6	1.0615	1.0419	102%	高阶振型

基底剪力计算结果　　　　　　　　　　　　　　　　　　表 2.3-7

荷载工况	YJK/kN	MIDAS Gen/kN	YJK/MIDAS Gen	说明
EX	136179	133509	102%	X 向地震
EY	131675	129093	102%	Y 向地震

层间位移比计算结果　　　　　　　　　　　　　　　　　表 2.3-8

荷载工况	YJK	MIDAS Gen	YJK/MIDAS Gen	说明
EX	1/1458	1/1508	103%	X 向地震
EY	1/1410	1/1470	104%	Y 向地震

2. 抗震性能化设计

第 2.3.2 节规定了结构的抗震性能目标设定为 C 级，该目标等级要求设防烈度地震作用下结构的宏观损坏程度为轻度损坏、预估罕遇地震作用下结构的宏观破坏程度为中度损坏。结合第 2.3.2 节设定的抗震性能目标，采用 SAUSAGE 对结构进行中、大震下动力时程分析，根据塑性铰分布情况及弹塑性层间位移结果，可以得出以下结论：

（1）混凝土结构最大层间位移角为 1/512，小于 1/100，满足预定的抗震性能目标。

（2）混凝土结构仅少量柱端出现塑性铰，且均处于轻微屈服状态，塑性铰绝大部分出现在梁端，但大多数也只是处于轻微屈服状态，仅个别梁端塑性铰处于中等屈服状态；混凝土结构转换梁未出现塑性铰；钢结构屋顶支承钢柱、屋顶关键杆件均处于弹性状态，个别与支承钢柱相连的梁出现轻微屈服。

（3）虽有部分构件进入弹塑性工作状态，出现强度、刚度退化，但退化程度不大，整体结构具有足够的能力进行内力重新分布，维持其整体稳定性，承受地震作用与重力荷载，满足大震作用下结构中度损坏的抗震性能目标。

（4）楼板受压损伤不明显，钢筋塑性变形较小，各层楼板拉裂后仍可承担竖向荷载。

3．钢结构屋盖计算分析

1）分析模型

屋盖静力分析模型为 8.8m 以上钢屋盖 + 支承柱模型，采用 3D3S 及 MIDAS Gen 通用有限元软件进行计算，网架部分采用两端铰接的桁架单元，局部天窗位置钢梁及支承柱采用一般梁单元。屋盖的抗震分析模型分别采用 8.8m 以上钢屋盖 + 支承柱模型并考虑动力放大系数，同时采用屋盖 + 下部主体结构的整体模型，进行包络分析。本节屋盖结构分析模型主要取航站楼中心 C 区，C1 段网架及桁架杆件截面见表 2.3-9。

杆件截面选用表　　　　　　　　　　　　　　表 2.3-9

结构	截面
网架部分/mm	$\phi75.5 \times 3.75$、$\phi88.5 \times 4$、$\phi114 \times 4$、$\phi140 \times 4$、$\phi159 \times 6$、$\phi140 \times 10$、$\phi159 \times 10$、$\phi159 \times 12$、$\phi180 \times 12$、$\phi180 \times 14$、$\phi219 \times 14$、$\phi245 \times 14$、$\phi245 \times 16$、$\phi325 \times 16$、$\phi325 \times 20$、$\phi325 \times 25$
侧天窗结构构件/mm	$300 \times 200 \times 16$ 矩形钢管、$200 \times 200 \times 16$ 矩形钢管

2）竖向荷载分析

屋盖结构竖向变形经分析表明，屋盖中部最大挠度均满足规范要求；屋盖悬挑位置在恒荷载 + 活荷载作用下，挠度不满足规范要求，但可通过将自重荷载作用下的挠度预起拱方式来解决，起拱值取自重 +0.5 倍附加恒荷载下的挠度。

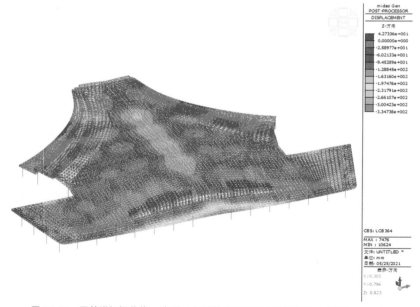

图 2.3-24　屋盖附加恒荷载 + 自重 + 活荷载作用下屋盖竖向变形图（单位：mm）

经典回眸　中国建筑西北设计研究院有限公司篇

恒荷载、自重与活荷载标准组合下屋盖跨中竖向最大变形为 167mm（图 2.3-24），出现在屋盖跨中位置，挠跨比为 1/323，满足 1/250 规范要求。

3）风荷载分析

风洞试验报告中给出的平均压力系数等于体型系数与风压高度变化系数的乘积（无量纲）；在进行整体结构设计时，可参考不同风向下的风压系数分布图，选择若干不利风向，取定平均压力系数，再乘以风振系数（1.80）和基本风压，得出风荷载标准值进行结构设计。

由节点竖向变形可知，风荷载与恒荷载标准值作用下的屋盖结构大部分为向下竖向变形，即屋面竖向挠度仍然由屋盖恒载及自重起控制作用；仅在角部及局部外侧位置为向上竖向变形，风荷载与恒荷载标准组合下悬挑部分最大向上位移为 32.6mm，挠跨比为 1/365，不超过 1/250 限值。

由上述分析可知风荷载作用下，支承构件水平变形均较小，满足规范 1/250 要求。

4）温度作用分析

按照《建筑结构荷载规范》GB 50009-2012，西宁市 50 年一遇的月平均最高气温为 29°C，月平均最低气温为−19°C。钢屋盖部分则额外考虑了温箱热辐射效应的影响。结构合拢温度根据当地全年温度分布确定：暂定合拢温度区间为 10°C ± 5°C，结构在 4～10 月份均可以顺利合拢。温度作用取值见表 2.3-10。

温度作用取值 表 2.3-10

部位	温度作用取值
钢结构	升温 44°C（季节性温升 24°C + 温箱效应 20°C），温降 34°C

本工程屋盖采用钢结构形式，其中航站楼主楼屋盖南北长度 261m，东西最大长度约为 280m，屋盖结构对温度作用较敏感。根据之前所述：

施工阶段，最大温升工况，$\Delta T_k = 29 + 20 - 5 = 44°C$；最大温降工况，$\Delta T_k = -19 - 15 = -34°C$。

正常使用阶段，对于钢屋盖室内部分，由于屋面系统存在保温层，故在正常使用阶段不考虑太阳辐射作用对屋盖结构温度的影响。由于屋盖表面温度与室内正常温度会有一定差异，结构计算温度作用：最高温按 29°C、最低温按−19°C考虑。

钢屋盖室外区域，钢结构温度取室外空气温度，即：最高温度 29°C，最低温度−19°C。

钢屋盖室内区域，冬季室内最低温度为 16°C，夏季室内最高温度为 25°C，考虑到室内不同高度处温度不同，贴近屋顶处温度接近室外气温，所以钢屋盖最高温度取 29°C，最低温度取为−19°C。钢屋盖室内区域正常使用阶段温度作用定为：最大温升工况，$\Delta T_k = 29 - 25 = 4°C$，最大温降工况，$\Delta T_k = -19 - 16 = -35°C$。最终温度作用取值见表 2.3-11。

温度作用取值汇总 表 2.3-11

部位	阶段	区域	结构最高温度/°C	结构最低温度/°C	合拢最高温度/°C	合拢最低温度/°C
钢结构	施工阶段	全部	29 + 20	−19	15	5
	正常使用阶段	室内区域	29	16	15	5
		室外区域	29	−19	15	5

注：荷载组合为，施工阶段：恒荷载 + 温度组合（温度为施工阶段温度取值）；正常使用阶段：恒荷载 + 活荷载 + 温度组合（温度为正常使用阶段温度取值）温度荷载分项系数取 1.5。

（1）正常使用阶段

温度作用下钢屋盖结构的变形如图 2.3-25、图 2.3-26 所示。由图可见，正常使用阶段升温作用下屋盖钢结构最大变形为 117mm；最外侧柱变形最大，柱顶最大变形为 98mm（1/272），位于南侧撕裂口位置，应对此处进一步加强，以控制结构的水平变形。

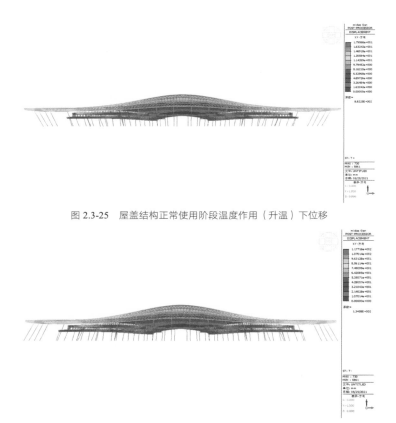

图 2.3-25　屋盖结构正常使用阶段温度作用（升温）下位移

图 2.3-26　屋盖结构正常使用阶段温度作用（降温）下位移

（2）施工阶段

温度作用下钢屋盖结构的变形如图 2.3-27、图 2.3-28 所示。由图可见，施工阶段温升作用下屋盖钢结构最大变形为 87.8mm；最外侧柱变形最大，柱顶最大变形为 70.6mm（1/373），满足规范要求。

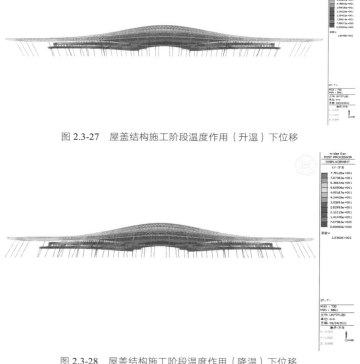

图 2.3-27　屋盖结构施工阶段温度作用（升温）下位移

图 2.3-28　屋盖结构施工阶段温度作用（降温）下位移

5）屋盖抗震分析

（1）屋盖支承结构的侧向位移

表 2.3-12 为 X、Y 向地震作用下结构控制点的位移值。由表可见，根据分析可知 X 向水平地震作用下，高区屋面柱顶位移最大为 57.0mm；Y 向水平地震作用下，高区屋面柱顶位移最大为 54.0mm；高区屋面柱高为 24.000m，地震作用下的位移角为 X 向 1/421、Y 向 1/444，均满足规范 1/250 的要求。

各区域不同地震工况下位移统计　　　　　　　　　　　　　　　　　表 2.3-12

部位	X 向水平位移/mm	Y 向水平位移/mm
高区屋面柱顶	57（X 向地震）	54（Y 向地震）
中区屋面柱顶	17（X 向地震）	16（Y 向地震）
空侧柱顶	7（E-45°或 E-135°地震）	6（E-45°或 E-135°地震）
陆侧柱顶	47（X 向地震）	66（Y 向地震）

（2）钢结构柱底地震剪力

根据分析可知 0°地震及 90°地震方向，高区支承柱柱底水平剪力较大；E-45°及 E-135°地震作用下，空侧斜交位置柱底剪力较大，故对于存在较多斜交方向抗侧力构件的结构体系应附加斜交方向地震进行地震效应复核，并与其他方向地震效应进行包络设计。

（3）屋盖结构承载力验算

对屋盖天窗斜杆、支座杆件等关键性杆件在非地震、多遇地震、设防地震及罕遇地震作用下进行分析，均能满足规范要求。

①非地震组合构件应力比：天窗斜杆最大应力为 234N/mm²，屋盖支座杆件最大应力为 253N/mm²，应力均小于 305N/mm²，满足设计要求，见图 2.3-29 及图 2.3-30。

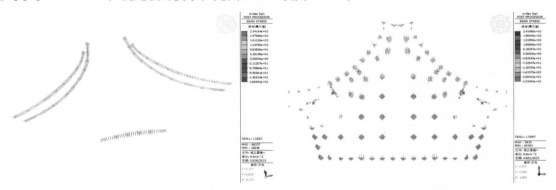

图 2.3-29　天窗斜杆（非地震）应力结果　　　　　图 2.3-30　屋盖支座杆件（非地震）应力结果

②多遇地震组合构件应力比：多遇地震作用下结构关键性构件应力多在 200N/mm² 以下，满足规范要求，见图 2.3-31 及图 2.3-32。

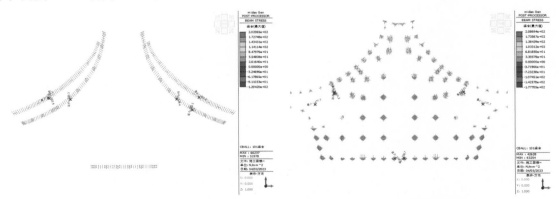

图 2.3-31　天窗斜杆（小震弹性）应力结果　　　　　图 2.3-32　屋盖支座杆件（小震弹性）应力结果

③设防地震组合构件应力比：设防地震作用下结构关键性构件（天窗斜杆）应力多在 270N/mm² 以下，满足中震弹性要求，此处不再赘述。

④罕遇地震弹塑性分析：结构主要竖向构件均未进入塑性，可满足"大震不倒"的设防目标，钢结构屋盖的局部构件进入塑性，大部分构件仍处于弹性工作状态，满足罕遇地震下的性能目标要求。

2.4 专项设计

2.4.1 超长混凝土结构设计

1. 超长混凝土结构概念分析

航站楼中心区 C1 段，平面尺寸298m×234m，典型柱网为18m×18m。为尽可能满足建筑使用功能，航站楼中心 C1 区采用不分缝处理，不分缝结构长度远远超过《混凝土结构设计规范》GB 50010-2010 伸缩缝的最大间距要求。超长结构在混凝土自身收缩及季节温变工况下，由于梁板混凝土的变形受到约束，在梁板内会产生沿结构水平向的收缩及温度作用，且梁板中应力呈现出两端小中间大的趋势。收缩及季节温变工况下，竖向构件内同样会产生可观的内力，由于变形协调的缘故，竖向构件内力呈现出与梁板内力相反的趋势。

过高的温度作用水平下，结构会产生大量不可控的裂缝及较大的结构变形，影响结构正常使用及承载力安全。为解决超长问题，在航站楼结构整体抗变形设计中采用"抗""放""防"相结合的概念。

2. 混凝土收缩等效温度作用

表 2.4-1 为航站楼中心区 C1 段温度作用分析时所采用的温度作用取值。

温度作用取值   表 2.4-1

部位	区域	结构最高温度	结构最低温度	合拢最高温度	合拢最低温度	收缩当量温差	升温	降温
混凝土结构	全部	29℃	−19℃	15℃	5℃	12℃	24℃	−46℃

3. 航站楼温度作用分析

根据前面的温度取值（表2.4-1），在 YJK 中计算夹层、二层出发层楼板中的温度作用，降温作用下，航站楼中心 C1 区 4.800m 标高处楼板温度作用大部分在 3.1MPa 以内，8.800m 标高处（出发层）大部分在 2.0MPa 以内，个别转角、洞口部位应力较大。

4. 超长混凝土结构的设计措施

航站楼中心 C1 区结构单元尺寸较大，对于超长混凝土结构，采取下列设计措施：

（1）设置施工后浇带，后浇带宽 1m，施工后浇带在主体混凝土浇筑 3 个月后再浇筑。大体积混凝土采用 60d 龄期的混凝土强度指标。航站楼中心区长宽两个方向尺度较大，由于建筑功能的需要未设置结构缝。因此，再针对该部分结构，150m 左右设置了结构后浇带，带宽约 4m。该后浇带自首层底板至地上各层顶板所涉及的梁、板均设置，结构梁板通过后浇带的钢筋不得直通，在后浇带范围内错开搭接，后浇带浇筑前在搭接位置中部搭接钢筋单面 10d。结构后浇带混凝土应在主体结构施工封顶后，用比两侧混凝土强度等级提高一级的补偿收缩微膨胀混凝土浇筑密实并加强养护。

（2）采用补偿收缩混凝土技术，即在普通混凝土中掺加一定比例的微膨胀剂，微膨胀混凝土在水化过程中产生适量膨胀，在钢筋和邻位限制下，在钢筋混凝土中建立起一定的预应力，能大致抵消混凝土在收缩时产生的拉应力，从而防止或减少混凝土构件的裂缝产生。膨胀剂的品种和掺量应经试验最终确定，限制膨胀率的设计取值应满足相应规范的技术要求。

（3）在混凝土中掺加以聚丙烯为原料的短纤维，以有效地控制混凝土塑性收缩，改善混凝土的抗渗性能，提高抗冲击及抗震能力。

（4）设置预应力筋。预应力筋在混凝土楼板中可以起到约束楼板和水平构件温度变形的作用。

2.4.2　屋盖钢结构非线性稳定极限承载力分析

屋盖钢结构非线性稳定极限承载能力采用 MIDAS Gen 中的屈曲模块及非线性模块进行分析，空间网架结构体系对于初始缺陷不敏感，计算中仅考虑几何非线性，荷载组合采用 1.0 恒荷载 + 0.5活荷载的标准组合。

1．特征值屈曲分析

对结构进行特征值屈曲分析，得到一阶失稳模态如图 2.4-1 所示。可见一阶失稳模态为中部的竖向失稳，荷载系数为 54.10。分析中将此失稳模态作为初始缺陷引入计算模型中。

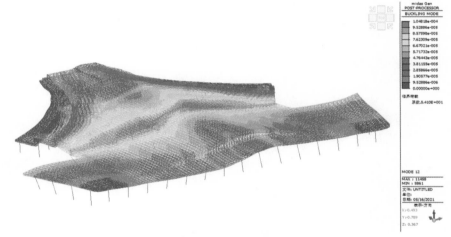

图 2.4-1　屋盖一阶整体失稳模态

2．考虑初始缺陷的分析

不考虑屋盖钢结构的初始缺陷情况下，结构在 1.0 恒荷载 +0.5活荷载标准值组合下（1 倍荷载）的屋盖 Mises 应力云图和变形云图分别如图 2.4-2、图 2.4-3 所示。从图中可看出，在荷载标准值组合下整个钢屋盖应力水平较低，最大应力约 120MPa，整体结构处于弹性阶段。

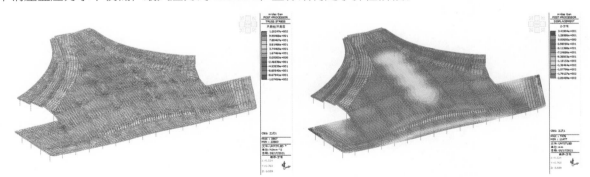

图 2.4-2　1.0 恒荷载 +0.5活荷载标准值下应力云图
（单位：N/mm²）

图 2.4-3　1.0 恒荷载 +1.0活荷载标准值下位移云图
（单位：mm）

考虑到实际的加工和安装误差，为进一步验证结构整体稳定性，有必要考虑结构初始几何缺陷，引入初始缺陷进行极限承载力分析。将结构整体失稳时的破坏模态作为初始缺陷引入结构初始状态（取屋盖一阶整体弹性失稳模态为初始模态），最大初始缺陷取为柱距的1/300。

考虑初始缺陷下，节点A（图2.4-4）的荷载-位移曲线如图2.4-5所示。从图中可看出，考虑初始缺陷后的结构荷载因子可增大到 12.0，从 12.0 以后曲线局部出现转折，可认为结构局部杆件可能发生破坏，但相较于整体结构来说，又可通过自身变形及内力调整达到平衡状态，可以继续加载。说明该网架结构整体稳定性较好，结构极限承载能力较强。由于屋盖不同位置处杆件的初始应力水平不同，在荷载逐步增大的过程中，应力较大的杆件先进入屈服，应力较小杆件后进入屈服甚至不屈服。

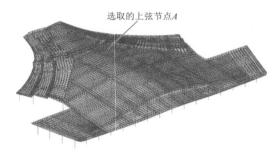

图2.4-4　选取观测上弦节点A位置示意

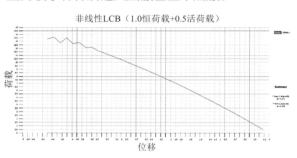

图2.4-5　节点A荷载-位移曲线

2.4.3　结构抗连续性倒塌分析

1. 分析说明

分析偶然事件中关键杆件失效后是否会造成屋面结构的连续倒塌，采用瞬态动力时程分析方法，充分考虑关键杆件失效后结构状态改变的惯性效应。采用 SAP2000 V22.0 程序进行计算，考虑材料非线性及几何非线性。钢管柱均设置轴力-弯矩铰（Fiber P-M2-M3 铰）；网架杆件设置轴力铰（P 铰），轴力铰应力-应变曲线采用三折线模型。竖向荷载考虑 1.0 恒荷载 +0.5活荷载，采用隐式动力算法，分析突然删除构件后的结构响应。

根据发生偶然事件倒塌的可能性、竖向构件的支承跨度、受荷大小以及失效后引起倒塌可能性的大小，经初步判断与分析，选择靠近陆侧车道入口的陆侧边柱失效工况建立分析模型 1；陆侧角柱失效工况建立分析模型 2；选择空侧边柱失效工况建立模型 3；分别进行详细的模拟分析，如图 2.4-6、图 2.4-7 所示。

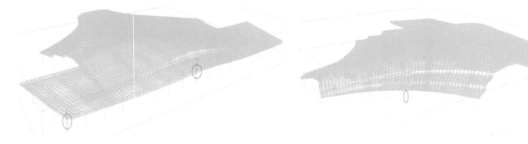

图2.4-6　陆侧失效边柱位置示意　　　　　　　　图2.4-7　空侧失效边柱位置示意

2. 分析评价标准

塑性铰的弯矩-转角曲线如图 2.4-8 所示。塑性铰参数根据 FEMA 356 确定，图中，*IO*、*LS*、*CP*分别代表立即使用、生命安全及防止倒塌 3 个不同的性能水平；*B*、*C*、*D*、*E*分别表示屈服点、峰值点、残余承载力点及极限点；当塑性铰状态处于*C*点之外时，认为杆件失效。计算过程中，当结构的刚度矩阵出现奇异时，认为结构成为机构而倒塌。结构失效曲线观测点均取失效柱柱顶节点。

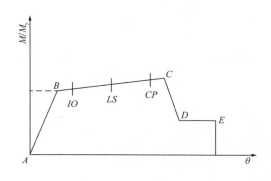

图 2.4-8　塑性铰弯矩-转角曲线

图 2.4-9～图 2.4-14 分别表示陆侧、空侧的相关柱失效后结构塑性发展及屋盖观测点竖向变形时程曲线。

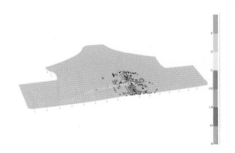

图 2.4-9　模型 1 陆侧边柱失效后结构塑性发展

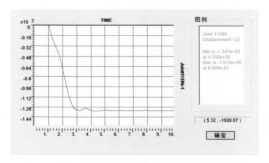

图 2.4-10　模型 1 陆侧边柱失效后屋盖竖向变形时程曲线

图 2.4-11　模型 2 陆侧角柱失效后结构塑性发展

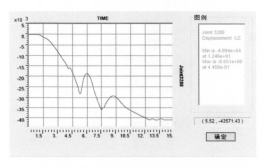

图 2.4-12　模型 2 陆侧角柱失效后屋盖竖向变形时程曲线

图 2.4-13　模型 3 空侧边柱失效后结构塑性发展

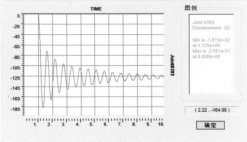

图 2.4-14　模型 3 空侧边柱失效后屋盖竖向变形时程曲线

结论：由塑性铰分布及观测点位移-时间函数曲线可得出，倒塌破坏仅在屋盖局部位置，且产生破坏塑性铰数量较少，并未大面积扩散；倒塌位置结构局部变形较大，但观测点位移经某一段时间振荡后均趋于稳定，说明结构某一部位破坏后结构整体仍然可以处于某一稳定状态，符合防连续性倒塌设计要求。

2.4.4 屋盖节点有限元分析

针对屋盖关键节点进行有限元分析,本节仅选取南侧撕裂口位置节点分析为例,节点位置如图 2.4-15、图 2.4-16 所示。

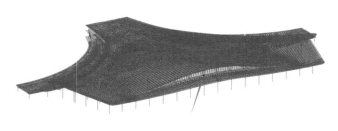

图 2.4-15　屋盖关键节点位置

图 2.4-16　屋盖关键节点细部示意

本项目对关键部位节点分析采用 FEA-NX 实体单元模型,采用四面体或六面体实体单元,由 FEA-NX 进行网格划分,导入 MIDAS Gen 与主体结构协同分析,避免常规节点有限元分析时边界约束刚度不明确带来计算结果失真问题。不同荷载工况下节点应力、应变情况,屋盖关键节点网格划分及应力分析见图 2.4-17。经计算表明屋盖节点强度及刚度均可满足规范要求,达到"强节点"的抗震性能目标。

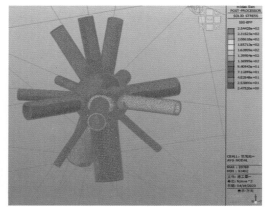

图 2.4-17　屋盖关键节点网格划分及应力分析

2.5　结语

西宁曹家堡机场是青海省省会机场、西北骨干机场,青藏高原区域枢纽机场和丝绸之路重要支点机场,作为我国干线机场,是丝绸之路经济带重要的支点。本工程具有建筑造型独特,场地条件特殊,结构安全性要求较高等特点。结构设计与建筑功能紧密结合,充分实现建筑功能与效果。设计中进行了结构体系、基础形式的比选论证,多程序、多模型计算分析,抗震性能化设计及特殊部位的专项研究等工作,保证结构的安全性及合理性。在结构设计过程中,主要完成了以下几方面的重要工作:

1. 高填方工程地基基础的研究

航站楼用地范围原状场地地形起伏大,大部分需要回填整平,回填厚度较厚,且场地具有Ⅱ～Ⅳ级自重湿陷性。大面积的高填方所产生的自重荷载将给地基土带来较大的附加压力,且影响深度较大,由此将产生较大的压缩沉降,且填筑体本身也将在附加荷载作用下产生一定的沉降。综合考虑造价、施工难易程度、工期影响等因素，并在结合二期工程经验的基础上，采用分层碾压结合强夯补强填筑工艺。

航站楼结构柱距较大，局部位置柱承担的荷载也较大。根据地勘资料及高填方实际情况，对基础方案进行比选，最终采用扩底钻孔灌注桩基础。考虑到航站楼填方厚度特别大，回填完成后与桩基础施工的时间间隔很短，填筑体存在一定工后沉降，将使得桩周土层产生的沉降大于桩基的沉降，桩基设计采取相应措施：（1）设计前选取与航站楼回填深度相近的回填试验段进行试桩；（2）考虑桩侧负摩阻力对桩承载力及沉降的影响，将负摩阻力作为附加下拉荷载进行桩的承载力设计；（3）首层设置梁板结构。

2．超长结构研究

航站楼中心区，结构单元尺寸较大，且西宁地区季节温差大，结构在混凝土自身收缩及季节温变工况下结构产生的温度作用也较大，过高的温度作用下，结构会产生大量不可控的裂缝及较大的结构变形，影响结构正常使用及承载力安全。为解决超长问题，在航站楼结构整体抗变形设计中采用多种措施相结合，设置施工后浇带、结构后浇带、预应力筋、采用补偿收缩混凝土技术等，总的设计原则是"以防为主，抗放兼备"。

3．钢屋盖结构的研究

航站楼建筑屋盖为双曲面造型，构型复杂，存在较多错层及撕裂口侧窗，建筑造型要求较高，对结构设计带来较大技术挑战。结构设计从建筑方案、借助犀牛参数化软件进行结构模型搭建，同时针对本项目错层带来的水平力传递问题，对屋盖结构受力体系进行了专项分析、验证，尤其对侧天窗、撕裂口侧窗位置空间网格搭建合理性等均进行了力学传递合理性分析，对于错层空间网格屋面设计具有较好的借鉴意义。整体屋盖结构经静力分析、抗震分析、稳定极限承载能力分析以及抗连续性倒塌分析等，进一步验证了本项目屋盖结构受力合理性，说明本项目屋盖结构体系安全、可靠。

工程于 2021 年 3 月开始施工，目前主体结构已完成，计划 2024 年 6 月竣工。

参考资料

[1] 青海省地震局工程地震研究院. 西宁曹家堡机场三期扩建工程场地地震安全性评价报告[R]. 2020.

[2] 机械工业勘察设计研究院有限公司. 西宁曹家堡机场三期扩建工程航站区工程 T3 航站楼（原地面勘察）岩土工程勘察报告[R]. 2020.

[3] 机械工业勘察设计研究院有限公司. 西宁曹家堡机场三期扩建工程航站区工程 T3 航站楼（填方后）岩土工程补充勘察报告[R]. 2022.

[4] 中国建研院建研科技股份有限公司. 西宁曹家堡机场三期扩建工程航站楼风洞测压试验报告[R]. 2020.

设计团队

项目负责人：安　军、吴宝泉

结构设计团队：曹　莉、严震霖、苏忠民、张铭兴、鲍一轮、徐良齐、杨　琦、扈　鹏、王　勉、朱　聪、李　靖、冯丽娜、常振宁

获奖信息

2020 年度第三届 AAUA 西部城市与建筑奖综合设计奖

2019 年度中建西北院优秀设计奖（方案类）一等奖

第 3 章

西安火车站改扩建工程

3.1 工程概况

3.1.1 工程介绍

西安铁路枢纽是西北地区最大的铁路枢纽，坐落于西安市大明宫遗址公园和西安城墙之间，是中国铁路网东西交会的咽喉。既有站房规模较小，车站容量基本饱和，无法满足日益增长的客运需求。随着新一轮的铁路建设及城市轨道交通发展，西安站的枢纽功能将进一步改造、扩建和提升。

改扩建之后车站规模扩大为 9 台 18 线，站房最高聚集人数 12000 人，年发送旅客量约 3630 万人次，成为拥有南北双广场、双站房、多通道的大型综合交通枢纽，同时实现与地铁 4、7 号线无缝接驳、零距离换乘。

西安站改扩建工程主要包括新建北站房、高架候车室、东配楼、既有南站房改造、扩建站台雨篷等几个部分，总建筑面积约为 28.8 万 m²。建成后的新西安站形成双站房布局，北面连接大明宫遗址公园，南面邻近西安明城墙，建筑融合效果图如图 3.1-1 所示。

图 3.1-1　建筑融合效果图

3.1.2 建筑概况

1. 新建北站房、高架候车室

新建北站房、高架候车室位于西安站改扩建工程居中位置，建筑面积约 5.2 万 m²，与既有南站房形成新西安火车站的站房部分。

北站房东西长约 214m，南北宽约 48m。建筑为地下 3 层（东侧设备机房区域为局部地下 2 层），受大明宫遗址保护区文物限高影响，建筑由原高坡屋面调整为平坡屋面，屋面结构最高点标高为 23.675m。地上 3 层至地下 1 层主要功能为地铁市政通廊、站厅、地下车库及设备用房，首层为售票厅、综合办公及候车大厅，2 层以上为候车大厅和设备用房。

高架候车室连接新建北站房与既有南站房，跨越整个车场，建筑面积约 2.7 万 m²，宽度（顺轨道方向）为 135m，长度（垂直轨道方向）约 200m。高架候车室候车层楼面标高 10.0m，两侧商业层楼面标高 18.0m，建筑檐口标高 30.0m，屋脊最高点标高 37.0m。

北站房及高架候车室建成后的建筑照片及剖面图如图 3.1-2 所示。

(a) 北站房及高架候车室建成照片

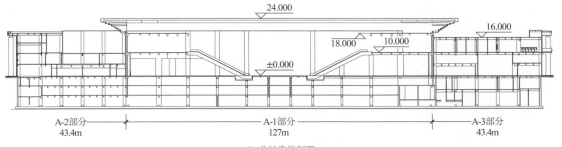

A-2部分 43.4m A-1部分 127m A-3部分 43.4m

(b) 北站房纵剖面

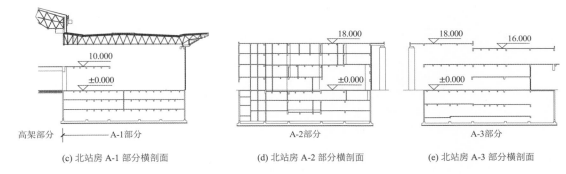

高架部分 —— A-1部分

(c) 北站房 A-1 部分横剖面 　　(d) 北站房 A-2 部分横剖面 　　(e) 北站房 A-3 部分横剖面

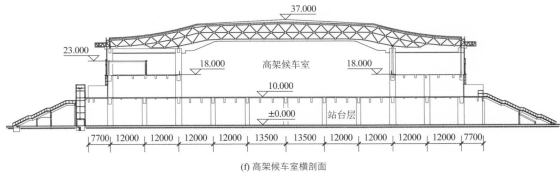

(f) 高架候车室横剖面

图 3.1-2　北站房及高架候车室建成照片和剖面图

2．东配楼

东配楼位于西安站改扩建工程北侧偏东，西侧毗邻新建西安北站房，南侧为扩建车站站台区，北侧为车站北广场区。

东配楼东西长约 216m，南北宽约 48m。建筑为地下 3 层（东侧地铁 4 号线通过上方为局部地下 2 层），受文物限高影响，施工图设计时建筑高度由原方案地上 7 层（局部 5 层）调整为地上 5 层（局部 4

层），最大结构高度为 23.750m。地上 1～3 层主要功能为商业及展厅，同时兼顾车站疏散的作用，地上 4 层以上为公寓；地下第 3 层为地铁 4 号线换乘大厅，其他地下部分为车库及车站辅助用房。图 3.1-3 为建筑建成照片及剖面图。

(a) 东配楼建成照片

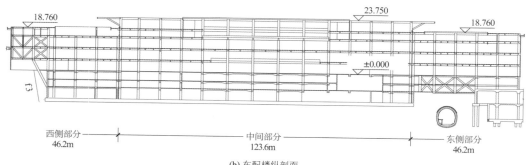

西侧部分 46.2m | 中间部分 123.6m | 东侧部分 46.2m

(b) 东配楼纵剖面

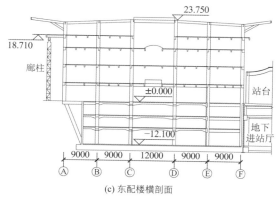

(c) 东配楼横剖面

图 3.1-3　东配楼建成照片及剖面图

3. 站台雨篷

站台雨篷位于高架候车室的两侧布置，为单层钢框架结构，建筑高度约为 8.5～10.5m，整个屋面呈现波纹造型。建筑剖面如图 3.1-4 所示。

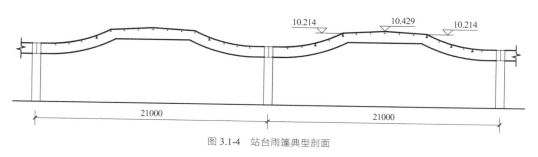

图 3.1-4　站台雨篷典型剖面

4．既有南站房

既有南站房（原西安火车站站房）建成于 1984 年，建筑面积约 3.8 万 m²，分为主楼和东、西配楼 3 个建筑单元。主楼地上两层，局部夹层，总高 26.2m，东、西配楼地上 4 层，局部夹层，总高均为 15.2m。原设计通过变形缝将西安站分为平面规整的 9 个结构单元，结构体系均为现浇钢筋混凝土框架结构。建筑照片及平面图如图 3.1-5 所示。

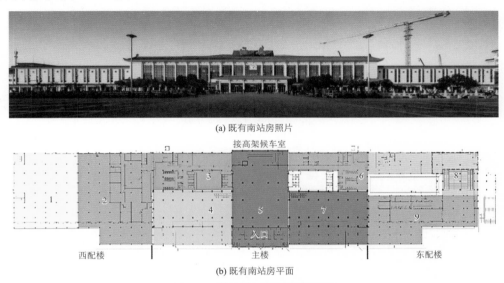

(a) 既有南站房照片

(b) 既有南站房平面

图 3.1-5 既有南站房照片及建筑平面

主要改造内容包括：

（1）主楼建筑布置和功能调整。主楼候车厅原来只有两层，一层层高为 8.0m，二层层高为 10.0m，为了与北侧新建的高架候车室无缝连接，把二层候车厅标高由 7.12m 抬高到 10.0m，原二层作为办公用房；一层进站大厅南北向的大楼梯、扶梯拆除，左右各增设一部东西向扶梯，直通 10.0m 标高；一层增设贵宾候车厅、过厅、机房等功能，较大范围增设或拆除板、梁、柱。对主楼进行整体加固设计，并延长后续工作年限。主楼功能调整示意如图 3.1-6（a）所示。

（2）东配楼的建筑布置和功能调整。将东配楼北楼右侧 7 跨拆除，剩余部分功能调整，东配楼南楼第 1 个夹层（3.0m 标高）拆除，局部房间调整建筑功能，增设楼梯、电梯等。同时，对东配楼进行整体加固设计，并延长后续工作年限。

（3）西配楼进行装修适应性改造，局部加分隔墙，个别房间调整建筑功能。根据调整功能后的模型与原结构模型比对，西配楼满足《建筑抗震加固技术规程》JGJ 116-2009（简称《加固规范》）规定，即：当加固后结构刚度和重力荷载代表值的变化分别不超过原来的 10% 和 5% 时，应允许不计入地震作用变化的影响。所以，对西配楼采取局部加固设计，不需要进行整个结构的抗震分析，就可以满足建筑功能调整和局部改造要求。

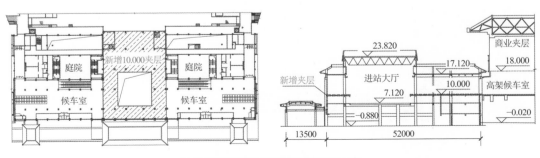

(a) 既有南站房主楼功能调整平面及剖面示意

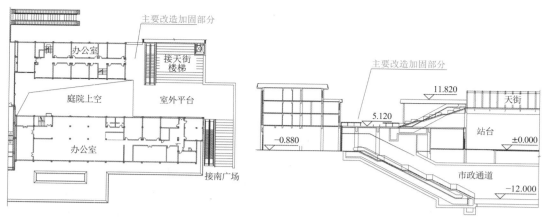

(b) 既有南站房东配楼功能调整平面及剖面示意

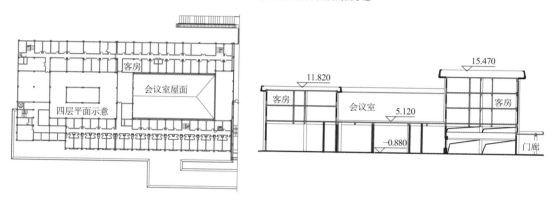

(c) 既有南站房西配楼功能调整平面及剖面示意

图 3.1-6　既有南站房功能调整

3.1.3　设计条件

1. 主体控制参数

结构主体控制参数见表 3.1-1。

控制参数　　　　　　　　　　　　　　　　　　　表 3.1-1

项目		标准			
		新建建筑			
		北站房	高架候车室	东配楼	站台雨篷
结构设计基准期		50 年	50 年	50 年	50 年
建筑结构安全等级		一级	一级	二级	一级
结构重要性系数		1.1	1.1	1.0	1.1
建筑抗震设防分类		重点设防（乙类）	重点设防（乙类）	标准设防（丙类）	重点设防（乙类）
地基基础设计等级		甲级	甲级	甲级	甲级
《抗规》地震参数	抗震设防烈度	8 度	8 度	8 度	8 度
	设计地震分组	第二组	第二组	第二组	第二组
	场地类别	II 类	II 类	II 类	II 类
	小震特征周期/s	0.40	0.40	0.40	0.40
	大震特征周期/s	0.50	0.50	0.50	0.50
	设计基本地震加速度值/g	0.20	0.20	0.20	0.20

项目			标准			
			新建建筑			
			北站房	高架候车室	东配楼	站台雨篷
安评报告设防标准	特征周期/s	小震	0.42	0.42	0.42	0.42
		中震	0.51	0.51	0.51	0.51
		大震	0.72	0.72	0.72	0.72
	地震影响系数最大值	小震	0.195	0.195	0.195	0.195
		中震	0.221	0.221	0.221	0.221
		大震	0.417	0.417	0.417	0.417
建筑结构阻尼比			0.05	0.05	0.05	0.03
水平地震影响系数最大值		多遇地震	0.16	0.16	0.16	0.16
		设防烈度地震	0.45	0.45	0.45	0.45
		罕遇地震	0.90	0.90	0.90	0.90
地震峰值加速度/（cm/s²）		多遇地震	70	70	70	70

2. 结构抗震设计条件

（1）北站房及高架候车室

北站房及高架候车室主体结构上部分为 5 个结构单元，地下室作为上部结构的嵌固端。各结构单元的钢筋混凝土框架抗震等级为一级，抗震构造措施按特一级加强。支承网架的柱及地裂缝相关范围的柱采用型钢混凝土柱，框架梁采用型钢混凝土梁，以提高框架结构的承载力及抗震延性。

（2）东配楼

东配楼地下室作为上部结构的嵌固端，地上分为三个结构单元。西侧部分和中间部分为钢筋混凝土框架-剪力墙结构，剪力墙抗震等级为一级，框架抗震等级为二级；东侧部分为框架结构，抗震等级为二级。

（3）站台雨篷

站台雨篷分为东、西两个部分，为钢框架结构，抗震等级为二级。

（4）南站房改造

1984 年完成设计的既有南站房，采用的抗震规范为"74"和"78"系列规范。根据《建筑抗震鉴定标准》GB 50023-2009 要求，在 20 世纪 80 年代建造的既有建筑，宜采用 40 年或更长，且不得少于 30 年。分别按后续工作年限为 30 年、40 年、50 年，采取相应规范进行设计，考虑成本和工作年限的综合效益，并考虑到西安火车站的重要性和发展要求，最终确定后续工作年限为 40 年。根据确定的后续工作年限，选择"2001"系列规范进行西安火车站的加固改造设计。

场地类别为Ⅱ类，按《建筑抗震规范》GB 50011-2001 的要求，设计地震分组为第一组，特征周期 T_g 取 0.35s，抗震设防烈度为 8 度，水平地震影响系数最大值为 0.16。因为建筑抗震设防分类是重点设防类，所以抗震措施的抗震等级按提高一度确定，为一级。

3. 风荷载

表 3.1-2 为设计风荷载取值。

风荷载参数 表 3.1-2

基本风压（n = 50 年）	$w_0 = 0.35\text{kN/m}^2$
基本风压（n = 100 年）	$w_0 = 0.40\text{kN/m}^2$
地面粗糙度	B 类

4．雪荷载

表 3.1-3 为设计雪荷载取值。

雪荷载参数 表 3.1-3

基本雪压（$n = 50$ 年）	$w_0 = 0.25\text{kN/m}^2$
基本雪压（$n = 100$ 年）	$w_0 = 0.30\text{kN/m}^2$
雪荷载准永久值系数分区	Ⅱ区

5．温度作用

根据《建筑结构荷载规范》GB 50009-2012，西安地区的基本最高气温为 37℃，基本最低气温为−9℃；根据当地气象资料，近 10 年以来，极端最高温度为 42.9℃，极端最低温度为−10.9℃。

6．场地条件

工程建设场地条件较为复杂，主要有：f3 地裂缝、已运营地铁 4 号线、规划地铁 7 号线、大明宫遗址保护区文物限高、受西安城墙边护城河影响的高水位、局促的场地施工条件等。场地条件如图 3.1-7 所示。

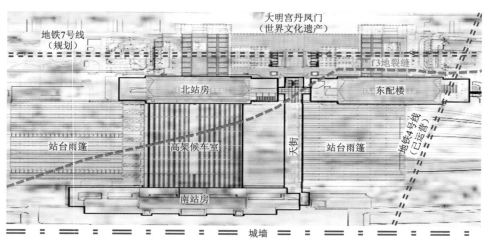

图 3.1-7 场地条件平面示意

（1）f3 地裂缝

《西安地裂缝场地勘察与工程设计规程》DBJ 61-6-2006（简称《地裂缝规程》）中提出，西安地裂缝是临潼—长安断裂带上盘（西北侧）一组东北走向的隐伏断裂带在过量开采承压水等人类活动因素的影响下，地表产生不均匀沉降而形成断裂的一种现象。作为一种地质灾害，广泛分布在西安市各个区域，目前已发现的地裂缝有 14 条。地裂缝活动会引起基础不均匀沉降，上部结构产生裂缝，传力体系发生改变，严重时会造成建筑的倾斜或倒塌。

根据《西安铁路枢纽西安站改扩建工程西安火车站附近 f3 地裂缝勘察报告》，场地 f3 地裂缝斜向穿越既有西安车场，其走向基本为西南—东北走向，地裂缝所影响的建筑包括新建北站房、高架候车室、东配楼、站台雨篷。

大量的观测、研究资料表明，建设场地附近的 f3 地裂缝基本呈隐伏状态，整体活动性较弱，活动速率较低，参照附近场地地裂缝活动的监测资料，考虑一定的安全冗余度，地裂缝活动速率按照 3～5mm/a 考虑。

按照建筑物规模、重要性分类，地裂缝影响区范围内，《地裂缝规程》对邻近地裂缝建筑的最小避让距离做出了规定，如表 3.1-4 所示。

地裂缝避让距离(m) 表 3.1-4

结构类别	构造位置	建筑物重要性类别		
		一	二	三
钢筋混凝土结构	上盘	40	20	6
	下盘	24	12	4

地裂缝倾角为 80°，上、下盘影响范围分别为 0～20m 和 0～12m，其中主变形区分别为 0～6m 和 0～4m，基础任何部分不得进入主变形区。对于勘探精度修正值Δ_k大于 2.0m 时，实际避让距离等于最小避让距离加Δ_k，本工程Δ_k取 2.0m。

根据《地裂缝规程》并综合拟建场地现有沉降监测数据及地下深层承压水的开采情况，通过西安站改扩建工程地裂缝避让问题专家论证会，规程编委组专家专题论证后一致确认：本场地内的建筑物单体跨越地裂缝后，两侧的基础与地裂缝间满足一定的避让距离时，适宜建筑，并给出了明确的避让距离要求，避让要求同表 3.1-4 中三类建筑。

（2）地铁上盖及地铁接驳口

已开通南北走向的西安地铁 4 号线从场地东侧斜向下穿，规划东西向的地铁 7 号线位于北站房站前广场（丹凤门广场）下方。东配楼及东侧站台雨篷属于地铁上盖建筑，与预留的 4 号线站厅合建，基础交界面多，空间关系复杂，结构布置及基坑开挖考虑对已运行地铁的保护。

北站房、东配楼北侧为规划地铁 7 号线车站，与北站房、东配楼东西向平行布置，两者间距约 29m，中间预留两条连接通道，进入东配楼主体范围内约 9.0m。连接通道基底标高约−26.0m，比东配楼基底深约 12.2m，造成筏板基础不连续，基底高差较大，且同时受限于避让地裂缝及地铁上盖的要求，使得基础设计更加复杂。

（3）文物限高

受到大明宫遗址保护区文物限高的影响，北站房、东配楼建筑屋面标高应在 24.0m 以下。受此影响，建筑层高较小，楼、屋面结构梁截面高度受到限制。

（4）基础抗浮

东配楼场地抗浮设防水位高程为 400.0m，约为建筑地坪以下 4.0m，基底标高在−25.0～−8.8m 之间变化，最大抗浮水头约 21m，抗浮设计增加了基础设计的难度。同时，地铁上方基坑开挖后，土体卸载改变了隧道抗浮条件，需要采取保护措施保证地铁隧道的安全。

（5）施工场地规划

为了保障西安站车场的正常运行，同时保证站房工程工期要求，东配楼南侧站台及雨篷先施工，北侧预留车站施工行车通道，楼层及屋面长悬挑梁及楼板无法支模，结构形式受到限制。

3.2 结构特点及措施

3.2.1 北站房及高架候车室

1. 结构单元划分

北站房及高架候车室结构单元划分如图 3.2-1 所示。

北站房地上结构平面整体呈矩形，由防震缝兼伸缩缝分为 3 个结构单元，分别为 A-1、A-2、A-3 部分。每个结构单元均选取地下室顶板作为计算嵌固端，且地下室不设缝。3 部分结构单元均为钢筋混凝土框架结构，A-2、A-3 单元为混凝土屋面，A-1 单元屋面采用钢结构屋盖。

高架候车室平面整体呈矩形，东西长约 127m，南北宽约 200m，纵向主要柱距为 12m、27m，横向主要柱距为 20～26m。建筑为地上 2 层（含二层商业夹层）。结构屋面最高点为 34m。首层功能为站台功能，二层为候车大厅。依据 f3 地裂缝的分布及走向，将高架候车室分为 3 个结构单元，分别为 B-1、B-2、B-3。B-1 为地裂缝的上盘部分，B-2 为地裂缝的下盘部分，B-3 为地裂缝跨缝结构。由于 B-2 部分端部存在单柱和单跨，对抗震不利，设计时将 A-1 部分和高架候车室的 B-2 部分合并成一个结构单元，发挥结构整体抗震能力。B-1 和 B-2 为钢筋混凝土框架结构，B-3 为跨地裂缝的平面钢桁架结构，两端支承在 B-1 和 B-2 上。高架候车室及北站房 A-1 屋面均采用网架屋盖。北站房及高架候车室整体模型如图 3.2-2 所示。

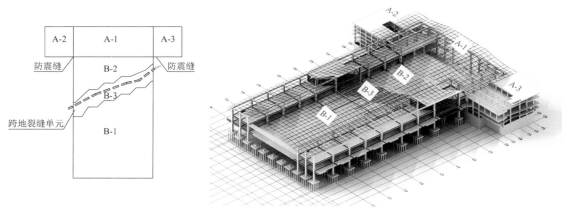

图 3.2-1　北站房及高架候车室结构单元　　　　图 3.2-2　北站房及高架候车室结构模型

2. 北站房东南角避让地裂缝

北站房的 A-3 结构单元东南角受到 f3 地裂缝的影响，桩基础应避让地裂缝，结构采用斜柱转换加下挂结构方式保证建筑的完整性，如图 3.2-3 所示。

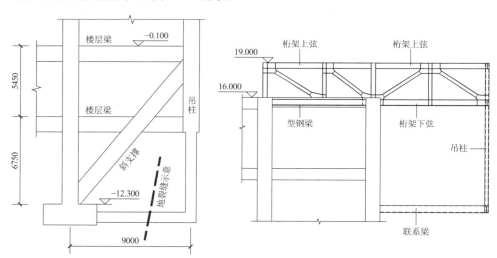

图 3.2-3　北站房地下室斜柱转换和屋面下挂布置示意图

3. 高架候车室跨越地裂缝

考虑 f3 地裂缝的影响，高架候车室基础在地裂缝两侧布置，避让距离按照专家论证会意见进行避让，避让后的基础布置示意如图 3.2-4 所示。

同时，为了适应地裂缝活动而引起的结构变形差，上部结构在地裂缝影响范围内设置变形缝，设缝后的高架候车室形成上、下 2 个异形结构单元 B-1、B-2 和跨缝结构单元 B-3，以实现建筑功能和立面造型。

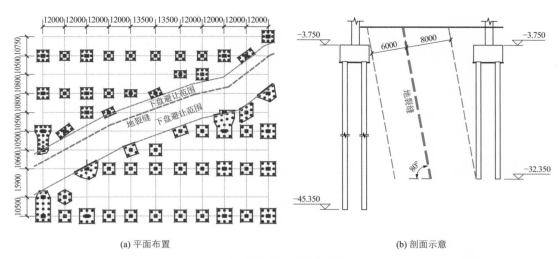

(a) 平面布置　　　　　　　　　　　　　　(b) 剖面示意

图 3.2-4　高架候车室跨地裂缝基础布置示意图

　　跨缝结构单元 B-3 主要采用钢桁架、局部采用钢梁的形式，钢桁架及钢梁一端采用固定铰、一端滑动铰接的弱连接方式与 B-1 和 B-2 连接，以适应地裂缝变形，以钢桁架为例，其结构剖面布置如图 3.2-5 所示。跨地裂缝的钢桁架支座均采用了竖向可调节的成品支座，两端支座同时分担地裂缝的竖向变形量，并由此增加桁架端部与主体结构的变形缝缝宽。考虑到强震作用下滑动铰支座端存在滑落或碰撞主体结构的可能，设计中采用了防坠落及防撞装置。

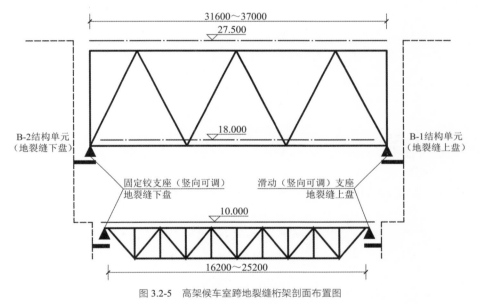

图 3.2-5　高架候车室跨地裂缝桁架剖面布置图

3.2.2　东配楼

1. 结构单元划分

　　东配楼地上结构平面整体呈矩形，由防震缝分为 3 个结构单元，分别为中间部分、西侧部分和东侧部分，每个结构单元均选取地下室顶板作为计算嵌固端，且地下室不设缝。西侧部分、中间部分为钢筋混凝土剪力墙结构，东侧部分为钢筋混凝土框架结构，中间部分屋面采用钢结构屋盖。

　　受场地条件限制，东配楼结构设计需要考虑多重因素的影响，主要有：避让地裂缝、地铁 4 号线上盖建筑及合建地铁站房、连接规划地铁 7 号线通道、文物限高、施工组织等。其中，受拆迁进度影响，地质勘察分阶段进行，在项目方案及初步设计阶段，控制性地质勘探点布置在既有建筑以外区域，场地拆迁完成后增加地质勘探点，控制点间实际地裂缝折线形变化。地裂缝及地铁分布如图 3.2-6 所示。

多因素影响下结构设计成为东配楼结构设计的难点和重点。

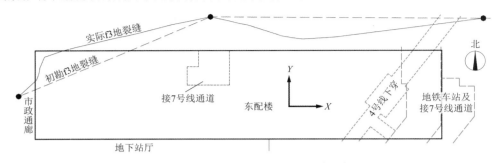

图 3.2-6　东配楼场地地裂缝及地铁分布示意

2. 结构避让地裂缝

f3 地裂缝从东配楼西北角穿过后沿北侧内凹分布。东配楼为钢筋混凝土结构，属于三类建筑，避让地裂缝后基础平面如图 3.2-7 所示，除西北角独立柱外，基础全部位于地裂缝上盘区。

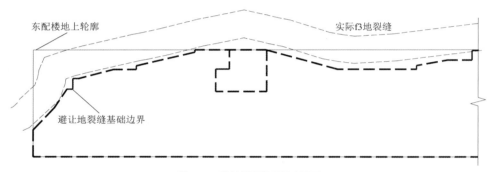

图 3.2-7　避让地裂缝后基础平面

东配楼地上建筑平面呈矩形，四周均有幕墙造型。基础避让地裂缝后，相对于地上结构轮廓基础内收范围较大，使得局部墙柱不能直接落在基础上，成为"悬空区"，如图 3.2-8 所示，此即是地裂缝对东配楼结构设计的主要影响。设计时应采取相应结构措施使结构平面完整、规则，以实现建筑功能和造型，同时保证主体结构体系合理、传力直接。

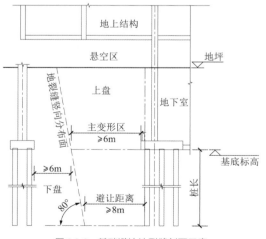

图 3.2-8　基础避让地裂缝剖面示意

对于基础避让地裂缝后，上部结构形成的悬空部分，采用悬挑桁架及地下室斜撑作为主要受力构件，垂直悬挑桁架方向布置环桁架或楼面梁。选取其中一榀桁架为例，悬挑桁架及地下室斜撑结构形式如图 3.2-9 所示。同时，为了减小作用在悬挑桁架及地下斜撑上的自重荷载，其对应上部结构均采用钢结构形式。

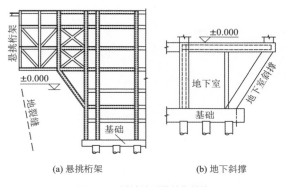

(a) 悬挑桁架   (b) 地下斜撑

图 3.2-9 避让地裂缝结构措施

3．地铁上盖

已开通西安地铁 4 号线区间隧道从东配楼东侧基底下穿，在地铁影响范围内一半区域为预留 4 号线车站站厅及辅助用房（同车站一同建设），另外一部分影响范围内地下布置连接规划地铁 7 号线的地铁换乘通道，东配楼东侧地下室位于地铁空间上方。基础均布置在地铁隧道两侧保护区范围外，且基础交界面多，空间关系复杂，基坑开挖需要考虑对已运行地铁隧道的保护。

地铁 4 号线隧道上方土体不能作为东配楼框架柱的持力层，地铁上盖结构的竖向受力构件在地下室范围内转换。

为了避免地铁上盖建筑与地铁隧道主体相互产生不利影响，上部结构通过设置转换构件使隧道主体和上部结构在受力体系上各自独立。地铁 4 号线左侧部分框架柱落于桩筏基础上，右侧框架柱通至地铁车站及连接 7 号线通道结构主体，且基础部分均采用桩筏。地铁上盖结构剖面示意见图 3.2-10。

4．屋面大悬挑钢梁

东配楼在大明宫遗址保护区文物限高范围内，按限高要求，建筑屋面标高应在 24.0m 以下，结构最大高度为 23.750m。受此影响，建筑层高较小，楼、屋面结构梁截面高度受到限制，特别是标高 18.710m 屋面悬挑钢梁无法承担外廊柱吊挂荷载。

根据建筑造型，东配楼屋面四周均悬挑，最大悬挑长度约 8.5m，要求梁截面高度不超过 600mm，同时建筑四周无钢筋混凝土结构支模条件。综合对比分析，屋面选用钢梁结构体系，利用建筑造型布置斜撑，以满足大悬挑钢梁承载力及变形的要求。

北侧楼面最大悬挑长度为 5.5m，且楼板降标高，受限于施工场地的影响，悬挑部分楼面梁同样采用钢梁，楼承板直接在钢梁上铺设。

5．地铁上方基坑保护

东配楼和下方连接 7 号线的地铁通道施工时基坑坑底标高分别为 −9.0m 和 −12.70m，距离地铁隧道顶部分别约为 4.6m 和 0.9m，如图 3.2-11 所示。坑底土层为软黄土，基坑开挖及降水会引起土层变形，对地铁隧道产生不利影响。所以，在本工程的设计施工过程中，采用相应的措施来确保地铁的安全和正常运营。具体包括：基坑分区开挖卸载和坑内加固。

1）基坑分区开挖卸载

针对地铁 4 号线隧道走向，结合东侧部分结构及地铁车站结构布置，将基坑开挖分两步进行。首先，开挖地铁通道以外基坑并进行坑内加固，施工至地下室顶板，然后开挖地铁通道基坑并施工上部结构，减小一次性大体量卸载对地铁隧道产生不利影响。

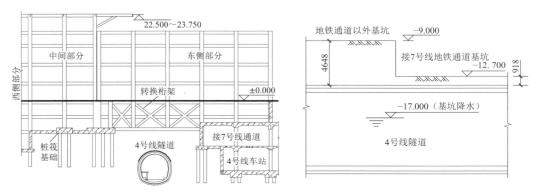

图 3.2-10 地铁上盖剖面示意   图 3.2-11 基坑与地铁隧道剖面关系

2）坑内加固

东侧部分基坑坑底及地铁 4 号线隧道周围分布的主要土层为软黄土层，厚度约 10m，其承载力低、压缩性大、含水率高，易受扰动。为控制基坑变形、保护地铁隧道，对地铁隧道周边土体进行坑内加固。

（1）在地铁通道区域

该区域基坑距离地铁隧道最近，且隧道为盾构法施工，为坑内土体卸载的最不利处。此区域在隧道两侧采用 4.0m 宽的搅拌桩加固土体，并在隧道区间变形缝顶部设置抗隆起拉梁，如图 3.2-12（a）所示。

（2）地铁通道以外区域

此区域基坑先开挖，基坑开挖后地铁隧道顶仍保留约 4.6m 的覆土，且隧道为明挖整浇法施工，还存在一处施工竖井，相对地铁通道区域，此部分基坑开挖对地铁周边土体扰动较小，且竖井周围密布支护桩及止水帷幕，对隧道两侧土体具有约束作用。所以，此区域仅在隧道顶部设抗隆起拉梁，拉梁与防水板形成满堂加固措施，隧道顶部的土体为约束土体，能够保证施工期间地铁隧道的稳定，如图 3.2-12（b）所示。

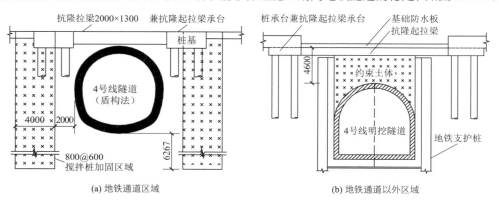

(a) 地铁通道区域   (b) 地铁通道以外区域

图 3.2-12 坑内加固示意

3.2.3 站台雨篷

1. 西侧站台雨篷避让地裂缝

f3 地裂缝斜向穿过西侧站台雨篷，把雨篷基础及上部结构分为上盘区域和下盘区域两个部分，雨篷采用钢框架结构，基础及地上结构布置平面如图 3.2-13 所示。

跨地裂缝布置钢桁架以满足建筑功能需要。同高架候车室，为了适应地裂缝活动而引起上部结构的变形，钢桁架一端采用固定铰支座，另一端采用滑动铰支座，典型桁架立面如图 3.2-14 所示。

2. 东侧站台雨篷避让地裂缝

f3 地裂缝斜穿过东侧站台雨篷西北角并延伸进入东配楼场地，同其他建筑，东侧站台雨篷结构同样考虑避让地裂缝的要求。由于角部受到地裂缝的影响，基础及上部结构均位于地裂缝上盘区域，避让地裂缝所形成的空间采用跨缝钢桁架支承在上盘立柱和北站房结构单元上；此外，在地铁 4 号线上方布置桁架，使得东侧雨篷整体为一个结构单元，由此确定的结构布置如图 3.2-15 所示。地铁 4 号线上方桁架沿钢框架柱轴网布置；跨越地裂缝的钢桁架采用一端固定铰接、一端滑动铰接的弱连接方式进行连接，以适应地裂缝变形，其结构如图 3.2-16 所示。

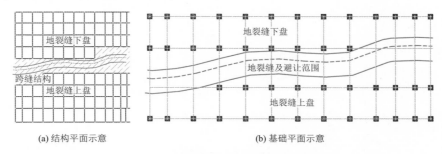

(a) 结构平面示意　　　　　　　(b) 基础平面示意

图 3.2-13　西侧站台雨篷地裂缝两侧结构布置示意

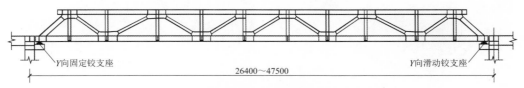

图 3.2-14　西侧站台雨篷跨地裂缝典型桁架立面图

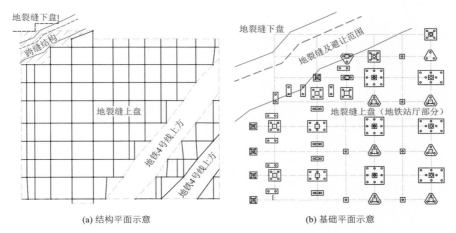

(a) 结构平面示意　　　　　　　(b) 基础平面示意

图 3.2-15　东侧站台雨篷避让地裂缝及地铁上盖结构布置示意

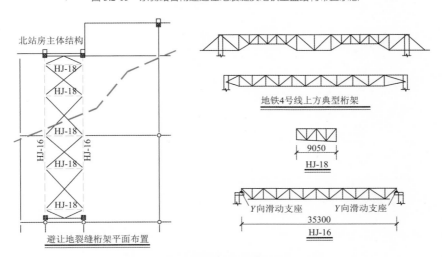

图 3.2-16　东侧站台雨篷地裂缝桁架结构布置图

3.2.4　既有南站房改造

主要设计难点及重点包括：

（1）原结构设计依据"78版"抗震规范，按单榀框架进行单方向手算设计，另一方向仅为构造配筋，没有原始计算模型和数据，且图纸老旧，需要重新复原结构模型。

（2）原结构抗震性能水准较低，且大量采用预制密肋楼盖，此次改造内容较多，结构布置、荷载等变化较大，且改造后应满足后续工作年限不低于40年的要求。密肋楼盖如图3.2-17（a）所示。

（3）火车站属于西安市地标建筑，改造过程不能影响建筑外立面。改造后建筑功能要求较高，结构构件尺寸、新增结构构件布置等受到严格限制。建筑外立面造型如图3.2-17（b）所示。

（4）加固设计方案中大量采用钢结构构件，与原结构有效衔接并保证连接节点的可靠性。

(a) 预制密肋楼盖　　　　　　　　　　　　　　　(b) 外立面

图3.2-17　既有南站房密肋楼盖及外立面照片

3.3　结构体系及布置

3.3.1　新建北站房及高架候车室

1. 北站房 A-1 部分

A-1和高架候车室B-2合并为一个结构单元，地上2层（含商业夹层），结构体系采用混凝土框架结构。地上结构平面整体呈现梯形布置，长约123.0m，宽约66.0~129.0m。纵向轴网尺寸为12.0m和27.0m，横向轴网尺寸为9.0m、12.0m和20.0~26.0m。A-1部分屋面网架结构最大标高为23.650m，B-1部分的屋面网架结构最大标高为36.7m。2层结构楼板呈现内凹布置，形成两层通高的大厅。2层及屋面南侧边梁和立柱设置固铰支座承担跨地裂缝桁架荷载。为满足建筑造型和功能需求，2层楼面（A-1区域）北侧采用型钢混凝土主梁悬挑，悬挑长度为5.5m，2层楼面（B-3）东西两侧采用钢筋混凝土悬挑梁（主梁采用型钢混凝土梁），悬挑长度7.5m（并在端部设置楼扶梯组）。

支承屋面网架的柱采用型钢混凝土柱，大悬挑的主梁采用型钢混凝土主梁。

2. 北站房 A-2 部分

此部分地上4层，为钢筋混凝土框架结构。地上结构平面整体呈矩形，长和宽均为43.0m，结构高度为18.0m。2层结构开大洞，形成两层通高的售票大厅空间，开洞长和宽为43.0m和18.0m。屋顶四周采用H型钢梁进行悬挑，楼板采用钢筋桁架楼承板。

3. 北站房 A-3 部分

此部分与A-2对称布置，地上3层，为钢筋混凝土框架结构。同A-2部分，地上结构平面整体呈矩形，长和宽均为43.0m。结构高度为18.0m。2层结构开大洞，形成两层通高的售票大厅空间，结构开洞长和宽为43.0m

和 18.0m。结构避让地裂缝，南侧部分框架柱部分缺失，形成悬空屋面，悬挑长度约 10.0m，悬挑结构下挂外幕墙至 10.0m 标高。屋面采用钢结构桁架＋下挂钢框架的方式进行悬挑，悬挑桁架布置如图 3.3-1 所示。

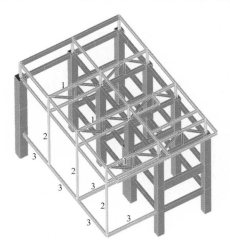

1—悬挑桁架；2—吊柱；3—封边梁

图 3.3-1　悬挑桁架布置图

4. 高架候车室 B-1、B-2 部分

此部分地上均 2 层（含商业夹层）。主体结构体系采用混凝土框架结构。地上结构平面整体呈现梯形布置，长约 123m，宽约 96.0~156.0m。纵向轴网尺寸为 12.0m 和 27.0m，横向轴网尺寸为 20.0~26.0m。屋面网架最大结构标高为 36.700m。2 层及屋面北侧边梁和立柱设置固铰支座承担跨缝桁架荷载。2 层楼面东西两侧悬挑长度 7.5m，采用钢筋混凝土梁悬挑，悬挑主梁内增设钢骨。

支承屋面网架的柱采用型钢混凝土柱，大悬挑的主梁采用型钢混凝土主梁。

5. 高架候车室 B-3 部分

此部分为跨地裂缝楼面结构，分为标高 10.000m 和 18.000m 两部分。标高 10.000m 楼层采用简支钢梁（最大跨度为 16.2m）和简支钢桁架（最大跨度为 25.0m）的方式支承在 B-1 和 B-2 结构单元的边梁上，一端采用固定铰支座，另一端采用滑动铰支座，楼板采用压型钢板组合楼面。18m 楼层采用平面钢桁架＋钢梁的方式支承在 B-1 和 B-2 结构单元的边柱上，一端采用固定铰支座（竖向可调节），另一端采用滑动铰支座（竖向可调节），楼板采用压型钢板组合楼面。跨地裂缝结构平面和钢梁、钢桁架典型立面如图 3.3-2 所示。

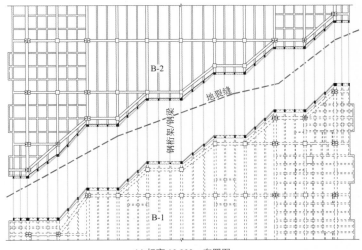

(a) 标高 10.000m 布置图

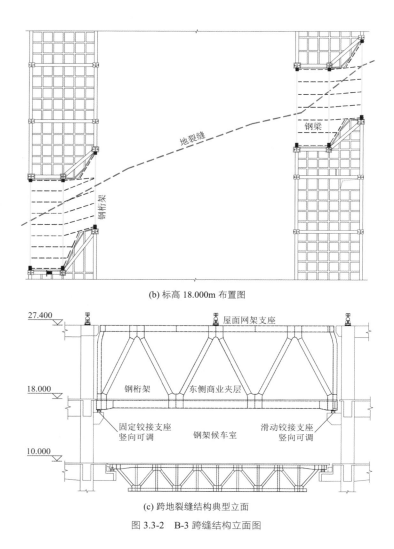

(b) 标高 18.000m 布置图

图中标注：地裂缝、钢梁、钢桁架

(c) 跨地裂缝结构典型立面

标注：27.400、屋面网架支座、钢桁架、东侧商业夹层、18.000、固定铰接支座竖向可调、钢架候车室、滑动铰接支座竖向可调、10.000

图 3.3-2　B-3 跨缝结构立面图

3.3.2　新建东配楼

1.　西侧部分

西侧部分地上 4 层，平屋面结构标高 18.750m，为钢筋混凝土剪力墙结构。受地裂缝影响，西侧部分形成异形悬空区，面积约占总面积 35%。为了减小悬空区荷载，在转角处设置通高采光中庭，且悬空区结构梁、柱均采用钢结构。图 3.3-3 中，沿轴网布置了编号为 1～6 的悬挑桁架作为主要受力构件，最大悬挑长度约为 15.1m；垂直悬挑桁架设置了两道环向桁架 A、B，分别从悬挑桁架 2、3 向中庭挑出，悬挑长度为 18.0m。环向桁架 A、B 靠近中庭范围内，在楼层处分别布置楼层平面内钢梁支承，保证环向桁架的平面外稳定。剪力墙分别在悬挑桁架相邻跨布置，不仅能够平衡桁架内力，而且通过剪力墙分散传至基础的荷载，使桩筏基础受力更均匀。为了使结构整体刚度分布较均匀，远离悬挑端一侧在楼梯间及外墙处也布置了剪力墙。包括中庭在内的屋面梁在北侧出挑，采用 H 型钢梁，出挑长度约 5.5m，出挑部分楼板采用现浇钢筋桁架楼承板以避免施工支模。

鉴于西侧部分悬空区范围较大，悬挑桁架出挑长度较大，结构冗余度较低，所以从概念设计上增加西侧部分悬挑桁架的结构可靠性。具体措施为：在地裂缝上盘区增加独立柱，对应悬挑桁架 A、B 悬挑端交点 a，基础满足避让地裂缝要求，独立柱上端采用橡胶支座与悬挑桁架悬挑端连接，释放水平方向的约束从而使独立柱不参与主体结构计算，竖向预留变形空间以适应地裂缝活动而引起的沉降差，当沉降差超过预留变形空间及悬挑桁架挠度变形时更换橡胶支座。

经典回眸　中国建筑西北设计研究院有限公司篇

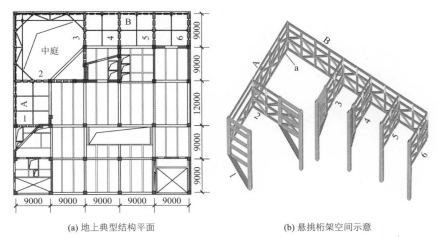

(a) 地上典型结构平面   (b) 悬挑桁架空间示意

1~6—悬挑桁架；A、B—环向桁架

图 3.3-3 西侧部分结构布置

2．中间部分

中间部分为地上五层，为钢筋混凝土剪力墙结构，屋面结构标高为 22.500~23.750m，采用钢梁屋盖且结构找坡。地上结构平面整体呈矩形，长约 123.6m，宽约 48.0m，主要柱网尺寸为 9.0m 和 12.0m。受地裂缝影响，相对于地上结构平面，北侧部分基础内凹，上部结构形成悬空区，最大出挑长度约为 6.95m。

地上悬空区框架柱在地下室范围采用斜撑转换，结构布置如图 3.3-4 所示。为了减小上部结构自重，地上结构在出挑较大处采用了钢结构及楼承板。

3．东侧部分

东侧部分为地上 4 层，平屋面结构标高为 18.750m，采用钢筋混凝土框架结构，正交轴网柱距为 9.0m 和 12.0m。其中，为了避让地裂缝，北侧 F 轴有 4 个框架柱不能直接落地，A~E 轴共有 8 个框架柱在地铁 4 号线隧道正上方。为了减小对建筑功能的影响，转换构件主要在地下室范围布置，结构布置见图 3.3-5。

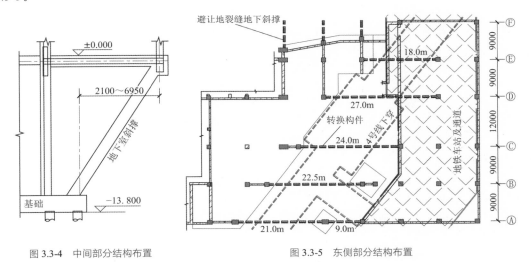

图 3.3-4 中间部分结构布置   图 3.3-5 东侧部分结构布置

（1）A 轴转换梁

图 3.3-5 中，A 轴线地上框架柱柱距为 9.0m，地下跨越地铁隧道最大跨度为 21.0m 且为地下室外墙，所以 A 轴采用转换梁的形式支承上部框架柱，转换梁截面高度为 7.15m，转换梁兼地下室挡土墙，沿轴线两跨连续布置，如图 3.3-6 所示。

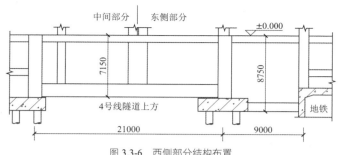

图 3.3-6　西侧部分结构布置

（2）转换桁架

以 C 轴为例，转换构件跨度为 25.0m，在地下 1、2 层布置，高度为 7.2m，承担地下室及以上 5 层荷载。弦杆及竖杆采用型钢混凝土形式，斜腹杆采用十字交叉布置，截面为 H 型钢，楼面梁、板作为斜杆平面外支撑条件，H 型钢腹板平面与桁架平面平行布置，立面布置如图 3.3-7 所示。

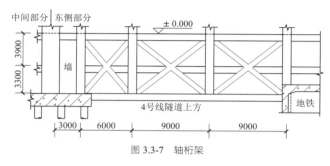

图 3.3-7　轴桁架

（3）避让地裂缝斜撑转换

受地裂缝影响的 4 个框架柱采用斜撑转换，转换形式同中间部分地下室斜撑。

3.3.3　扩建站台雨篷

1. 西侧站台雨篷

西侧雨篷为单层钢框架结构，结构高度为 8.5～10.4m，与高架候车室连接部分抬高，结构最高处标高为 16.675m。在跨越地裂缝上方布置桁架，使得地上结构平面整体呈现矩形布置，长约 200.0m，宽约 200.0m。纵向轴网尺寸为 18.0m 和 24.0m，横向轴网尺寸为 20.0～26.0m，结构布置示意如图 3.3-8 所示。

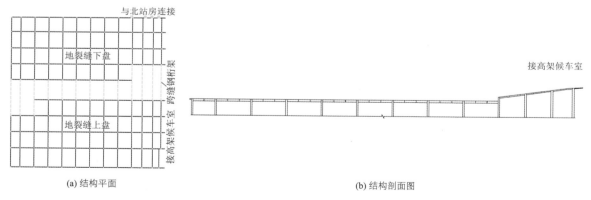

(a) 结构平面　　　　　　　　　　　　　　　　　　　(b) 结构剖面图

图 3.3-8　西侧站台雨篷结构布置示意图

2. 东侧站台雨篷

东侧站台雨篷为单层钢框架结构，结构高度为 8.5～10.4m，与高架候车室连接部分抬高，结构最高处标高为 16.375m。地上结构平面整体呈矩形布置，长约 220.0m，宽约 200.0m。纵向轴网尺寸为 18.0m，横向轴网尺寸为 20.0～26.0m。受地裂缝影响的东北角，结构通过布置空间桁架实现对地裂缝的避让。结构布置示意如图 3.3-9 所示。

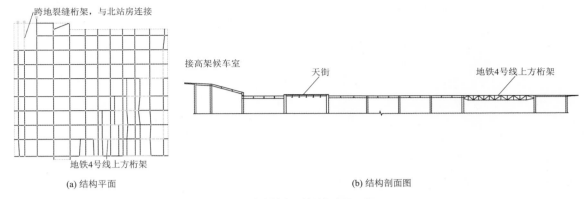

图 3.3-9　东侧站台雨篷结构布置示意图

3.3.4　既有南站房改造

1. 安全性及抗震性能鉴定

针对既有南站房主楼、东配楼与西配楼的改造需求，对主体结构进行了安全性及抗震性能鉴定，主要检测结果如下：

（1）所检混凝土构件的现龄期混凝土抗压强度满足设计图纸要求。所检框架柱、混凝土梁的钢筋数量及箍筋间距满足原设计图纸及规范要求。所抽检构件截面尺寸和轴线尺寸实测偏差值在规范要求范围之内。

（2）各层混凝土构件截面承载力验算均满足要求，混凝土构件构造合理，连接方式正确；受力预埋件构造合理，无变形、滑移等损伤，混凝土构件未发现较明显受力裂缝。

（3）仅有个别构件局部表面缺陷，工作无异常；屋面板局部存在漏水等情况。

（4）依据《民用建筑可靠性鉴定标准》GB 50292-2015 的相关规定，9 个结构单元的安全性鉴定评级均为 B_{su}（结构承载功能和整体性满足要求，结构侧向位移和基础变形在规范允许范围内，有极少数构件应采取措施，尚不显著影响整体承载），安全性略低于本标准对 A_{su}（有极少数一般构件应采取措施，不影响整体承载）的规定，尚不显著影响整体承载。

（5）依据《建筑抗震鉴定标准》GB 50023-2009 的相关规定，9 个结构单元的综合抗震能力均满足抗震鉴定要求。

根据检测结果，结构加固设计中需要注意以下几个方面：①在后续改造过程中，应保证楼板板面附加恒荷载不超过 3.5kN/m²；②对混凝土发生损伤的构件进行修补处理，对建筑存在漏水情况的构件进行处理；③本次改造内容较多，各个结构单元之间相互独立，应根据建筑分区和功能，合理确定加固设计方法，为了保证改造后结构的整体安全性，对主楼和东配楼的相应结构单元进行整体抗震加固设计，对西配楼的相应结构单元进行局部加固设计。

2. 结构加固方案比选

通过对项目的前期分析，设计中拟定了五种备选加固方案。

方案一：拆除重建。因建筑功能调整较大，并且原建筑已经使用了 30 多年，设计标准也较低，拆除重建可以避免加固改造引起的诸多问题。但鉴于既有西安火车站在城市形象中的重要地位，并且在改扩建工程进展中不能中断火车站的使用，该方案的工程造价是最高的，所以不采用该方案。

方案二：改变结构体系。原结构为框架结构，给结构适当位置增加剪力墙，把结构体系变为框架-剪力墙结构，该方案可以有效减少对原框架的加固，避免了抗震等级的提高及大部分构件构造措施不足的问题，该方案的工程造价是最低的。但该方案存在大量湿作业，施工工期较长。

方案三：采用基础隔震。经过计算，采用基础隔震时减震系数为 0.35，上部结构可以按降一度设计，大幅降低地震作用，减少了对原结构的加固，并且抗震等级也可以降低一级，避免了构造不足所需的加固。该方案加固时需要给基础与一层柱之间增设隔震层，加固时无法正常使用，并且各个结构单体之间需要留一定的变形缝，原结构预留的防震缝不满足隔震建筑的要求。该方案工程造价介于方案一和方案二之间。

方案四：采用消能减震加固技术。给原结构合适位置安装适当的消能器，可以有效降低地震作用，减少框架梁、框架柱的加固量。设计中采用了黏滞阻尼器 +BRB 的综合减震办法，基底剪力降低了 26%，减震效果明显。但鉴于火车站内部均为大空间，阻尼器的布置会对建筑空间效果有一定影响。该方案工程造价介于方案一和方案二之间，略低于方案三。

方案五：传统加固方法。采用该方法基本不影响建筑内部空间，也能完整地保留建筑外轮廓，施工工期短，几个不同结构单元可以分段设计，分段施工，制定合理的分区和施工组织，可以满足在不中断火车站使用的前提下进行加固施工。该方案工程造价介于方案一和方案二之间，接近方案三。

最终，在综合考虑使用功能、建筑效果、工程造价、工期等因素后，确定采用方案五，即传统加固方法。该方案能达到安全、经济、适用、美观的设计目标。

3．加固方案实施

（1）以安全、经济、适用、美观为设计宗旨

整体结构采用粘贴碳纤维布、粘贴钢板、包钢、增大截面、增加支点等传统方式进行加固设计，局部加设屈曲约束支撑减小结构的扭转效应，技术成熟可靠，结构构件的具体加固措施如表 3.3-1 所示。

传统加固方法 表 3.3-1

构件	指标（受弯承载力增大比例）	加固方法
梁	<40%	粘碳布或粘钢加固
	≥40%，<100%	外包型钢加固
	≥100%	增大截面法加固
柱	<100%	外包型钢加固
	≥100%	增大截面加固
楼板	<40%	粘碳布或粘钢加固或碳纤维网格布 + 聚合物砂浆（卫生间等潮湿部位）
	预制板：≥40%，<100%	肋梁下增设钢次梁支点
	现浇板：≥40%，<100%	增设钢次梁或碳纤维网格布 + 高韧性水泥基复合材料
	现浇板：≥100%	增设次梁

（2）修旧如旧

为保留南立面、东立面的现有风貌，框架柱的加固方案采取内侧增大截面、外包钢等措施，形成异形柱；个别设备机房位置的楼板承载力要求大幅提高，加设次梁条件不允许（次梁引起的板面负弯矩无法补强），采用碳纤维网格布 + 高韧性水泥基复合材料提高楼板的截面受弯、受剪承载力，减小板底裂缝，局部加固示意见图 3.3-10。

（3）最大限度减小对主体结构的影响

主楼标高 10.0m 的夹层采用钢结构形式，钢梁与主体结构铰接；主楼增设的楼梯下部设置滑动支座；新增通高楼梯采用钢结构体系，与主体结构之间设置变形缝完全脱开；局部设备用房采用吊挂结构的改

造设计方案。

(a) 外立面异形柱加固　　　　　　　　　(b) 碳纤维网格布＋高韧性水泥基复合材料加固楼板

图 3.3-10　异形柱、碳纤维网格布加固图

（4）最大限度减轻结构自重

内隔墙全部采用轻质加气混凝土条板，新增结构全部采用钢结构，如图 3.3-11 所示。改造前后主楼质量增加 20% 以内，避免对基础进行额外加固。

图 3.3-11　主楼新增钢结构夹层模型图

（5）提升结构抗震性能水平

对局部带少量剪力墙（如电梯井道）的结构，采用纯框架与少墙框架模型分别计算，取包络计算结果配筋，确保结构安全。罕遇地震作用下，结构不出现明显的薄弱部位，主体结构损伤可控，结构层间位移角控制在 1/100 以内。

3.3.5　基础设计

北站房基底持力层为古土壤层，高架候车室、东配楼、站台雨篷的基底持力层为软黄土，其承载力低、压缩性大，物理力学指标见表 3.3-2。

土层物理力学指标　　　　　　　　　　　　　表 3.3-2

土层	底标高/m	承载力/kPa	压缩模量/MPa	桩侧阻力/kPa	桩端阻力/kPa
黏质黄土	−4.75	120	4.69	30	—
软黄土	−7.45	80	8.4	25	—
古土壤	−17.35	160	10.7	65	900
黏质黄土	−27.75	180	17.0	75	1000
粉质黏土	—	200	22.5	85	1500

1. 北站房基础及高架候车室基础

北站房及高架候车室基础平面如图 3.3-12 所示。

北站房基础采用桩＋梁板式筏形基础，基底标高 −13.600m。根据上部荷载分布均匀布桩，桩采取摩擦型灌注桩，桩径 800mm，桩长 36m，桩端持力层在粉质黏土层，单桩承载力特征值为 4200kN。

高架候车室基础采用多桩承台基础，基底标高 −3.750m，f3 地裂缝贯穿高架候车室，基础避让地裂缝后，在地裂缝下盘区域布置摩擦型灌注桩，桩径 800mm，桩长 38m，桩端持力层在粉质黏土层，单桩承载力特征值分别为 4400kN；在地裂缝上盘区域，短桩基础可以有效减小上部结构跨越地裂缝的跨度，所以桩采取摩擦型灌注桩，桩径 1000mm，桩长 25m，桩端持力层在粉质黏土层（采用桩端后注浆工艺），单桩承载力特征值为 4500kN。

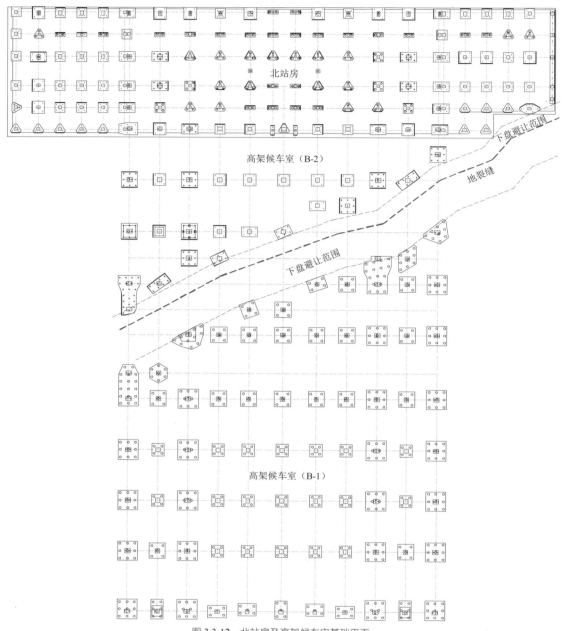

图 3.3-12　北站房及高架候车室基础平面

2. 东配楼基础

东配楼基础设计需要考虑多种因素的影响。主要有：

（1）基础北侧为避让地裂缝而形成异形平面，且同时承受墙柱及地下室斜撑的上部荷载，荷载分布不均匀。

（2）东侧部分受地铁隧道和地裂缝的双重影响，上部主体结构存在较多转换柱或斜撑，对应柱底或斜撑底部内力较大，柱间荷载分布不均匀，而且东侧两跨框架柱落在地铁通道及车站结构上部。

（3）接地铁 7 号线的连接通道基底标高约−26.000m，同时进行抗浮设计。

（4）东侧部分基础邻近地铁隧道，而且一部分主体落于地铁通道及车站上方，基础交接面多，标高关系复杂。

（5）天然地基承载力较低，且易受施工扰动。

为了满足地基承载力设计要求及减小基础不均匀沉降，实现与地铁隧道"脱开"的传力体系，基础采用"桩＋筏板"及"桩＋承台＋防水板"的复合形式，基础平面如图3.3-13所示。根据上部荷载分布均匀布桩，桩采取摩擦型灌注桩，桩径800mm，西侧及中间部分桩长24m，东侧部分桩长36m，桩端持力层在粉质黏土层，按《建筑地基基础设计规范》GB 50007-2011估算单桩承载力特征值分别为2750kN、3850kN。东侧部分为了减小灌注桩施工对地铁隧道的影响，灌注桩在地铁隧道3.0m外区域布置。

东配楼基坑标高变化较大，且东侧部分地铁隧道上方施工场地狭小，与地铁车站及换乘通道结构穿插施工。为了方便试桩检测，也减小桩基施工时对地铁隧道的影响，工程桩试桩检测采用基桩自平衡静载试验方法。

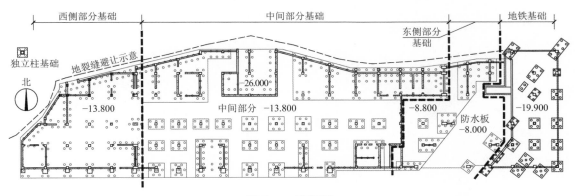

图3.3-13　基础平面

3．南站房基础

主楼基础采用预制桩基础，已使用36年，无明显沉降和裂缝。考虑到在长期荷载作用下上部结构对地基的压密作用，地基土承载力和桩侧阻力会有一定的提高；新增夹层采用钢结构，所增加的结构自重有限，并由于功能调整，拆除原结构夹层的部分结构构件，在一定程度上能减小上部结构荷载。经过综合比对，总的荷载增量有限。通过验算和复核，原基础能满足现有承载力及变形要求。

另外，新建高架候车室与原西安火车站距离很近，具体基础剖面位置关系如图3.3-14所示。高架候车室基底标高比火车站基底低约1.42m，施工中会对火车站的基础造成一定的影响，设计中对高架候车室桩基适当加长，桩长取30m，基础沉降控制在50mm以下。同时，对紧邻的一排原火车站柱下地基采用注浆加固法，有效地避免了新建建筑附加荷载和施工对南站房基础的不利影响，见图3.3-14。

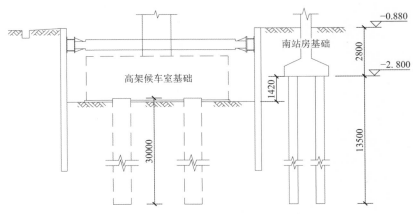

图3.3-14　新建高架候车室对基础影响示意

3.4 结构分析

3.4.1 北站房及高架候车室主体结构分析

采用 YJK（2.0 版）进行结构整体分析和下部混凝土结构设计，采用 3D3S（V14）进行商业夹层及屋顶钢结构分析和设计，采用 MIDAS Gen（2018 版）对整体结构和 f3 地裂缝两侧的跨缝桁架进行复核。计算模型见图 3.4-1，主要计算结果见表 3.4-1。

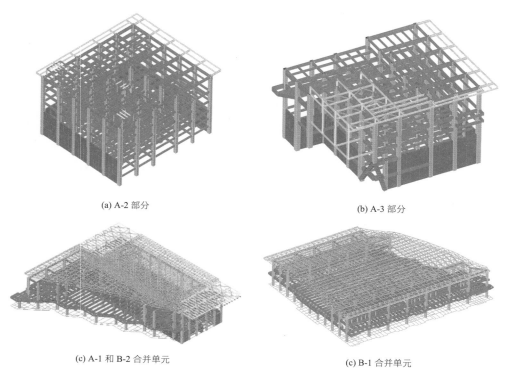

(a) A-2 部分	(b) A-3 部分
(c) A-1 和 B-2 合并单元	(c) B-1 合并单元

图 3.4-1　结构整体计算模型

整体计算结果　　　　　　　　　　　　　　　　　表 3.4-1

参数指标		A-1 和 B-2	B-1	A-2	A-3
周期	T_1/s	0.690	0.694	0.558	0.621
	T_2/s	0.647	0.679	0.537	0.605
	T_3/s	0.507	0.574	0.328	0.539
位移比	X向	1.28	1.47	1.32	1.432
	Y向	1.21	1.32	1.21	1.26
位移角	X向	1/978	1/617	1/726	1/552
	Y向	1/866	1/699	1/828	1/624
剪重比	X向	14.3%	10.47%	16.4%	14.1%
	Y向	14.0%	10.6%	16.5%	16.6%
底层刚度比	X向	0.893	—	0.147	0.292
	Y向	0.774		0.271	0.292

A-1 和 B-2 合并单元受地裂缝影响，结构单元呈梯形布置（宽度相差 66m），北站房金属屋面顶标高为 23.650m，高架 B-3 的金属屋面标高为 36.7m，屋面高低错台较为严重，屋面最大单跨跨度均为 75m。所有支承网架的柱均布置在 18m 的商业夹层范围，在夹层顶部形成局部的混凝土框架体系，以增强结构的整体刚度。整体结构计算除考虑主轴方向的地震作用外，还分别增加了沿地裂缝方向和垂直地裂缝墙体方向的地震作用计算，同时由软件自动确定地震作用最大值的方向进行计算分析。大跨度屋面和大跨度楼层梁和超长悬挑梁等部位对竖向地震作用较为敏感，需要考虑竖向地震作用的影响，由于结构单体

经典回眸　中国建筑西北设计研究院有限公司篇

长和宽分别为 123m 和 66～129m,计算时需要考虑温度应力作用。另外,采用规范简化方法及振型分解反应谱法包络设计以考虑竖向地震作用的影响。反应谱法计算时,竖向地震影响系数为水平地震影响系数的 65%,即 0.104,计算得出的构件竖向地震作用效应不小于重力荷载代表值的 10%。

B-3 结构单元为地裂缝上部桁架结构,采用钢梁 + 钢桁架布置方式,结构计算除考虑主轴方向的水平地震作用外,还考虑了竖向地震作用。

计算结果显示,北站房的地上 3 个主体结构单元底层剪切刚度比均小于 0.5,满足地下室顶板作为计算嵌固端的条件。各结构单体第 1、2 振型均为平动振型,第 3 振型为扭转振型,周期比均不大于 0.90,且扭转成分均不大于 30%。

跨缝部分属于弱连接结构,楼板的舒适度需要根据实际的支座约束条件来进行验算,并采用 MIDAS 建立合适的简化模型进行验算,验算结果表明,该楼板能满足规范对舒适度的要求。

3.4.2 大跨度网架受力分析

1. 北站房网架分析

北站房屋面采用钢结构网架,边界条件为三边支承、一边自由。受制于丹凤门 24m 控规和建筑大堂净高要求,网架高度被严格限制,经综合对比分析,网架采用自由边设置强约束的矩形管桁架的正交正方四角锥网架。网架上弦按照找坡线控制位置,最大程度加高结构网架高度。采用焊接球节点形式,网架上弦为单向折线形,坡道随结构板面,下弦为保持水平布置。网架东西向长度为 10.35m、75m、10.35m,南北向长度为 48m 和悬挑长度为 6.85m,网架高度 3.1～4.1m。矩形桁架的平均高度为 3.8m,跨度为75m。网架采用下弦支撑,周边和大跨度边设置支座。支座落在柱顶上方。

计算采用 3D3S 软件建模分析,并采用 MIDAS Gen 进行整体建模分析网架对整体结构的影响。网架简化布置见图 3.4-2。

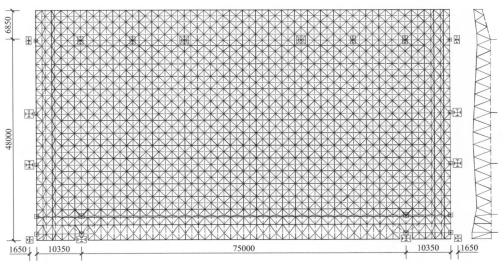

图 3.4-2 网架简化布置图

计算结果显示,矩形桁架的刚度对于网架的高度控制重要。矩形桁架上下弦应力比控制在 0.8,详细的杆件应力比如图 3.4-3 所示。

最大位移点也在桁架跨中位置,跨中点位移为 156mm,短边跨度为 48m,满足规范的变形限值要求。网架支座采用可滑移的弹性支座,能有效减小网架的温度作用。

由于矩形桁架的布置使其支承构件承担较大的竖向和水平荷载,如按照简支设计时,桁架下部的支座水平推力为 1000kN,水平拉力过大使得支座设计困难且周边混凝土结构不满足受力的需要,考虑采用滑动支座以释放恒荷载产生的拉应力。当释放周边支座水平约束时,支座在恒荷载下位置为 15.0mm。当位移滑到位置后，再将支座封闭施焊。在选择成品滑移支座时，设计参数如滑移量、转角、水平抗剪承载力、竖向抗拉及抗压力等依据计算结果并综合考虑施工等各种因素给出。

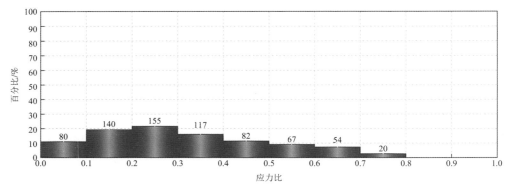

图 3.4-3　矩形桁架的杆件应力比分布图

网架除单独计算外，还采用网架和下部混凝土结构的整体分析，整体分析中网架第一振型的相对位移为 0.926，与单独模型的第一振型相对位移 0.862 较为接近，证明计算采用合适的支座模型可以减小下部混凝土对上部钢结构的受力影响。整体模型验算结果表明，杆件应力比均满足小于 0.8 的要求，进一步分析可以看出，支座附近部分杆件的应力比相比单独网架模型，有一定程度的增加。

2. 高架候车室网架分析

高架候车室屋面被 f3 地裂缝贯穿，结构屋面被分成 3 个部分，3 部分均采用正方四角网架结构体系。B-1 区域为梯形布置，长约 123m，宽约 105～163m；B-3 区域为平行四边形布置，平面尺寸约为 134m×30m；B-2 网架为近似三角形布置，长约 123m，宽约 66m，三角形最长边为 134m。在 B-1、B-3 区域根据建筑需要设置部分天窗布置，天井平面尺寸为 31m×45m，结合 3 部分屋面尺寸，高架屋面均采用正方四角网架结构体系。高架屋面造型为四坡屋面，3 部分网架均各自独立支承在结构柱或柱牛腿上。网架的支点采用 24m、75m、24m 的布置方式，网架采用在跨度为 75m 区域设置 3 层网架（天窗部分保留为 2 层网架）和跨度在 24.0m 范围设置两层网架相结合的布置方式。网架的结构高度为 5.95m（跨度 75m 区域）和 2.5m（跨度 24m 区域）。在各部分地裂缝区域的长边设置平面桁架来加强结构刚度。网架和加强桁架均采用焊接球的方式连接。网架简化平面布置如图 3.4-4 所示，典型剖面如图 3.4-5 所示。

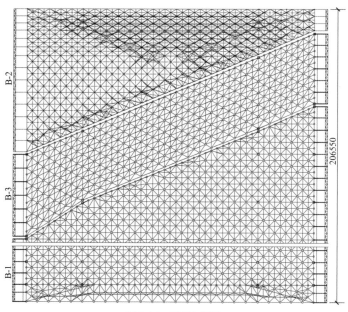

图 3.4-4　网架布置图

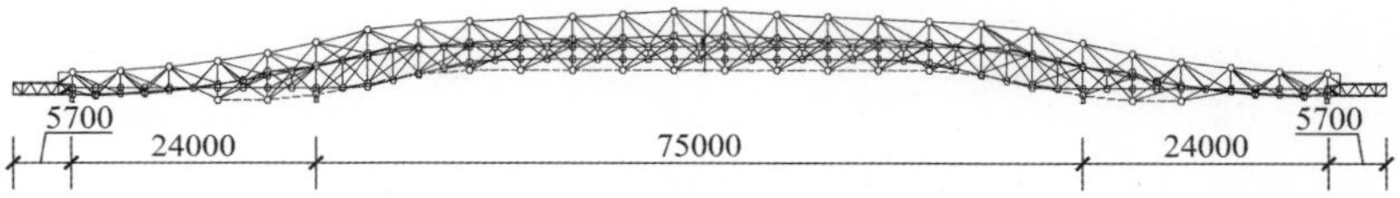

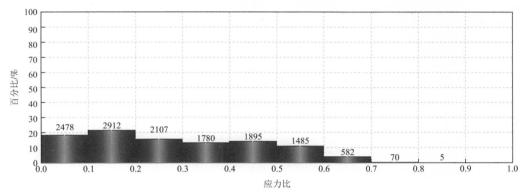

图 3.4-5　网架剖面图

网架的构件应力比控制在 0.8，详细的杆件应力比如图 3.4-6 所示。

图 3.4-6　网架杆件应力比分布图

网架支座除个别位置设置铰支座外，其他位置支座均采用滑移支座，此种布置方案能有效地减小温度作用对网架应力的影响。

3.4.3　跨缝桁架结构分析

由于地裂缝影响和建筑净高的需要，高架 B-3 部分为跨缝结构，采用 MIDAS 软件对此部分进行单独分析，并按照实际情况来模拟支座刚度对结构的贡献。对于 10.000m 和 18.000m 标高的跨缝钢桁架设置防坠落措施和限位墙。

3.4.4　东配楼主体结构分析

采用盈建科（YJK-A）2.0 软件对上部结构分别进行整体建模计算，对于长悬挑及大跨度转换结构采用 MIDAS Gen 软件进行复核。计算模型见图 3.4-7，主要计算结果见表 3.4-2。

受地裂缝影响，西侧部分布置有斜向剪力墙，除考虑主轴方向的地震作用外，还分别增加了沿墙体方向及垂直墙体方向的地震作用计算，同时由软件自动确定地震作用最大值的方向进行计算分析。

西侧部分地上长悬挑结构对竖向地震作用较为敏感，需要考虑竖向地震作用的影响。计算时，采用规范简化方法及振型分解反应谱法包络设计以考虑竖向地震作用的影响。反应谱法计算时，竖向地震影响系数为水平地震影响系数的 65%，即 0.104，计算得出的构件竖向地震作用效应不小于重力荷载代表值的 10%。对中间部分及东侧部分地下室转换桁架或地下斜撑进行计算时，也按西侧长悬挑桁架的方法考虑竖向地震作用的影响。

本工程在进行桁架计算时，楼板按弹性板和仅按荷载施加两种形式分别进行计算，并包络设计。

计算结果显示，地上 3 个主体结构单元底层剪切刚度比均小于 0.5，满足地下室顶板作为计算嵌固端的条件。西侧部分、中间部分底层柱承受的地震倾覆力矩在 10%～50% 之间，满足按框架-剪力墙计算的条件。3 个结构单体第 1、2 振型均为平动振型，第 3 振型为扭转振型，周期比均不大于 0.90，且扭转成分均不大于 30%。多遇地震作用下的层间位移角、位移比等各项指标均满足《建筑抗震设计规范》GB 50011-2010（简称《抗规》）要求。

计算结果表明，采用防震缝划分的 3 个结构单元体系合理、规则，通过在地下室设置斜撑及转换桁架并将地下室顶板作为计算嵌固端，不仅能够解决避让地裂缝及地铁上盖对结构带来的不利影响，也使上部结构体系更合理，能简化计算并方便设计。

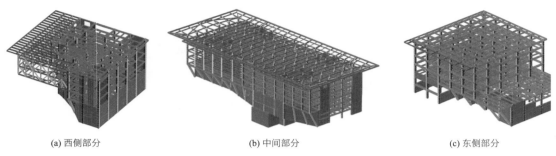

(a) 西侧部分   (b) 中间部分   (c) 东侧部分

图 3.4-7　结构整体计算模型

整体计算结果　　　　　　　　　　　　　　　　　　　　表 3.4-2

参数指标		西侧部分	中间部分	东侧部分
周期	T_1/s	0.379	0.448	0.662
	T_2/s	0.284	0.437	0.665
	T_3/s	0.256	0.379	0.588
位移比	X向	1.20	1.04	1.21
	Y向	1.22	1.24	1.14
位移角	X向	1/1606	1/1363	1/574
	Y向	1/2166	1/1216	1/553
剪重比	X向	15.5%	17.1%	15.6%
	Y向	16.4%	17.1%	16.0%
底层刚度比	X向	0.182	0.127	0.030
	Y向	0.330	0.238	0.039

3.4.5　站台雨篷结构分析

西侧雨篷受到地裂缝影响，采用变形缝分上下盘和跨缝桁架或钢梁组成的单元。每个单元均存在单侧超长的问题，尤其是室外空间，温度作用变得尤为突出。结构计算采取分塔 + 合并模型进行包络设计。计算中考虑竖向地震作用、水平地震作用和温度作用等多方面的影响。计算结果显示，超长边的温度作用较为突出，故在雨篷中部设置一道长螺栓布置的温度释放缝，以有效地降低钢梁和钢柱因温度作用变化产生结构内力。

东侧雨篷结构长、宽均约 200m，连接南、北站前广场的天街采用混凝土楼板，其他部分为轻钢屋面，通过在天街楼板设置两道后浇带来削弱温度作用的影响。为了提高整体结构的抗扭性能，4 号线上方的钢桁架或钢梁与柱端采用刚接形式，同时加大边框架柱截面。

采用 YJK（2.0 版）进行结构整体分析和下部混凝土结构的设计，采用 MIDAS Gen（2018 版）对整体结构和 f3 地裂缝两侧的跨缝桁架进行复核。计算模型如图 3.4-8 所示，主要计算结果见表 3.4-3。

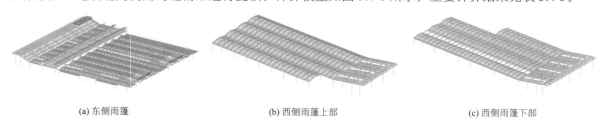

(a) 东侧雨篷   (b) 西侧雨篷上部   (c) 西侧雨篷下部

图 3.4-8　结构整体计算模型

整体计算结果　　　　　　　　　　　　　　　　　　　　表 3.4-3

参数指标		西雨篷上部	西雨篷下部	东雨篷
周期	T_1/s	0.369	0.514	0.323
	T_2/s	0.332	0.485	0.297
	T_3/s	0.283	0.401	0.225

参数指标		西雨篷上部	西雨篷下部	东雨篷
位移比	X向	1.42	1.40	1.44
	Y向	1.44	1.44	1.42
位移角	X向	1/1323	1/701	1/752
	Y向	1/855	1/699	1/750
剪重比	X向	9.20%	10.58%	9.30%
	Y向	8.58%	11.9%	9.12%

3.4.6 南站房结构分析

1. 结构加固前后的整体计算指标对比

本次改造新增 10.000m 标高钢结构夹层为候车区，荷载较大，为减轻对原结构的影响及满足施工工期的要求，新增钢梁与原混凝土柱铰接，楼板采用钢筋桁架楼承板。以主楼结构单元 B（主楼进站大厅）为例，计算模型如图 3.4-9 所示，分析结果如表 3.4-4 所示。

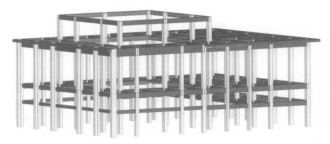

图 3.4-9 主楼结构单元 B 计算模型

主楼结构单元 B 模型比对结果 表 3.4-4

模型分类		原结构模型	现结构模型
质量/t		6097.92	7397.92
周期/s	第 1 振型	1.013	1.186
	第 2 振型	0.895	0.982
	第 3 振型	0.768	0.959
最大层间位移角	X向	1/581	1/591
	Y向	1/601	1/692

新增夹层对结构质量、刚度影响不大。另外，新增夹层的钢梁与原混凝土柱铰接可以有效减少对原框架柱的影响，使框架柱仅承担夹层传来的竖向荷载，不会对结构在地震作用下的受力机理产生较大影响，新增夹层对框架柱受力的影响如图 3.4-10 所示。

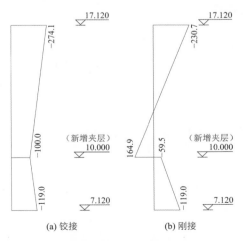

(a) 铰接 (b) 刚接

图 3.4-10 夹层钢梁铰接和刚接时框架柱的弯矩分布对比

2. 结构动力时程分析结果

以主体结构单元 B 为例,采用 SAUSAGE 进行弹塑性时程分析,计算模型见图 3.4-11,结构最大层间位移角见表 3.4-5。分析结果表明,罕遇地震作用下结构层间位移角小于 1/100,基本处于中度损坏水平,满足预设的抗震性能目标要求。

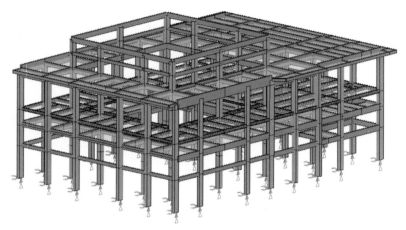

图 3.4-11 SAUSAGE 分析模型

罕遇地震最大层间位移角 表 3.4-5

工况	方向	最大顶点位移/m	最大层间位移角	位移角对应层号
TH023TG030_X	X主向	0.157	1/112	3
TH027TG030_X	X主向	0.143	1/110	6
RH3TG030_X	X主向	0.148	1/111	6
TH023TG030_Y	Y主向	0.123	1/138	3
TH027TG030_Y	Y主向	0.139	1/130	3
RH3TG030_Y	Y主向	0.138	1/126	3

3.5 专项设计

3.5.1 高架候车室跨地裂缝结构防坠落设计

高架候车室跨地裂缝结构单元 B-3 主要采用楼面钢梁和钢桁架结构构件,两端采用弱连接形式。为了防止结构构件在地震作用下发生坠落,采取了防坠落和限位墙的结构措施,如图 3.5-1 所示。

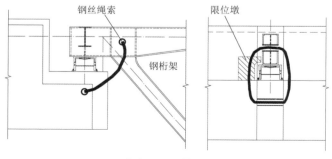

(a) 标高 10.000m 楼层桁架

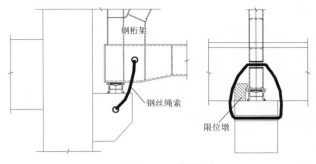

(b) 标高 18.000m 楼层桁架

图 3.5-1　高架候车室跨地裂缝结构防坠落措施

3.5.2　东配楼避让地裂缝长悬挑桁架及楼板受力分析

1. 东配楼西侧悬挑桁架受力分析

图 3.5-2 是东配楼西侧悬挑桁架 3 的受力特性，荷载组合为 1.3 恒荷载 + 1.5 活荷载。由图可知：悬挑桁架斜杆以受轴力为主；弦杆兼作楼面梁，轴力及弯矩作用明显；桁架下端受压斜杆轴压力最大，且承受一定的弯矩，下端与剪力墙在层间连接，构件斜截面承受较大剪力，按型钢混凝土构件设计不仅能够提高抗弯、抗剪承载力，也能增加构件的延性，提高节点连接的可靠性。

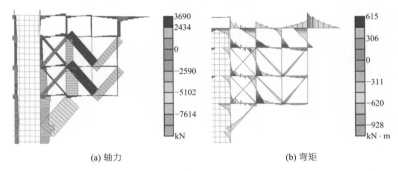

(a) 轴力　　　　　　　　　　　　(b) 弯矩

图 3.5-2　悬挑桁架 3 受力特性

在恒荷载 + 活荷载标准组合工况下，桁架 1～6 悬挑端 a 点竖向变形为 8～17mm，环向桁架 A、B 悬挑端相交点竖向变形为 21mm，荷载组合包络设计钢构件最大应力比为 0.53，满足《钢结构设计标准》GB 50017-2017（简称《钢标》）要求。

采用 MIDAS 软件对西侧悬挑桁架和环向桁架进行整体稳定分析，包括特征值屈曲分析和考虑几何非线性屈曲分析。计算模型仅考虑楼层钢梁对桁架弦杆的约束。恒、活荷载按照导算点荷载施加在悬挑桁架节点上，初始荷载组合为 1.0 恒荷载 + 1.0 活荷载，整体模型见图 3.5-3。经计算，特征值屈曲分析得到结构第一阶屈曲模态对应荷载因子为 32，考虑结合几何非线性 a 点变形按 1.0m 输入，荷载因子达到 25 时，悬挑结构仍未出现失稳，整体稳定性较好。

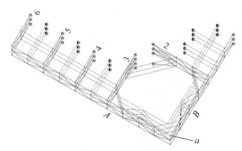

图 3.5-3　悬挑桁架稳定分析模型

2. 西侧部分楼板应力分析

西侧部分的大部分长悬挑桁架弦杆兼作楼面梁，考虑楼板作用时，桁架弦杆轴力会通过楼板传递，从而引起楼板应力增大。通过对悬挑桁架附近楼板进行有限元分析，得出楼板实际应力分布特征，楼板设计时有针对性地对楼板采取加强措施。图3.5-4是西侧部分2、4层楼板在荷载标准值下的应力分布云图。由图可知，楼板最大应力均出现在悬挑桁架根部，4层楼板最大拉应力达到8.3MPa，2层最大压应力达到9.1MPa。楼板设计时，从两方面对楼板进行加强。首先，悬挑桁架为双向布置，楼板同样采用双向配筋，特别是加强垂直于楼承板钢筋桁架方向的配筋；另外，在4层悬挑桁架根部预留施工后浇带，待悬挑桁架及楼板施工完成后浇筑，从施工措施上减小悬挑端楼板的拉应力，满足楼板不开裂的要求。

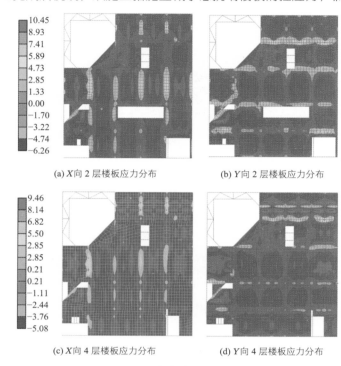

(a) X向2层楼板应力分布　　　　　(b) Y向2层楼板应力分布

(c) X向4层楼板应力分布　　　　　(d) Y向4层楼板应力分布

图3.5-4　西侧部分楼板应力分布

3.5.3　东配楼地铁上盖转换桁架计算

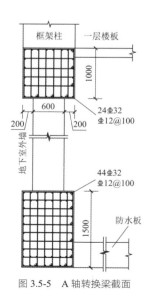

图3.5-5　A轴转换梁截面

转换桁架跨度大，荷载组合主要由恒荷载控制，构件变形过大或丧失承载力后对下部地铁隧道影响很大，设计时应考虑竖向地震作用影响。转换桁架两端转换柱竖向及水平剪力较大，同时引起与转换柱连接的框架梁梁端弯矩突变，为了分散传至基础的竖向力及减小与转换柱连接的框架梁梁端弯矩，转换柱两侧尽量布置钢筋混凝土墙体，按照组合截面进行整体抗弯设计。东侧部分地下室楼板和顶板与转换梁协同工作，靠近转换桁架处的楼板承受较大的水平力，设计时地下室楼板适当加厚，取值为150mm，配筋率不小于0.25%。

A轴转换梁为两跨连续梁，最大跨高比为2.76，按照《混凝土结构设计规范》GB 50010-2010（简称《混规》）中深受弯构件进行设计。截面为I形，顶部和底部分别有混凝土楼板和防水板与之相连，作为其平面外支撑保证其面外稳定，计算及截面配筋如图3.5-5所示。

同时转换梁腹板兼作地下室外墙，按照两端简支板验算腹板配筋，并符合《混规》受弯构件水平分布筋及竖向分布筋的配筋率。

本工程 B、C、D 轴转换桁架的形式类似，以 B 轴线桁架为例，分析桁架杆件的内力特性。表 3.5-1 为整体模型计算时，不同类型的楼板假定下桁架斜杆轴力计算结果，图 3.5-6 为桁架弦杆内力分布示意。

B 轴桁架斜杆内力及挠度计算   表 3.5-1

构件编号	楼板/弹性膜		楼板/板洞	
	N_{max}/kN	N_{min}/kN	N_{max}/kN	N_{min}/kN
①	7781	4609	7832	4581
②	−5664	−9458	−5649	−9525
③	−4589	−8005	−4446	−7938
④	5140	3132	5199	3150
⑤	2506	1265	2400	1143
⑥	−1352	−2410	−1468	−2618
挠度/mm	19.32		19.70	

由计算可知，楼板为弹性板和弹性膜计算出的斜杆轴力包络值近似相同；表 3.5-1 中，楼板按弹性膜模拟和楼板按板洞模拟时，前者弦杆弯矩包络值小，最大相差约 25%（局部杆件轴力在杆间变号）；楼板按弹性膜计算时，同一弦杆轴力包络值变化较大，计算结果不能真实反映楼板对弦杆轴力的贡献程度。

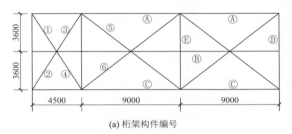

(a) 桁架构件编号

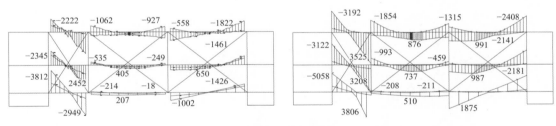

(b) 最大弯矩包络（左：弹性膜，右：板洞，单位：kN·m）

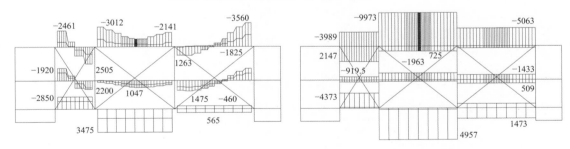

(c) 最大轴力包络（左：弹性膜，右：板洞，单位：kN）

图 3.5-6　桁架弦杆内力示意

3.5.4　东配楼钢结构屋盖计算

钢结构屋盖分别采用整体模型计算分析，中间部分按钢框架梁计算，顶层钢筋混凝土柱头预埋矩形钢管柱并与屋盖钢框架梁连接，按照钢框架梁、柱节点设计，计算模型见图 3.5-7。

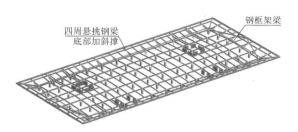

图 3.5-7 东配楼钢结构屋盖计算模型

3.5.5 东配楼外廊柱计算

受文物限高影响调整建筑方案而增加的 18 根通高廊柱上端连接标高 18.710m 楼层，下端伸入室外地坪，作为幕墙体系的一部分均匀布置在东配楼北侧，楼层悬挑钢梁截面受限而无法满足下吊廊柱，采取结构措施后廊柱可在地裂缝影响范围内布置。措施方面，廊柱不参与结构整体计算，且能够适应地裂缝活动带来的不均匀沉降，计算模型如图 3.5-8 所示。采用 3D3S 软件对廊柱进行承载力及稳定计算，应力比最大为 0.30，长细比约为 68，均满足规范要求。

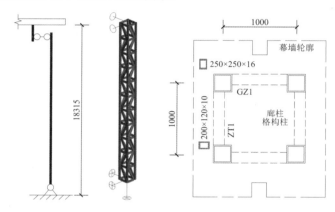

图 3.5-8 外廊柱计算模型

3.5.6 南站房异形柱分析

图 3.5-9 为加固中采用的典型 T 形和 L 形截面柱，利用 XTRACT 软件对其承载力进行分析，分析结果如图 3.5-10 所示。分析结果表明，中震下柱内力均在 N-M 包络线内，加固后异形柱及配筋满足中震弹性的要求。另外，因为加固柱的截面不对称，配筋非均匀分布，导致 N-M 包络线不关于轴力坐标轴对称，尤其是 T 形截面异形柱 N-M_{xx} 与 N-M_{yy} 的规则性与标准原框架柱完全不同，两个方向的截面承载力存在较大偏差。

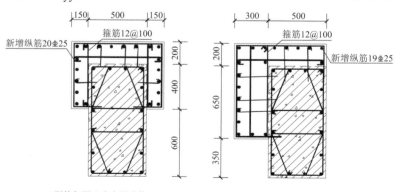

(a) T 形柱加固（南立面边柱）　　　(b) L 形柱加固（南立面与东立面交接角柱）

图 3.5-9 异形柱做法详图

经典回眸　中国建筑西北设计研究院有限公司篇

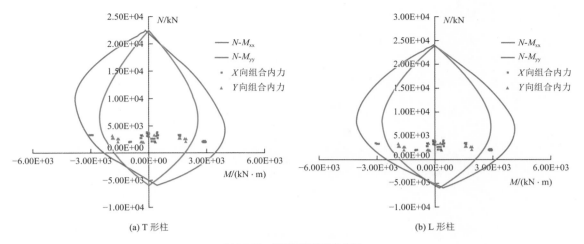

(a) T 形柱   (b) L 形柱

图 3.5-10　加固异形柱受力分析

3.5.7　南站房新型梁柱加固节点分析

　　为了减轻对原框架柱的影响和损害，钢梁与混凝土柱节点采用整体式包柱钢板，采用倒锥形锚栓将包柱钢板与框架柱紧密连接，连接节点上下端采用环形钢箍加强，包柱钢板、加劲板以及环形钢箍和锚栓形成一个整体受力体系，将夹层与原框架柱的连接节点区紧紧约束起来，提高了框架柱节点核心区的承载力和刚度，达到更好的稳定性和承载效果。连接节点及有限元模型如图 3.5-11 所示。

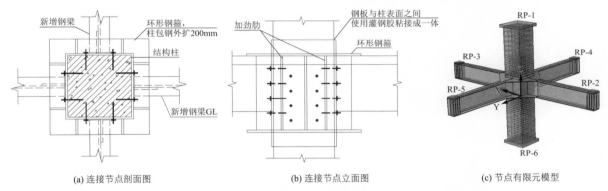

(a) 连接节点剖面图   (b) 连接节点立面图   (c) 节点有限元模型

图 3.5-11　钢梁与原框架柱的锚栓连接节点详图及有限元模型

　　对应不同节点处的剪力设计值，调整锚栓的规格与布置，最终根据剪力设计值确定 3 种锚栓布置形式，具体设计参数如表 3.5-2 所示。

锚栓设计参数　　　　　　　　　　　　　　　　　　　　　　表 3.5-2

剪力设计值/kN	锚栓规格	锚栓性能等级	有效锚入深度/mm	设计抗拉力/kN	设计抗剪力/kN	单侧锚栓排数
450	M20	8.8	≥170	58	83	4
550	M20	8.8	≥170	58	83	5
690	M20	8.8	≥170	58	83	6

注：单侧锚栓列数均为 2。

　　以剪力设计值为 450kN 的节点进行计算分析。该剪力水平下，单侧锚栓排数为 4 排，锚栓列数为 2 列，采用 M20 锚栓，锚栓钢材等级为 8.8，屈服强度为 640MPa，参考《混凝土结构后锚固技术规程》JGJ 145-2013 式（6.1.14），有：

$$V_{\mathrm{Rd,1}} = V_{\mathrm{Rk,s}}/\gamma_{\mathrm{Rs,V}} = 0.5 f_{\mathrm{yk}} A_{\mathrm{s}}/\gamma_{\mathrm{Rs,V}} = 0.5 \times 640 \times 3.14 \times 10^2 \times 4 \times 2/1.3 \times 10^{-3} = 618.3 \mathrm{kN}$$

式中：$V_{\mathrm{Rd,1}}$——锚栓钢材破坏受剪承载力设计值；

$V_{Rk,s}$——锚栓钢材破坏受剪承载力标准值；

$\gamma_{Rs,V}$——锚栓钢材破坏受剪承载力分项系数；

f_{yk}——锚栓屈服强度标准值；

A_s——锚栓应力截面面积。

可见，考虑锚栓的有效受剪，在夹层钢梁与钢箍板连接的截面，其截面受剪承载力大于剪力设计值 450kN，满足设计要求。

同时，包柱钢板与原结构柱外表面通过灌胶产生一定的粘合力，施工时通过两端环形钢箍产生一定的预紧力。在环形钢箍之间的包柱钢板，受力方向的腹板也能承受一定的剪力作用，考虑施工及构造等因素，计算包柱钢板的受剪承载力时，考虑剪力发挥系数为 0.1，则有包柱钢板的受剪承载力为：

$$V_{Rd,2} = f_y A_s = 170 \times 1000 \times 25 \times 2 \times 10^{-3} \times 0.1 = 850\text{kN}$$

可见，锚栓和包柱钢板两部分各自的受剪承载力均满足节点抗剪要求，二者联合作用下，节点的受剪承载力为锚栓与包柱钢板抗剪承载力之和，并且在受力时有相互约束和辅助作用，当其中一种失效时，另一种可以作为二道防线发挥承载作用。

本工程南站房加固采用的钢梁与原框架柱的连接节点为该类节点在加固项目中的初次应用，由于该节点构造较为复杂，为进一步了解加固连接节点的受力性能，采用 MIDAS FEA 节点分析软件对加固节点进行有限元分析。分析结果表明，该节点可以满足对应的剪力标准值下的承载力要求，构造合理可行。

3.6 结语

西安火车站改扩建工程由新建建筑和改造原有建筑两大部分组成，每个建筑单体按照建筑特点又划分了多个结构单元。各结构单元设计除了实现建筑功能要求外，还要考虑多种因素的影响，如：场地地裂缝、文物限高、对已建地铁的保护、施工要求等，给设计和建设团队带来了巨大的挑战。

项目建设原场地一部分是车站建筑及车场，另一部分是城市拆迁用地。在项目建设前期，受到拆迁进度及保证车站车场、站房正常使用功能的影响，确定场地前期地质情况及地裂缝整体走向结果由控制性探点得出，随着项目的推进，当具备条件时再补充探点完成地质勘探报告。

根据初步地质勘探报告，对结构避让地裂缝进行了充分论证并形成了专家意见，并由此进行了北站房、高架候车室、东配楼的初步设计和施工图设计。

随着项目的推进，细化了场地勘探点，根据完善的地质勘探报告，原控制点间的地裂缝分布具有无规律性，走向变化幅度较大，对各建筑单体的结构方案影响很大，特别是东配楼的结构布置根据探明地裂缝进行了颠覆性的调整。此外，受到文物限高的影响，北站房和东配楼的建筑方案由大坡屋面调整为平坡屋面，结构高度降低了约 12m。

北站房及高架候车室针对文物限高和地裂缝等特殊因素，合理地设置结构分缝位置，北站房位于地裂缝下盘，局部采用斜柱转换方式避让。高架候车室结构采用上下盘基础避让，地裂缝影响范围内设置跨地裂缝简支钢桁架，钢桁架支承在上下盘的主体结构上，以适应地裂缝的沉降变形，最大程度地满足建筑功能的完整和构造的要求。北站房和高架候车室采用分离式的屋面设计，既满足了文物退让的要求，也最大程度地展现了立面的层次感。

东配楼的结构设计受到多种因素的影响。首先，场地地裂缝分布及走向无规律性，对结构方案影响很大，结构设计时，为实现建筑功能及造型，同时使主体结构传力直接、可靠，对结构避让地裂缝提出了如下技术措施：采用地下室斜撑、上部钢结构悬挑桁架或两者结合的结构受力体系。另外，对于东侧的地铁上盖部分，上部结构采用转换结构形式，使地铁隧道上方框架柱与地铁隧道在受力体系上脱开，保证了地铁运营安全，同时使主体结构传力明确、可靠。此外，施工组织是影响东配楼结构设计的因素之一，结构设计考虑了施工现场的实际情况，给出了长悬挑结构无法支模的解决措施——混凝土结构出挑长悬挑钢梁并铺设楼承板。最后，提出了外廊柱及独立柱不参与主体结构计算的假定及节点做法。

南站房改造采用的加固技术，一方面实现了结构整体加固的目的，另一方面保留了原有建筑的外立面造型，达到了修旧如旧的效果，同时体现出古都西安的历史名城风貌。工程的加固量较大，加固方法较多采用了便于施工的粘碳纤维布和粘钢板的传统加固方法，在特殊区域创新性地采用了一些新型加固工艺，达到安全、经济、适用、美观的效果。同时，整个工程大量采用钢结构等低碳环保材料，实现了生态环境、城市文明与经济发展的互融共进。

站台雨篷受制于地裂缝贯穿和下部地铁贯穿等因素的影响，结构采用合理的分缝方案，最大限度地保证建筑的完整性，同时，合理地设置温度诱导缝减小温度作用对钢结构的影响。

在全国第十四届运动会开幕前，代表新西安站形象的一部分，项目顺利建成，实现了南北双站房的开放运营，在迎来送往中成为新时代城市的新地标。

参考资料

[1] 郭东，韦孙印，武红姣. 地裂缝等多重因素影响下西安火车站东配楼结构设计[J]. 建筑结构，2022，55(11): 117-124.

[2] 史生志，辛力，杨琦，等. 西安火车站加固改造设计及相关问题研究[J]. 建筑结构，2022，52(11): 125-133.

[3] 郭东. 西安火车站东配楼地铁上盖结构设计[J]. 建筑结构，2023，53(15): 105-111.

[4] 中铁第一勘察设计院集团有限公司. 西安站房建工程岩土工程勘察报告[R]. 2013.

[5] 中铁第一勘察设计院集团有限公司. 西安站附近f3地裂缝专题勘察报告[R]. 2013.

[6] 陕西大地地震工程勘察中心. 西安铁路枢纽西安站改扩建工程地震安全性评价工作报告[R]. 2013.

设计团队

项目负责人：赵元超、李　冰

结构设计团队：杨　琦、辛　力、任同瑞、韦孙印、王洪臣、赵　波、郭　东、史生志、王　涛、武红姣、黄　超、刘　涛、邯京峰、韩刚启、窦　颖、尹龙星、荆　罡、周文兵

合　作　单　位：中铁第一勘察设计院集团有限公司

获奖信息

2022年度中国建筑西北设计研究院优秀设计（公建、住宅）一等奖

2022年度中国建筑西北设计研究院优秀设计（结构专业）二等奖

2022年度陕西省优秀工程勘察设计一等奖

第 4 章

渭南市体育局体育场

4.1 工程概况

4.1.1 建筑概况

渭南市体育局体育场位于陕西省渭南市，可同时容纳观众 30000 人。体育场平面为近似椭圆形状，长轴 264m，短轴 188m。南北为小看台和大平台；东侧为两层大看台，1~4 层均有配套功能用房；西侧为两层大看台和主席台，1~5 层均有配套功能用房，无地下室。体育场看台主体为混凝土框架结构，东西看台上空各设置一个投影为梭形的钢罩棚。

钢罩棚是以主、副拱为主要受力构件的空间管桁架结构体系。主拱最高点距地约 63.5m，计算跨度达 290m，属超大跨度钢结构。主、副拱在端部相交至同一拱脚，拱脚支承于钢筋混凝土墩台上，在副拱1/3 跨度处利用楼梯间设置钢筋混凝土筒体作为中间支点，有效地减少了副拱的跨度及支承屋盖结构的横向水平力，主、副拱之间设置了 20 榀次桁架将两者联系在一起。钢罩棚与下部钢筋混凝土看台结构完全脱开，避免了两者之间的不利影响。钢罩棚屋面采用氟碳涂层直立锁边铝镁锰合金屋面板，建筑造型优美。建筑效果图如图 4.1-1 所示。

体育场看台基础埋深−3.3m，基础形式采用柱下十字交叉基础。主、副拱钢筋混凝土墩台及副拱钢筋混凝土筒体下均采用大直径后压浆灌注桩。

本工程施工图文件完成时间为 2010 年 7 月，施工开始时间为 2010 年 9 月，竣工时间为 2015 年 10 月。

图 4.1-1　渭南市体育场建筑效果图

4.1.2 设计条件

1. 结构主体控制参数

结构主体控制参数见表 4.1-1。

结构主体控制参数　　　　　　　　　　　　　　　　表 4.1-1

项目	标准
结构设计基准期	50 年
建筑结构安全等级	二级
结构重要性系数	1.0
建筑抗震设防分类	重点设防类（乙类）
地基基础设计等级	乙级

桩基设计等级		乙级
黄土地区建筑物分类、湿陷等级		甲类、Ⅰ级非自重
设计地震动参数	抗震设防烈度	8度
	设计地震分组	第一组
	场地类别	Ⅲ类
	小震特征周期/s	0.45
	大震特征周期/s	0.50
	设计基本地震加速度值/g	0.20
建筑结构阻尼比	多遇地震	钢罩棚：0.02，看台：0.05
	罕遇地震	钢罩棚：0.05
水平地震影响系数最大值	多遇地震	0.16
	设防烈度地震	0.45
	罕遇地震	0.90
地震峰值加速度/（cm/s²）	多遇地震	70
	设防烈度地震	200

2．结构抗震设计条件

主体结构构件抗震等级如表 4.1-2 所示。

主体结构构件抗震等级　　　　　　　　　　　　　　表 4.1-2

部位	抗震等级	抗震构造措施	备注
体育场南、北看台	一级	一级	
体育场东、西看台	一级	特一级	框架高度超过 24m
剪力墙筒体	一级	一级	

注：重点设防类，地震作用符合 8 度抗震设防烈度要求；抗震措施符合 9 度抗震设防烈度要求。

4.2　结构设计

4.2.1　主体建筑功能

渭南市体育场规划布局合理，建筑功能完善，造型特色美观，既具有体育场的建筑特点，又与周围环境及建筑和谐统一。体育场场地内有标准的天然草坪足球场和 9 道 400m 标准田径场，较好地满足了体育场的使用功能要求。建筑平面如图 4.2-1 所示，建筑立面如图 4.2-2 所示。

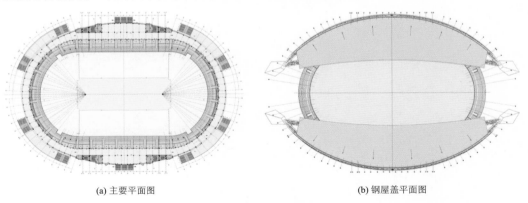

(a) 主要平面图　　　　　　　　　　　　　　(b) 钢屋盖平面图

图 4.2-1　建筑平面图

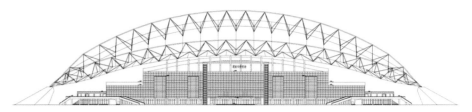

图 4.2-2　建筑立面图

4.2.2　看台主体结构设计

1. 结构平面布置

体育场看台主体结构为混凝土框架结构，地上 2～5 层，无地下室。体育场为椭圆形建筑，长轴 264m，短轴 188m，四周环向为斜看台。柱网8m×(9～12)m，柱顶标高 5.100～32.900m。体育场剖面如图 4.2-3 所示。

经典回眸　中国建筑西北设计研究院有限公司篇

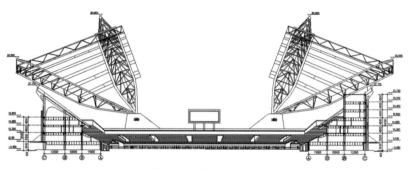

图 4.2-3　体育场剖面图

2. 结构分缝

看台结构平面长度超过规范关于钢筋混凝土框架结构最大伸缩缝限值 55m 的要求，结合本工程的规模、使用功能、建筑要求以及荷载差异、标高差异造成的结构质量、刚度等分布不均匀等因素，将环向看台结构划分为 8 个长约 80～90m、较为规则、抗震能力较好的结构段。副拱中部利用楼梯间设混凝土筒体支座。为避免下部混凝土结构与上部连体钢结构的复杂结构问题，将混凝土筒体与看台结构设缝脱开。体育场结构分段示意如图 4.2-4 所示。

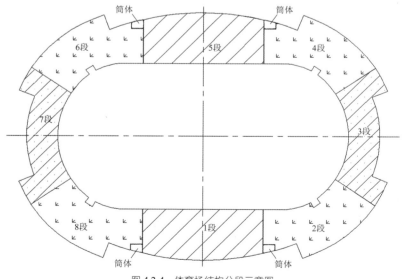

图 4.2-4　体育场结构分段示意图

3．后浇带的设置

8 个看台独立结构段均为超长结构。各结构段基础连为一体，也为超长结构，通过以下措施减小温度作用的影响：

（1）各结构段及其基础沿环向隔 30～40m 设 800mm 宽超长后浇带，解决施工过程中的混凝土早期变形。

（2）在基础梁、框架梁及楼板内设置抵抗温度作用钢筋。

（3）提高框架柱沿环向双侧配筋率。

（4）对施工提出超长混凝土施工要求。

另外，作为副拱支座的钢筋混凝土筒体基础与看台基础连为一体，钢筋混凝土筒体基础与看台基础之间设置沉降后浇带 A，上下贯通，减少差异沉降。

4．主体结构分析

采用中国建筑科学研究院编制的 PMSAP 程序，对各结构段进行整体分析，楼层板按刚性板考虑，看台按弹性斜板考虑。

4.2.3 地基处理及基础设计

1．看台基础设计

体育场场地为Ⅰ级非自重湿陷性黄土。看台基础埋深−3.3m，基础形式采用柱下十字交叉基础，以提高基础整体性，减小不均匀沉降的影响。基底下素填土和杂填土全部挖除后逐层回填不小于 2.0m 厚的 3：7 灰土垫层，地基承载力特征值不小于240kPa。

2．主、副拱支座基础设计

主、副拱在端部相交于同一拱脚，拱脚支承于钢筋混凝土墩台上。墩台采用桩＋承台基础，桩型为钻孔灌注桩，采用反循环工艺成孔，桩侧、桩底采用后注浆技术，桩径 1000mm，桩身混凝土强度等级C30。桩长约26m，桩端全截面应进入⑧中粗砂层，进入深度应不小于1.5m。单桩竖向承载力特征值为6000kN，单桩水平承载力特征值为500kN。桩平面布置如图 4.2-5 所示。

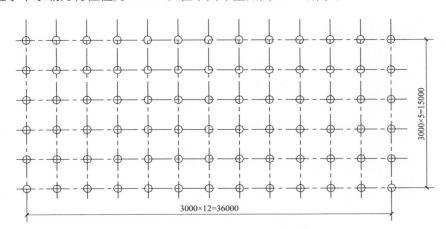

图 4.2-5　桩（主副拱支座处）平面布置图

根据钢罩棚计算结果，拱脚反力为方向向外的水平推力 $F_x = 21000$kN，大跨钢屋盖对支座产生了较大水平推力。根据场地土质土层情况及拱脚受力特点，初步地基处理及基础方案为高压旋喷桩＋钻孔灌注桩。按此方案实施后，桩基检测结果显示，灌注桩桩顶位移较大，单桩水平承载力特征值仅为100kN，与设计要求相距甚远。后经分析比较，为有效增强对灌注桩桩顶的整体侧向约束，承台下做 3.0m 厚 3：7灰土垫层，压实系数不小于0.97。经检测，单桩水平承载力特征值高达 1000kN，各项检测数据均能满足设计要求。因此，承台下做 3.0m 厚 3∶7 灰土垫层对提高单桩水平承载力效果非常明显。理论分析及工程实践证明，承台下做 3.0m 厚 3∶7 灰土垫层 + 桩基的方案技术得当，经济实用，切实可行，可在类似工程中广泛应用。

承台基底标高−7.000m，板厚 3000mm，钢筋混凝土墩台外形尺寸满足建筑外观要求，承台及墩台混凝土强度等级均为 C35。承台及墩台俯视图、轴测图如图 4.2-6 所示。

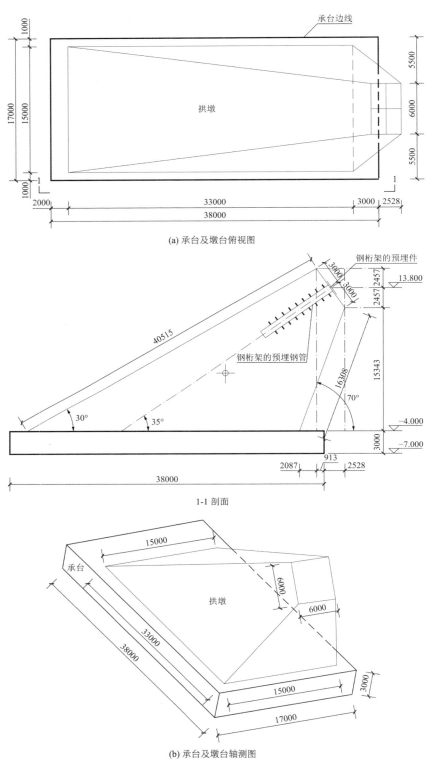

(a) 承台及墩台俯视图

1-1 剖面

(b) 承台及墩台轴测图

图 4.2-6　承台及墩台俯视图、轴测图

3．副拱支座基础设计

为有效地减少钢罩棚副拱的跨度及支承屋盖结构的横向水平力，在副拱 1/3 跨度处利用楼梯间设置钢筋混凝土筒体作为中间支点。筒体采用桩＋梁筏基础，桩型为钻孔灌注桩，采用反循环工艺成孔，桩侧、桩底采用后注浆技术，桩径 800mm，桩身混凝土强度等级 C30，桩长约 20m。单桩竖向承载力特征值为 3500kN，单桩水平承载力特征值为 500kN。桩平面布置如图 4.2-7 所示。

筏板基底标高−5.300m，板厚 2100mm，基础梁截面宽度 1200～1800mm，基础梁截面高度 3800mm。梁筏基础混凝土强度等级 C40。基础平面如图 4.2-8 所示。

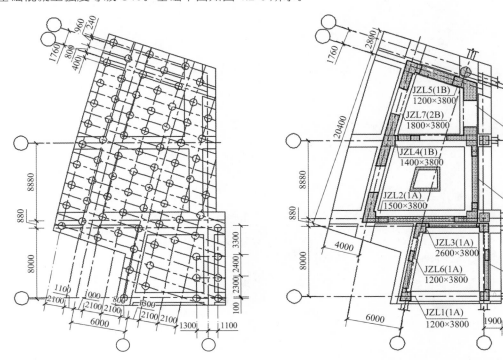

图 4.2-7 桩（副拱支座处）平面布置图　　　　图 4.2-8 基础（副拱支座筒体）平面布置图

4．墩台设计

1）分析目的

计算墩台的应力分布，并根据计算结果进行配筋计算。

2）计算假定

假定墩台底部为不动铰支座，荷载取各种工况下拱脚节点反力的最大包络值（设计值）；假定墩台混凝土不开裂，只考虑其弹性性能。

3）计算模型

计算软件采用通用有限元计算软件 ANSYS10.0；采用 SOLID45 单元。混凝土材料，$E = 30000\text{N/mm}^2$，泊松比取 0.2；预埋钢板材料，$E = 206000\text{N/mm}^2$，泊松比取 0.3；约束墩台底面全部节点三个平动自由度；不考虑钢板与混凝土间的滑移，计算模型中两者通过节点直接连接。

4）计算结果

荷载作用下墩台应力分布及位移如图 4.2-9、图 4.2-10 所示，其中应力单位为 N/mm^2，位移单位为 mm。

5）结论

（1）在荷载作用下，墩台的刚度很大，变形很小，几乎可以忽略不计，即刚度满足设计要求。

（2）在荷载作用下，混凝土应力均很小，除与钢板相连部位存在应力突变外，其余部位应力值均不足 2MPa，小于混凝土的抗拉强度设计值，表明墩台混凝土不开裂的假定正确。

（3）墩台的配筋在满足构造配筋率的情况下，结合受力模式以及施工条件等，确定配筋量与配筋方式。

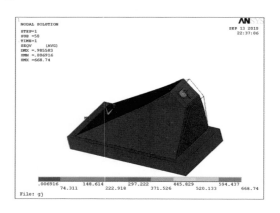

(a) 应力图 1（von Mises）

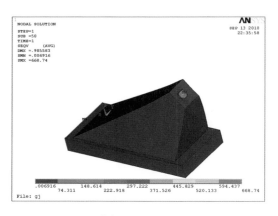

(b) 应力图 2（von Mises）

图 4.2-9　应力图

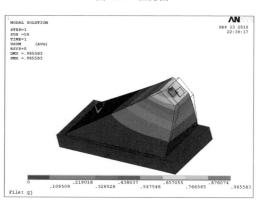

图 4.2-10　位移图（合位移）

4.3 钢罩棚专项设计

4.3.1 超限应对措施和性能目标

1. 超限应对措施

钢罩棚采用拱与空间管桁架组合结构，主拱计算跨度 290m，超过 120m，属于超限大跨空间结构。针对超限问题，设计中采取了如下应对措施：

（1）为了保证主拱结构的可靠度，分析中考虑主体结构在风荷载作用下不失稳；分析中考虑活荷载半边布置的不利情况；温度作用参与计算，钢结构最大正温差为 35℃，钢结构最大负温差为−35℃。

（2）本工程主拱弦杆应力比≤0.65，腹杆应力比≤0.8，副拱弦杆应力比≤0.8，腹杆应力比≤0.9；空间管桁架杆件应力比≤0.8。

（3）本工程节点采用相贯节点，主拱上弦、中弦、下弦节点及副拱上弦、中弦、下弦节点均为关键节点，需要计算复核。对于不满足设计要求的节点，可采用节点域主管截面局部加厚、设置加劲肋的方法局部加强，再进行节点验算，直至满足设计要求。

（4）按照主拱中震弹性的性能目标进行中震验算。

（5）进行整体模型验算、整体稳定性验算。建立考虑下部副拱处筒体结构的整体模型，采用与分体模型相同的计算假定、支座约束、荷载及荷载组合，对整体结构进行分析。

2．抗震性能目标

根据抗震性能化设计方法，确定了主要结构构件的抗震性能目标：主拱中震弹性，大震时主拱弦杆不屈服，腹杆个别杆件屈服但不破坏；主拱结构大震时不失稳，抗推力结构不失效。

本工程通过超限高层抗震设防专项审查。

4.3.2　计算模型

本工程钢罩棚采用拱与空间管桁架组合结构。采用 MIDAS V7.30 进行计算分析，同时采用 SAP2000 软件对分析结果进行校核。考虑到计算量与计算效率的因素，在三维有限元整体模型中，按照真实结构中不同部分构件的位置及其功能，用不同单元类型进行模拟。在本工程中杆件根据具体受力情况分别用梁单元和桁架单元来模拟。计算模型中支座采用铰支座和固定支座两种情况分别验算，包络设计。计算模型轴测图如图 4.3-1 所示。

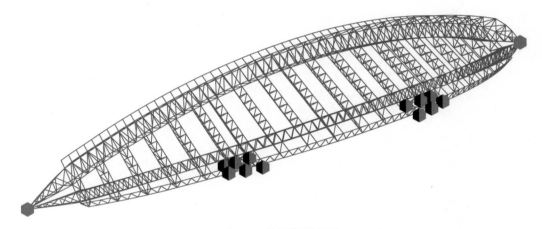

图 4.3-1　计算模型轴测图

4.3.3　杆件截面及材料

主拱弦杆采用 Q345C 圆管，其余主要构件采用 Q345B 圆管。主、副拱截面均呈菱形。主拱截面高度 15m，宽度 10m，主拱上弦杆截面为 $\phi900\times18$，下弦杆截面为 $\phi1000\times20$；副拱截面高度 10m，宽度 6m，副拱上弦杆截面为 $\phi800\times14$，下弦杆截面为 $\phi800\times16$；次桁架截面呈三角形，高度 5m，宽度 5m。钢罩棚主要构件截面规格如表 4.3-1 所示。

钢罩棚主要构件截面规格　　　　　　　　　　　　　　　　　　　　表 4.3-1

类别	构件名称	截面规格	材质	备注
主拱	上弦杆	$\phi900\times18$	Q345C	直缝焊接钢管
	下弦杆	$\phi1000\times20$	Q345C	直缝焊接钢管
	中弦杆	$\phi800\times16$	Q345C	直缝焊接钢管
	下层腹杆	$\phi299\times10$	Q345B	热轧无缝钢管
	中弦平面内腹杆	$\phi325\times10$	Q345B	热轧无缝钢管
	上层腹杆	$\phi450\times12$	Q345B	直缝焊接钢管

类别	构件名称	截面规格	材质	备注
副拱	上弦杆	$\phi800 \times 14$	Q345B	直缝焊接钢管
	下弦杆	$\phi800 \times 16$	Q345B	直缝焊接钢管
	中弦杆	$\phi600 \times 12$	Q345B	直缝焊接钢管
	腹杆	$\phi299 \times 10$	Q345B	热轧无缝钢管
	支座处加大截面腹杆	$\phi400 \times 14$	Q345B	直缝焊接钢管
屋面桁架	上弦杆	$\phi273 \times 10$	Q345B	热轧无缝钢管
	下弦杆	$\phi299 \times 10$	Q345B	热轧无缝钢管
	腹杆	$\phi245 \times 7$	Q345B	热轧无缝钢管
平面桁架	上弦杆	$\phi299 \times 10$	Q345B	热轧无缝钢管
	下弦杆	$\phi273 \times 10$	Q345B	热轧无缝钢管
	腹杆	$\phi203 \times 8$	Q345B	热轧无缝钢管
支座桁架	支座斜杆	$\phi400 \times 22$	Q345B	直缝焊接钢管
	支座横杆	$\phi351 \times 16$	Q345B	热轧无缝钢管

4.3.4　荷载

1．恒荷载与活荷载

钢罩棚自重由程序自动统计，结构自重×1.2 来考虑节点重量。根据建筑屋面做法，屋面恒荷载取 0.5kN/m²，屋面活荷载取 0.5kN/m²，同时考虑活荷载半边布置的不利情况。马道及吊挂恒荷载取 1.0kN/m²，马道活荷载取 2.0kN/m²。

2．雪荷载

基本雪压 0.25kN/m²，雪荷载与屋面活荷载不同时计算。

3．风荷载

渭南市位于陕西省关中地区，建设场地 50 年重现期的基本风压为 0.35kN/m²。体育场钢罩棚为梭形曲面形状，跨度大，对风荷载较为敏感。荷载规范对这种造型独特的大跨度屋盖结构缺乏相应的风荷载体型系数、风振系数取值规定。参考形状类似工程：中国建筑西南设计研究院设计的重庆袁家岗体育场网壳的风洞试验报告[1]，本工程钢罩棚体型系数取±0.6、风振系数取 1.92、风压高度变化系数按钢结构最高点取 1.87。在计算模型中分别施加全跨及半跨风荷载（分为上吸风与下吸风两种工况）进行计算，构件应力比满足要求，且两者构件最大应力比基本相同。

4．温度作用

结构设计将钢罩棚合拢时的温度作为结构的初始温度，钢罩棚合拢温度为 10～15℃。根据渭南市气象局提供的极端温度资料，钢罩棚设计采用的正、负温差，最大正温差为+35℃，最大负温差为−35℃。

4.3.5　周期与振型

对整体模型进行了 150 阶振型分析，并提取了前 150 阶振型，其有效质量参与系数大于 90%，可以满足设计要求。前 3 阶振型图见图 4.3-2，主要计算结果见表 4.3-2。

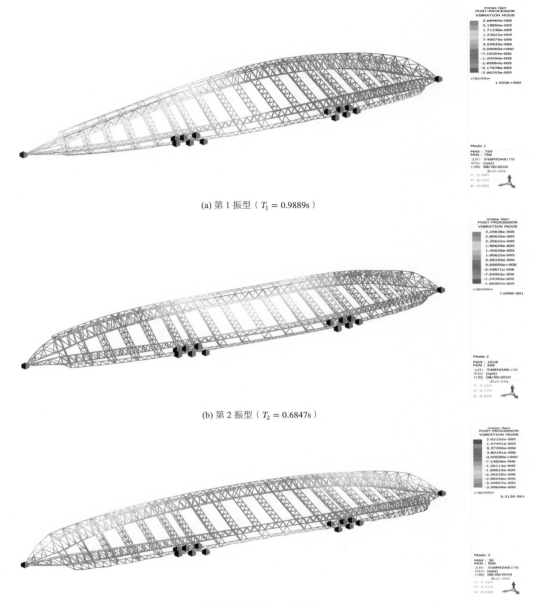

(a) 第 1 振型（$T_1 = 0.9889$s）

(b) 第 2 振型（$T_2 = 0.6847$s）

(c) 第 3 振型（$T_3 = 0.5165$s）

图 4.3-2 前三振型图

振型及周期   表 4.3-2

振型号	周期/s	X方向 平动因子	Y方向 平动因子	Z方向 扭转因子	X向平动 质量系数	Y向平动 质量系数	Z向扭转 质量系数
1	0.945	35.83	0	50.84	14.99	0	21.27
2	0.695	0	11.46	0	0	2.37	0
3	0.528	1.02	0	23.72	0.08	0	1.77
4	0.517	0	60.09	0	0	18.56	0
5	0.513	0	37.25	0	0	0	0
6	0.507	7.35	0	8	0	0	0
7	0.503	0	6.16	0	0	0	0
8	0.499	7.41	0	6.48	0	0	0

振型号	周期/s	X方向平动因子	Y方向平动因子	Z方向扭转因子	X向平动质量系数	Y向平动质量系数	Z向扭转质量系数
9	0.498	0	1.79	0	0	0.11	0
10	0.495	0	0.66	0	0	0.01	0
11	0.493	8.22	0	6.13	0.04	0	0.03
12	0.485	0	1.33	0	0	0.02	0
13	0.485	9.05	0	3.3	0.1	0	0.04
14	0.474	0	2.75	0	0	0.06	0
15	0.473	10.79	0	0.48	0.11	0	0
16	0.470	0	42.45	0	0	0.58	0
17	0.463	17.14	0	50.7	0.18	0	0.54
18	0.461	0	30.36	0	0	1.78	0
19	0.459	16.4	0	0.43	0.52	0	0.01
20	0.453	0	20.28	0	0	1.69	0
…	…	…	…	…	…	…	…

4.3.6 位移与挠度

结构计算跨度为 290m，竖向荷载作用下钢罩棚位移及挠度见表 4.3-3。由计算结果可见，结构挠度满足规范限值要求。

竖向荷载作用下位移及挠度 表 4.3-3

荷载	竖向位移/mm	挠度/跨度	规范限值
恒荷载	88	1/3295	1/400
活荷载	28	1/10357	1/500
恒荷载 + 活荷载	116	1/2500	1/400
雪荷载	12	1/24166	1/500
风荷载	73	1/3972	1/500
温度作用	128	1/2266	1/500
X向地震	2	1/14500	1/500
Y向地震	8	1/36250	1/500
竖向地震	7	1/41428	1/500

4.3.7 构件应力分析

钢罩棚中各主要构件名称见图 4.3-3。

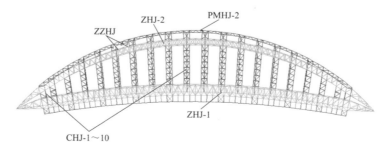

图 4.3-3 构件名称示意图

经典回眸 中国建筑西北设计研究院有限公司篇

1. 主拱桁架

主拱桁架是结构最主要的受力构件，承受主体结构一半以上的重量，造型与建筑外形紧密结合，其安全性非常重要。主拱结构上弦杆截面主要为 D900×18，中弦杆截面主要为 D800×16，下弦杆截面主要为 D1000×20，材质为 Q345C；腹杆主要规格为 D299×10、D325×10 和 D450×12，材质为 Q345B。主拱桁架杆件示意见图 4.3-4。

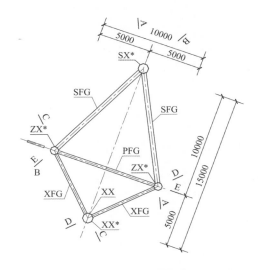

图 4.3-4　主拱桁架杆件示意图

主拱桁架结构杆件最大应力比分布如图 4.3-5 所示。由图可见，主拱结构杆件应力比最大者为 0.7，最小者为 0.05。杆件应力水平最高者为拱脚弦杆，应力水平最低者为拱跨中腹杆。拱弦杆的应力水平集中于 0.5 左右，拱腹杆应力水平较低，多数位于 0.5 以下，可以保证结构的安全。

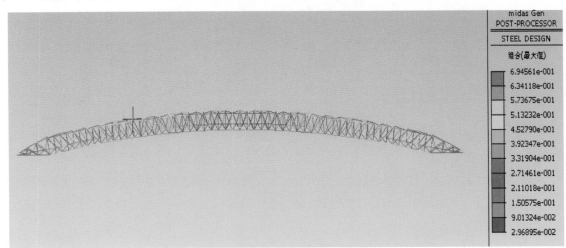

图 4.3-5　主拱桁架结构杆件最大应力比分布图

2. 副拱桁架

副拱桁架是结构的主要受力构件，与主拱桁架一起支承主体结构的重量并传至基础。副拱桁架除了将结构重量传递给两端拱脚外，还将重量传递给 1/3 跨度附近的混凝土筒体，因此它的跨度相对较小，经济性较好。副拱结构上弦杆截面主要为 D800×14，中弦杆截面主要为 D600×12，下弦杆截面主要为 D800×16，腹杆主要规格为 D299×10 和 D400×14，材质为 Q345B。副拱桁架杆件示意见图 4.3-6。

副拱桁架结构杆件最大应力比分布如图 4.3-7 所示。由图可见，副拱结构杆件应力比最大者为 0.69，最小者为 0.05，只有 4 根杆件的应力比超过 0.65。杆件应力水平最高者为中间支座支撑与拱脚部位，应力水平最低者为拱跨中腹杆。拱弦杆的应力水平大多在 0.5 以下，拱腹杆应力水平较低，多数在 0.5 以下，可以保证结构安全。

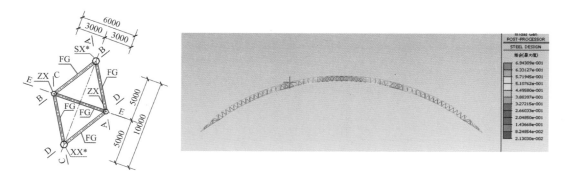

图 4.3-6　副拱桁架杆件示意图　　　　　　图 4.3-7　副拱桁架结构最大应力比分布图

3. 屋面桁架

屋面桁架的主要作用为联系主拱桁架与副拱桁架，并将屋面结构的荷载传递给主拱桁架与副拱桁架。同时，屋面桁架可以增加主拱桁架与副拱桁架的平面外刚度，保证结构形成一个整体。屋面桁架上弦杆截面主要为 D273×10，下弦杆截面主要为 D299×10，腹杆截面主要为 D245×7，材质为 Q345B。

屋面桁架结构杆件最大应力比分布如图 4.3-8 所示。由图可见，屋面桁架杆件最大应力比为 0.96，最小为 0.05。应力比超过 0.83 的杆件数量约为 12 个。主拱桁架与副拱桁架之间的杆件应力水平较低，绝大多数杆件应力比均低于 0.8。

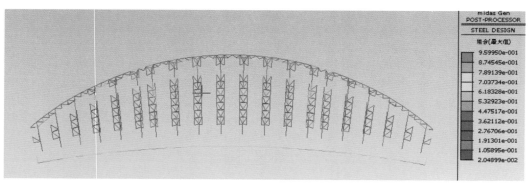

图 4.3-8　屋面桁架结构杆件最大应力比分布图

从分析结果可以看出，大跨度结构重要杆件应力水平较低，可以满足结构安全要求。对不同部位的杆件采用不同的控制应力，总体上可以达到设计预期目标。

4.3.8　中震分析

设计中对主拱桁架进行性能的设计，确定了主拱中震弹性的抗震性能目标。

根据全国超限高层建筑工程抗震设防审查专家委员会在《关于发送〈全国超限高层建筑工程抗震设防审查专家委员会 2006 年下半年专项审查工作简况〉的通知》中的规定，中震计算时主要设计参数同小震，水平地震影响系数最大值取 0.45，构件内力调整系数取 1.0。经分析，结构在中震作用下强度、位移均满足设计要求。

1. 设计方法及要求

中震验算采用中震弹性设计方法，具体要求见表 4.3-4。

中震设计参数	表 4.3-4
设计参数	中震弹性设计要求（设防地震）
水平地震影响系数最大值	0.45
时程分析时输入地震加速度的最大值/（cm/s²）	200
内力调整系数	1.0
荷载分项系数	按规范要求
承载力抗震调整系数	按规范要求
材料强度取值	设计强度

2. 设计结果

（1）杆件应力比

中震验算杆件应力比如图 4.3-9 所示。可见杆件应力比均小于 1.0，满足设计要求。

图 4.3-9 中震验算杆件应力比（0.942 < 1.0）

（2）结构位移

X、Y 向地震作用下的结构位移如图 4.3-10 所示。可见结构位移均小于规范限值，满足设计要求。

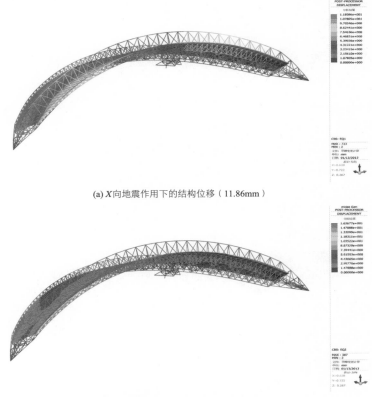

(a) X 向地震作用下的结构位移（11.86mm）

(b) Y 向地震作用下的结构位移（16.27mm）

图 4.3-10 X、Y 向地震作用下的结构位移

4.3.9 整体模型验算

建立考虑下部副拱处筒体结构的整体模型如图 4.3-11 所示。采用与分体模型相同的计算假定、支座约束、荷载及荷载组合，对整体结构进行分析。经分析可知，采用考虑下部结构的整体模型时，分析结果和分体模型基本相同，结构均能满足承载能力及正常使用极限状态的要求。整体结构构件应力比如图 4.3-12 所示。

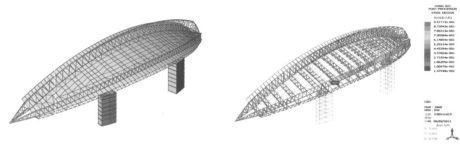

图 4.3-11 整体结构计算模型图   图 4.3-12 整体结构构件应力比

4.3.10 整体稳定性分析

首先对结构采用 MIDAS 有限元分析软件进行特征值屈曲分析，分析中假定材料为线弹性。由于结构为扁壳，类似工程[1,3]的风洞试验结果表明，在风荷载作用下绝大部分表现为吸力，故在特征值屈曲分析中不予考虑。虽然应考虑半跨活荷载的情况，但经过分析比较后确定结构整体稳定性分析的荷载组合取恒荷载 + 满布活荷载这一工况。结构的前 3 阶屈曲模态如图 4.3-13 所示，其中第 1 阶的临界荷载系数为 7.53。

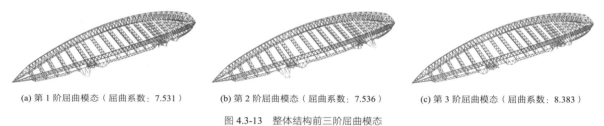

(a) 第 1 阶屈曲模态（屈曲系数：7.531）　　(b) 第 2 阶屈曲模态（屈曲系数：7.536）　　(c) 第 3 阶屈曲模态（屈曲系数：8.383）

图 4.3-13 整体结构前三阶屈曲模态

观察结构前几阶的屈曲模态可以发现，结构以局部屈曲为主，该类屈曲形式对结构整体稳定性来说是局部的，影响范围较小，同时说明结构整体性较好。

分析较为复杂的空间结构时，应进行非线性的荷载-位移全过程屈曲分析。由于该结构的初始几何缺陷对结构稳定性有较大影响，分析中初始缺陷分布采用结构的最低阶屈曲模态，其缺陷最大计算值根据规程[4]按屋盖跨度的 1/300 取值。

副拱后面的平面桁架中心对称点的荷载-位移曲线如图 4.3-14 所示。从图中分析可知，结构在承受满跨荷载，当荷载一直增大到$(0.5 + 0.5) \times 5.81$kN/m² 时，结构基本上还是呈现出线性的受力特征。这说明结构对几何初始缺陷不敏感。

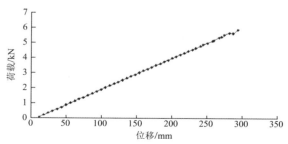

图 4.3-14 后端平面桁架中间节点的荷载-位移曲线

4.3.11 节点设计

工程中的节点(除拱脚节点外)均为相贯节点,相贯节点的构造满足《钢结构设计规范》GB 50017-2003的要求,相贯节点的验算参照规范中钢管结构节点承载力的规定。由于规范中节点类型仅限于 K、X、T、KK、TT 形等节点,并且规范中的节点承载力计算只考虑轴力不计入弯矩影响,所以工程中部分复杂节点采用有限元分析或引入欧洲规范 EN 1993-1-8 相关内容进行验算。对验算不满足的节点采用贯通主管节点域进行局部加厚,或在贯通主管内部设置环形加劲肋的方法以提高节点承载力。

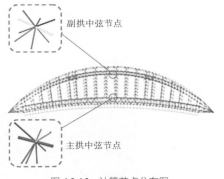

图 4.3-15　计算节点分布图

选取主拱及副拱中相连杆件较多的节点及相连杆件内力较大的节点进行分析,计算节点分布如图 4.3-15 所示,分析结果如图 4.3-16、图 4.3-17 所示。材料模型选用理想弹塑性,不考虑残余应力的影响。

1. 主拱中弦节点设计

图 4.3-16 为主拱中弦典型节点的应力及位移云图。由图可见,计算节点最大应力为 287.9MPa,强度满足设计要求;计算节点最大位移为 1.49mm,节点刚度满足设计要求。

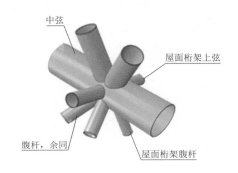

(a) 主拱中弦节点几何计算模型

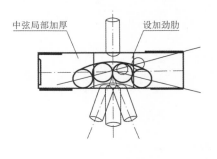

(b) 主拱中弦节点加强做法

(c) 主拱中弦节点 Mises 应力云图

(d) 主拱中弦节点位移云图

图 4.3-16　主拱中弦典型节点的应力及位移云图

2. 副拱中弦节点设计

图 4.3-17 为副拱中弦典型节点的应力及位移云图。由图可见,计算节点最大应力为 206.5MPa,强度满足设计要求;计算节点最大位移为 7.21mm,节点刚度满足设计要求。

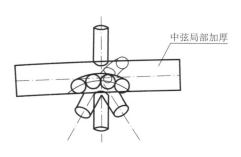

中弦局部加厚

(a) 副拱中弦节点几何计算模型

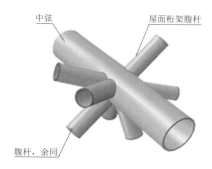

中弦

屋面桁架腹杆

腹杆，余同

(b) 副拱中弦节点加强做法

(c) 副拱中弦节点 Mises 应力云图

(d) 副拱中弦节点位移云图

图 4.3-17　副拱中弦典型节点的应力及位移云图

4.3.12　支座设计

钢罩棚在荷载作用下的内力主要通过拱脚支座及副拱 1/3 跨度处设置的中间支座传递给下部钢筋混凝土结构。

1. 拱脚支座

在几何关系特别复杂、受力非常集中的拱脚采用铸钢节点，铸钢件采用 G20Mn5QT 制作。铸钢件三维图形如图 4.3-18 所示。

抗剪件

图 4.3-18　铸钢件三维图

对渭南体育场铸钢节点进行有限元分析。节点 von Mises 应力云图如图 4.3-19 所示，可见节点应力最大处为 278.9MPa，在后焊钢管处；铸钢件最大应力为 142.93MPa，小于屈服强度，具有一定的安全储备。

2. 副拱中间支座

副拱中间支座是副拱桁架向钢筋混凝土筒体传递荷载的主要构件。材质为 Q345B。副拱中间支座桁架轴测图如图 4.3-20 所示。副拱支座桁架结构杆件应力比最大者为 0.77；除少量几根杆件应力比超过 0.65 以外，绝大多数杆件的应力位于 0.6 以下，可以保证结构安全。

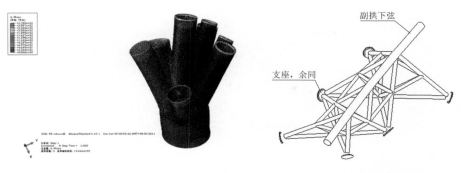

图 4.3-19　节点 von Mises 应力云图　　　　图 4.3-20　副拱中间支座桁架轴测图

4.3.13　施工监测及健康监测

体育场钢罩棚施工中采用搭设临时支撑结构，直接高空散装的方法。此施工方法的一个关键环节为临时支撑拆除过程中（此过程又称为"卸载"）主体结构的安全问题。卸载过程是主体结构和临时支撑相互作用的一个复杂过程，是结构受力逐渐转移和内力重分布的过程。

受渭南奥林体育产业发展有限责任公司的委托，陕西省建筑工程质量检测中心对体育场钢屋盖的杆件应力、位移、温度进行卸载监测。监测过程中应力监测点布置在有限元软件模拟计算受力比较大的节点及关键构件处，如主、副拱弦杆、次桁架弦杆、铸钢节点、副拱中间支座杆件等；位移监测点布置在理论计算位移较大点及重要的节点处，如支座节点，暗柱柱顶以及拱脚支座节点等。监测控制点布置具有代表性和规律性。

经现场监测，钢结构各监测点在卸载过程中，应力最大值出现在主拱下弦跨中杆件处，为 67.743MPa，应力最小值出现在次桁架及主拱上弦杆处，分别为 −55.086MPa 及 −41.258MPa。卸载完成后，结构累计最大竖向位移出现在主拱下弦跨中节点处，为 −58.5mm；沿次桁架方向最大水平位移为 40mm；沿主、副拱方向最大水平位移为 60mm。

监测结论为：

（1）体育场钢结构卸载过程中，应力变化比较小，结构整体过渡比较平稳。

（2）体育场钢结构各监测点在卸载各个阶段的应力均与理论计算结果及现场实际施工工况比较吻合，钢结构整体的应力水平处于安全状态。

（3）体育场钢结构在卸载过程中位移变化比较平缓，各位移监测点均处在安全状态。

4.3.14　结语

（1）渭南体育局体育场是陕西省渭南市城市基础设施重点项目，是加快渭南市体育事业发展的民心工程，也是该市标志性建筑。其建筑功能完善、造型特色美观、既具有体育场的建筑特点，又与周围环境及建筑和谐、统一。渭南体育场拱形钢结构桁架屋盖的建成，不仅为西北地区乃至全国大跨度空间钢结构设计积累了宝贵经验，而且有效促进西北地区体育产业的蓬勃发展。

（2）渭南市体育场钢罩棚是以主、副拱为主要受力构件的空间管桁架结构体系。主拱计算跨度达 290m，属超大跨度钢结构。通过对结构进行恒荷载、活荷载、雪荷载、风荷载及地震作用和温度作用的多工况静力验算，并采取可靠的构造措施，保证了结构的安全性。

（3）通过整体稳定性分析表明，结构以局部屈曲为主，并且结构对几何初始缺陷不敏感，说明具有较好的整体稳定性。大跨结构存在较大的水平推力，在设计中应予以重视。

（4）对结构中相贯节点进行验算。工程中部分复杂节点采用有限元分析或引入欧洲规范 EN 1993-1-8 相关内容进行验算，并且对验算不满足的节点采用贯通主管节点域进行局部加厚，或在贯通主管内部设置环形加劲肋的方法以提高节点承载力。

（5）通过主拱结构性能化设计，保证了体育场屋盖结构主要受力构件在中、大震作用下的安全性。在施工卸载过程及今后正常使用期间，应加强对铸钢件焊缝的应力、应变监测和拱位移监测，以及应力比较大的桁架杆件应力、应变监测。目前的监测结果验证了设计的可靠性和安全性。

（6）本项目通过超限高层抗震设防专项审查。

（7）本项目已经建成投入使用多年，先后举办了足球赛、田径赛等重大体育项目 100 余项。2021 年第十四届全运会中，渭南体育场承担男子足球的比赛项目，运行情况良好，受到社会各界的广泛赞誉。渭南体育场是建筑造型与结构选型完美结合的建筑作品，是科学技术应用于实际工程的成功范例。

参考资料

[1] 廖海黎, 冷利浩, 邓开国. 重庆市袁家岗体育中心体育场风洞试验研究[C]//第三届全国现代结构工程学术研讨会论文集. 天津, 2003.

[2] 周颖, 吕西林. 中震弹性设计与中震不屈服设计的理解及实施[J]. 结构工程师, 2008, 24(6): 1-5.

[3] 谢忠良, 周红梅, 叶甲淳. 浙江工商大学下沙校区主体育场钢罩棚结构设计[J]. 建筑结构, 2012(8): 33-37, 61.

[4] 马云美, 杨琦, 刘万德, 等. 渭南市体育场大跨度钢结构屋盖设计[J]. 建筑结构, 2014(7): 60-64.

设计团队

项目负责人：吴根世、吴大雄

结构设计团队：杨　琦、刘万德、马云美、王建华、梁立恒、赵海宏

获奖信息

2021 年度行业优秀勘察设计奖，建筑结构与抗震设计一等奖

2021 年度中建西北院优秀设计奖（结构专业）一等奖

第 5 章

曲江电竞产业园场馆区

5.1 工程概况

5.1.1 建筑概况

曲江电竞产业园场馆区项目位于西安市曲江新区春临五路和公田五路十字西北角，总建筑面积 7.7 万m²，地上 4.4 万 m²，地下 3.3 万 m²。地上由比赛馆和热身馆组成。比赛馆平面呈圆形，直径约 129m，局部 1~5 层，层高分别为 5.0m、4.9m、4.9m、5.1m、3.1m，中心区域通高，屋盖跨度 112m，建筑高度 33.3m，主要功能为看台及配套用房，座位数约 10000 座。热身馆平面呈椭圆形，平面尺寸 48m×69m，1 层平台部分层高为 5.0m，通高区域层高 12~18m，屋盖跨度 48m，建筑高度 22m，主要功能为训练场地和配套用房。地下为 1 层（局部 2 层）地下室，平面尺寸 182m×135m，层高分别为 6.0m、5.25m，主要功能为车库、人防和设备机房。地上为钢结构，地下为混凝土结构。基础埋深 6.0m、11.25m，基础形式为桩基承台 + 防水板，地基处理为挤密桩法处理湿陷性黄土。

建筑方案以芙蓉花瓣为设计意向，结合电竞产业园芙蓉花开的设计理念，突出曲线、圆润、融合的设计思路，打造科技感、生态感的多元化电竞体育文化建筑。曲江电竞馆为甲级综合体育馆，比赛馆室内沿环向设置 3 层看台，第 2 层为包厢，第 1 层前 6 排为电动伸缩活动看台，最大场地尺寸为 72.9m×42.9m，可满足各类型的室内体育比赛项目。室内设有中央斗屏、环屏、端屏，设有灯光照明、扩声和舞台机械系统，可满足电竞、文艺演出、文化展览等的需求。建筑外型由玻璃幕墙和铝复合板包裹，玻璃幕墙内设有大型电光屏。依据建筑造型和功能需求，采用钢框架主体结构 + 钢网架屋盖 + 钢桁架幕墙的结构体系。建筑建成照片如图 5.1-1 所示，建筑典型平面如图 5.1-2 所示，建筑剖面如图 5.1-3 所示。

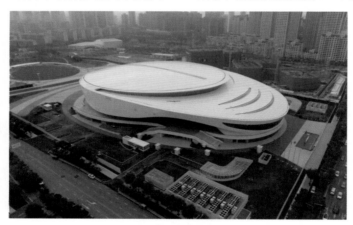

图 5.1-1 曲江电竞馆建成照片

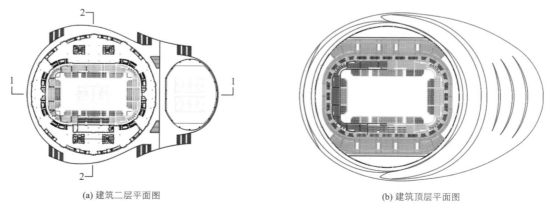

(a) 建筑二层平面图　　　　　　　　　　　　　　　　(b) 建筑顶层平面图

图 5.1-2 建筑典型平面图

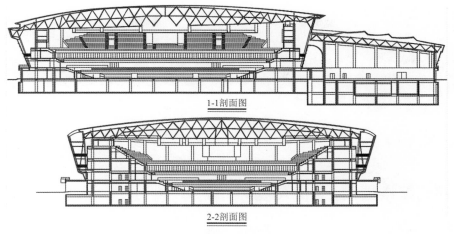

1-1剖面图

2-2剖面图

图 5.1-3　建筑剖面图

5.1.2　设计条件

1. 主体控制参数

结构主体控制参数见表 5.1-1。

结构主体控制参数表　　　　　　　　　　表 5.1-1

项目		标准
结构设计基准期		50 年
建筑结构安全等级		比赛馆：一级 热身馆：二级
结构重要性系数		比赛馆：1.1 热身馆：1.0
建筑抗震设防分类		比赛馆：重点设防类（乙类） 热身馆：标准设防类（丙类）
地基基础设计等级		乙级
湿陷性黄土地区分类		甲类
设计地震动参数	抗震设防烈度	8 度
	设计基本地震加速度值/g	0.20
	设计地震分组	第二组
	场地类别	Ⅱ类
	小震特征周期/s	0.40
	大震特征周期/s	0.45
建筑结构阻尼比	多遇地震	0.04
	罕遇地震	0.05
水平地震影响系数最大值	多遇地震	0.16
	设防烈度地震	0.45
	罕遇地震	0.90

2. 结构抗震设计条件

比赛馆地上钢框架抗震等级为二级，支承屋盖钢柱为一级，地下混凝土结构抗震等级为一级。热身馆地上钢框架抗震等级为三级，支承屋盖钢柱为二级，地下混凝土结构抗震等级为二级。结构整体计算分析以地下一层顶板作为上部结构的计算嵌固端。

3．风荷载和雪荷载

主体结构计算时，取 50 年一遇基本风压为 $0.35kN/m^2$。屋盖和幕墙计算时，取 100 年一遇基本风压为 $0.40kN/m^2$，取 100 年一遇基本雪压为 $0.30kN/m^2$。场地粗糙度类别为 B 类。屋盖和幕墙设计时采用规范和类似工程经验综合确定风荷载取值。

5.2 建筑特点

5.2.1 体量相差悬殊、主副馆大悬挑

建筑屋面高低错落，外幕墙流线飘逸，整体外形光滑、圆润。二层室外大平台在两馆间形成无柱高大空间，建筑空间效果显著。比赛馆和热身馆一层连通，二层平台相接形成通廊，屋面高差约 7m 平接。两馆在平面尺寸、立面高度、质量和刚度方面均差异较大，连为一体受力很复杂，故需设置防震缝将二者分开。二层平台设置双柱断开。热身馆屋面与比赛馆光滑平接，形成了呈三角形平面的较大悬挑空间，比赛馆外悬挑最大长度约 40m，两馆最大连接长度约 90m。比赛馆室内为斜看台，特别长的外悬挑很难实施。因此按热身馆外挑 38m 位置设置防震缝，形成热身馆外挑两翼屋面，比赛馆以主体结构外挑长度 20m 的桁架形成平滑过渡的悬挑屋面空间，同时也可以实现悬挑空间顶盖较薄的视觉效果。防震缝位置如图 5.2-1 所示。

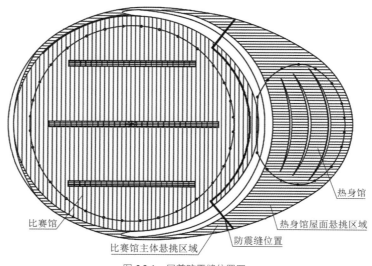

图 5.2-1 屋盖防震缝位置图

主体结构采用钢框架结构体系，并与钢筋混凝土结构进行了造价和工期对比分析，以满足业主的成本控制和工期需求。对高大空旷的体育馆建筑，采取力学性能更均匀和延性更好的钢结构材料作为承重构件，在抗震概念设计方面更为理想。屋盖以主体周圈柱为支座。比赛馆幕墙顶与屋盖铰接连接，幕墙底与在二层平台设置可适应竖向变形的支座相连。两馆均按带空间钢屋盖的整体模型进行变形和承载力计算分析。斜看台按斜板假定时其刚度受板厚的影响，考虑了不同板厚对主体及构件的影响，进行包络设计。有些楼层楼板宽度较窄，不符合刚性板的假定，对楼板进行了水平地震作用下承载力验算，以确保楼板传力可靠。比赛馆外挑桁架层按与主体连接模型和单榀刚架分别对比分析，以充分考虑其安全性。对两馆支承屋盖的柱进行中震弹性和大震不屈服验算，以确保其具有更高的承载力。体育馆为空间结构，为达到"大震不倒"的基本抗震设防目标，对两馆进行了罕遇地震下静力弹塑性分析，其位移角可满足规范要求。主体结构构件和屋盖幕墙构件三维构件空间关系如图 5.2-2 所示。

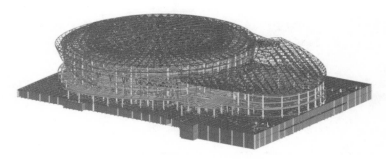

图 5.2-2　整体模型三维构件图

5.2.2　大跨度屋盖

比赛馆屋盖投影平面近似呈圆形，直径约 129m，中心顶标高 33.0m，檐口标高 24.7～28.6m，矢跨比约 1/20。屋面做法由底到顶为穿孔压型钢板、防尘层、隔汽层、檩条、吸声层、保温层、防水层、铝镁锰板、檩条、铝复合装饰板，总厚度约 0.7m。支承屋盖的框架柱呈圆形对称布置，共 32 根，柱顶标高为 21.7～25.7m。屋盖跨度 112m。

由于建筑高度 33.30m 的城市规划限高要求和室内中央斗屏下体育工艺净高需求，屋盖厚度受到限制。对于 112m 跨度的结构体系，考虑了中间环桁架式的轮辐式管桁架体系、下层设置拉索的张拉弦桁架体系以及空间网架体系。因净空受限，且本工程除进行体育赛事外，更多的功能为电竞和演艺，屋盖下方需设置满足中央台和三面台的各种演艺吊挂预留预设，综合考虑后选择空间网架体系。网架整体刚度大、冗余度高、抗震性能好；下弦球节点多、间距较小，可适应演艺吊挂的灵活布置；空间网架结构造价更低，也可节约投资。

网架以 32 根钢柱为支承构件，网架跨度 112m，外挑长度为 4.1～8.4m，与钢柱以抗震球铰钢支座相连，同时释放水平变形。中间直径 90m 区域为 3 层网架，厚度为 4.8～8.0m；以外为双层网架，厚度为 2.9～4.8m；网架中心位置为使中央斗屏可以部分缩进在网架内部，抽掉部分下弦杆和节点球。因网架跨度大，螺栓球施工变形、安装精度控制较难，故全部采用焊接球节点，同时也更好地适应演艺吊挂连接的需求。直径不小于 450mm 的焊接球，采取了内部增加一字形和十字形肋板的措施，肋板平面内方向与上下弦杆一致。直径小于 180mm 的杆件采用高频焊管，不小于 180mm 的杆件采用无缝钢管。杆件长细比和应力比从严控制，并对较长受拉杆件的最小截面进行限制。

5.2.3　中央斗屏及电竞演艺工艺

电竞产业是新型文化产业的新业态，曲江新区是以文化产业和旅游产业为主导的城市发展新区，本建筑定位为文化体育场馆，可填补区域大型文化体育场馆市场空白。曲江电竞馆按甲级综合体育馆标准建设，同时兼顾电竞和演艺的功能，考虑了体育工艺、电竞专项工艺和演艺预留预设工艺。场地中央顶部设置单层四面环形屏，直径 12m，高 5.6m，总重 260kN。舞台机械系统设置了 14 套灯光桁架和 1 套桁架式吊杆。设置了满足体育、电竞和演艺工艺使用的照明、扩声及弱电智能化系统，如图 5.2-3 所示。

设置钢结构转换结构，吊挂于网架中心部位下弦 12 个节点球，转换结构设置 12 个预留吊环节点，以电动葫芦驱动方式悬挂升降斗屏。中央环形、弧形桁架吊挂于转换钢结构，其他桁架吊挂于马道。照明、扩声和吸声棉也均以马道为支撑。场地上空区域设计预留单个下弦球活荷载 30kN，除去已承担的现有设备工艺荷载，剩下的荷载为后期多种演艺功能灵活布置使用预留，并设置了预留吊环节点。结构设计采取空间整体模型，所有吊点均位于下弦球，通过吊杆、横梁转换、悬挑转换、斜撑、拉杆等传力方式，形成空间受力体系，各种工艺荷载按实际位置施加，杆件长细比、应力比偏于安全取值。

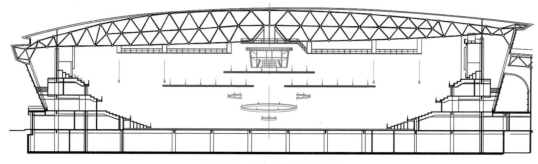

图 5.2-3　电竞演艺工艺示意图

5.3 体系与分析

5.3.1 主体结构方案对比

　　体育馆建筑工艺复杂、造型独特，工期需求较一般公共建筑长。建筑外形呈圆形，多数梁为弧梁，且存在较多斜看台梁，混凝土构件施工难度较大、工期较长。本项目拟定的建设工期又较短，如何节约施工工期，显得尤为重要。本场地地下约15m厚的湿陷性黄土须处理，由于建筑基底面积大，挤密桩施工也需较长工期。若主体结构采用钢结构，可在地基基础施工期间完成钢结构深化和构件加工，由此可节约工期。经施工单位初步估算，相对混凝土结构，钢结构可节约1/4工期。因钢结构造价较混凝土结构高，为此在方案阶段做了两种结构的计算分析，按计算程序自动统计的地上梁、板、柱工程量进行造价比较，以供建设单位决策。造价比较见表5.3-1。

钢结构和钢筋混凝土结构造价对比　　　　　　　　　　　　　　　表 5.3-1

名称	钢结构			钢筋混凝土		
	工程量	单价/元	合价/万元	工程量	单价/元	合价/万元
混凝土工程/m³	2900	877.6	254.50	8570	877.6	752.10
模板工程/m³	—	—	—	8570	909.5	779.44
钢筋工程/t	406	7423.9	301.41	1614.5	7423.9	1198.59
钢结构/t	4036	14824.3	5983.10	—	—	—
压型钢板/m²	25620	205.8	527.26	—	—	—
合计/万元	7066.27			2730.13		
差异（钢结构－钢筋混凝土）/万元	4336.14					

　　因本工程建设标准较高，且体育建筑主体造价一般占比较低，建设单位采纳了按钢结构建造的方案。目前项目已竣工，总造价高达近12亿元，可见采取钢结构对总造价影响较小，但达到了减少工期、保证施工质量等目标，综合效果较好。钢结构重量轻、强度高、延性好，更有利于结构抗震性能的发挥。钢结构施工现场湿作业少、装配化程度高，符合国家绿色、低碳发展的战略。

5.3.2 主体结构布置与分析

1. 活荷载取值

　　建筑主要功能有比赛和训练场地、固定座位看台、楼电梯间、室外平台、办公室、设备机房等。主要活荷载标准值见表 5.3-2。其中，比赛和训练场地活荷载取值考虑了该场馆可举办电竞、体育比赛、商演等多种活动的工况。

主要活荷载标准值（单位：kN/m²）　　　　　　　　　　　　　　　　　　表 5.3-2

建筑功能	活荷载取值	建筑功能	活荷载取值
比赛、训练场地	10	固定座位看台	3.0
楼电梯间、室外平台	3.5	办公室、会议室	2.0
卫生间	2.5	设备机房	7.0

2．结构布置

（1）比赛馆

比赛馆各层平面楼板不连续，看台斜向梁较多，大部分看台梁跨层与柱、水平梁相连，需合理设置构件空间布置和截面尺寸，以实现较好的抗侧、抗扭刚度。如图 5.3-1（a）所示。

环向支承网架的框架柱尺寸为 $\phi1100 \times 45$、$\phi900 \times 45$，用于支承外立面悬挑桁架的框架柱尺寸为 $\phi1100 \times 60$。内部看台结构的基本柱网尺寸为 (8.4～11.1m) × (8.4～10m)，柱尺寸为 □600 × 600 × 22 × 22、□500 × 600 × 25 × 25、□500 × 500 × 20 × 20。框架梁及次梁尺寸因跨度不同变化较大，框架梁从 H900 × 550 × 20 × 35 至 H550 × 250 × 12 × 18；次梁从 H300 × 200 × 8 × 16 至 H600 × 350 × 16 × 25。地下室顶板人防区厚 200mm，非人防区厚 180mm；地上楼板采用以压型钢板为底模的混凝土现浇楼板，压型钢板型号为 YX65-170-510（B），厚度 0.9mm；看台部分压型钢板型号为 YX48-200-600（B），厚度 0.8mm。二层板厚 150mm，其余各层板厚 120mm。地下混凝土结构及地上各层楼板混凝土强度等级均为 C30，钢材牌号 Q355B。比赛馆环向周长 390m，设置 10 道超长后浇带，避开各层卫生间、楼梯间。二层楼板设置 $\phi10@200$ 双层双向拉通钢筋，三层以上楼板设置 $\phi8@200$ 双层双向拉通钢筋。

该馆近似为直径 129m 的圆形结构，但看台高低层数不同。南北侧包含 4 层看台、1 层设备间共 5 层，东西侧共 3 层看台，整体结构环向刚度不均匀。为了调节环向结构刚度，在东西侧结合建筑功能利用场馆大屏幕背部支架及水箱间增加一层框架结构；在三、四层看台标高处及柱顶处布置环状箱形截面钢梁，钢梁截面尺寸为 □1000 × 500 × 50 × 50。以上措施可有效增加结构的整体抗扭刚度，也可使结构各向刚度趋于一致，主体结构 X 向最大层间位移角 1/528，Y 向最大层间位移角 1/555，二者差异较小。

（2）热身馆

热身馆二层平面楼板不连续开洞，环向框架柱采用箱形截面梁拉结，以提高结构的整体性。如图 5.3-1（b）所示。

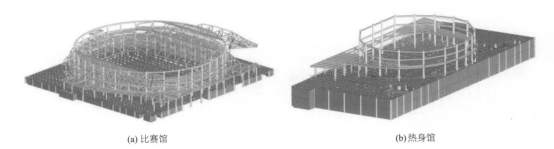

(a) 比赛馆　　　　　　　　　　　　　　　　　(b) 热身馆

图 5.3-1　主体结构示意图

环向支承网架的框架柱截面尺寸为 $\phi900 \times 30$、$\phi800 \times 25$、$\phi700 \times 25$。平台处的基本柱网尺寸为 (6.6～11.1m) × (5.7～11.25m)，柱截面尺寸为 □700 × 700 × 25 × 25、□400 × 400 × 16 × 16。框架梁及次梁截面尺寸根据刚度和强度的需要设置，框架梁从 H900 × 300 × 16 × 24 至 H400 × 200 × 8 × 14；次梁从 H800 × 300 × 14 × 20 至 H300 × 150 × 8 × 10。钢材牌号除环向圆钢柱为 Q235B 外，其余钢框架构件

均为 Q355B。该馆中心为长轴 69m、短轴 51m 的椭圆形结构。二层结构标高为 4.500m，而环向柱顶标高位于 12.000～15.800m，圆管柱高度较高。为加强结构的整体性，于 7.500m 标高处沿环向设置箱形截面钢梁。圆管柱沿径向通高，适当加大圆柱截面，在满足刚度和强度需求的前提下采用 Q235B 钢材以提高其稳定性。

3．计算分析

计算软件采用盈建科（YJK-A）。计算分析时将网架结构、侧幕墙结构与主体钢框架组装成整体模型，结构刚度及荷载传递更符合实际受力模式，如图 5.3-2 所示。周期折减系数为 0.9，阻尼比为 0.04，考虑竖向地震作用及偶然偏心。计算时，按分块刚性板和全楼弹性板包络设计。

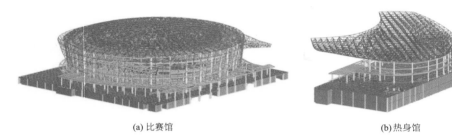

(a) 比赛馆　　　　　　　　　　　　(b) 热身馆

图 5.3-2　整体计算模型

小震主要计算结果见表 5.3-3。由此可知结构周期比、层间位移角、剪重比等指标均满足规范要求，且具有一定的冗余度。

小震主要计算结果　　　　　　　　　　　　　　　　表 5.3-3

计算指标		比赛馆	热身馆
自振周期/s	T_1（X方向平动）	0.9741	0.9577
	T_2（Y方向平动）	0.9363	0.8153
	T_3（扭转）	0.8680	0.6919
周期比	T_3/T_1	0.89	0.72
有效质量参与系数/%	X向	100	99
	Y向	100	99
基底剪力/（×10³kN）	风荷载　X向	1.32	1.07
	Y向	1.52	0.46
	地震作用　X向	21.7	2.83
	Y向	22.6	2.37
基底倾覆力矩/（×10³kN·m）	风荷载　X向	50.7	29.1
	Y向	57.0	12.6
	地震作用　X向	629.2	64.5
	Y向	652.0	52.5
最大层间位移角	风荷载　X向	1/5036	1/1026
	Y向	1/5433	1/2640
	地震作用　X向	1/528	1/541
	Y向	1/555	1/717
剪重比/%	X向	6.45	7.42
	Y向	6.85	6.03

比赛馆的计算模型振型数量取 30 个，各向质量参与系数为 100%。结构前二阶振型分别为X向、Y向的平动，平动系数均为 1；第 3 阶振型为扭转，扭转系数为 1。前三阶振型如图 5.3-3 所示。

热身馆的计算模型振型数量取 15 个，各向质量参与系数为 99%。结构前二阶振型均为X向、Y向的平动；第 2 阶振型为扭转，扭转系数为 0.48。前三阶振型如图 5.3-4 所示。

阶梯状斜看台计算中简化为单块斜板，不能简单以板厚计算自重，需复核自重、设置导荷方向，且在特殊构件中将所有斜看台定义为弹性膜。看台板面内刚度受板厚影响，为了分析不同板厚的斜看台对支承看台框架柱的影响，分别将看台板厚按 60mm、80mm、100mm 取值进行分析。选取 2～4 层典型看台框架柱，对比结果见表 5.3-4。从表中可以看到，不同厚度的斜看台对于支承看台的钢框架柱基本无影响。

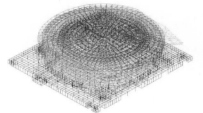
(a)第1阶振型（X方向平动）

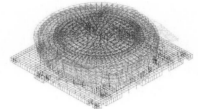
(b)第2阶振型（Y方向平动）

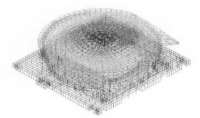
(c)第3阶振型（扭转）

图 5.3-3　比赛馆第1～3阶振型模态

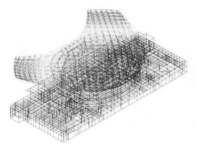
(a)第1阶振型（X方向平动）

(b)第2阶振型（Y方向平动）

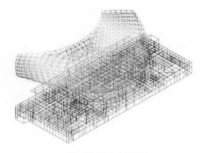
(c)第3阶振型（扭转）

图 5.3-4　热身馆第1～3阶振型模态

斜看台板厚度对支承看台框架柱影响　　　　　　　　　　　　　　　表 5.3-4

板厚/mm	2 层看台框架柱应力比	3 层看台框架柱应力比	4 层看台框架柱应力比
60	0.80	0.55	0.73
80	0.81	0.55	0.73
100	0.81	0.57	0.73

　　外圈环状布置的圆形截面框架柱，贯穿地上结构所有平面，支承顶部网架结构，同时局部还支承了立面的悬臂桁架，对结构的安全至关重要。设计时对该类构件除进行小震弹性计算外，还进行了中震弹性和大震不屈服验算。中震时，地震影响系数最大值取 0.45，不考虑组合内力调整系数。大震时，地震影响系数最大值取 0.90，不考虑组合内力调整系数，荷载分项系数取 1.0，材料强度取标准值，抗震承载力调整系数取 1.0。统计计算结果见表 5.3-5，可见网架支承柱在中、大震情况下仍有一定的安全冗余，截面选取较为恰当。

小、中、大震下网架支承柱应力比　　　　　　　　　　　　　　　表 5.3-5

分类	小震	中震	大震
比赛馆	0.26～0.69	0.49～0.87	0.60～0.97
热身馆	0.19～0.52	0.40～0.62	0.52～0.90

　　比赛馆东西侧 8 根网架支承柱从看台层顶至柱顶长度达到 12m，径向无约束，柱截面采用 $\phi1100 \times 45$。合理设计网架与柱顶的连接方式，利用网架的空间刚度提高结构的整体刚度，且提供一定的柱顶约束。该网架支承柱的安全对于整个结构的安全至关重要，将该柱看台以上径向的计算长度系数取 2，对该类型柱进行长细比复核。最大计算长度为 24m，柱回转半径 $i = 373$mm，计算长细比 $\lambda = 64.3$，低于规范规定的柱长细比限值。可见，即便在计算长度取 2 的极端情况下，仍能满足长细比的需求，保证网架支承柱面外的稳定与主体结构的安全。

　　比赛馆环形楼板局部较窄，为了确保楼板传递水平力的可靠性，计算分析了各层楼板在大震下的内力分布。2～5 层结构板在大震工况下基本未屈服；个别角部及与竖向构件连接区域有应力集中或超过混凝土抗拉强度的情况。设计中对该区域板配筋进行加强，保证楼板传递水平地震作用的可靠性。

因体育馆为空旷结构，对结构主体进行了多遇地震作用下的弹性时程补充分析。根据规范要求选取 3 条时程曲线，其中 2 条为实际地震记录波，1 条为人工模拟波。每条时程曲线计算所得结构底部剪力均不小于振型分解反应谱法计算结果的 65%，且 3 条时程曲线计算所得结构底部剪力的平均值不小于振型分解反应谱法计算结果的 80%；各条地震波的最大位移及位移角与振型分解反应谱法求得的结果基本吻合，可满足规范要求。

时程分析法计算出的楼层剪力平均值与振型分解反应谱法（CQC）对比结果见表 5.3-6 和表 5.3-7。小震计算模型按照放大系数进行地震剪力放大，按弹性时程分析与振型分解反应谱法计算的结果包络设计。

比赛馆时程分析法与 CQC 法楼层剪力平均值对比 表 5.3-6

楼层号		时程法剪力平均值/kN	CQC 法剪力平均值/kN	比值	放大系数
6	X 向	9229.735	6744.477	1.368	1.368
	Y 向	8296.022	6759.227	1.227	1.227
5	X 向	10357.150	7607.649	1.361	1.361
	Y 向	9209.033	7684.134	1.198	1.198
4	X 向	12367.004	9832.782	1.258	1.258
	Y 向	11458.822	10225.134	1.121	1.121
3	X 向	15083.867	13799.253	1.093	1.093
	Y 向	15217.708	14425.325	1.055	1.055
2	X 向	19113.274	17512.896	1.091	1.091
	Y 向	18768.786	18341.086	1.023	1.023
1	X 向	21570.457	21667.121	0.996	1.000
	Y 向	21089.006	22590.512	0.934	1.000

热身馆时程分析法与 CQC 法楼层剪力平均值对比 表 5.3-7

楼层号		时程法剪力平均值/kN	CQC 法剪力平均值/kN	比值	放大系数
3	X 向	3760.847	1381.445	2.722	2.722
	Y 向	3373.658	1163.121	2.901	2.901
2	X 向	3876.074	1517.552	2.554	2.554
	Y 向	3886.460	1354.889	2.868	2.868
1	X 向	7569.099	2832.941	2.672	2.672
	Y 向	6329.522	2368.560	2.672	2.672

4. 静力弹塑性分析

为了验证结构在大震情况下的性能表现，利用 YJK 静力弹塑性分析模块对结构模型进行 push-over 弹塑性分析。地震影响系数最大值取 0.9，特征周期取 0.45s，结构阻尼比取 4%，结构性能类型为 B 类，竖向加载方式根据钢结构的施工特性为一次性加载。

计算中首先对结构进行模态分析，求出主要振型及周期，然后根据结构的主要振型在结构的 X、Y 向分别施加规定水平力直至结构破坏或层间位移角达到 1/5。根据推覆过程中结构的响应来对抗震设计目标进行验证。推覆过程中考虑了结构的材料非线性及 P-Δ 效应。通过荷载-位移曲线可以获得结构的能力谱曲线。计算附加阻尼比后可以得到折减后的需求谱曲线。能力谱和需求谱曲线求交点即可得到结构的性能点。X 向、Y 向的能力谱-需求谱曲线如图 5.3-5、图 5.3-6 所示。

两个方向性能点信息见表 5.3-8。由表可知，结构在大震作用下，最大层间位移角在两个方向都小于 1/120，满足规范 1/50 的限值。

当结构地震反应状态位于性能点时，统计梁柱损伤情况见表 5.3-9（表中给出了相应的构件数量及占比）。由表可见，结构表现出了很好的延性，在性能点处仅少量构件发生轻微损伤（OP），个别构件发生中等损伤（IO），没有构件发生较重损伤或破坏退出工作；推覆中最大位移超过了大震位移的 2 倍，结构依然没有发生整体破坏现象。综上所述，静力推覆分析结果表明，整体结构在大震下是安全、可靠的。

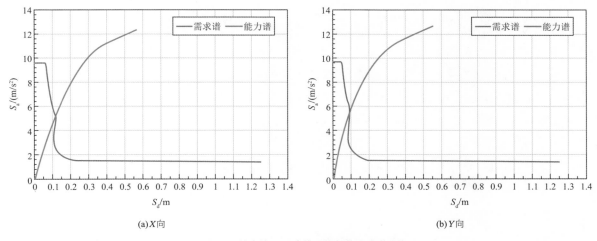

(a)X向　　　　　　　　　　　　　　　　　　(b)Y向

图 5.3-5　比赛馆X、Y向推覆能力谱-需求谱曲线

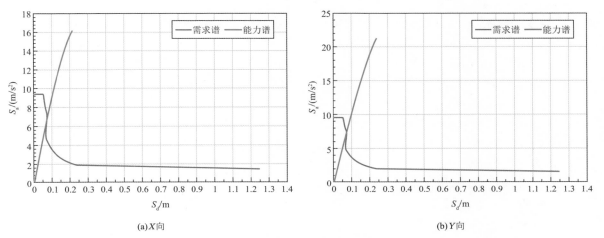

(a)X向　　　　　　　　　　　　　　　　　　(b)Y向

图 5.3-6　热身馆X、Y向推覆能力谱-需求谱曲线

性能点信息　　　　　　　　　　　　　　　　　表 5.3-8

类别	比赛馆		热身馆	
	X向	Y向	X向	Y向
加载步数	40	42	42	32
谱位移/m	0.105	0.092	0.0722	0.0658
谱加速度/（m/s²）	4.91	5.29	6.6891	6.8687
结构周期/s	0.919	0.829	0.6527	0.6149
结构位移/mm	130.9	132.7	120.36	112.43
结构最大位移角	1/121	1/121	1/126	1/175

性能点处结构构件破坏情况统计　　　　　　　　　　　　表 5.3-9

推覆方向		比赛馆				热身馆			
		基本完好（占比）	轻微损伤（占比）	中等损伤（占比）	较重损伤及破坏（占比）	基本完好（占比）	轻微损伤（占比）	中等损伤（占比）	较重损伤及破坏（占比）
X向	柱	895（91.6%）	74（7.6%）	8（0.8%）	0（0%）	767（99.6%）	3（0.4%）	0（0%）	0（0%）
	梁	9520（99.5%）	49（0.50%）	0（0%）	0	2916（100.0%）	0（0%）	0（0%）	0（0%）
Y向	柱	890（91.1%）	73（7.5%）	14（1.4%）	0（0%）	770（100.0%）	0（0%）	0（0%）	0（0%）
	梁	9512（99.4%）	55（0.57%）	2（0.03%）	0	2916（100.0%）	0（0%）	0（0%）	0（0%）

5. 节点构造

比赛馆看台台阶高度变化大，由低到高根据观赛视角需要从 300mm 逐步增加到 590mm，场馆四角处多为弧线形梁，采用工字钢梁作为看台梁，通过设置梁托与斜向主梁相连，较好地满足了建筑功能。其中直线看台梁在梁托处设缝断开；弧线形看台梁在梁托处设置加劲肋，增强面外稳定性，刚性连接。根据设备专业需求，看台梁腹板处开设空调出风孔，数量逾千个；位置由场馆座椅布置确定，具备一定随机性。出风孔直径为 110～130mm，对看台梁有削弱。设计过程中与设备专业逐一确认所有出风口位置及高度，保证出风口位于梁腹部 1/3 范围内且在支座 2 倍梁截面高度范围内无出风口；同时，设置横向加劲肋和洞口补强板，对看台梁开洞处进行加强。具体节点如图 5.3-7 所示。

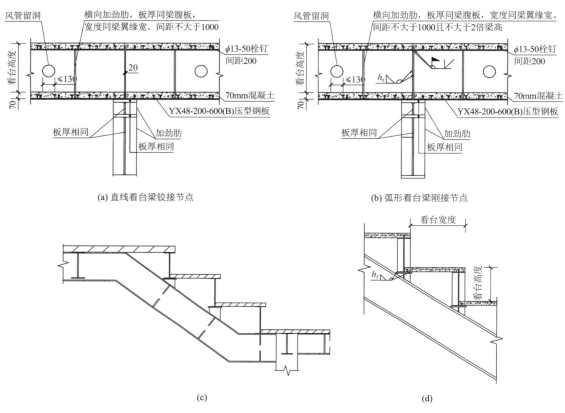

图 5.3-7 看台梁节点示意图

框架梁柱刚接节点做法如图 5.3-8 所示。

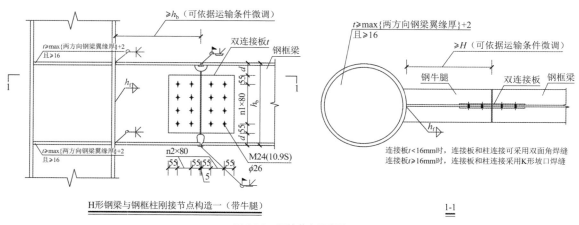

图 5.3-8 梁柱节点示意图

本项目屋面、立面三维造型多变、标高错综复杂、净高要求异常严格，且结构主体需与建筑造型及功能、幕墙结构、金属屋面、采光系统、水、暖、电、绿建、智能化等各种复杂功能配合。因此，在项目初期即决定进行 BIM 建模综合分析。先根据结构设计，将所有构件反映在 BIM 模型中，如图 5.3-9 所示；再补充后续专业所有管线，合理排布，进行碰撞检查，如图 5.3-10 所示。在设计的全阶段将所有信息融合在一个模型内，不断互相反馈、修改，才能保证如此体量、如此复杂结构设计的顺利完成。

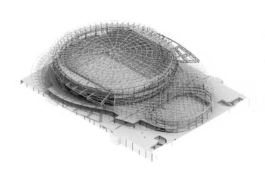

图 5.3-9 结构 BIM 模型

图 5.3-10 2 层综合 BIM 模型

5.3.3 屋盖和幕墙体系与分析

1. 设计控制参数及荷载

1）设计控制参数

杆件长细比：压杆≤120（关键杆件）、≤180（一般杆件）；

拉杆≤200（关键杆件）、≤250（一般杆件）。

杆件应力比：关键杆件应力比≤0.70，其余杆件应力比≤0.85。

最大挠度值：恒荷载和活荷载标准组合≤1/250 跨度、≤1/125 悬挑长度。

温度变化：−13～38℃；施工合拢温度：8～17℃；温度作用：±30℃。

2）荷载

（1）恒荷载

屋盖上弦 0.6kN/m²、0.80kN/m²（窗户）；玻璃幕墙 1.2kN/m²、金属幕墙 0.6kN/m²；比赛馆屋盖下弦 0.25kN/m²（管道），下弦悬挂斗屏、演艺、马道等荷载按实际荷载和位置施加，演艺区域下弦节点荷载 30kN；热身馆屋盖下弦 0.20kN/m²（室内）、0.80kN/m²（室外），室内场地正上方每个下弦节点预留荷载 20kN（演艺）。

（2）活荷载

上弦 0.50kN/m²；下弦 0.20kN/m²。

（3）风荷载

基本风压：0.40kN/m²（100 年重现期）。粗糙度类别：B 类。

体型系数：比赛馆−0.8；热身馆−0.8、−1.3（悬挑区域）；幕墙+0.8、−0.5。

风振系数：比赛馆整个屋盖自外向内均匀划分 3 个圆形区域，最外围环形区域取 1.8，最内侧圆形区域取 1.2，中间环形区域取 1.5；热身馆 2.0（悬挑区域）、1.4（其余区域）；幕墙 1.2。

风压高度变化系数：比赛馆 1.39；热身馆 1.23；幕墙 1.0～1.35。

风作用方向：比赛馆 0°、90°、180°、270°；热身馆和幕墙 0°、45°、90°、135°、180°、225°、

270°、315°。

（4）雪荷载

基本雪压：0.30kN/m²（100年重现期），积雪分布系数1.2（大跨屋面和两馆屋面相交区域）。

2. 屋盖

（1）结构布置

由于比赛馆和热身馆建筑功能、空间、标高等差异较大，若结构连成一体结构质量、刚度分布很不均匀，会产生较大的偏心和扭转，出现明显的抗震薄弱部位，因此，在两馆间设防震缝分为两个独立的、较为规则、抗震能力较好的结构单体。由于屋盖结构支承于下部主体结构柱上，因此屋盖网架设缝位置与下部支承结构防震缝对应，屋盖分为比赛馆和热身馆两段。

比赛馆屋盖跨度112m，外轮廓平面近似圆形，周圈悬挑4.1~8.4m，网架悬挑端部与侧幕墙斜柱上端相连，屋盖结构形式采用3层鱼腹式网架（局部2层），场地正中央上方需要悬挂斗屏，网架下弦层杆件局部抽空，斗屏系统悬挂于中弦层杆件节点处，网架厚度2.96~8.08m，网格尺寸1.8~5.6m，网格为正放四角锥，节点为焊接空心球（根据承载力需要内设肋板），支座采用滑动抗震球铰支座。网架模型见图5.3-11（a）。

热身馆屋盖跨度48m，最大悬挑37.2m，屋盖结构形式采用双层网架，网架厚度1.6~6.5m，网格尺寸2.2~6.5m，悬挑根部处网架厚度最大，网格为正放四角锥，节点为焊接空心球（根据承载力需要内设肋板），支座采用固定抗震球铰支座。网架模型见图5.3-11（b）。

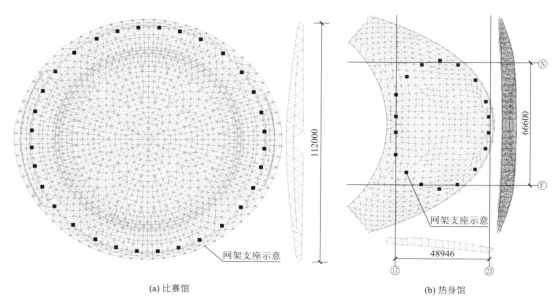

(a) 比赛馆   (b) 热身馆

图5.3-11　屋盖网架模型

（2）计算分析

网架计算分析软件采用3D3S钢结构设计软件。由于网架与框架结构地震作用验算的标准不同，对网架设计应以单独建模分析为主，但网架支座约束刚度的设置需有效地考虑下部支承结构的约束作用。

对比赛馆网架，将网架支座刚度设置为水平弹性，竖向刚性支座，水平弹性刚度主要考虑在竖向压力作用下，支座存在一定的摩擦力。经计算分析，网架杆件应力比范围在0.56~0.85，跨中最大挠度值335mm，挠跨比1/334，满足规范限值要求。同时，为了降低安装误差对主体结构挠度变形的影响，设计跨中起拱值取 150mm。

对热身馆网架，将网架支座刚度设置为水平弹性，竖向刚性支座，水平弹性刚度主要来自于悬臂柱线性刚度。经计算分析，网架杆件应力比范围在 0.65～0.85，悬挑端最大挠度值 237mm，挠跨比 1/157，满足规范限值要求。同时为了降低安装误差对主体结构挠度变形的影响，悬挑端设计起拱值取 150mm。

网架杆件截面和焊接空心球节点规格见表 5.3-10。

网架杆件和焊接球规格表（单位：mm）　　　　　　　　　　　　表 5.3-10

杆件规格	成管工艺	焊接球规格	肋板类型
$\phi60 \times 3.5$		WR300 × 12	无
$\phi76 \times 4.0$		WR400 × 16	无
$\phi89 \times 4.0$		WSR450 × 18	一字型
$\phi114 \times 4.0$		WSR550 × 20	一字型
$\phi140 \times 4.0$	高频焊管	WSR650 × 22	一字型
$\phi159 \times 6.0$		WSR750 × 25	十字型
$\phi159 \times 8.0$		WSR800 × 30	十字型
$\phi180 \times 8.0$		WSR900 × 30	十/一字型
$\phi180 \times 12.0$			
$\phi219 \times 12.0$			
$\phi273 \times 14.0$	无缝钢管		
$\phi351 \times 16.0$			
$\phi400 \times 16.0$			

3．幕墙

建筑外立面造型复杂，幕墙体系和屋盖钢结构紧密衔接，空间立体感凸出。幕墙体系由两部分组成：一部分是玻璃幕墙，另一部分是金属板幕墙。金属板幕墙凸出玻璃幕墙尺寸为 1.0～20m，无论是平面形状还是立面尺寸均不规则，同时屋盖标高呈左低右高状态，最大高差达 6.0m，为结构找形和建模分析带来很大挑战。

外幕墙与支承网架的框架柱之间设有环楼梯及疏散通道，幕墙与主体结构框架柱无法进行水平向拉结，只能利用屋盖网架悬挑端及二层室外平台作为支承点。由于平面尺寸限制，玻璃幕墙需紧邻环楼梯，幕墙内侧支承主体构件采用斜钢柱，顶部设置环向水平构件及斜撑构件。斜钢柱截面尺寸为 $\phi450 \times 20$、$\phi450 \times 30$。

当金属板幕墙凸出玻璃幕墙尺寸小于 5m 时，采用从玻璃幕墙斜钢柱上外伸次桁架予以实现，凸出尺寸 5～20m 范围采用从主体结构支承框架柱外伸悬臂桁架予以实现。若悬臂桁架部分杆件与幕墙斜钢柱环向杆件冲突，则取消斜钢柱环向杆件。

幕墙斜钢柱顶端与网架焊接球直接相贯焊接，斜钢柱下端支座支承于二层平台环梁之上，采用销轴节点，可实现竖向滑动、水平约束。斜钢柱竖向倾角范围在 3°～18°之间，底部支座与顶部网架球之间最大竖向高差在 16.2～22.2m。与屋盖相似，呈左低右高的状态，与斜钢柱相连杆件均采用相贯焊接。幕墙整体结构模型见图 5.3-12。

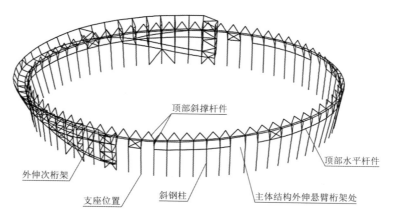

図 5.3-12　幕墙整体结构模型

4．屋盖与幕墙组合分析

（1）结构布置

对比赛馆网架和幕墙整体结构建立组合模型，见图 5.3-13。

网架与幕墙结构组合模型共设有两处支座，一处是网架与下部支承结构框架柱，沿网架下弦周圈设置点支承，支座为滑动抗震球铰支座；另一处是幕墙结构与二层平台相接处，在二层平台设置环向钢梁，对应斜钢柱位置设置钢支座。为了减少幕墙桁架结构体系刚度对网架和下部支承主体结构的影响，同时，考虑安装施工顺序和条件，将该支座设为竖向自由、水平约束的铰支座，斜钢柱上端与网架焊接空心球直接相贯连接。

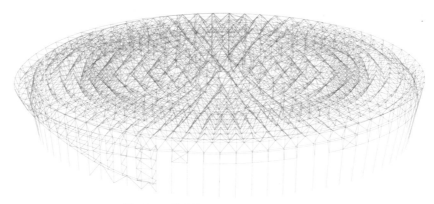

图 5.3-13　比赛馆屋盖与幕墙结构组合模型

（2）计算分析

此模型可用于复核网架单独模型计算结果，进行包络设计。经对比，组合模型与网架单独模型的差异主要体现在：斜柱与网架连接附近杆件应力比，组合模型比单独模型大，增加幅度在 10%～15%；网架跨中区域杆件应力比，组合模型比单独模型低，降低幅度在 8%～12%；网架跨中最大挠度变形，组合模型网架跨中最大挠度值 326mm，挠跨比 1/344，比单独模型略有降低。

抽取组合模型前四阶模态，周期参数见表 5.3-11，模态振型见图 5.3-14。

前 4 阶模态参数表　　　　　　　　　　　　　　表 5.3-11

振型	周期/s	各振型质量参与系数		
		X方向	Y方向	Z方向
1	3.77	0.00%	92.28%	0.00%
2	1.87	96.97%	0.00%	0.63%
3	1.15	0.00%	6.98%	0.00%
4	1.04	1.15%	0.00%	55.59%

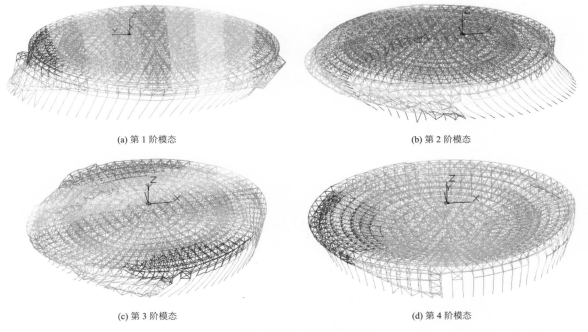

(a) 第 1 阶模态　　　　　　　　　　　　　　　　(b) 第 2 阶模态

(c) 第 3 阶模态　　　　　　　　　　　　　　　　(d) 第 4 阶模态

图 5.3-14　组合模型前四阶模态振型

由图 5.3-14 及表 5.3-11 可知，第 1 阶振型为整体 Y 向平动，第 2 阶振型为整体 X 向平动，第 3 阶振型为整体扭转，第 4 阶振型为网架竖向整体一阶波动。

5．节点构造

比赛馆屋盖网架与幕墙结构组合模型中，支座共设置有两处，一处是下部主体结构框架柱顶部网架支座，为支座节点 1；另一处是幕墙斜钢柱下端与二层平台相交处支座，为支座节点 2。支座节点 1 采用抗震球铰支座，如图 5.3-15 所示，支座设计参数见表 5.3-12。支座节点 2 采用"2 + 1"型销轴节点，如图 5.3-16 所示，耳板侧面布置防失稳的肋板，与桁架斜柱相连的耳板开竖向孔，可满足竖向变形 ±150mm 的要求。

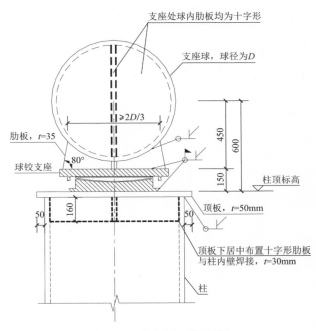

图 5.3-15　支座节点 1 构造详图

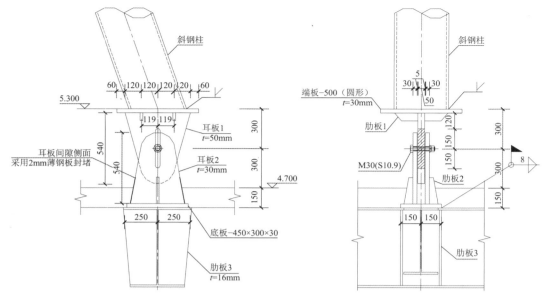

图 5.3-16 支座节点 2 构造详图

抗震球型铰支座主要设计参数   表 5.3-12

分类	竖向抗压承载力/kN	竖向抗拔承载力/kN	水平抗剪承载力/kN	转角/rad	水平允许变形值/mm
比赛馆	3000	300	—	0.05	径向±150，环向±50
热身馆	2000	200	X：±200，Y：±1300	0.03	±0
	—	500	X：±200，Y：±150	0.03	±0

5.4 专项设计

5.4.1 大直径挤密桩设计

1. 地质情况

场地土层由人工填土、第四纪晚更新世风积黄土、残积古土壤；中更新世风积黄土、残积古土壤组成。黄土地基为自重湿陷性，湿陷等级为Ⅲ（严重）级。地层及岩性情况如表 5.4-1 所示，表 5.4-1 仅列出①～⑩层土质情况，以下为黄土与古土壤交互分布。

地层及岩性   表 5.4-1

土层	描述
①杂填土 Q_4^{ml}	土质不均，结构疏松，以黏性土为主、生活垃圾、较多砖瓦碎块及灰渣等。厚度 0.40～1.90m，底标高 520.94～526.47m
②黄土 Q_3^{eol}	土质均匀，含植物根系、钙质结核及钙质条纹等，可塑，属中—高压缩性土。具轻微—中等湿陷性。厚度 1.70～5.50m，底标高 522.05～523.47m
③古土壤 Q_3^{el}	土质均匀，具块状结构，含氧化铁、钙质条纹及钙质结核等，硬塑—可塑，属中压缩性土。具轻微—中等湿陷性。厚度 0.50～1.90m，底标高 519.81～522.95m
④黄土 Q_2^{eol}	土质均匀，具含植物根系、钙质结核及钙质条纹等，硬塑—可塑，属中压缩性土，具轻微—中等湿陷性及自重湿陷性。厚度 0.90～6.00m，底标高 514.01～519.54m
⑤黄土 Q_2^{eol}	土质均匀，含少量钙质条纹及钙质结核，偶见蜗牛壳碎片等，硬塑—可塑，属中压缩性土，具轻微—中等湿陷性和自重湿陷性。厚度 4.00～4.30m，底标高 509.91～515.44m
⑥古土壤 Q_2^{el}	土质均匀，具块状结构，含氧化铁、钙质条纹及钙质结核等，硬塑—可塑，属中压缩性土，具轻微—中等湿陷性和自重湿陷性。厚度 2.60～3.10m，底标高 507.11～512.44m
⑦黄土 Q_2^{eol}	土质均匀，含少量钙质条纹及钙质结核，偶见蜗牛壳碎片等，硬塑—可塑，属中压缩性土，具轻微—中等湿陷性和自重湿陷性。厚度 3.00～3.90m，底标高 503.51～509.14m
⑧古土壤 Q_2^{el}	土质均匀，具块状结构，含氧化铁、钙质条纹及钙质结核等，硬塑—可塑，属中压缩性土，具轻微—中等湿陷性和自重湿陷性。厚度 3.30～3.60m，底标高 500.21～505.74m

经典回眸 中国建筑西北设计研究院有限公司篇

土层	描述
⑨黄土 Q_2^{eol}	土质均匀，含少量钙质条纹及钙质结核，偶见蜗牛壳碎片等，硬塑—可塑，属中压缩性土。厚度为3.20~3.70m，底标高496.71~502.34m
⑩古土壤 Q_2^{el}	土质均匀，具块状结构，含氧化铁、钙质条纹及钙质结核等，可塑，属中压缩性土。厚度2.50~3.10m，底标高494.01~499.84m

2．地基处理方案比较

体育馆建筑柱底反力差异较大，为控制柱间差异沉降，本工程基础方案采用桩基础。因基底下存在较厚自重湿陷性黄土，需消除全部土层湿陷性。基底标高−7.50m（局部2层地下室为后期增加），绝对高程516.50m，位于④、⑤层黄土，基底下湿陷性黄土厚度约10.6~16.2m。湿陷性黄土处理常用方法为挤密法，西安地区常用挤密工艺如表5.4-2所示。

挤密工艺比较 表5.4-2

成孔工艺	优点	缺点
柴油锤锤击沉管成孔，成孔直径0.4m，0.3t夹杆锤夯填	原土挤密，施工质量容易控制，过去普遍使用工艺	对空气造成污染，已淘汰使用
长螺旋钻机钻孔，成孔直径0.4m，1.8t重锤夯扩孔（DDC工艺）至0.55m。龙门架支撑，重锤提高至地面3m，自由落体	操作简单，振动小，无污染。为柴油锤锤击沉管成孔的替代工艺	人工操作，实际扩孔尺寸有限，施工质量不易控制。近年来发生多起因采取此工艺未达到湿陷性消除的事故
旋挖钻机钻孔，成孔直径1.2m，10t重锤夯扩孔（SDDC工艺）至1.8m。专用机械起吊，重锤提高至地面10m，机械脱钩自由落体	夯击能量大，桩数少，质量较易控制。较DDC工艺施工速度较快	填土夯扩也受人为因素影响，实际扩孔尺寸有限
静压桩机静压沉管成孔，成孔直径0.56m，1.8t重锤夯填	原土挤密，施工质量容易控制。为目前较可靠的工艺	机械操作空间需达到4.5m，对深基坑工程，挖填量大，且市区土方外运经常受控

本工程需处理湿陷性黄土较厚，平面处理范围按规范不小于处理深度的一半，基坑平面尺寸较大，由于施工场地受限，且更大量的土方外运影响工期，静压法不适合。钻孔夯扩法，小直径桩数多，比大直径更可靠，但若考虑实际施工质量控制的因素，需减小桩距和扩径，桩数众多，且耗电量大，项目需外租发电机，工期长，成本高，DDC工法也不适合。经与建设单位和施工单位商议后，最终选择SDDC工艺大直径挤密桩法处理湿陷性黄土方案，如何控制扩孔直径、保证施工质量成为关键。为此，建设单位组织湿陷性黄土地基处理专家进行了地基处理方案专项论证，对SDDC扩孔挤密工艺进行了从严要求。

3．大直径挤密桩设计与检测

地基处理方案为：采用孔内深层超强夯挤密桩法（SDDC工法）处理黄土湿陷性。旋挖钻机成孔，孔径1.2m，强夯后桩径不小于1.6m，有效桩长不小于13m，等边三角形布桩，间距2.4m，处理平面沿基础边外放不小于5m。桩孔填料为素土，桩体平均压实系数不小于0.97，桩间土平均挤密系数不小于0.93。桩长范围内桩间土的湿陷性应全部消除。强夯夯击能量不小于1000kN·m，桩体填料前空夯4~5击，每次填料量不大于0.55m³，每次夯击次数不小于5击。桩顶预留覆土层厚度不小于1.6m，挤密桩施工后在覆土顶用不小于1000kN·m夯击能量满夯，以保证有效桩顶下桩体及桩间土质量。

为保证扩孔直径达到设计要求，需实测桩长范围的平均桩径，开挖探测法对现场工程不适用，因此采取在单个挤密桩旁设置4个探井检测桩径的方法，如图5.4-1所示。试桩和工程桩检测平均桩径为1.609~1.722m，满足设计要求。桩间土平均挤密系数不小于0.93时，湿陷性基本可以消除。目前，现行国家标准《湿陷性黄土地区建筑标准》GB 50025和陕西省地方标准《挤密桩法处理地基技术规程》DBJ 61关于桩间土挤密系数的检测要求有所不同，且均针对桩径不大于0.6m的情况，对大直径挤密桩桩间土的检测方法还不成熟。综合考虑，本工程采取DBJ 61所提供的检测方法，桩间土划分为13个区域分别取样，并沿桩长深度每隔1m进行取样检测，如图5.4-2所示。桩长范围原状土⑤~⑧层干密度为1.21~1.51g/cm³，平均干密度为1.28~1.31g/cm³。经挤密后，桩间为1.55~1.59g/cm³，桩边为1.62~1.66g/cm³，平均干密度为 1.60～1.61g/cm³，换算为压实系数为 0.93～0.94，满足设计要求。目前，建筑已投入使用，比赛馆平均沉降 7.89mm，热身馆平均沉降 3.35mm，沉降较小。

图 5.4-1　桩径检测示意图　　　　　　　　　　　　图 5.4-2　桩间土检测示意图

5.4.2　悬挑桁架设计

比赛馆、热身馆交界处建筑造型复杂，中部近 40m 空间无竖向支承条件。为实现建筑造型，比赛馆从南北两侧钢柱处伸出桁架结构，最长悬挑距离约 20m，如图 5.4-3 所示。杆件尺寸为 □600×1000×40×40、□600×600×35×35、□500×500×30×30、□300×300×35×35、□200×200×16×16 等。桁架高度从 4.5m 逐渐收至 2.0m，以适应建筑造型。考虑到内力平衡，桁架根部上下弦杆尽量布置在楼层标高处。方案初期悬挑桁架无下部支撑，杆件内力较大；经对比分析在悬挑最长的两榀桁架下设置支撑柱，尺寸 $\phi450×30$，藏于建筑幕墙内。不影响立面造型的同时，有效降低桁架杆件内力及截面尺寸。

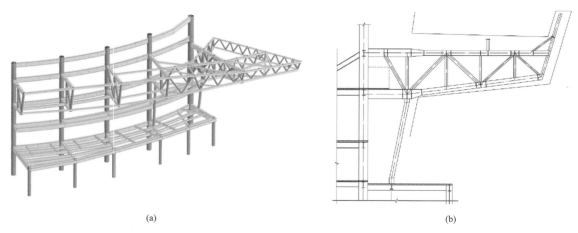

(a)　　　　　　　　　　　　　　　　　　(b)

图 5.4-3　比赛馆悬挑桁架示意图

桁架支撑斜柱上下采用铰接节点，上部与悬臂桁架连接，下部与二层大平台钢梁连接。连接节点为固定抗震球型铰支座，主要设计参数见表 5.4-3，支座对应位置的弦杆或梁内设置肋板，构造关系如图 5.4-4 所示。

抗震球型铰支座主要设计参数　　　　　　　　　　　　　　　　表 5.4-3

竖向抗压承载力/kN	水平抗剪承载力/kN	转角/rad	水平允许变形值/mm
4000	X/Y：±900	0.03	±0
2000	X/Y：±450	0.03	±0

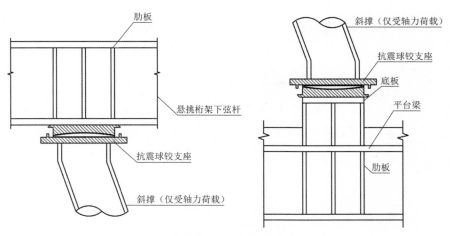

图 5.4-4 支撑柱与平台梁及悬挑桁架下弦杆连接节点

采用盈建科计算软件，对该类桁架杆件除进行考虑水平和竖向地震作用下的小震验算外，还进行了中震弹性和大震不屈服验算，汇总杆件应力比结果见表 5.4-4。由此可知，杆件在大震下仍具有一定的安全冗余度，能够保证悬挑桁架的安全。为确保传力的可靠性，将两榀长悬挑桁架与连接的主体梁柱构件按平面刚架进行受力复核，根据计算结果对相关梁柱构件截面进行了加强，以确保悬挑结构的安全。

小、中、大震下悬挑桁架杆件应力比　　　　　　　　　　表 5.4-4

设计阶段	小震	中震	大震
悬挑桁架杆件应力比	0.11~0.71	0.24~0.81	0.25~0.90

5.4.3　承重马道设计

1. 结构布置

马道与中央平台均为主次梁结构体系。马道通过吊杆与转换梁进行连接，转换梁再通过吊杆与屋盖网架焊接球进行连接。马道的用途有两个：一是作为检修通道和平台，二是根据演艺要求吊挂灯光、音响、桁架等。中央平台通过吊杆与主体结构焊接球进行连接。中央平台的作用是悬挂斗屏并作为斗屏及升降系统的检修平台。三维模型图如图 5.4-5、图 5.4-6 所示。

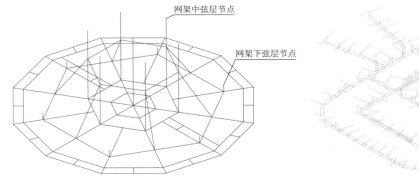

图 5.4-5　中央平台三维模型图　　　　　　　　图 5.4-6　马道三维模型图

2. 设计控制参数及荷载

（1）设计控制参数

杆件长细比：压杆≤120（关键杆件）、≤180（一般杆件）；

拉杆≤200（关键杆件）、≤250（一般杆件）。

杆件应力比：关键杆件应力比≤0.70，其余杆件应力比≤0.85。

最大挠度值：恒荷载和活荷载标准组合≤1/400跨度、≤1/200悬挑长度。

（2）荷载

恒荷载：马道、中央平台附加荷载0.35kN/m²（不包含灯光设备）；栏杆线荷载0.30kN/m；设备机械节点荷载根据工艺受力条件图施加；杆件自重由程序自动考虑。

活荷载：马道及中央平台检修活荷载0.50kN/m²。

3．计算分析

结构分析软件采用3D3S。结构设计过程中，首先对结构进行静力分析，采取一定的应力比控制指标，以保证对结构安全性比较关键的构件有较大的安全储备；再对结构进行模态分析，增加局部薄弱部位刚度，采取增大杆件截面、增加斜杆布置等措施。

中央平台通过吊杆与主体结构焊接球进行连接，支座采用铰接的边界条件；马道通过吊杆与转换梁进行连接，转换梁再通过吊杆与主体结构焊接球进行连接，支座采用铰接的边界条件。

结构的荷载以竖向荷载为主，包括恒荷载和活荷载。对结构在标准组合工况下的结构位移进行了分析。在标准组合下结构最大挠度为10.3mm，位于中央斗屏平台外侧悬挑构件端部，竖向挠度满足规范要求，结构整体具有较大的竖向刚度。

结构在静力基本组合作用下，分析得出结构杆件的应力比。经计算各种状态下构件应力比最大为0.56。

前三阶模态均为整体模态，无局部模态出现，说明马道整体结构布置合理。第1阶模态为整体Y向一波平动，第2阶模态为整体Y向二波平动，如图5.4-7所示。

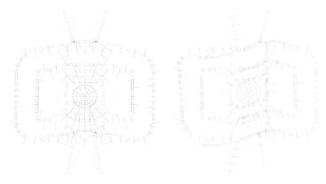

(a) $T_1 = 0.75s$ (b) $T_2 = 0.62s$

图5.4-7　马道结构前两阶模态

4．节点构造

（1）中央斗屏平台结构布置及节点构造如图5.4-8所示。

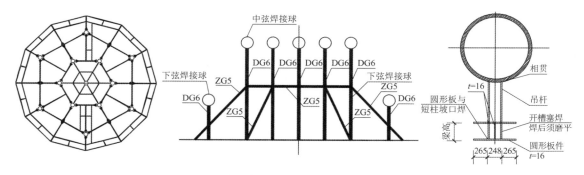

图5.4-8　中央斗屏平台结构布置及节点构造示意图

（2）钢梁与圆钢管柱悬臂段栓焊刚接、吊杆与钢梁连接节点构造如图5.4-9和图5.4-10所示。

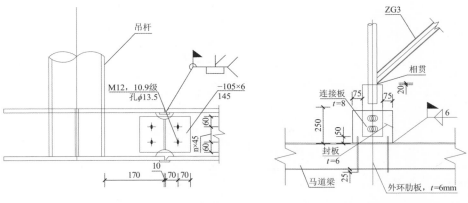

图 5.4-9 钢梁与圆钢管柱悬臂段栓焊刚接节点　　　　　图 5.4-10 吊杆与钢梁连接节点

5.4.4　环楼梯设计

比赛馆在结构外围设置 12 部环向楼梯，如图 5.4-11 所示。由于楼梯位于结构主体外侧，采用外围框架柱向外侧悬挑钢梁作为楼梯的主要受力构件，悬挑梁截面尺寸为□400×600×16。楼梯净宽 1.8m，梯板中部设一道箱形截面梁支承在悬挑梁上，两侧借助楼梯踏步悬挑形成梯板，休息平台处箱梁两侧采用竖向肋板悬挑形成休息平台。

由于环楼梯位于主体建筑与外围幕墙之间，而各层楼梯为不同防火分区，环楼梯外侧防火封堵隔墙高度达 13m，采用轻钢龙骨方案时构件截面大，因与外围幕墙间距离不足，且与幕墙杆件和悬挑桁架在空间关系上相互碰撞。设计以环楼梯为支承构件，通过在环箱形钢梁侧外伸钢牛腿，并设置环向顺楼梯钢梁，形成水平通长构件，再以钢梁为支承构件，设置单层或双层双向刚性连接梁柱受力框架体系，框架间距不大于 2.2m，楼梯净高不小于 2.5m，标高随梯板标高等比例变化。通过巧妙的连接构造方式解决楼梯间防火封堵问题。如图 5.4-12 所示。采用 3D3S 软件对楼梯间防火封堵结构体系进行分析，经计算梯梁及防火封堵系统的钢梁、钢柱的应力比、变形均较小。

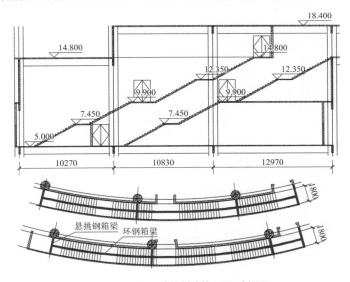

图 5.4-11　典型环向楼梯建筑平面、剖面图

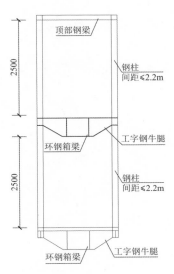

图 5.4-12　楼梯防火封堵结构示意图

5.5　结语

曲江电竞产业园场馆区为西安市曲江新区新增地标性建筑，其造型独特、寓意深刻、装饰考究、气势宏伟，

较好适应"第九届丝绸之路国际电影节"的开闭幕式场所的各类荷载和布景需求。结构体系选取抗震性能更优的全钢结构体系，充分实现了建筑的功能和造型。在结构设计过程中，主要完成了以下几方面创新性工作：

1. 大型体育馆采用全钢框架结构体系的设计与实践

对由斜看台形成的斜梁、环梁、不等高柱组成的空旷体育馆结构，在对斜看台简化为斜板的定量分析、对环型楼板地震作用下的传力分析、高大柱稳定性分析、支承大跨屋盖柱的中、大震分析及罕遇地震下结构的安全性等方面的分析，综合性地探索了空旷结构的分析方法；对弧形工字钢抗扭能力、看台钢梁铰接和刚接连接节点及适应建筑功能的其他节点进行了实践。

2. 大跨度屋盖选型实现多种建筑功能的探索

由于现代体育馆除实现基本的体育工艺外，又叠加文化商演等功能的扩充，以满足后期运营的需求，因此对各种吊挂设备和构造提出了较高的需求。网架结构整体性好、刚度大、冗余度高，尤其跨度较大时，其较好的整体刚度对支座的水平和竖向受力需求相对较小，且较多下弦球可提供可靠的吊挂荷载条件，可以更灵活方便地实现建筑功能。比赛馆屋盖采取了中间 3 层、外圈 2 层的空间网格划分，并合理设置了 12 个中央斗屏吊点、承担了工艺复杂的承重马道及预留更多的适应灵活吊挂设备的节点，尽管为此增加了一定的用钢量，但为扩展建筑使用功能创造了条件。

3. 大型承重马道及中央斗屏的实践

由于跨度较大网架的网格划分间距较大，马道吊挂点的实现呈现出直接吊点、悬挑吊点、转换吊点等多种方式，通过设置刚性连接框架、局部斜撑、拉杆等方式组成协调变形的整体空间结构体系，既可靠传力又提高安装检修时的振动舒适度。中央斗屏自重大，为满足特殊的升降工艺及传力点的平稳可靠，网架网格划分时考虑了斗屏的尺寸和构造，并设置了抗变形能力较好且整体刚度较大的斗屏吊挂平台及连接节点。整体空间受力分析及实际商演活动的实践均表明了其安全可靠性。

目前，国内体育馆采用全钢结构的工程较少。在国家"双碳"目标的实现过程中，钢结构建筑的建造是一种较好的手段。对体育场馆建筑来说，体育工艺和建筑装饰造价占比很大，结构主体的造价对投资总额影响较小，而采用钢结构材料既可提高建筑的抗震性能，又可循环利用材料，建造过程节能环保，有效减少碳排放。本工程在材料选用、计算分析、建筑造型和功能的实现以及节点构造等方面，可为体育场馆类建筑提供一定的参考价值。

设计团队

项目负责人：秦　峰、杨永恩

结构专业团队：梁立恒、于岩磊、马亚文、乔嗣哲、王宁博、刘万德、郑永强

获奖信息

2022 年度第十五届中国钢结构金奖

第 6 章

西安绿地中心

6.1 工程概况

6.1.1 建筑概况

西安绿地中心位于西安市高新区锦业路与丈八二路交会处，建成后成为西安标志性建筑。该项目由对称的超高层双子塔楼、4 层裙楼及 3 层地下车库组成，其中 A 座设计于 2012 年，B 座设计于 2014 年。双子塔超高层建筑功能主要为办公与商业，塔楼及其附属建筑总建筑面积约为 34 万 m²。每栋塔楼地上共 57 层，建筑总高度为 270m，1～4 层为商业区，层高 5.1m；5～57 为办公区，层高 4.2m。地下 3 层为设备机房及车库，基础埋深为 19m，地基基础采用桩筏基础，基础设计等级为甲级。

该项目地处抗震设防烈度 8 度区，Ⅲ类不利场地条件，同时建筑具有外框柱距大，立面大切角，角柱不能竖向贯通，局部结构层间通高等设计特点，依据现行国家标准及规范，该结构属于高度严重超限的超高层建筑。针对工程建筑特点，结构体系采用钢管混凝土柱 + 钢梁 + 伸臂桁架加强层 + 钢筋混凝土核心筒结构，并在底部及加强层设置屈曲约束支撑，确保建筑结构安全可靠，使结构具备优异的抗震性能。建筑效果和剖面如图 6.1-1 所示，建筑典型平面如图 6.1-2 所示。

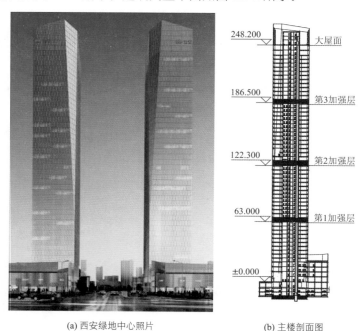

(a) 西安绿地中心照片　　　　　(b) 主楼剖面图

图 6.1-1　西安绿地中心照片和主楼剖面图

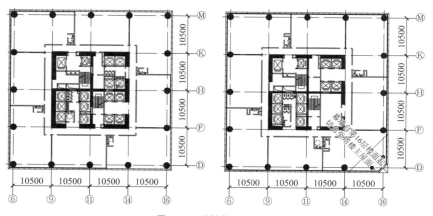

图 6.1-2　建筑典型平面图

6.1.2 设计条件

1. 主体控制参数

结构主体控制参数见表 6.1-1。

结构主体控制参数表　　　　　　　　　　　　表 6.1-1

结构设计基准期		50 年
建筑结构安全等级		二级
结构重要性系数		1.0
建筑抗震设防分类		标准设防类（丙类）
地基基础设计等级		甲级
设计地震动参数	抗震设防烈度	8 度
	设计地震分组	第一组
	场地类别	Ⅲ类
	小震特征周期/s	0.45
	大震特征周期/s	0.50
	设计基本地震加速度值/g	0.20
建筑结构阻尼比	多遇地震	地上：0.04；地下：0.05
	罕遇地震	0.05
水平地震影响系数最大值	多遇地震	0.16
	设防烈度地震	0.45
	罕遇地震	0.90
地震峰值加速度/（cm/s²）	多遇地震	70

注：依据项目设计时间，采用《建筑抗震设计规范》GB 50011-2010。

2. 结构抗震设计条件

主塔楼核心筒剪力墙抗震等级分别定义如下：其中地下 1 层及地上均为特一级，地下 2 层为一级，地下 3 层为二级。框架抗震等级分别定义如下：其中框架柱地下 1 层及地上均为特一级，地下 2 层为一级，地下 3 层为二级；框架梁的抗震等级同框架柱。采用地下 1 层顶板作为上部结构的嵌固端，满足嵌固层刚度比要求。

3. 风荷载

风荷载作用下结构变形验算时，按 50 年一遇取基本风压为 0.35kN/m²，承载力验算时取基本风压的 1.1 倍，场地粗糙度类别为 B 类。项目开展了风洞试验（图 6.1-3），模型缩尺比例为 1∶250。设计中采用了规范风荷载和风洞试验结果进行位移和强度包络验算。

图 6.1-3　西安绿地中心双子塔风洞试验

6.2 建筑特点

6.2.1 建筑高度超限

该项目建筑高度为 270m，塔楼结构高度为 248.5m。依据《高层建筑混凝土结构技术规程》JGJ 3-2010（简称《高混规》）要求，混合结构最大适用高度为 150m，该塔楼超过《高混规》相关规定限值约 65%，高度超限较多。

通常随着建筑高度的增加，风、地震、温度等作用对建筑结构安全性的影响成几何倍数增加，导致建筑结构的设计难度加大，结构构造更加复杂。加之该项目地处抗震设防烈度 8 度区，Ⅲ类不利场地条件，常规框筒结构无法满足结构刚度、侧移等性能需要。设计中需通过抗震分析，掌握地震作用下各类构件的屈服顺序，研究外框内筒抗震防线的分布，分析结构体系侧向刚度和塑性耗能等关键性能，合理制定结构构件在不同烈度地震作用下的性能目标，从而保证建筑结构抗震性能安全可靠、技术先进。依据建筑上述特点，设计中进行结构体系、结构构造等方面的创新，从而实现建筑结构安全适用、技术先进、经济合理、方便施工的整体目标。

6.2.2 外框架柱距大，核心筒占比小

结构外框柱柱距 10.5m，属于典型的稀柱框架，且底部几层层高较大，外框架二道防线作用较弱，需采取加强措施以增强外框抗震能力，确保结构整体安全。同时，由于核心筒占塔楼楼面面积比例较小（仅为楼层面积的 23%），且外围框架柱距较大，在水平地震作用下，结构的抗侧刚度难以满足规范要求。外框较弱，使核心筒墙体承担结构大部分水平及竖向荷载，但外框架作为上部结构抵抗水平荷载的第一道防线，其承载力及延性性能对整个结构的安全至关重要。另一方面，在塔楼承受水平荷载时，为保证塔楼的核心筒与外框架连为一体，使核心筒与外框架之间协调变形，二者共同受力，需合理选择楼盖体系。

6.2.3 大切角建筑造型

由于塔楼建筑立面造型存在大切角，使得结构外框角柱在竖向不能贯通，进一步削弱了外框刚度，因此需采取相应措施，保证结构竖向传力连贯可靠，又不至于出现刚度突变。设计中，需优化相应部位节点构造，实现该节点连接。钢管混凝土斜柱、外环梁、径向楼面梁、除承担和传递斜柱构件的内力外，还要承受环梁、径向楼面梁的拉（弯、剪）作用。同时，节点区受建筑功能及造型约束、混凝土浇筑质量不易保证等因素影响，进一步影响节点的可靠性。如何在不影响建筑造型的情况下，实现"强节点、弱构件"的设计原则，保证结构体系及节点安全，是结构设计中的重要内容。

为保证斜柱分叉节点受力安全，对其采取了概念设计、有限元分析相结合的分析方法，进行互相验证。节点概念设计中，明确了"强节点、弱构件""传力直接可靠""施工操作方便"等原则，考虑了从设计到施工建造全过程相关因素，保证节点安全可靠。通过有限元方法对斜柱分叉节点进行分析，研究其传力机理，验证设计原则的可靠性。分析中考虑节点区混凝土施工因素，对构件截面混凝土承载力贡献进行相应折减。

6.2.4 通高办公大堂和空中转乘大厅

出于功能考虑，建筑在 1 层设置通高办公大堂，在 31 层设置通高空中转乘大厅，开洞面积约 550m²，占对应楼层面积约 30%。通透的办公大堂和空中转乘大厅，是建筑设计的一大亮点。为了满足和实现上

述功能，对应楼层中庭区域自下而上结构不能有构件穿越，导致外框架在该区域内无径向梁为楼板提供水平拉接作用，核心筒和外框在这个部位的整体稳定性较差。

通过概念设计和计算分析可知，通高大堂或大厅引起本层楼面不连续，楼层刚度及楼板连续性较差。结构设计中，在框架柱间增设支撑杆件，同时加强外框梁，使结构的刚度和稳定性得到显著加强，且对建筑外观效果的影响也较小，如图 6.2-1 所示。通过结构整体稳定分析，校核了通高中庭区域的外框架稳定性，同时通过动力弹塑性时程分析，验证了罕遇地震下结构体系的变形性能。结果表明：采取该加强措施后，通高中庭区域外框架具有可靠的稳定性和承载力，结构安全、可靠。

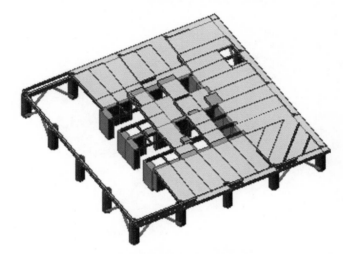

图 6.2-1　大堂楼面大开洞区域外框架加强措施

6.3　体系与分析

6.3.1　结构体系

结合上述建筑特点，结构设计中需要解决以下问题：

（1）由于塔楼建筑立面造型存在大切角，使得结构外框角柱在竖向不能贯通，需采取措施，既要保证结构竖向传力的连贯性，又不至于使结构出现刚度突变；

（2）结构外框属于典型的稀柱框架，且底部几层层高较大，外框架第 2 道防线作用较弱，需采取加强措施增强外框抗震能力，确保结构的整体安全；

（3）由于结构高度超限较多，鉴于本项目的重要性及复杂性，应比一般建筑结构有更高的延性要求。同时超高层结构受地震作用很大，而减小结构自重对降低结构所受地震作用效果明显。

工程实践证明，钢和钢筋混凝土混合结构具有较好的抗震性能和延性。混合结构构件强度高，可有效减轻构件自重，减小构件截面尺寸，且混合结构的刚度较大，对于控制结构的位移和舒适度均较为有利。因此，确定塔楼采用钢管混凝土框架 + 伸臂桁架 + 钢筋混凝土筒体的混合结构体系（图 6.3-1）。其中，内筒采用局部设置型钢的钢筋混凝土核心筒，作为塔楼主要抗侧力构件，核心筒周边墙体厚度随楼层高度增加不断向内收进。核心筒外墙厚为 400～1250mm，内部墙体厚度为 200～800mm。核心筒平面尺寸为 21m×21m，其高宽比达 12.5。由于核心筒承担了很大的水平及竖向荷载，为结构提供了绝大部分的侧向刚度，结合规范相关条文，其抗震等级采用特一级。外围框架采用由钢管混凝土柱与 H 型钢梁组成的钢框架，柱间距达 10.5m，形成了典型的稀柱框架。外框架柱采用圆钢管混凝土柱，截面尺寸为 1300～1700mm，抗震等级为特一级，圆钢管柱与外围 H 型钢梁刚接，形成结构抗侧力的第 2 道防线。

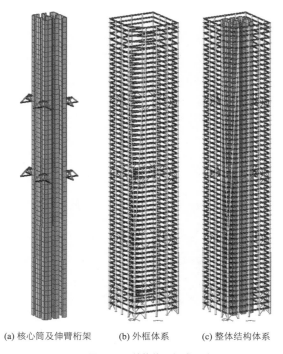

(a) 核心筒及伸臂桁架　　(b) 外框体系　　(c) 整体结构体系

图 6.3-1　结构体系组成

　　由于核心筒占塔楼楼面面积比例较小（仅为楼层面积的 23%），且外围框架柱距较大，在水平地震作用作用下，结构的抗侧刚度难以满足规范要求。因此结合塔楼建筑避难层的设置，在结构 29 及 44 层X、Y方向各设置两道水平伸臂桁架来增加结构的侧向刚度（图 6.3-2）。伸臂桁架采用钢桁架，贯通混凝土核心筒与外框柱直接连接，其连接形式采用铰接。同时，为使各外框柱受力均匀，并减小加强层上下楼板翘曲及降低楼板平面内应力，在设置伸臂桁架的同时，在 15、29、44 层避难层外围设置环带桁架。

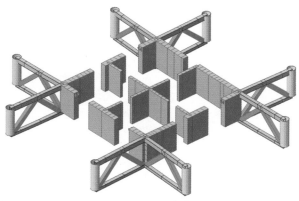

图 6.3-2　29、44 层伸臂桁架

　　在核心筒与外框柱之间的楼屋面板采用钢筋桁架楼承板，楼面梁采用钢梁，梁面设置抗剪栓钉与楼板相连，使楼面形成组合楼盖系统。该组合楼盖系统平面内刚度大，有效地把塔楼的核心筒与外框架连为一体，在塔楼承受水平荷载时，能够很好地协调核心筒与外框架之间的变形，使外框架与核心筒协同受力。

6.3.2　结构布置

　　主楼的抗侧力结构体系为钢管混凝土框架＋伸臂桁架＋钢筋混凝土筒体的混合结构。外框结构由钢管混凝土柱和型钢梁组成，局部楼层设置伸臂桁架、腰桁架、屈曲约束支撑。内筒采用钢筋混凝土筒，局部设置型钢暗柱。外框楼盖承重体系采用"钢梁＋组合楼板"，地下 1 层顶楼板厚度 200mm，伸臂桁架层楼板厚度 150mm，其余楼层楼板厚度 120mm。核心筒内采用现浇钢筋混凝土梁板体系，板厚 150mm。结构周边通过设置收边钢梁与外幕墙龙骨连接。

典型楼层外框结构和核心筒结构平面图如图 6.3-3、图 6.3-4 所示。

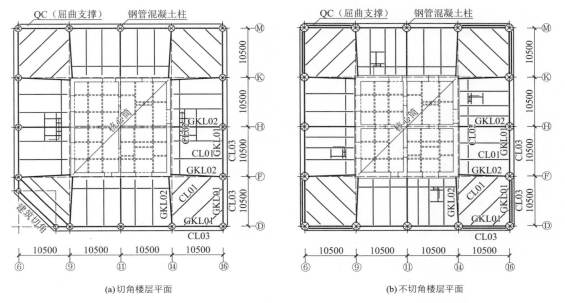

图 6.3-3　典型外框结构布置

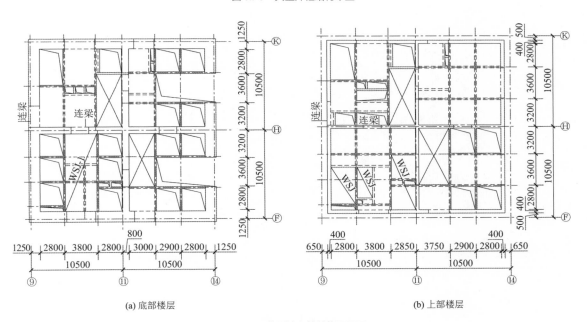

图 6.3-4　典型核心筒结构平面图

1. 主要构件截面

外框柱采用圆钢管混凝土构件，充分利用钢管对高强混凝土的约束性能，同时便于斜柱、楼层高区框柱的施工操作，使钢管焊接就位后即可在钢管内浇筑混凝土，节省了工期和造价。

外框钢管混凝土柱的截面编号如表 6.3-1 所示，柱截面沿楼层高度按计算分析结果进行调整。对于伸臂桁架相关楼层，钢管柱壁厚加大，以满足抗震性能目标和连接构造要求。钢筋混凝土核心筒外墙厚为 400～1250mm，内部墙体厚度为 200～800mm，由下至上递减。对于墙、柱混凝土强度等级，在 48 层以下混凝土强度等级为 C60，以上为 C50。

截面形式	外框柱类型	钢管截面（$D \times T$）/mm	材质
	A	D1700 × 50	Q345GJ-C + C60
	B	D1700 × 35	Q345C + C60
	C	D1600 × 50	Q345GJ-C + C60
	D	D1600 × 30	Q345C + C60
	E	D1500 × 30	Q345C + C60
	F	D1500 × 50	Q345GJ-C + C60
	G	D1400 × 30	Q345C + C60
	H	D1400 × 50	Q345GJ-C + C60
	I	D1300 × 25	Q345C + C50
	J	D1000 × 30	Q345C + C50

外框架钢梁截面采用 H 型钢，涉及焊接 H 型钢和热轧 H 型钢；对于伸臂桁架层，桁架弦杆及腹杆均采用焊接箱形截面构件。外框钢梁、桁架构件截面规格见表 6.3-2，立面布置见图 6.3-5。由于结构外框架柱距达 10.5m，在底部 4 层（层高 5.1m）外框架分担的地震剪力占结构底部总剪力的比值仅为 4%～6%，外框架抗震承载能力较弱。为提高结构外框架的抗震承载能力，在不影响建筑立面效果及使用功能的前提下，在塔楼底部 4 层及地下 1 层外框架四角设置 BRB 屈曲约束支撑（图 6.3-6）。

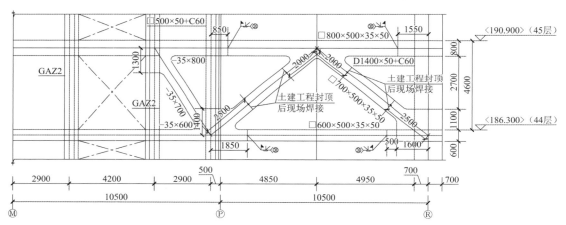

图 6.3-5 典型伸臂桁架立面示意图

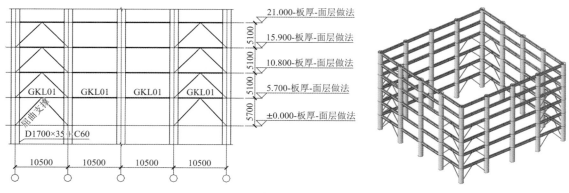

图 6.3-6 建筑外框下部四角布置 BRB 支撑示意

截面形式	外框钢梁编号	型号/mm	$H \times B \times t_w \times T$/mm	材质
	CL01	H500×300	500×300×12×22	Q345B
	CL02	HM300×200	294×200×8×12	Q345B
	CL03	HN500×200	500×200×10×16	Q345B
	GKL01	H900×500	900×500×25×50	Q345C，Q345GJ-C
	GKL02	H500×300	500×300×12×22	Q345B
	SHHJ（上弦）	□900×700	900×700×70×70	Q390GJ-D，焊接箱型
	SHHJ（腹杆）	□700×700	700×700×70×70	Q390GJ-D，焊接箱型
	SHHJ（下弦）	□600×700	600×700×70×70	Q390GJ-D，焊接箱型

2．基础结构设计

主塔楼基础形式采用桩筏基础，桩基采用泥浆护壁、泵吸反循环成孔的钻孔灌注桩，并采用桩侧桩端复式注浆。桩长约53m，桩身直径800mm，混凝土强度等级为C50，保护层厚度取50mm。桩端持力层为⑩层中砂层，进入持力层深度约为2.0m，单桩承载力特征值为7300kN。在外框柱和核心筒下设置桩基，桩位平面布置图如图6.3-7所示。裙楼楼层不高、荷重不大，采用梁筏基础，天然地基。

对于基础筏板厚度，塔楼区域板厚3500mm，筏板顶标高−15.800m，其他裙楼区域筏板板厚700mm，筏板顶标高−15.800m。基础梁、板混凝土强度等级采用C40，抗渗等级P10。框架柱柱底设置柱墩提高基础底板抗冲切能力，整体结构基础平面见图6.3-8。

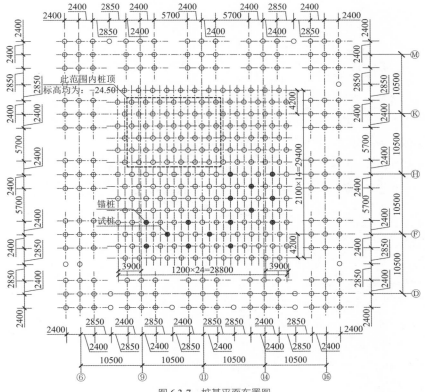

图 6.3-7 桩基平面布置图

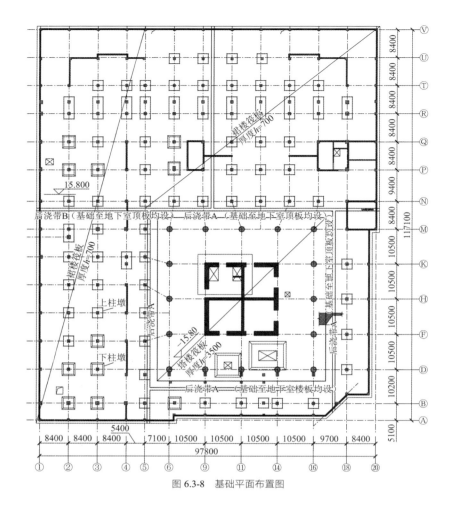

图 6.3-8 基础平面布置图

6.3.3 性能目标

1. 结构超限分析和采取的措施

主塔楼在如下方面存在超限：

（1）塔楼结构高度为 248.5m，依据《高层建筑混凝土结构技术规程》JGJ 3-2010（以下简称《高混规》）相关规定，混合结构最大适用高度为 150m。本塔楼超过规范规定限值 65%，高度超限。

（2）塔楼弹性计算分析结果显示，由于结构伸臂桁架加强层的设置，结构下层与相邻上层水平受剪承载力之比，43 层/44 层为 68%，28 层/29 层为 67%，均小于规范规定的 75%，属于竖向不规则结构。

（3）根据塔楼小震计算结果，其在 X 向结构底部剪重比为 2.38%，略小于《建筑抗震设计规范》GB 50011-2010（以下简称《抗规》）2.4%的限值。因此，根据以上分析结果，塔楼属于高度超限、竖向不规则的复杂超限超高层结构。

针对超限问题，设计中采取了如下技术措施：

（1）主楼结构采用带加强层的混合结构

鉴于本结构的重要性及复杂性，结构高度超限较多，从地震作用及结构延性需求等方面考虑，需采取合理有效的措施减小构件截面尺寸，从而减轻结构自重，降低结构所受地震作用。钢和钢筋混凝土混合结构有较好的抗震性能和延性，混合结构构件也有较高的强度，便于控制构件截面尺寸，减轻构件自重。同时，混合结构的侧向刚度较大，对于控制结构的位移和舒适度均较为有利。设计中，利用建筑避难层在 29、44 层外框钢管混凝土柱与核心筒之间设置伸臂桁架。伸臂桁架可以提高水平荷载作用下外框架柱承担的轴力,从而增加外框架承担的倾覆力矩,同时减小了内核心筒的倾覆力矩。它对结构形成的反弯作用,可以有效地增大结构的抗侧刚度。

(2)增强核心筒混凝土墙体的延性

核心筒墙体承担结构大部分的水平及竖向荷载,作为上部结构抵抗水平荷载的第一道防线,其承载力及延性对整个结构的安全起着至关重要的作用。因此针对核心筒混凝土墙体的延性要求,采取了如下具体措施:

①严格控制核心筒墙体轴压比,并在核心筒墙体四角及洞口边钢筋混凝土墙体暗柱内,设置型钢柱;在底部加强区楼层处设置型钢暗梁,提高墙体的延性,并降低其在中震作用下的墙体受偏拉作用,控制混凝土拉应力,避免墙体过早破坏;

②提高墙体约束边缘构件设置范围,约束边缘构件延伸至轴压比≤0.25的高度,并根据专家审查意见,核心筒四角全高设置约束边缘构件;

③按照大震不屈服控制剪力墙的受剪截面,避免核心筒墙体在大震下发生剪切脆性破坏;

④核心筒周边洞口连梁采用双连梁,提高连梁抗震承载能力,避免小跨高比连梁易发生的剪切破坏。

(3)增强外框架第2道防线的抗震能力

鉴于外框架柱的重要性及其延性要求,外框架柱采用抗震性能较好的圆钢管混凝土柱。圆钢管混凝土柱在轴心受压情况下,钢管对混凝土产生紧箍力作用,使混凝土抗压强度、塑性变形能力都有大幅提高。钢管混凝土构件滞回曲线饱满,延性和耗能性能都很好,与普通型钢混凝土柱相比较,在相同承载力要求下圆钢管混凝土柱可有效减小柱横截面尺寸,增加实际使用面积,具有较高的技术经济性能。

由于结构外框架柱距达10.5m,在底部4层(层高5.1m)外框架分担的地震剪力占结构底部总剪力的比值仅为4%~6%,外框架抗震承载能力较弱。为提高结构外框架的抗震承载能力,在不影响建筑立面效果及使用功能的前提下,在塔楼底部4层及地下1层外框架四角设置BRB屈曲约束支撑。外框架BRB支撑的设置,使得外框架作为第2道防线的抗震能力大大提高,且底部4层外框架承担地震剪力的比值提高到20%以上,满足规范的要求。同时,上部结构楼层外框架采用钢梁与外框架柱刚接,外框架所分担地震剪力占底部总剪力的8%~14%。为保证第2道防线具有一定的抗震能力,需要对外框架所承担的地震剪力进行调整。取外框架承担的地震剪力不小于结构底部总地震剪力的20%及框架部分楼层地震剪力最大值(V_{max})1.5倍的较大值进行调整,在1.5V_{max}的选择上,忽略加强层及上下楼层剪力突变的影响,只选择普通楼层进行比较调整。

(4)对建筑立面大切角处采用分叉柱

塔楼在16层以上建筑立面造型上存在大切角,使得结构外框架角柱在竖向不能贯通。结构在大切角位置上采用分叉柱处理,既满足建筑立面造型要求,同时保障结构竖向构件传力的连续性,分叉处仍采用钢管混凝土柱。鉴于分叉柱节点处构造及受力的复杂性,同时应满足强节点、弱构件的设计要求,需对该节点进行专项设计。对分叉柱节点进行有限元补充分析,核查应力分布,验算抗震性能目标。

(5)合理进行风荷载及地震作用取值

对塔楼所在场地进行地震安全性评价,根据场地安评结果对塔楼进行计算,并将计算结果与规范结果进行对比,取其中最不利的组合作为结构小震设计依据。通过比较可知,在小震作用下结构满足规范相关控制指标限值。

因塔楼超高,属于对风荷载敏感建筑,为验证风环境对结构的影响,对结构进行了风洞试验,并将风洞试验结果与规范风荷载进行比较,取较大值作为风荷载设计依据。比较结果见图6.3-9,可见结构在地震作用下所受楼层剪力远大于风荷载作用,因此结构塔楼的控制荷载为地震作用。

(6)进行了弹性时程分析和弹塑性时程补充分析,分别采用SATWE和MIDAS两种软件进行,确认地震影响下结构的抗震性能。

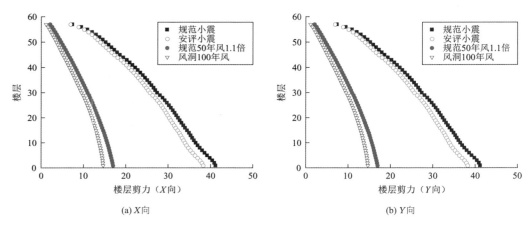

(a) X向   (b) Y向

图 6.3-9　风与地震作用结果比较

2. 抗震性能目标

由于塔楼超限较多，鉴于结构的重要性和地震的不确定性，考虑结构在不同烈度地震下刚度、强度以及延性的要求，对结构不同部位关键构件制定相应的性能目标，采取性能化设计。结构抗震性能目标为 C 级，相应的具体结构构件的性能要求见表 6.3-3。

结构性能目标　　　　　　　　　　　　　　　　　　　　　　　　表 6.3-3

地震水准			多遇地震	设防烈度地震	罕遇地震
性能水平定性描述			结构完好	轻度损坏，修理后可继续使用	中度损坏，修复或加固后可继续使用
构件性能	核心筒墙体	压弯拉弯	弹性（按规范要求设计）	底部加强区加强层及上下各一层中震不屈服	允许进入塑性，控制塑性变形
		抗剪		底部加强区加强层及上下各一层中震弹性，其他区域中震不屈服	抗剪截面不屈服，保证截面控制条件
	外框架	钢管混凝土柱		中震弹性	允许进入塑性，控制塑性变形
		边框梁		允许进入塑性	允许进入塑性，控制塑性变形
	外伸桁架腰桁架外框支撑			弹性	允许进入塑性，控制塑性变形
	斜柱底部拉梁			弹性	不屈服

6.3.4　结构分析

1. 小震弹性计算分析

结构整体计算分析采用了 SATWE 及 MIDAS Building 两种软件进行计算对比。计算中考虑重力二阶效应（P-Δ效应）、偶然偏心、双向地震作用、模拟结构的施工顺序等因素；对结构楼层中有大开洞的楼板及加强层上下楼板按弹性膜考虑楼板平面内的变形。

多遇地震下，两种软件计算的结构主要自振周期、振型以及参与有效质量系数见表 6.3-4 和图 6.3-10。在风荷载及水平多遇地震作用下，结构位移及基底剪力见表 6.3-5。

从表 6.3-4、表 6.3-5 的计算结果可以看出，两种软件计算结果吻合较好，结构第 1 扭转周期与第 1 平动周期的比值 X 向为 0.57，Y 向为 0.63，均小于规范 0.85 的要求；结构振型参与有效质量系数均大于 90%；结构在 X、Y 向的层间位移角均小于 1/502（按规范要求内插得到），且有一定的安全储备，最大位移比均小于 1.2，结构计算结果满足规范的要求。

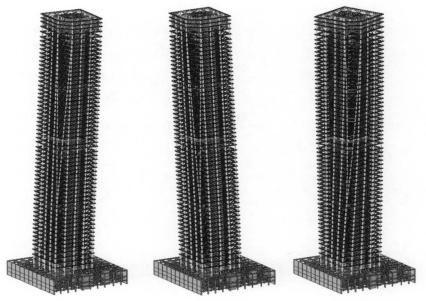

| (a) 第 1 振型 | (b) 第 2 振型 | (c) 第 3 振型 |

图 6.3-10　前 3 阶振型示意图

主要自振周期、振型及参与有效质量系数　　　　　　　　　　表 6.3-4

周期	SATWE		MIDAS Building	
	周期/s	平扭系数（$X + Y + T$）	周期/s	平扭系数（$X + Y + T$）
T_1	5.85	0.99 + 0.01 + 0.00	5.82	0.7213 + 0.0529 + 0.0004
T_2	5.69	0.01 + 0.99 + 0.00	5.72	0.0534 + 0.7185 + 0.0014
T_3	3.34	0.00 + 0.00 + 1.00	3.66	0.0001 + 0.0011 + 0.9979
T_t/T_1	3.34/5.85 = 0.57 < 0.85		3.66/5.82 = 0.63 < 0.85	
有效质量系数	X向 98.67%，Y向 98.56%		X向 95.72%，Y向 95.90%	

结构位移及基底剪力　　　　　　　　　　表 6.3-5

分析软件			SATWE	MIDAS Building
X向	地震作用	最大层间位移角	1/548	1/542
		最大位移比	1.11	1.10
		底层剪力/kN	41041.79	40815
		底层剪重比	2.38%	2.37%
	风作用	最大层间位移角	1/1436	1/1597
		最大位移比	1.05	1.04
		底层剪力/kN	16355.5	14882.9
Y向	地震作用	最大层间位移角	1/570	1/536
		最大位移比	1.07	1.184
		底层剪力/kN	41677.59	40842.08
		底层剪重比	2.42%	2.37%
	风作用	最大层间位移角	1/1486	1/1594
		最大位移比	1.11	1.13
		底层剪力/kN	16355.5	14872.2

2. 多遇地震下结构弹性时程分析

根据《抗规》规定，采用时程分析法时，应按建筑场地类别和设计地震分组选用实际强震记录和人工模拟的加速度时程曲线。在地震加速度时程曲线的选择时，主要考虑所选择的时程曲线满足本工程场地地震动的频谱特性、有效峰值和有效持续时间 3 个要素的要求。本工程弹性时程计算时选取 5 条天然波和 2 条人工波，各条波结构基底剪力计算结果见表 6.3-6。由计算结果可知，7 条波作用下的结构基底剪力均大于反应谱法的 65%，平均值大于反应谱法的 80%，满足规范要求。

弹性时程分析基底剪力（单位：kN）　　　　　　　　　　　　　　　　表 6.3-6

地震作用方向	X向	Y向	地震作用方向	X向	Y向
规范反应谱法	40883	41501	天然波 5	29090	29617
天然波 1	36640	35294	人工波 1	30124	30564
天然波 2	38031	36633	人工波 2	37864	36938
天然波 3	38392	43065	7 条波平均值	37052	37033
天然波 4	49226	47118			

3. 设防烈度地震作用下构件承载力分析

为了验算结构关键构件在设防烈度地震作用下的承载能力，进行了设防烈度地震作用下的结构计算（图 6.3-11、图 6.3-12）。上下弦杆计算时，考虑结构塑性铰的发展，适当考虑结构阻尼比的增加及连梁刚度的折减；伸臂桁架加强层上下则不考虑楼板的作用；不考虑风荷载的作用、不考虑与抗震等级相关的内力调整系数。中震弹性计算时，构件材料强度取设计值；中震不屈服时，构件材料强度取标准值。构件截面承载力计算公式见式(6.3-1)、式(6.3-2)。由图 6.3-11、图 6.3-12 可见，在设防烈度地震作用下，构件截面承载力均满足要求。

承载力弹性：

$$\gamma_G S_{GE} + \gamma_{Eh} S_{Ehk}^* + \gamma_{EV} S_{EVk}^* \leqslant R_d / \gamma_{RE} \tag{6.3-1}$$

承载力不屈服：

$$S_{GE} + S_{Ehk}^* + 0.4 S_{EVk}^* \leqslant R_k \tag{6.3-2}$$

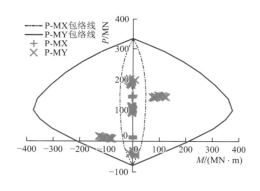

图 6.3-11　典型墙肢压弯、拉弯中震不屈服校核

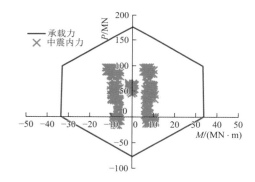

图 6.3-12　外框架柱压弯、拉弯中震弹性校核

4. 罕遇地震作用下结构弹塑性时程分析

弹塑性时程分析采用 MIDAS Building 软件，动力弹塑性分析方法使用 Newmark-β 的直接积分法，各分析时间步骤中的构件内力可通过恢复力模型获得，每个分析步骤中都要更新构件的刚度。在模型中墙单元采用纤维模型，截面纤维模型采用纤维束描述钢筋或混凝土材料，通过平截面假定建立构件截面

的弯矩-曲率、轴力-轴向变形与相应的纤维束应力-应变之间的关系。分析过程中考虑结构几何非线性及材料非线性，结构模型图见图6.3-13。

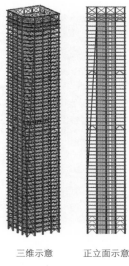

三维示意　　正立面示意

图6.3-13　结构模型图

1）构件模型及材料本构关系

本工程中的结构构件类型主要有梁、柱、斜撑及剪力墙。对于钢筋混凝土梁、柱构件，分别采用钢筋混凝土梁铰和柱铰，首先合理定义构件类型、材料类型后，再定义其为弯矩-旋转角类型梁或柱单元。在铰内力关系方面，钢筋混凝土梁采用互不相关，钢筋混凝土柱采用P-M类型，即轴力与M_y、M_z分别相关。

对于材料的滞回模型，考虑到钢筋混凝土构件中混凝土发生裂缝，钢筋发生屈服时，其刚度会退化；另外在往复荷载作用时，截面屈服后卸载过程刚度也会发生退化，且加载方向发生变化时，荷载-位移曲线具有指向过去发生的位移最大点的特性。虽然钢筋混凝土构件的恢复力模型有很多，但刚度退化和指向位移最大点的两个特性是选择滞回模型必须考虑的。钢筋混凝土的滞回模型中最具代表性的是武田模型、克拉夫模型、刚度退化三折线模型。其中修正武田三折线模型是在武田三折线模型内环卸载刚度计算方法修正的基础上而来，它是根据构件试验结果整理的恢复力模型，其卸载刚度由卸载点在骨架曲线上的位置和反向是否发生了第一屈服决定。对正向和负向可定义不同的屈服后刚度折减系数，适用于梁、柱、支撑构件。该模型在工程分析领域应用较广，认可度较高。对于钢梁、钢管混凝土柱构件，滞回模型采用标准双折线，该模型可以较好地模拟钢材性能。

墙单元采用纤维模型，截面纤维模型采用纤维束描述钢筋或混凝土材料，通过平截面假定建立构件截面的弯矩-曲率、轴力-轴向变形与相应的纤维束应力-应变之间的关系。计算中，混凝土材料轴心抗压和轴心抗拉强度标准值按《混凝土结构设计规范》GB 50010-2010取值。偏保守考虑，计算中混凝土均不考虑截面内横向箍筋的约束增强效应，仅采用规范中建议的素混凝土参数。

2）地震波输入

根据《建筑抗震设计规范》GB 50011-2010和《高层建筑混凝土结构技术规程》JGJ 3-2010的相关规定，此次分析选取了罕遇地震下的5组天然波和2组人工波，见表6.3-7。通过对相关地震波分析，其有效持时能够达到结构基本周期的5~10倍，其与设计反应谱数据在统计意义上相符。

按相关规范和规程要求，在所采用的这些地震记录中，两个分量峰值加速度的比值符合以下比值要求：当X向为主方向时，$X:Y=1.0:0.85$，Y向为主方向时，$X:Y=0.85:1.0$。对每一组地面加速度时程，分别通过有效峰值加速度系数将地震波调整到本场地的设防水准上，本工程时程分析所用地震加速度时程的最大值为400cm/s²。在此基础上，再乘以方向系数（$X:Y=1.0:0.85$）使两个方向的分量峰值加速度的比值符合相关规范要求。

地震波分组   表 6.3-7

地震波组	类型	对应地震波		罕遇地震加速度峰值/（cm/s²）
L196/L197	天然波	X	L196	400
		Y	L197	400
L283/L284	天然波	X	L283	400
		Y	L284	400
L334/L335	天然波	X	L334	400
		Y	L335	400
L397/L398	天然波	X	L397	400
		Y	L398	400
L2623/L2625	天然波	X	L2623	400
		Y	L2625	400
L850-1/L850-2	人工波	X	L850-1	400
		Y	L850-2	400
L850-4/L850-5	人工波	X	L850-4	400
		Y	L850-5	400

在对所选时程波进行筛选审查过程中，7 组波持时均可满足规范要求，此外将时程波转换为加速度反应谱后，其特征周期（即时程反应谱平台段长度）与场地周期 T_g（规范反应谱平台长度）接近，满足该时程对本场地抗震设计的需要。在实际应用过程中，还需将其峰值按照规范要求进行修正，按照 1.0：0.85 按照双方向进行加载。

图 6.3-14 给出了典型波组波谱比较示例、所用地震波时程以及其所达到的反应谱曲线，并与目标反应谱进行了比较。比较可见，所用地震时程记录幅值与持时满足规范要求，所达到的反应谱曲线与目标反应谱曲线的相符程度令人满意。

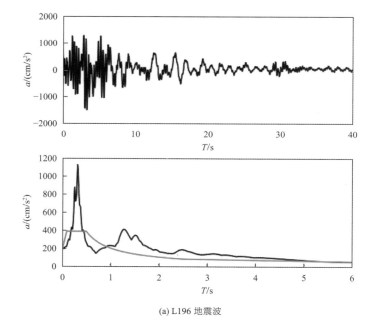

(a) L196 地震波

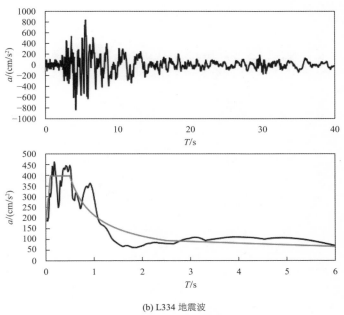

(b) L334 地震波

图 6.3-14　波组波谱比较

大震弹性时程分析所得到的基底剪力如表 6.3-8 所示，可见上述 7 条时程曲线作用下的结构基底剪力均大于反应谱法的 65%，且平均值大于反应谱法的 80%，满足规范要求。以其作为地震输入计算得到的结构地震反应结果可作为结构抗震设计依据的补充。

大震弹性时程与反应谱法基底剪力　　　　　　　　　　　表 6.3-8

地震波	基底剪力	地震作用方向	
		X向	Y向
(L196)/(L197)	基底剪力/kN	219894	192220
	与反应谱比值	93%	84%
(L283)/(L284)	基底剪力/kN	235396	206966
	与反应谱比值	100%	90%
(L334)/(L335)	基底剪力/kN	273361	268385
	与反应谱比值	116%	117%
(L397)/(L398)	基底剪力/kN	222377	189660
	与反应谱比值	94%	83%
(L850-1)/(L850-2)	基底剪力/kN	265593	263755
	与反应谱比值	113%	115%
(L850-4)/(L850-5)	基底剪力/kN	273156	272222
	与反应谱比值	116%	118%
(L2623) + (L2625)	基底剪力/kN	203763	191411
	与反应谱比值	87%	83%
	平均值/kN	241934	226374
	与反应谱比值	103%	98%
规范反应谱法	基底剪力/kN	235450	229888

3）动力弹塑性分析结果

（1）基底剪力响应

每组地震波作用下结构的基底剪力最大值见表 6.3-9，代表性波组 *X*、*Y* 主方向基底剪力时程曲线见图 6.3-15。

经典回眸　中国建筑西北设计研究院有限公司篇

每组地震波的最大基底剪力与相应的剪重比　表 6.3-9

地震波组	主方向	方向	基底剪力/kN	剪重比/%
(L196)/(L197)	X	X	130667	7.7
		Y	114604	6.8
	Y	X	113621	6.7
		Y	106320	6.3
(L283)/(L284)	X	X	155198	9.2
		Y	139026	8.2
	Y	X	134883	8.0
		Y	139841	8.3
(L334)/(L335)	X	X	135113	8.0
		Y	104385	6.2
	Y	X	119463	7.1
		Y	151974	9.0
(L397)/(L398)	X	X	125951	7.5
		Y	67081	4.0
	Y	X	110984	6.6
		Y	96699	5.7
(L850-1)/(L850-2)	X	X	126768	7.5
		Y	140493	8.3
	Y	X	110119	6.5
		Y	156625	9.3
(L850-4)/(L850-5)	X	X	131508	7.8
		Y	143500	8.5
	Y	X	118439	7.0
		Y	173994	10.3
(L2623) + (L2625)	X	X	109011	6.4
		Y	135326	8.0
	Y	X	95849	5.7
		Y	162162	9.6

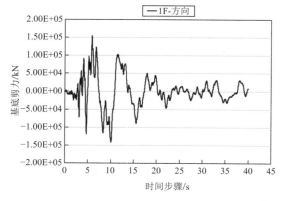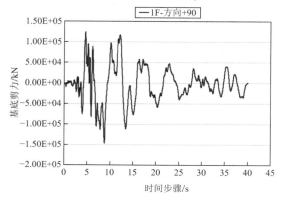

(a)(L283)/(L284)波组 *X* 主方向基底剪力时程曲线

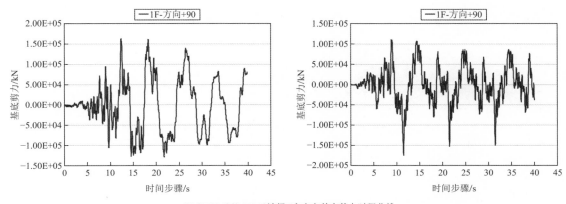

(b) (L850-4)/(L850-5)波组Y主方向基底剪力时程曲线

图 6.3-15　代表性波组X、Y主方向基底剪力时程曲线

由图 6.3-15、表 6.3-9 可知，7 组地震波作用下结构在X、Y两个方向的基底剪力最大值分别为 $1.55 \times 10^5 kN$ 和 $1.74 \times 10^5 kN$，对应的剪重比分别为9.2%和10.3%，均满足规范要求。

（2）楼层位移

(L196)/(L197)组地震波作用下结构的整体变形形状及位移云图见图 6.3-16，典型波组位移计算结果图见图 6.3-17。

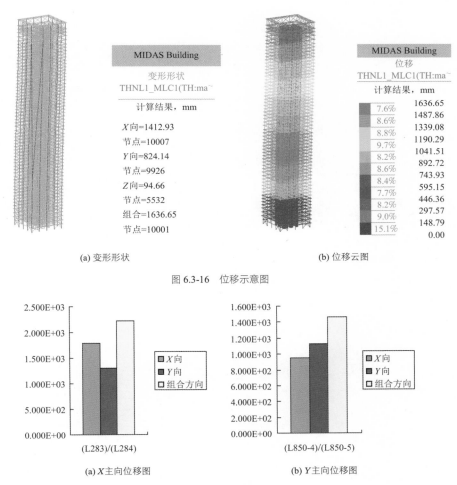

(a) 变形形状　　　　　　　　　　　(b) 位移云图

图 6.3-16　位移示意图

(a) X主向位移图　　　　　　　　　　(b) Y主向位移图

图 6.3-17　典型波组位移结果图

分析结果表明：在(L196)/(L197)组地震波作用下，节点 10007 在X向变形为 $1.412 \times 10^3 mm$，节点 9926 在Y向变形为 $8.24 \times 10^2 mm$，节点 10001 在组合方向变形为 $1.636 \times 10^3 mm$。结合其余波组计算结果整体

来看，在地震波作用下，结构位移云图表明结构变形连续均匀，未出现变形或位移突变，结构整体竖向布置合理。

每组地震波对应的结构最大顶点位移见表 6.3-10。

结构最大顶点位移　　　　　　　　　　　　　　表 6.3-10

地震波组	主方向	方向	U/m	U/H
(L196)/(L197)	X	X	1.387	1/194
		Y	1.040	1/259
	Y	X	1.178	1/229
		Y	0.922	1/292
(L283)/(L284)	X	X	1.716	1/157
		Y	1.362	1/198
	Y	X	1.516	1/178
		Y	1.356	1/199
(L334)/(L335)	X	X	1.579	1/170
		Y	1.460	1/184
	Y	X	1.499	1/180
		Y	2.066	1/130
(L397)/(L398)	X	X	1.473	1/183
		Y	0.736	1/366
	Y	X	1.270	1/212
		Y	1.046	1/258
(L850-1)/(L850-2)	X	X	0.861	1/313
		Y	1.080	1/250
	Y	X	0.980	1/275
		Y	1.197	1/225
(L850-4)/(L850-5)	X	X	1.019	1/264
		Y	0.825	1/327
	Y	X	0.904	1/298
		Y	1.049	1/257
(L2623)/(L2625)	X	X	1.067	1/253
		Y	1.520	1/177
	Y	X	1.046	1/258
		Y	1.945	1/138

由表 6.3-10 可见，7 组地震波作用下结构在 X、Y 两个方向的顶点最大位移分别为 1.716m、2.066m，分别为结构总高度的 1/157、1/130，满足规范要求。

（3）楼层层间位移角响应

每组地震波作用下结构的最大层间位移角及其对应的楼层号见表 6.3-11，典型波组层间位移角曲线见图 6.3-18、图 6.3-19。

结构的最大层间位移角　　　　　　　　　　　　表 6.3-11

地震波组	主方向	方向	位移角	层号
(L196)/(L197)	X	X	1/143	34～36
		Y	1/176	36～38
	Y	X	1/168	35～36
		Y	1/203	36～38
(L283)/(L284)	X	X	1/109	35～38
		Y	1/145	35～36
	Y	X	1/128	36～37
		Y	1/144	36～37

地震波组	主方向	方向	位移角	层号
(L334)/(L335)	X	X	1/113	20～23
		Y	1/128	35～38
	Y	X	1/133	21～22
		Y	1/104	35～38
(L397)/(L398)	X	X	1/135	20～22
		Y	1/296	22～23
	Y	X	1/158	21～22；35～36
		Y	1/182	36～37
(L850-1)/(L850-2)	X	X	1/175	20～21
		Y	1/180	37
	Y	X	1/202	20～21
		Y	1/163	36～38
(L850-4)/(L850-5)	X	X	1/172	19
		Y	1/245	37～38
	Y	X	1/204	15
		Y	1/188	20～21
(L2623)/(L2625)	X	X	1/159	21～22
		Y	1/128	35～37
	Y	X	1/184	21～22
		Y	1/106	36

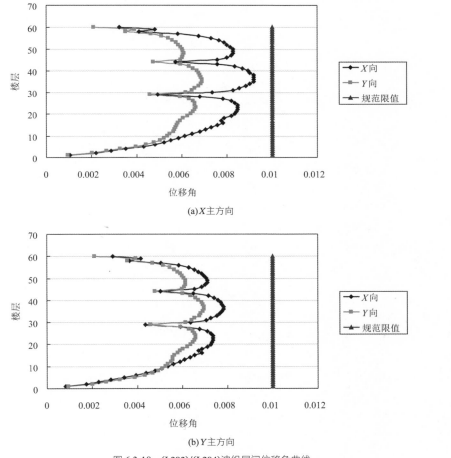

(a) X 主方向

(b) Y 主方向

图 6.3-18　(L283)/(L284)波组层间位移角曲线

结构丧失稳定以致倒塌，通常是由于重力作用在有过大侧向变形后结构的几何形态所引起的，这种效应被广泛称为"P-Δ"效应。因此，达到防倒塌设计目标的中心思想，是将结构的最大总弹塑性变形控制在规范规定的限值以内。因此相关规范规定了层间弹塑性位移角限值。

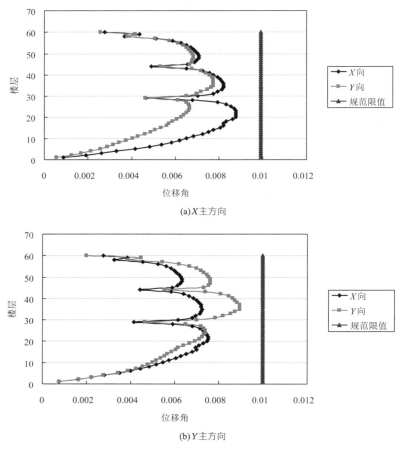

(a) X 主方向

(b) Y 主方向

图 6.3-19 (L334)/(L335)波组层间位移角曲线

由图 6.3-18、图 6.3-19 和表 6.3-11 中可以看到，结构在 X 向的最大层间位移角为 1/109（第 35～38 层）；Y 向最大层间位移角为 1/104（第 35～38 层）。最大值均满足《建筑抗震设计规范》GB 50011-2010 小于 1/100 的规定。由层间位移角曲线可以看出，第 29、44 层由于布置了伸臂桁架，该层侧向刚度较大，层间位移有明显的减小趋势；整个结构未出现明显的薄弱层。同时，外伸桁架的设置显著增强了结构的抗侧移能力。

（4）各地震波组作用下墙铰状态分析

各地震波组作用下墙铰状态分析中，分别就剪力墙混凝土不同时刻的应变等级变化、延性系数（分量 ε_z）变化、应力（分量 σ_z）变化、应变（分量 ε_z）变化情况进行分析，掌握各地震波组作用下核心筒相关性能。

图 6.3-20 以地震波(L196)/(L197)作用 X 主向下混凝土剪力墙不同时刻的应变等级变化情况为例。由图中相关数据可见，对应分量 ε_x、γ_{xz} 在地震波整个持时中应变等级均处于 1 级和 2 级之间，即墙混凝土均处于弹性。对应分量 ε_z 在地震波持时 3s 内应变等级均处于 1 级和 2 级之间，即墙混凝土均处于弹性；5s 时刻，99.9%应变等级均处于 1 级和 2 级之间，0.1%应变等级均处于 2 级和 3 级之间；10s 时刻，98.8%应变等级均处于 1 级和 2 级之间，1.2%应变等级均处于 2 级和 3 级之间，即墙混凝土仍均处于弹性；20s 时刻，96.6%应变等级均处于 1 级和 2 级之间，3.3%应变等级均处于 2 级和 3 级之间，0.1%应变等级均处于 3 级和 4 级之间，表明底部少量混凝土进入塑性；30s、40s 时刻，96.3%应变等级均处于 1 级和 2 级之间，3.6%应变等级均处于 2 级和 3 级之间，0.1%应变等级均处于 3 级和 4 级之间，表明塑性没有进一步扩展。

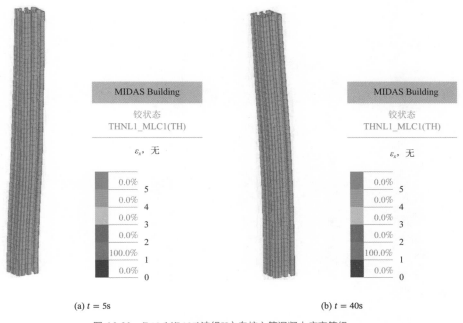

(a) $t = 5s$ (b) $t = 40s$

图 6.3-20　(L196)/(L197)波组X主向核心筒混凝土应变等级

图 6.3-21 以地震波(L196)/(L197)作用X主向下剪力墙混凝土不同时刻的延性系数（分量ε_z）变化情况为例。由图中相关数据可见，0.1s 时刻，混凝土延性系数均小于 1，延性系数最大值 0.10512；1s 时刻，延性系数最大值 0.16954；3s 时刻，延性系数最大值 0.36754；5s 时刻，延性系数最大值 0.52783；10s 时刻，延性系数最大值 0.74585；20s 时刻，延性系数最大值 0.86521；30s 时刻，延性系数最大值 0.96125；40s 时刻，延性系数最大值维持不变，88%混凝土延性系数小于 0.38498。

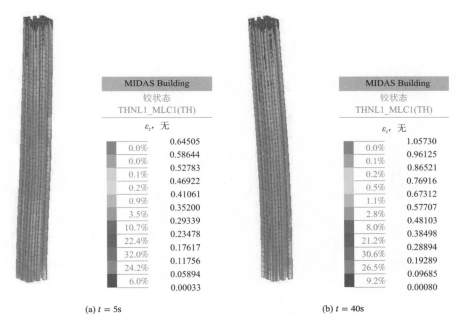

(a) $t = 5s$ (b) $t = 40s$

图 6.3-21　(L196)/(L197)波组X主向核心筒混凝土延性系数（分量ε_z）

图 6.3-22 给出了地震波(L196)/(L197)作用X主向下剪力墙混凝土不同时刻的应力（分量σ_z）变化情况。由上述数据可见，0.1s 时刻，应力最大值$-7.7247N/mm^2$；1s 时刻，应力最大值$-8.4099N/mm^2$；3s 时刻，应力最大值$-11.9748N/mm^2$；5s 时刻，应力最大值$-21.5047N/mm^2$；10s 时刻，应力最大值$-28.6074N/mm^2$；20s 时刻，应力最大值$-22.9488N/mm^2$，83%的混凝土应力小于$-8.3450N/mm^2$；30s 时

刻，应力最大值−15.1350N/mm²；40s 时刻，应力最大值−16.6326N/mm²。

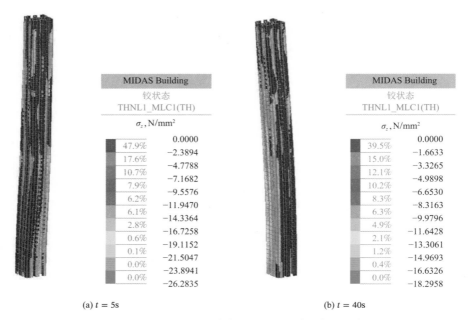

(a) t = 5s   (b) t = 40s

图 6.3-22   (L196)/(L197)波组X主向核心筒混凝土应力（分量σ_z）

图 6.3-23 给出了地震波(L196)/(L197)作用X主向下剪力墙混凝土不同时刻的应变（分量ε_z）变化情况。由上述数据可见，0.1s 时刻，应变值介于−0.00021～0.00009；1s 时刻，应变值介于−0.00026～0.00014；3s 时刻，应变值介于−0.00041～0.00026；5s 时刻，应变值介于−0.00071～0.00087；10s 时刻，应变值介于−0.00096～0.00097；20s 时刻，应变值介于−0.00112～0.00084；30s 时刻，应变值介于−0.00063～0.00046；40s 时刻，应变值介于−0.00061～0.00048。

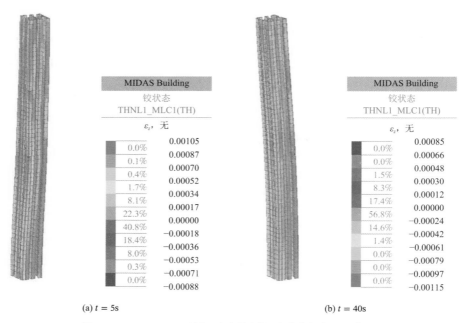

(a) t = 5s   (b) t = 40s

图 6.3-23   (L196)/(L197)波组X主向核心筒混凝土应变（分量ε_z）

综合各地震波组作用下核心筒性能，通过对混凝土的应变等级、延性系数、应力及应变等相关指标进行分析，主要受力墙肢塑性发展较轻，95%以上构件处于弹性，未出现丧失承载力的现象。

图 6.3-24 给出了地震波(L196)/(L197)作用X主向下剪力墙中钢筋在不同时刻的应变等级变化情况。

经典回眸 中国建筑西北设计研究院有限公司篇

由上述数据可见，对应分量ε_x在地震波整个持时中应变等级均处于 1 级和 2 级之间，即钢筋均处于弹性。对应分量ε_z在地震波持时 10s 内应变等级均处于 1 级和 2 级之间，即钢筋处于弹性；10s 时刻，99.9% 应变等级处于 1 级和 2 级之间，0.1% 应变等级处于 2 级和 3 级之间；20s 时刻，99.6% 应变等级处于 1 级和 2 级之间，0.4% 应变等级处于 2 级和 3 级之间，即部分钢筋进入屈服强化阶段；30s、40s 时刻，99.5% 应变等级处于 1 级和 2 级之间，0.5% 应变等级处于 2 级和 3 级之间。

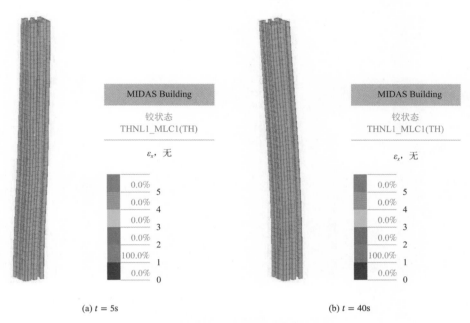

(a) $t = 5s$ (b) $t = 40s$

图 6.3-24　(L196)/(L197)波组核心筒钢筋应变等级

图 6.3-25 给出了地震波(L196)/(L197)作用X主向下剪力墙中钢筋在不同时刻的延性系数（分量ε_z）变化情况。该组地震波作用下，0.1s 时刻，延性系数最小值 0.00006，最大值 0.18922；1s 时刻，延性系数最小值 0.00012，最大值 0.26156；3s 时刻，延性系数最小值 0.00065，最大值 0.49617；5s 时刻，延性系数最小值 0.00103，最大值 0.65737；10s 时刻，延性系数最小值 0.00134，最大值 0.77236；20s、30s、40s 时刻，延性系数最小值 0.00135，最大值 0.84956。

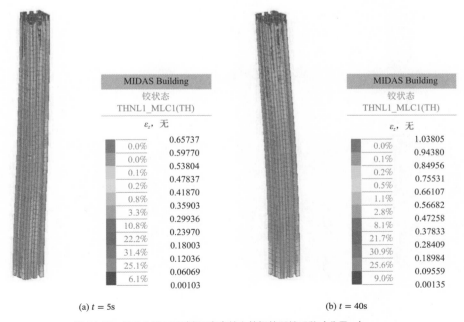

(a) $t = 5s$ (b) $t = 40s$

图 6.3-25　(L196)/(L197)波组X主向核心筒钢筋延性系数（分量ε_z）

图 6.3-26 给出地震波(L196)/(L197)作用X主向下剪力墙中钢筋在不同时刻的应力（分量σ_z）变化情况。由上述数据可见，0.1s、1s、3s 时刻，墙体钢筋应力均维持在较低水平，其最大应力接近-82N/mm^2；5s 时刻，墙体钢筋应力介于$-141.638 \sim 174.284\text{N/mm}^2$；10s 时刻，墙体钢筋应力介于$-192.338 \sim 194.578\text{N/mm}^2$；20s 时刻，墙体钢筋应力介于$-224.302 \sim 168.481\text{N/mm}^2$；30s 时刻，墙体钢筋应力介于$-126.578 \sim 92.367\text{N/mm}^2$；40s 时刻，墙体钢筋应力介于$-121.204 \sim 96.521\text{N/mm}^2$。

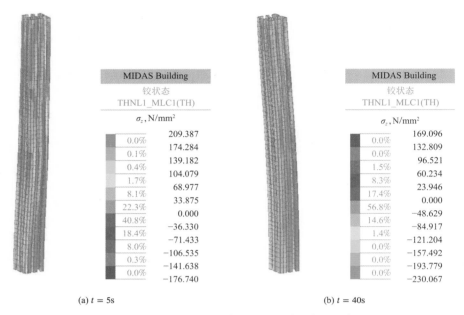

(a) $t = 5\text{s}$ (b) $t = 40\text{s}$

图 6.3-26 (L196)/(L197)波组X主向核心筒钢筋应力（分量σ_z）

图 6.3-27 给出地震波(L196)/(L197)作用X主向下剪力墙中钢筋在不同时刻的应变（分量ε_z）变化情况。由上述数据可见，0.1s、1s、3s 时刻，墙体钢筋应变均维持在较低水平，其应变介于$-0.00041 \sim 0.00026$；5s 时刻，应变介于$-0.00071 \sim 0.00087$；10s 时刻，应变介于$-0.00096 \sim 0.00097$；20s 时刻，应变介于$-0.00112 \sim 0.00084$，88%墙体钢筋应变介于$-0.00034 \sim 0.0000$；30s 时刻，应变介于$-0.00063 \sim 0.00046$，90%墙体钢筋应变介于$-0.00039 \sim 0.0000$；40s 时刻，应变介于$-0.00061 \sim 0.00048$。

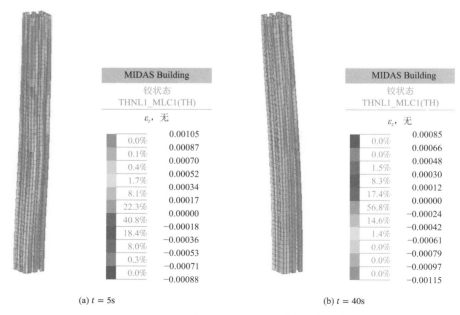

(a) $t = 5\text{s}$ (b) $t = 40\text{s}$

图 6.3-27 (L196)/(L197)波组框架X主向钢筋应变（分量ε_z）

综合各地震波组作用下核心筒性能，通过对钢筋的应变等级、延性系数、应力及应变等相关指标进行分析，结果表明：墙体钢筋应力、应变除墙体底部和加强层区域外变化均匀，且在大震作用下90%以上钢筋处于弹性。通过对核心筒剪力墙混凝土和钢筋的应变等级、延性系数、应力及应变等相关指标进行综合分析，结果表明：整体剪力墙混凝土塑性发展较轻，个别部位应变等级、延性系数、应力及应变指标变化较大，主要集中在两个部位：（1）墙体底部；（2）加强层区域。这是由于混凝土抗拉强度较低，在这些应力集中的位置较容易出现受拉开裂，但其中所配钢筋应力、应变水平并不太高，墙体中90%以上钢筋均未进入塑性。各组地震波作用下剪力墙结构整体工作性能良好。

为了保证达到防倒塌的抗震设计目标，一方面限制结构的最大弹塑性层间位移角，另一方面，将核心筒构件的相关性能指标如应变等级、延性系数、应力及应变等指标限制在可接受的限值以内，以保证结构构件在地震过程中仍有能力承受重力以及保证地震结束后结构仍有能力承受作用在结构的重力荷载。通过相关指标分析，结果表明，本结构剪力墙在大震下性能良好，具有足够的刚度和强度。

（5）各地震波组作用下框架子结构铰状态分析

图 6.3-28 给出了地震波(L196)/(L197)作用X主向下外框子结构不同时刻的延性系数变化情况，给出了截面曲率延性系数，即总变形和屈服时的曲率比值。该组地震波作用下，0.1s 时刻，延性系数最小值 0.00002，最大值 0.12957，80%的铰延性系数小于 0.024；1s 时刻，延性系数最小值 0.00019，最大值 0.18871，75%的铰延性系数小于 0.035；2s 时刻，延性系数最小值 0.00044，最大值 0.27470，75%的铰延性系数小于 0.051；3s 时刻，延性系数最小值 0.00074，最大值 0.35390，75%的铰延性系数小于 0.065；5s 时刻，延性系数最小值 0.00165，最大值 0.79723，75%的铰延性系数小于 0.146，0.1%的铰延性系数介于 0.72491～0.79723；10s 时刻，延性系数最小值 0.00215，最大值 0.79723，65%的铰延性系数小于 0.146，0.4%的铰延性系数等于介于 0.72495～0.79723；20s 时刻，延性系数最小值 0.00322，最大值 0.79723，65%的铰延性系数小于 0.147，0.4%的铰延性系数介于 0.72505～0.79723；30s 时刻，延性系数最小值 0.00322，最大值 0.79723，65%的铰延性系数小于 0.147，0.4%的铰延性系数介于 0.72505～0.79723；40s 时刻，延性系数最小值 0.00322，最大值 0.79723，65%的铰延性系数小于 0.147，0.4%的铰延性系数介于 0.72505～0.79723。

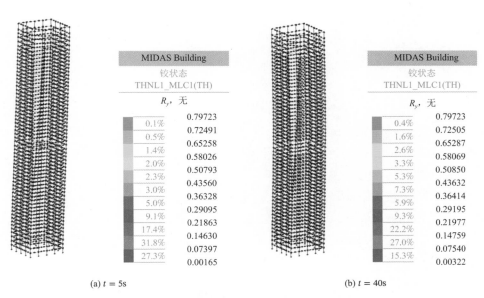

(a) $t = 5s$ (b) $t = 40s$

图 6.3-28 （L196)/(L197)波组框架X主向梁、柱延性系数

依据各组地震波作用X、Y主向下外框子结构不同时刻的延性系数变化情况可见，外框子结构延性良好，变形均匀，各铰曲率变化绝大部分仍在铰屈服曲率限值以内，仅约1.6%的铰延性系数大于铰屈服曲率限值，整体来看子结构延性仍有发展空间。

图 6.3-29 给出了地震波(L196)/(L197)作用X主向下连梁不同时刻的延性系数变化情况，给出了截面曲率延性系数，即总变形和屈服时的曲率比值。该组地震波作用下，0.1s 时刻，延性系数最小值 0.00085，最大值 0.46901，90%的铰延性系数小于 0.0434；1s 时刻，延性系数最小值 0.02770，最大值 2.10656，80%的铰延性系数小于 0.406，3.8%的铰延性系数介于 0.97264～2.10656；3s 时刻，延性系数最小值 0.06667，最大值 8.10077，33%的铰延性系数小于 0.79704，34%的铰延性系数介于 1.52742～8.10077；5s 时刻，延性系数最小值 0.21712，最大值 8.52327，5%的铰延性系数小于 0.97222，72%的铰延性系数介于 1.72733～8.52327；10s 时刻，延性系数最小值 0.25081，最大值 8.86420，3%的铰延性系数小于 1.03384，88%的铰延性系数介于 1.81688～8.86420；20s 时刻，延性系数最小值 0.36846，最大值 8.86420，2.6%的铰延性系数小于 1.14080，91%的铰延性系数介于 1.91314～8.86420；30s 时刻，延性系数最小值 0.36846，最大值 8.86420，2.6%的铰延性系数小于 1.14080，91%的铰延性系数介于 1.91314～8.86420；40s 时刻，延性系数最小值 0.36846，最大值 8.86420，2.6%的铰延性系数小于 1.14080，91%的铰延性系数介于 1.91314～8.86420。

依据各组地震波作用X、Y主向下连梁不同时刻的延性系数变化情况可见，连梁在地震作用下相继进入屈服，90%以上连梁铰出现塑性，该组地震波作用下，后 20s 趋于稳定。该种破坏模式符合抗震概念设计，有利于结构整体耗能。

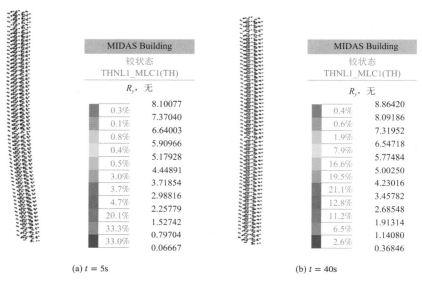

(a) t = 5s　　　　　　　　　　　　　　　　(b) t = 40s

图 6.3-29　(L196)/(L197)波组框架X主向连梁延性系数

图 6.3-30 给出了地震波(L196)/(L197)作用X主向下外框子结构不同时刻的塑性变形情况，由图中相关数据可见，外框子结构在该组地震波作用下均处于弹性受力状态，未出现塑性变形。对于各组地震波作用X主向下框架梁、柱塑性变形变化情况，仅在地震波(L283)/(L284)和(L334)/(L335)两组波分别作用下出现少量塑性变形，且占总铰数小于 0.5%，其余各波组均未出现塑性变形；对于各组地震波作用Y主向下框架梁、柱塑性变形变化情况，仅在地震波(L334)/(L335)和(L2623)/(L2625)两组波分别作用下出现少量塑性变形，且占总铰数小于 0.5%，其余各波组均未出现塑性变形。可见，外框结构在各组地震波作用X、Y主向下外框子结构不同时刻的塑性变形情况相似，塑性变形数值和变形范围较小，外框结构可以担当第 2 道防线的作用。

图 6.3-31 给出了地震波(L196)/(L197)作用X主向下连梁不同时刻的塑性变形的变化情况。该组地震波作用下，0.1s 时刻，塑性变形值介于−0.00023～0.00022，其中 92%的铰塑性变形介于−0.00002～0.00000；1s 时刻，塑性变形值介于−0.00144～0.00130，其中 43%的铰塑性变形介于−0.00020～0.00000；3s 时刻，塑性变形值介于−0.00429～0.00343，其中 53%的铰塑性变形介于−0.00149～0.00000；5s 时刻，

塑性变形值介于−0.00944～0.00689，其中40%的铰塑性变形介于−0.00350～0.00000；10s时刻，塑性变形值介于−0.00593～0.00538，其中38%的铰塑性变形介于−0.00182～0.00000；20s时刻，塑性变形值介于−0.00298～0.00191，其中58%的铰塑性变形介于−0.00120～0.00000；30s时刻，塑性变形值介于−0.00371～0.00206，其中55%的铰塑性变形介于−0.00109～0.00000；40s时刻，塑性变形值介于−0.00164～0.00060，其中67%的铰塑性变形介于−0.00042～0.00000。

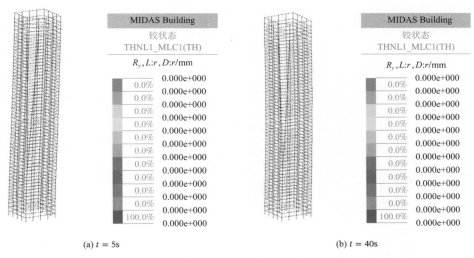

(a) $t = 5\text{s}$　　　　　　　　　　　　　　(b) $t = 40\text{s}$

图 6.3-30　(L196)/(L197)波组框架X主向框架梁、柱塑性变形

依据各组地震波作用X、Y主向下连梁不同时刻的塑性变形的变化情况可见，连梁在地震作用下相继进入屈服，铰的塑性变形有逐步增大趋势，到时程后期，塑性变形趋于缓和。

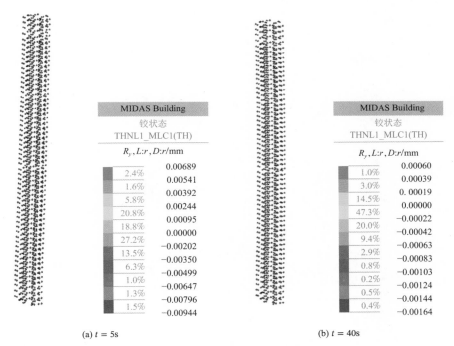

(a) $t = 5\text{s}$　　　　　　　　　　　　　　(b) $t = 40\text{s}$

图 6.3-31　(L196)/(L197)波组框架X主向连梁塑性变形

图 6.3-32 给出了地震波(L196)/(L197)作用X主向下外框子结构不同时刻的屈服状态变化情况。由图中相关数据可见，外框子结构在该组地震波作用下均处于弹性受力状态，未进入屈服状态。其他各波组X、Y主向作用下屈服状态变化情况与塑性变形指标表现一致，进一步说明该子结构可以担当第2道防线的作用。

图 6.3-33 给出了地震波(L196)/(L197)作用X主向下连梁不同时刻的屈服状态变化情况。由图中相关数据可见，0.1s 时刻，11.1%连梁进入开裂阶段；1s 时刻，87.9%连梁进入开裂阶段，3.2%连梁进入屈服阶段；3s 时刻，44.3%连梁进入开裂阶段，55.4%连梁进入屈服阶段；5s 时刻，6.4%连梁进入开裂阶段，93.6%连梁进入屈服阶段；10s 时刻，2.7%连梁进入开裂阶段，97.3%连梁进入屈服阶段；20s 时刻，2.0%连梁进入开裂阶段，98.0%连梁进入屈服阶段；30s 时刻，2.0%连梁进入开裂阶段，98.0%连梁进入屈服阶段；40s 时刻，2.0%连梁进入开裂阶段，98.0%连梁进入屈服阶段。

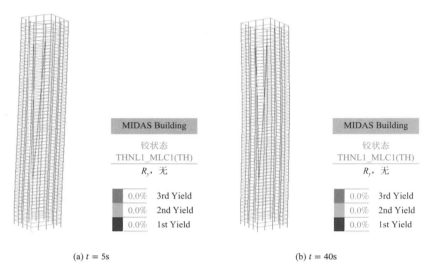

(a) $t = 5s$　　　　　　　　　　(b) $t = 40s$

图 6.3-32　(L196)/(L197)波组框架X主向框架梁、柱屈服状态

依据各组地震波作用X、Y主向下连梁不同时刻的屈服状态的变化情况可见，连梁在地震作用下相继由开裂进入屈服，进入屈服阶段的铰数量不断增加，但并未进入极限状态，可以做到"大震不倒"。

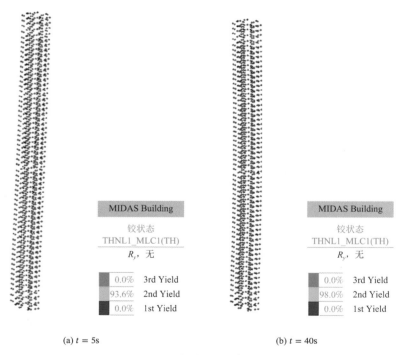

(a) $t = 5s$　　　　　　　　　　(b) $t = 40s$

图 6.3-33　(L196)/(L197)波组框架X主向连梁屈服状态

结合外框结构构件和连梁构件的延性系数、塑性变形、屈服状态等指标分析，对框架结构性能评价如下：

框架钢梁、钢管混凝土柱构成的外框架结构在整个地震过程中，7 条波组作用下，其中 5 组波作用下结构处于弹性状态，2 组波组有构件进入塑性阶段，但占构件铰数小于 2%，同时虽然延性指标显示构件铰变形有逐步增大趋势，但塑性变形及屈服状态指标表明，该子结构在地震时程中 98%构件处于弹性状态，仅个别波组下有不足 2%构件进入塑性。可见框架设计有足够强度和刚度，不会出现较大破坏、甚至倒塌。外框架在大震下的性能良好，可以确保外框"二道设防"的作用。

连梁是整个结构地震作用过程中的较薄弱环节，地震过程中梁的延性系数不断增加，进入屈服状态的构件数量不断增加；到地震后期，仅余 2.0%连梁处在开裂阶段，98.0%连梁进入屈服阶段，但未出现连梁进入极限状态的情况。可见连梁的破坏吸收了部分地震能量，有利于整体结构的抗震和耐震，同时，连梁破坏程度并不严重，未出现大震倒塌情况，最终仍能保证两边墙肢协同受力。

（6）小结

通过对绿地超高层结构进行给定的 7 组罕遇地震波作用下的动力弹塑性时程分析，得到以下结论：

①在完成罕遇地震弹塑性分析后，结构仍保持直立，两个方向的最大层间位移角分别为 1/109 和 1/104，满足《建筑抗震设计规范》GB 50011-2010 小于 1/100 的规定要求，整个地震过程中未出现不可恢复的整体变形，达到"大震不倒"的抗震设防目标。

②主要承重墙墙肢混凝土塑性发展较为轻微，相对连梁塑性发展较晚，塑性区主要出现在加强层附近；墙体中钢筋应力水平均匀，99%以上钢筋处于弹性，仅墙体底部和加强层区域局部出现少量钢筋进入屈服，剪力墙筒体整体抗震性能良好。

③桁架在整个地震中保持弹性，且应力水平较低。

④该结构符合现行规范"二道设防"的指导思想，避免在高烈度区抗震设防防线过于单一，防止结构进入弹塑性阶段后突然局部坍塌或整体倒塌。

⑤钢框架柱（钢管混凝土柱）在整个地震过程中均处弹性，未出现塑性发展。可见钢管混凝土柱在大震下性能良好。

⑥框架钢梁在地震作用下 98%构件处于弹性，仅不足 2%出现塑性铰，表明外框结构具有足够的刚度和强度，可以起到"二道防线"的作用。

⑦塑性区首先出现在连梁，连梁中混凝土出现开裂、屈服，但未达到极限破坏，在地震作用期间起到耗能作用，有利于整体结构抗震、耐震。

⑧为了确保核心筒剪力墙的大震性能，应确保其合理的配筋率，特别是底部加强区和加强层区域适当提高构造措施，使其应变等级不至于太高，延性系数不至于太大，应力、应变在合理范围。

综合以上分析，主楼结构在给定地震波的罕遇地震作用下整体受力性能良好，满足罕遇地震下的抗震性能目标。

6.4 专项设计分析

6.4.1 对建筑立面大切角处采用结构分叉柱节点设计

塔楼在 16 层以上建筑立面造型上有大切角，使得结构外框架角柱在竖向不能贯通。结构在大切角位置上采用分叉柱处理 [图 6.4-1（a）]，既满足建筑立面造型要求，同时保障结构竖向构件传力的连续性。分叉柱处仍采用钢管混凝土。鉴于分叉柱节点处构造及受力的复杂性，同时要满足强节点、弱构件的设计要求，对分叉柱节点用 ABAQUS 软件进行建模分析 [图 6.4-1（b）]。从图中应力分析结果可知，当节点达到极限状态发生屈服时，屈服点出现在杆件根部，分叉节点处并未屈服，从而验证了该节点构造能够满足强节点的要求。

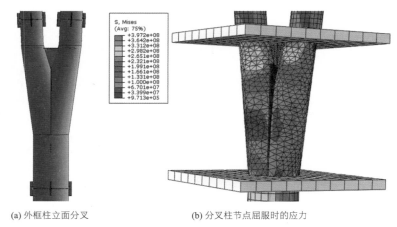

(a) 外框柱立面分叉   (b) 分叉柱节点屈服时的应力

图 6.4-1 分叉柱节点建模与分析

6.4.2 钢管混凝土柱性能设计

框架柱作为重要的竖向承重构件及抗侧力构件，其承载力必须得到保障。因此，本工程塔楼外框柱采用钢管混凝土柱，使其具有很高的承载力及延性，并控制外框柱承载力满足中震下弹性及大震不屈服的设计要求（图以首层柱为例）。本工程钢管混凝土柱设计参照《高层建筑钢-混凝土混合结构设计规程》CECS 230：2008。典型钢管混凝土柱验算结果见图 6.4-2。由图可见，钢管混凝土柱的截面承载力满足中震下弹性及大震不屈服的设计要求。

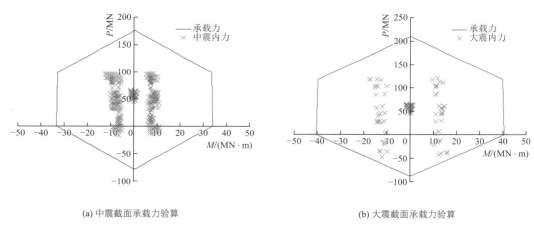

(a) 中震截面承载力验算   (b) 大震截面承载力验算

图 6.4-2 首层钢管混凝土柱压弯、拉弯中震弹性及大震不屈服验算

6.4.3 核心筒剪力墙性能设计

核心筒剪力墙在结构的抗侧力系统中起着至关重要的作用，必须保证其强度、刚度和延性方面的性能。本项目核心筒外墙厚为 400～1250mm。核心筒内部墙体厚度为 200～800mm。为了增强墙肢的抗拉能力，在筒体角部及大洞口边布置型钢，并适当提高剪力墙的配筋率。核心筒剪力墙墙肢为竖向抗侧力构件，对于保持整体结构的刚度和承载能力起着关键作用。为此，对于底部加强区和加强层及上下两层墙体进行性能化设计，按照多遇地震和中震弹性两者的较大值进行构件设计。图 6.4-3 为底部加强区剪力墙肢（W-1）的截面示意图以及压弯、拉弯中震不屈服承载力校核结果。由图可见，该墙肢的截面压弯、拉弯承载力均满足要求。

经典回眸 中国建筑西北设计研究院有限公司篇

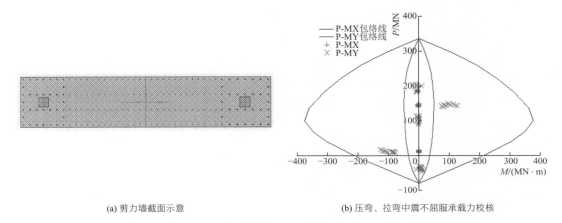

(a) 剪力墙截面示意　　　　　　　(b) 压弯、拉弯中震不屈服承载力校核

图 6.4-3　底部加强区剪力墙肢（W-1）性能化设计

6.4.4　特殊节点构造

1. 钢管混凝土柱脚节点

柱脚节点作为结构整体的一部分，设计中除应实现传力可靠、安全适用外，还需实现构造合理、施工便利等要求。鉴于本项目基础埋深、钢管混凝土柱截面尺寸、基础筏板厚度等因素，本项目钢管混凝土柱柱脚采用外露式刚接柱脚。考虑柱脚的压力、弯矩、剪力的作用较大，为使传到基础上的力分散，需加强底板的抗弯能力，本设计采用带靴梁的构造方案。柱脚底板锚栓按抗弯连接设计，锚栓埋入基础长度不小于其直径的 25 倍，同时锚栓底部和中部设置环形锚板。钢柱底部的剪力主要由底板与混凝土之间的摩擦力传递，依据计算，构造中设置了芯柱抗剪键。钢管混凝土柱脚节点构造做法如图 6.4-4 所示。

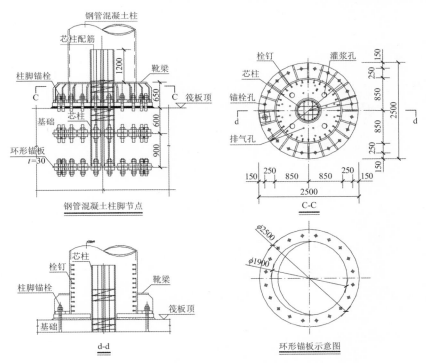

图 6.4-4　钢管混凝土柱脚节点构造

2. 钢筋混凝土梁与钢管混凝土柱连接节点

楼层主梁是塔楼结构体系中重要的一环，它既承受了本层楼盖的重力荷载，又通过框架承担下层楼盖重力荷载。另外由于钢管混凝土柱生根于基础，塔楼地下结构框架梁均采用钢筋混凝土梁，为保证二

者的连接可靠，需制定和设计合理的节点构造。设计中，通过钢筋混凝土梁段设置型钢抗剪键，既便于保证强节点、弱构件的构造要求，又便于框架梁纵筋的连接。对于两排纵筋梁，设计中明确第一排与抗剪键翼缘焊接，保证构造长度，第二排纵筋采用穿孔处理，最大化降低施工难度。同时，对两侧构造纵筋，采用连于柱侧节点板，同时钢筋混凝土梁段底部设置抗裂钢筋网片。典型钢筋混凝土梁与钢管混凝土柱节点构造连接示意如图 6.4-5 所示。

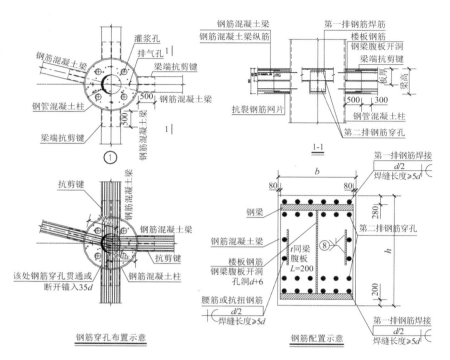

图 6.4-5　钢筋混凝土梁与钢管混凝土柱节点构造

3. 钢梁与钢管混凝土柱连接节点

地上钢框架梁与钢管混凝土柱节点是塔楼结构体系中的重要节点，其连接可靠才能保证框架结构性能的发挥，是实现二道设防的关键。设计中，钢框架梁与钢管混凝土柱节点处采用内加环板的节点形式，钢梁上下翼缘设置加腋，柱节点板内设灌浆孔与排气孔，以保证混凝土浇筑。钢框梁采用悬臂端方式连接，上下翼缘焊接，腹板高强度螺栓连接。典型钢梁与钢管混凝土柱节点构造连接示意如图 6.4-6 所示。

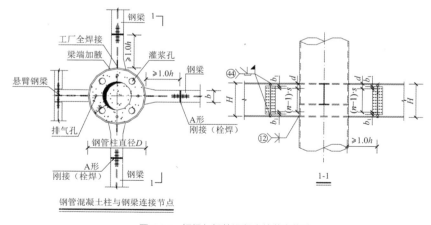

图 6.4-6　钢梁与钢管混凝土柱节点构造

4. 钢梁与钢筋混凝土核心筒连接节点

钢梁与钢筋混凝土核心筒连接节点是楼层径向主梁受力的关键性节点，它既承受了本层楼盖的重力荷载，又通过径向主梁与钢筋混凝土核心筒直接连接。径向主梁承载后如何有效可靠地传递至核心筒剪力墙，是设计中需要着重关注并解决的重要问题。设计中，在核心筒外围墙体及与径向主梁对位的内部墙体中均设置了预埋件。与墙连接节点分两种形式，一种是刚接，一种是铰接。两种节点对应预埋件设置连接板，连接板上设置长圆孔，以便钢梁连接。铰接梁端采用高强度螺栓进行腹板连接，对于刚接节点，除腹板高强度螺栓连接，上下翼缘采用坡口熔透焊连接。典型钢梁与核心筒墙体刚、铰接节点构造连接示意如图 6.4-7、图 6.4-8 所示。

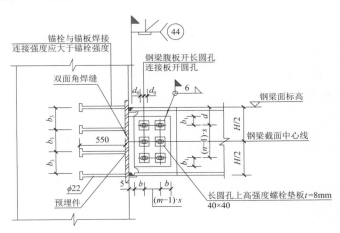

图 6.4-7　钢梁与核心筒墙体刚接节点构造

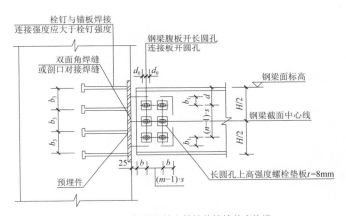

图 6.4-8　钢梁与核心筒墙体铰接节点构造

6.5　结语

西安绿地中心双子塔超高层是西安地标性建筑，其造型独特、大气、典雅，是西安高新区的一道靓丽风景。设计中结合建筑高度和独特的切角造型，结构体系选用了钢管混凝土框架＋伸臂桁架＋钢筋混凝土核心筒混合结构体系，充分发挥了该结构体系的优良结构性能，并完美实现了建筑的造型效果。

在结构设计过程中，主要完成了以下几方面的创新性工作：

（1）结构抗侧力体系设计与分析

西安绿地中心双子塔建筑高度超限，且地处 8 度区Ⅲ类场地不利场地条件，结构外框柱距大，建筑立面切角，角柱不能竖向贯通，2 道防线作用较弱。结构设计中，通过利用建筑避难层在第 29、44 层外框钢管混凝土柱与核心筒之间设置伸臂桁架，大大提高水平荷载作用下外框架柱承担的轴力，从而增加框架承担的倾覆力矩，同时减小了内核心筒的倾覆力矩，它对结构形成的反弯作用可以有效地增大结构的抗侧刚度。同时，通过时程分析研究了地震作用下各类构件的屈服顺序，确定了内筒外框抗震防线的分布，以及结构体系侧向刚度和塑性耗能的关键构件，合理制定结构构件在不同烈度地震作用下的性能目标。

（2）减隔震技术的应用

鉴于本项目外框架柱的重要性及其延性要求，外框架柱采用抗震性能较好的圆钢管混凝土柱。由于结构外框架柱距达 10.5m，在底部 4 层（层高 5.1m）外框架分担的地震剪力占结构底部总剪力的比值仅为 4%～6%，外框架抗震承载能力较弱。为提高结构外框架的抗震承载能力，在不影响建筑立面效果及使用功能的前提下，在塔楼底部 4 层及地下 1 层外框架四角设置 BRB 屈曲约束支撑，使得外框架作为第 2 道防线的抗震能力大大提高，且底部 4 层外框架承担地震剪力的比值提高到 20% 以上，满足规范的要求。

（3）关键构件性能化设计

由于塔楼超限较多，鉴于结构的重要性和地震的不确定性，考虑结构在不同烈度地震下刚度、强度以及延性的要求，对结构不同部位关键构件制定相应的性能目标，采取性能化设计。

西安绿地中心处于高烈度不利场地，高度超限较多、外框架柱距较大、竖向抗剪承载力突变、核心筒高宽比较大，属于复杂超限结构。通过选用合理的结构形式，适当地加强构造措施，针对不同部位关键构件制定合理的性能目标，并经过多遇地震、设防烈度地震、罕遇地震三个不同水准地震作用下的计算分析，使结构各项指标均比较理想，关键构件能够达到预期的抗震能力，整体设计满足设定的性能目标。该项目已经建成投入使用多年，建筑结构完成度很高，业界评价良好，是钢管混凝土框架 + 伸臂桁架 + 钢筋混凝土核心筒混合结构体系在高烈度区超高层建筑应用中的成功案例。

参考资料

[1] 同济大学. 西安绿地中心超高层建筑群测压风洞试验报告[R]. 2011.

[2] 中国建筑西北设计研究院有限公司. 西安绿地中心项目超限高层建筑抗震设计可行性论证报告[R]. 2012.

[3] 王伟锋，吴琨，车顺利. 西安绿地中心 A 座超高层建筑结构设计[J]. 建筑结构，2014, 44(15): 1-6.

设计团队

项目负责人：秦　峰（绿地 A 座），王　瑜（绿地 B 座）

结构专业团队：吴　琨、车顺利、王伟锋、贾俊明、沈励操、王　景、张　耀

获奖信息

2017 年度陕西省第十九次优秀工程设计奖一等奖

2017 年度陕西省第十九次优秀工程设计专项奖一等奖

2017—2018 年度中国建筑学会建筑设计奖结构专业三等奖

第 7 章

西安迈科商业中心

7.1 工程概况

7.1.1 建筑概况

西安迈科商业中心位于西安高新区创业新大陆 A1、A2 地块，北临锦业路，南临锦业一路，西临丈八二路。项目包括两栋超高层塔楼和裙楼。一栋为 45 层的超高层 5A 级办公楼，结构高度为 207.25m；另一栋为 36 层的超高层五星级酒店，结构高度为 153.85m；两栋塔楼在标高 93.40~106.55m 处相连，连廊共 2 层，连体高度为 13.15m。裙楼共 4 层，结构高度 24m，裙楼和塔楼之间设防震缝。地下室层数为 4 层，地下一层建筑功能为商业、附属用房，地下 2 层~地下 4 层建筑功能为设备用房和停车场。基础埋深约 21m，基础形式为桩筏 + 平板基础。

建筑效果图和立面图如图 7.1-1 所示，建筑典型平面图如图 7.1-2 所示。

(a) 迈科商业中心建筑效果图　　　　(b) 迈科商业中心立面图

图 7.1-1　迈科商业中心建筑效果图和立面图

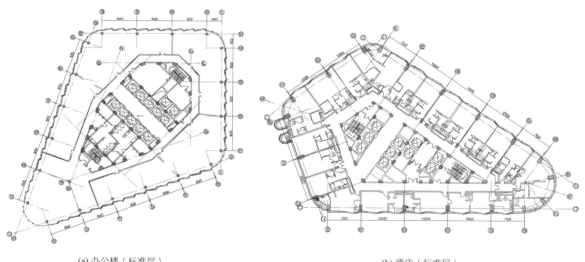

(a) 办公楼（标准层）　　　　(b) 酒店（标准层）

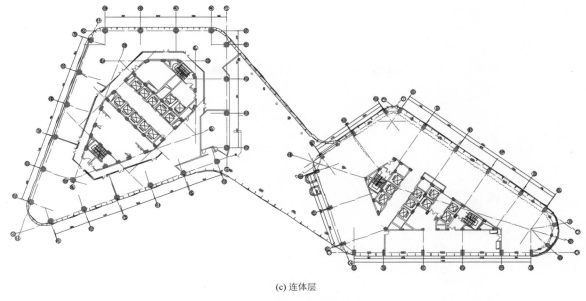

(c) 连体层

图 7.1-2 迈科商业中心典型平面图

7.1.2 设计技术条件

1. 结构设计关键参数

结构设计关键参数见表 7.1-1。

结构设计关键参数表   表 7.1-1

项目		标准
结构设计基准期		50 年
建筑结构安全等级		二级
结构重要性系数		1.0
建筑抗震设防分类		重点类设防类（乙类）
地基基础设计等级		甲级
设计地震动参数	抗震设防烈度	8 度
	设计地震分组	第二组
	场地类别	Ⅱ 类
	小震特征周期/s	0.45
	大震特征周期/s	0.50
	设计基本地震加速度值/g	0.20
建筑结构阻尼比	多遇地震	0.025
	罕遇地震	0.05
水平地震影响系数最大值	多遇地震	0.175（安评）
	设防烈度地震	0.45
	罕遇地震	0.90
地震峰值加速度/（cm/s²）	多遇地震	70

2. 结构抗震设计条件

主塔楼地上部分抗震等级为一级，连体结构及相邻上、下层抗震等级为特一级。采用首层顶板作为上部结构计算模型的嵌固端。

3.风荷载

结构变形验算时，按 50 年一遇取基本风压为 0.35kN/m²，承载力验算时按基本风压的 1.1 倍采用，场地粗糙度类别为 B 类。风荷载体型系数取 1.4。

7.2 建筑特点

7.2.1 建筑连体

该项目是办公楼和酒店塔楼高差 53m，建筑功能完全不同的塔楼在标高 93.4m 处相连（通过 2 层高的连接体连接）形成体型复杂的连体结构。

两塔楼的结构高度相差较大，层数不同，层高也不相同，分别为 4.3m 和 3.7m，且连接体以下两塔楼的层数不同，两者的结构动力特性相差较大。双塔组成连体结构后，在地震作用下相互作用明显，相互牵制和协调变形是结构设计中的难点。

双塔连接在平面上为非对称布置连接，办公塔楼的结构平面强轴与酒店塔楼的结构平面弱轴方向一致，地震作用下两塔楼的振动难以同步，任意方向来的地震作用都会引起明显的扭转效应。另外，连体结构未正对核心筒，偏交两塔楼的一侧，相互作用中会增加各塔楼的扭转反应。

连接体结构要协调两栋动力特性相差很大的塔楼协同变形，而且连接体位于高位，其内力极大且复杂；连接体桁架的结构跨度也较大（38.5m），竖向地震作用明显，结构分析需要考虑竖向地震作用。

7.2.2 通高办公大厅

办公楼和酒店塔楼在一层设置通高大堂，开洞面积占楼层面积约 30%。通透的办公大堂是建筑设计的特点。为了满足此建筑功能，一层部分区域的外框架柱无梁板提供拉接作用，核心筒和外框架在这个部位的整体稳定性较差。

针对通高柱的受力特点，采用性能化设计概念对通高柱进行加强。通过有限元软件的结构整体稳定分析，校核了通高大堂的外框架稳定性，同时通过动力弹塑性分析，验证了通高大堂结构体系的整体稳定性能。

7.3 结构体系与计算分析

7.3.1 结构体系

在初步设计阶段，首先研究了钢框架-混凝土核心筒结构体系。由于办公塔楼结构沿强轴对称布置，但弱轴方向结构非对称布置，酒店塔楼平面双轴均不对称，结构布置很难保证质心与刚心重合，两单塔结构扭转效应明显。为了控制办公楼和酒店塔楼的扭转效应，需要分别在办公塔楼的左下角和酒店塔楼的右下角外框架柱间布置支撑，而设置支撑会影响建筑的通透性和立面效果。

经过方案比选，最终采用钢中心支撑核心筒，即采用钢中心支撑与钢管混凝土柱形成单塔的核心筒。

本工程结构采用钢管混凝土柱框架-钢中心支撑核心筒-钢桁架连体结构体系。其主要优点为：

（1）支撑仅布置在建筑交通核（芯筒）区，对建筑平面功能和外立面效果没有任何影响。

（2）通过在核心筒的不同位置布置不同类型的支撑，且根据结构整体平面的布局来调整支撑在核心筒不同区域的疏密程度，能够很好地对单塔结构的刚度进行调整，减小刚度中心与质量中心的偏离，从而避免单塔的扭转效应。

（3）在两栋塔楼的核心筒区布置矩形钢管混凝土密柱，形成密柱核心筒，在适当位置布置中心钢支撑，来增加结构的抗侧刚度。办公楼和酒店的核心筒典型支撑三维模型如图 7.3-1 所示。支撑全部采用中心支撑布置，并选用中心支撑 + 耗能梁段的耗能机制。中心支撑及其两端的钢管混凝土柱及上下框架梁类似于双肢剪力墙中的剪力墙，耗能梁相当于双肢剪力墙中的连梁，在框架-中心支撑核心筒体系中，耗能梁确定为是双重体系抗震概念的第一道防线。采用钢中心支撑 + 耗能梁跨的设计理念，其耗能效果与偏心支撑类似，但避免了偏心支撑构造复杂和提供的刚度偏小的问题。耗能梁段的设计构造与偏心支撑的耗能梁段的构造要求相同。

（4）通过调整支撑在两个塔楼中的总体分布和支撑的疏密程度，可以实现低塔（酒店）第 1 振型周期尽量与高塔（办公楼）的第 1 振型周期一致，从而减少双塔的相互干扰，降低连接体结构的整体扭转效应。

（5）钢中心支撑核心筒的结构自重较钢筋混凝土核心筒大大减轻，综合考虑钢中心支撑核心筒刚度减小的因素，最终地震作用下的结构底部剪力减小大约 1/3，这对于实现该复杂连体结构所要求的高标准抗震性能目标至关重要。

为充分发挥钢与混凝土两种材料的优势，办公塔楼外框架柱均采用钢管混凝土柱，柱截面由 $\phi1400 \times 25/30$ 逐渐变化到 $\phi800 \times 25$；酒店塔楼外框架柱为配合客房的布局全部采用矩形钢管混凝土柱，柱截面由 □900 × 1400 × 35 逐渐变化到 □500 × 800 × 30。

结构整体三维模型如图 7.3-2 所示；本项目塔楼主要竖向构件和水平构件选型如表 7.3-1 所示。

 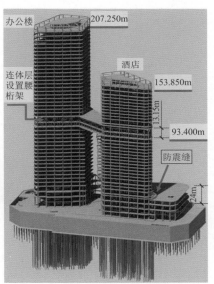

图 7.3-1　核心筒典型支撑三维模型　　　　图 7.3-2　结构整体三维模型

塔楼主楼构件选型　　　　　　　　　　　　　　　　　　表 7.3-1

构件	办公（高塔）	酒店（低塔）
框架柱	圆钢管柱混凝土柱	方钢管柱混凝土柱
核心筒	方钢管柱混凝土柱 + 钢中心支撑	方钢管柱混凝土柱 + 钢中心支撑
外框梁	钢梁	钢梁
楼面体系	采用钢梁 + 压型钢板组合楼盖	采用钢梁 + 压型钢板组合楼盖

1. 办公塔楼结构布置

办公（高塔）楼采用钢框架-中心支撑核心筒结构。核心筒由矩形钢管混凝土柱框架＋钢中心支撑密柱筒组成，外框架柱由圆钢管混凝土柱＋钢框架梁组成，连接核心筒内外框架柱的楼面梁采用刚接连接，其余楼面次梁采用铰接连接。办公塔楼标准层结构平面示意图见图7.3-3。

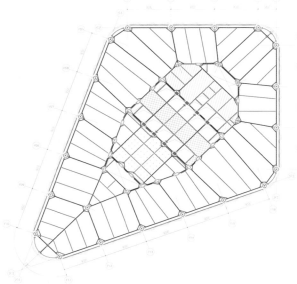

图 7.3-3 办公楼标准层结构平面示意图

2. 酒店塔楼结构布置

酒店（低塔）塔楼的结构体系与办公塔楼的结构体系相同。核心筒由矩形钢管混凝土柱框架＋钢中心支撑密柱筒组成，外框架柱由方钢管混凝土柱＋钢框架梁组成。酒店塔楼标准层结构平面示意图见图7.3-4。

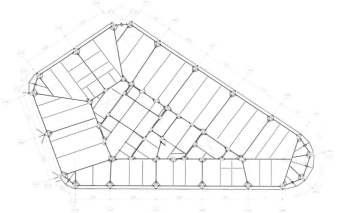

图 7.3-4 酒店标准层结构平面示意图

3. 连接体结构布置

连接体是主体结构中一个重要的组成部分。由于两塔楼高度、层数相差很大，结构的抗侧刚度差别很大。连接体需要协调两塔楼间的变形。

两结构单体主体采用强连接方式。强连接是塔楼之间的连接方式中连接作用最强的一种。它加强了两栋塔楼之间的联系，增强了连接体结构的整体工作性能。

连体层结构底标高为93.400m，连体的最大跨度为38.5m，高度13.15m，共2层。为了实现两塔楼的刚性连接，在此2层的周边柱之间设置2层高的环带腰桁架，连体结构通过两片桁架结构将两塔楼连接在一起，桁架一端伸入支撑筒体内，另一端与环带腰桁架连接。在连桥与塔楼结合处由于建筑有通过要求不能布置斜撑杆，在此区域布置空腹桁架。在连桥底层布置封闭的腰桁架，以加强连接体与塔楼的整体性。连体层结构平面图见图7.3-5。

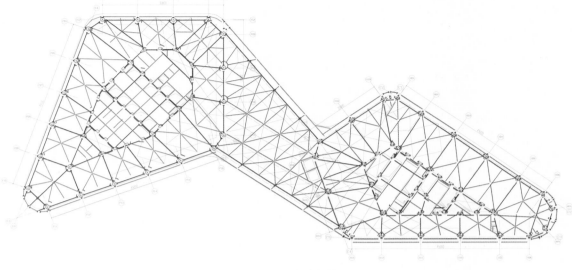

图 7.3-5 连体层结构平面图

7.3.2 主要构件尺寸及结构三维透视图

各塔楼结构自下至上，主要柱截面尺寸沿高度变化见表 7.3-2。结构三维透视图见图 7.3-6。

结构主要构件尺寸（单位：mm）　　　　　　　　　　　　　　表 7.3-2

办公			酒店			
层号	核心筒框架柱	外框架柱截面直径	层号	核心筒框架柱	外框架柱截面长度	外框架柱截面宽度
F01-06	800×1300	1400	F01-07	500×800	1300	900
F06-16	700×1100	1200	F08-09	500×700	1100	700
F16-25	600×1000	1100	F10-19	500×600	1000	600
F25-37	600×800	900	F20-25	500×600	800	600
F37-屋面	500×800	800	F25-屋面	450×600	800	500

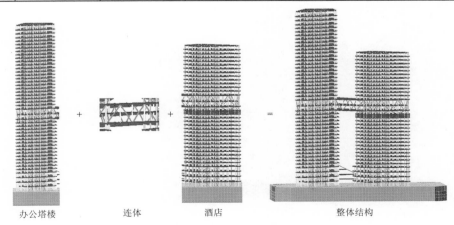

办公塔楼　　　　连体　　　　酒店　　　　整体结构

图 7.3-6 结构三维透视图

7.3.3 性能目标

1. 超限情况说明

本项目结构采用钢管混凝土柱框架-钢中心支撑核心筒-钢桁架连体结构。同时具有表 7.3-3 所列 3 项及 3 项以上不规则的高层建筑，属于超限高层建筑。由表可见，有 4 项超限。

整体模型不规则项目汇总（1）　　　　　　　　　　　　　　　　　　　表 7.3-3

	不规则类型	含义	现值	是否超限
1a	扭转不规则	考虑偶然偏心的扭转位移比大于 1.2	1.30	超限
1b	偏心布置	偏心率大于 0.15 或相邻层的质心相差较大	0.2251	超限
2a	凹凸不规则	平面凹凸尺寸大于相应边长 30%等	无	不超限
2b	组合平面	细腰形或角部重叠形	无	不超限
3	楼板不连续	有效宽度小于 50%，开洞面积大于 30%，错层大于梁高	无	不超限
4a	刚度突变	相邻层刚度变化大于 70%或连续三层变化大于 80%	有	超限
4b	尺寸突变	缩进大于 25%，外挑大于 10%和 4m，多塔	有	超限
5	构件间断	上下墙、柱、支撑不连续，含加强层	无	不超限
6	承载力突变	相邻层受剪承载力变化大于 75%（B 级高度）	有	超限
7	其他不规则	如局部穿层柱、斜柱、夹层、个别构件错层或转换	有	超限
	a，b 项计一项		4 项超限	

具有表 7.3-4 所列某一项不规则的高层建筑，属于超限高层建筑。由表可见，该结构有 1 项超限，即该结构为连体结构。

整体模型不规则项目汇总（2）　　　　　　　　　　　　　　　　　　　表 7.3-4

	不规则类型	含义	现值	是否超限
1	扭转偏大	不含裙楼的楼层扭转位移比大于 1.4	1.29	不超限
2	扭转刚度弱	扭转周期比大于 0.85（B 级高度）	0.421	不超限
3	层刚度偏小	本层侧向刚度小于相邻上层的 50%	无	不超限
4	高位转换	框支转换构件位置：7 度超过 5 层，8 度超过 3 层	无	不超限
5	厚板转换	7~9 度设防的厚板转换结构	无	不超限
6	塔楼偏置	单塔或多塔与大底盘的质心偏心距大于底盘相应边长的 20%	无	不超限
7	复杂连接	各部分层数、刚度、布置不同的错层或连体结构	有	超限
8	多重复杂	结构同时具有转换层、加强层、错层、连体和多塔类型的 3 种以上	无	不超限
结论			1 项超限	

2. 抗震性能目标

由于结构超限较多，鉴于结构的重要性和地震的不确定性，考虑结构在不同烈度地震下刚度、强度以及延性的要求，对结构不同部位关键构件制定相应的性能目标，采取性能化设计。具体结构性能目标见表 7.3-5。由表可见，该塔楼结构的抗震性能目标为 C 级，即在多遇地震、设防烈度地震、罕遇地震作用下，该塔楼结构应分别满足不同性能水准要求。

结构性能目标 表 7.3-5

构件			构件分类	小震	中震	大震
柱	底部加强区	外框架柱	关键构件	弹性	不屈服	屈服，弹塑性层间位移角满足不大于 1/50
		核心筒框架柱	关键构件	弹性	弹性	
	非底部加强区	外框架柱	普通构件	弹性	不屈服	屈服，弹塑性层间位移角满足不大于 1/50
		核心筒框架柱	普通构件	弹性	不屈服	
	支承连桥桁架的柱		关键构件	弹性	弹性	不屈服
斜撑	底部加强区、连体及其上下各一层		关键构件	弹性	不屈服	屈服
	除以上加强部位的一般部位		普通构件	弹性	不屈服	屈服
连接体	连接桁架		关键构件	弹性	弹性	不屈服
	水平支撑		关键构件	弹性	弹性	屈服
加强层	腰桁架		关键构件	弹性	弹性	屈服
	核心筒内耗能梁		耗能构件	弹性	屈服	屈服
	框架梁		耗能构件	弹性	屈服	屈服

7.3.4 结构分析

1. 小震弹性计算分析（双塔模型）

采用 SATWE 和 MIDAS Gen 分别计算，计算模型的振型数取为 51 个，周期折减系数取 0.9。双塔楼结构计算结果见表 7.3-6～表 7.3-9。由表可见，两种软件计算的结构总质量、振动模态、周期、基底剪力、层间位移角、位移比等均基本一致，可以判断模型的分析结果准确、可信；结构第 1 扭转周期与第 1 平动周期比值为 0.426，表明连体结构中抗扭刚度很强。

总质量与周期计算结果（双塔连体） 表 7.3-6

周期		SATWE	MIDAS Gen	SATWE/MIDAS Gen	说明
恒荷载 + 0.5 活荷载		161574	175486	94.12%	
周期/s	T_1	4.960	4.989	99%	Y 平动
	T_2	4.481	4.525	99%	X 平动
	T_3	4.213	2.267	186%	高阶振型
	T_4	2.114	2.175	97%	扭转振型
	T_5	2.094	2.076	101%	高阶振型
	T_6	1.665	1.455	114%	高阶振型

基底剪力计算结果 表 7.3-7

荷载工况	SATWE/kN	MIDAS Gen/kN	SATWE/MIDAS Gen	说明
SX	42478	52060	81%	X 向地震
SY	40392	46406	87%	Y 向地震

荷载工况	SATWE	MIDAS Gen	SATWE/MIDAS Gen	说明
SX（办公）	1/491	1/501	102%	X向地震
SY（办公）	1/367	1/396	108%	Y向地震
WIND-X（办公）	1/1045	1/1010	97%	X向风荷载
WIND-Y（办公）	1/936	1/909	97%	Y向风荷载
SX（酒店）	1/470	1/601	128%	X向地震
SY（酒店）	1/611	1/587	96%	Y向地震
WIND-X（酒店）	1/1287	1/1241	96%	X向风荷载
WIND-Y（酒店）	1/851	1/945	111%	Y向风荷载

最大层间位移与平均层间位移的比值计算结果   表 7.3-9

荷载工况	SATWE	MIDAS Gen	SATWE/MIDAS Gen	说明
SX（办公）	7.12	7.14	98%	X向地震
SX＋（办公）	7.16	7.18	98%	X向偏心＋5%
SX－（办公）	1.08	1.06	102%	X向偏心－5%
SY（办公）	1.08	1.09	99%	X向地震
SY＋（办公）	1.08	7.10	98%	X向偏心＋5%
SY－（办公）	1.20	7.19	101%	X向偏心－5%
SX（酒店）	7.12	7.14	98%	Y向地震
SX＋（酒店）	7.16	7.18	98%	Y向偏心＋5%
SX－（酒店）	1.08	1.06	102%	Y向偏心－5%
SY（酒店）	1.06	1.07	99%	Y向地震
SY＋（酒店）	1.20	7.17	102%	Y向偏心＋5%
SY－（酒店）	7.17	7.15	102%	Y向偏心－5%

    结构前六阶振型图如表 7.3-10 所示。由表可知，由于两塔的高度不一致，且沿整体坐标的结构侧向刚度不同，两塔楼结构的振动表现出一定的相关性；第 1 振型方向大致是 −45°，第 2 振型方向大致是 45°，SATWE 计算结果在 −45° 方向对连桥构件最为不利。同时对各塔楼进行了小震弹性时程补充分析，并按照规范要求，根据小震时程分析结果对反应谱分析结果进行了相应调整。

连体结构前六阶振型图对比   表 7.3-10

	SATWE	MIDAS Gen
第 1 振型	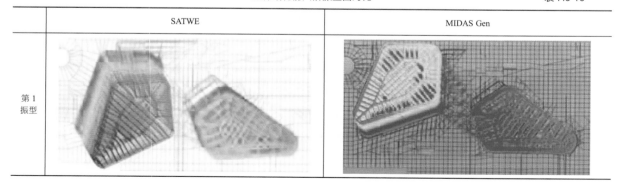	

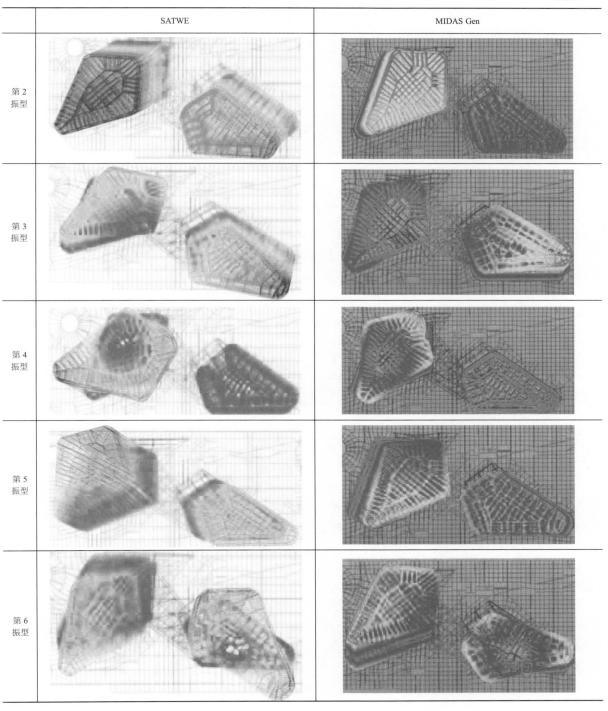

	SATWE	MIDAS Gen
第 2 振型		
第 3 振型		
第 4 振型		
第 5 振型		
第 6 振型		

2．弹性时程分析（双塔连体）

在结构的小震弹性时程分析中选取 7 组地震加速度时程作为输入地震波，其中 2 组为人工波，5 组为天然波。地震波时程分析法与反应谱法分析结果的对比见表 7.3-11。

地震波与反应谱法对比表　　　　　　　　　　　表 7.3-11

地震波	基底剪力及比较	地震作用-X向	地震作用-Y向
人工波 1	基底剪力/kN	40353	40748
	与反应谱法比值	89%	102%

地震波	基底剪力及比较	地震作用-X向	地震作用-Y向
人工波2	基底剪力/kN	48108	51807
	与反应谱法比值	106%	129%
天然波1	基底剪力/kN	37786	41796
	与反应谱法比值	84%	104%
天然波2	基底剪力/kN	50544	47420
	与反应谱法比值	112%	118%
天然波3	基底剪力/kN	45532	45476
	与反应谱法比值	101%	114%
天然波4	基底剪力/kN	51787	46443
	与反应谱法比值	114%	116%
天然波5	基底剪力/kN	46413	47254
	与反应谱法比值	103%	118%
7条时程平均值	基底剪力/kN	45789	45849
	与反应谱法比值	101%	114%
规范反应谱法	基底剪力/kN	45233	40055

由表 7.3-11 可知：7 条地震波时程曲线作用下的基底剪力大于反应谱法的 65%，小于规范反应谱的 135%，其平均值大于反应谱法的 80%，7 条波均满足规范要求。

通过与规范反应谱法计算结果的对比分析，7 条时程波计算结果均满足规范要求，与反应谱法比较在统计意义上相符；通过时程分析可知，其结果与反应谱法分析结果具有一致性和规律性。7 条时程波计算结果的平均值中顶部部分楼层的剪力略大于反应谱法计算的结果，故在构件设计时将塔楼顶部部分小震地震作用放大，以保证地震作用下的结构安全。

3. 小震单塔弹性计算

按照《高规》要求，连体结构宜按双塔连体和分开单塔两种模型计算，并取连体和单塔结构的包络设计。单塔采用 SATWE 和 MIDAS Gen 分别计算，计算模型的振型数取为 42 个，周期折减系数取 0.9。计算结果见表 7.3-12～表 7.3-15。由表可见，两种软件计算的结构总质量、振动模态、周期、基底剪力、层间位移比等均基本一致。

总质量与周期计算结果（办公楼） 表 7.3-12

周期		SATWE	MIDAS Gen	SATWE/MIDAS Gen	说明
恒荷载 + 0.5 活荷载		101685	98967	103%	
周期/s	T_1	5.597	5.927	94%	Y平动
	T_2	4.607	5.061	91%	X平动
	T_3	3.718	4.199	88%	高阶振型
	T_4	1.700	1.821	93%	高阶振型
	T_5	1.578	1.764	89%	扭转振型
	T_6	1.400	1.457	90%	高阶振型

总质量与周期计算结果（酒店）　　表 7.3-13

周期		SATWE	MIDAS Gen	SATWE/MIDAS Gen	说明
恒荷载 + 0.5 活荷载		66912	68228	98%	
周期/s	T_1	4.455	4.879	91%	Y 平动
	T_2	3.920	4.527	86%	X 平动
	T_3	3.701	4.260	86%	高阶振型
	T_4	1.412	1.574	90%	高阶振型
	T_5	1.327	1.518	89%	扭转振型
	T_6	1.286	1.457	89%	高阶振型

基底剪力计算结果　　表 7.3-14

荷载工况	SATWE/kN	MIDAS Gen/kN	SATWE/MIDAS Gen	说明
SX（办公）	29105	31810	91%	X 向地震
SY（办公）	31778	34020	93%	Y 向地震
SX（酒店）	22645	23030	98%	X 向地震
SY（酒店）	23016	23090	100%	Y 向地震

层间位移比计算结果（办公）　　表 7.3-15

荷载工况	SATWE	MIDAS Gen	SATWE/MIDAS Gen	说明
SX（办公）	1/377	1/303	124%	X 向地震
SY（办公）	1/502	1/398	126%	Y 向地震
WIND-X（办公）	1/547	1/559	98%	X 向风荷载
WIND-Y（办公）	1/1285	1/1142	112%	Y 向风荷载
SX（酒店）	1/405	1/344	117%	X 向地震
SY（酒店）	1/500	1/395	126%	Y 向地震
WIND-X（酒店）	1/652	1/678	96%	X 向风荷载
WIND-Y（酒店）	1/1650	1/1678	98%	Y 向风荷载

4．动力弹塑性时程分析

进行罕遇地震作用下结构非线性反应分析的主要目的如下：研究整体结构在大震作用下屈服后的弹塑性行为，包括位移、剪重比、基底剪力等重要指标；研究结构关键部位、关键构件的变形形态和破坏情况，发现结构的薄弱层和薄弱部位；研究结构塑性发展过程，分析结构屈服机制，并判断其合理性；评价该结构在罕遇地震作用下的抗震性能，从而进一步判定该结构在大震作用下是否满足不倒塌的抗震设防目标。

1）构件模型及材料本构关系

采用纤维模型模拟非线性剪力墙，非线性梁柱单元采用塑性铰模型，塑性铰的骨架曲线采用XTRACT 软件进行计算。钢的拉/压应力-应变曲线假设为理想弹塑性。钢管混凝土柱采用弹性杆加塑性铰模型，其中 CFT 柱的承载力采用纤维模型，应用 XTRACT 进行计算得到弯矩-曲率曲线及轴力-轴向应变曲线，变形限值参考 FEMA-356 或 ATC40。

2）地震波输入

本报告采用 1 组人工波 L850-1（主方向）、L850-2（次方向），两组天然波分别为第 1 组：L0283（主方向）、L0284（次方向）；第 2 组：L0523（主方向）、L0524（次方向）共 3 组地震波，加速度峰值调整到 400Gal。主方向、次方向和竖向的峰值加速度的比值为 1：0.85：0.65，并分别以 X、Y 方向作为主方向，即 X：Y：Z = 1：0.85：0.65 及 X：Y：Z = 0.85：1：0.65，共进行 6 组时程分析。

3）动力弹塑性分析结果

（1）基底剪力及剪重比

表 7.3-16 为大震时程分析所得的结构最大基底剪力及剪重比。由表可见，预期的罕遇地震作用下该结构的剪重比满足规范要求。

大震时程分析最大基底剪力及剪重比   表 7.3-16

地震波	主方向	基底剪力/kN			剪重比/%
		办公楼	酒店	整体	整体
L850-1	X	92997	75433	147182	8.84%
	Y	96260	79991	163523	9.82%
L0283	X	94235	69969	149041	8.95%
	Y	101082	75515	173210	10.40%
L0523	X	117425	77830	180920	10.87%
	Y	99364	80050	16658	10.01%

（2）楼层位移

表 7.3-17、表 7.3-18 分别为办公楼和酒店塔楼结构在大震地震波作用下的顶点最大位移。

办公楼大震地震波下结构的顶点最大位移   表 7.3-17

地震波	波主向	X向顶点最大位移/mm	Y向顶点最大位移/mm
L850-1	X	1201	934
	Y	582	1328
L0283	X	1014	1585
	Y	2004	1239
L0523	X	1676	1267
	Y	1126	862

酒店大震地震波下结构的顶点最大位移   表 7.3-18

地震波	波主向	X向顶点最大位移/mm	Y向顶点最大位移/mm
L850-1	X	686	792
	Y	426	1109
L0283	X	510	1544
	Y	878	1316
L0523	X	767	1046
	Y	717	1388

（3）罕遇地震下竖向构件损伤情况分析

①核心筒框架柱

图 7.3-7 是办公塔楼核心筒框架柱在天然波 L0523（X：Y：Z = 1：0.85：0.65）作用下塑性铰的发展过程。

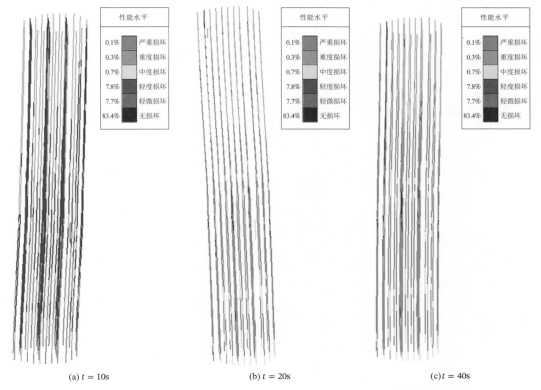

(a) $t = 10s$　　　　　　　　(b) $t = 20s$　　　　　　　　(c) $t = 40s$

图 7.3-7　天然波 L0523（$X : Y : Z = 1 : 0.85 : 0.65$）作用下办公楼核心筒框架柱塑性铰的发展过程

图 7.3-8 是酒店核心筒框架柱在天然波 L0523（$X : Y : Z = 1 : 0.85 : 0.65$）作用下塑性铰的发展过程。

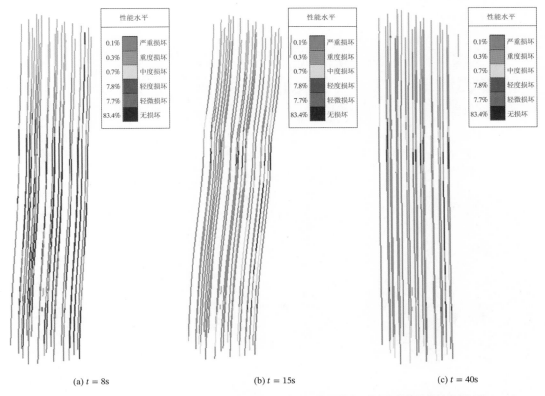

(a) $t = 8s$　　　　　　　　(b) $t = 15s$　　　　　　　　(c) $t = 40s$

图 7.3-8　天然波 L0523（$X : Y : Z = 1 : 0.85 : 0.65$）作用下酒店核心筒框架柱塑性铰的发展过程

从图 7.3-7、图 7.3-8 可以看出，办公塔楼核心筒框架柱在 10s 之前大多数处于弹性状态，刚度突变楼层部分竖向构件出现轻度损坏；在 20s 时办公楼核心筒下部个别框架柱进入塑性状态；从 20s 后直至地震波结束，柱的塑性变形没有继续发展。酒店塔楼核心筒框架柱在 8s 之前大多数处于弹性状态，刚度突变楼层部分竖向构件出现轻度损坏；在 15s 时办公楼核心筒下部个别框架柱进入塑性状态；从 15s 后直至地震波结束，柱的塑性变形没有继续发展。

②外框架柱 LS 状态

图 7.3-9 为外框架柱 LS（生命安全）状态损伤云图。由图可知，框架柱的塑性铰变形状况处于 LS（生命安全）极限状态内。

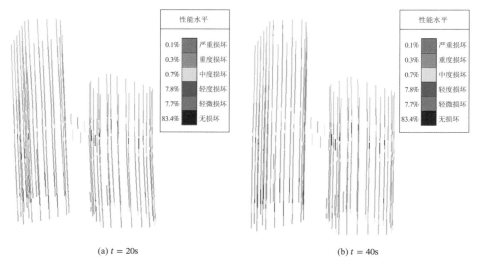

(a) $t = 20s$　　　　　　　　　　(b) $t = 40s$

图 7.3-9　外框架柱 LS（生命安全）状态损伤云图

③核心筒外框架梁

图 7.3-10 为核心筒外框架梁在地震波输入至 10s、20s、40s 各时刻的损伤状态云图。从图可知，外框架梁在 10s 之前基本处于弹性状态，15s 左右核心筒内部及相邻周边框梁部分开始出现屈曲，产生塑性变形，办公楼的中高部位、酒店的中底部位塑性铰发展较多。从 25s 后，塑性铰的发展趋于稳定，直至地震波结束，塑性铰数量发展没有明显增加。外围区域框架梁基本上始终处于弹性状态。

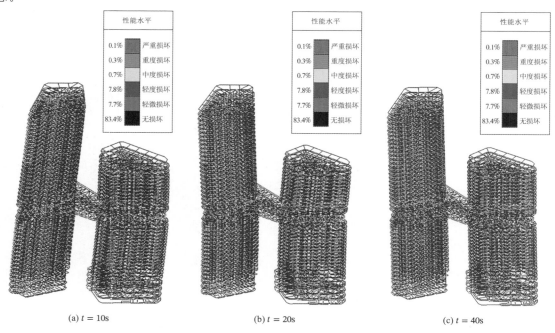

(a) $t = 10s$　　　　　　　(b) $t = 20s$　　　　　　　(c) $t = 40s$

图 7.3-10　核心筒外框架梁状态损伤云图

经典回眸　中国建筑西北设计研究院有限公司篇

④结论

由上述分析结果可知，本结构在大震作用下，最大层间位移角均不大于1/100，满足规范要求，整个计算过程中，结构始终保持直立，能够满足规范的"大震不倒"要求。

7.4 专项设计

7.4.1 连体楼层分析

连体楼层的分析是本工程的重点部分，本节从性能目标要求进行重点分析。

1. 小震分析

（1）支承连桥桁架结构柱截面承载力验算

图 7.4-1 为支承连桥桁架结构柱空间位置示意图。为了提高支承连桥桁架结构柱的抗震性能目标，增大支承连桁架桥及其上下层结构柱的截面和钢材等级，同时将支承连桥桁架及其上下层的结构柱的轴压比限值由 0.7 降低到 0.6，将该结构柱的承载力利用率限值由 1.0 降低为 0.9，如图 7.4-2 所示。

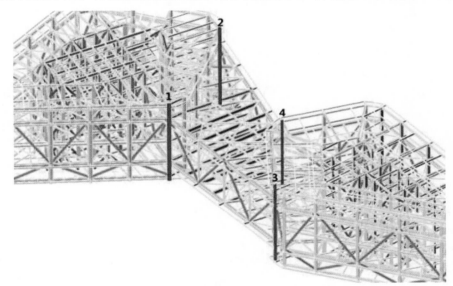

图 7.4-1 支承连桥桁架结构柱空间位置示意图

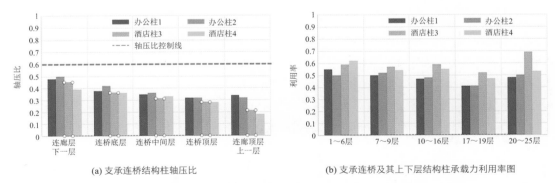

(a) 支承连桥结构柱轴压比

(b) 支承连桥及其上下层结构柱承载力利用率图

图 7.4-2 支承连桥和上下层结构柱轴压比及承载力利用率图

（2）连桥层不考虑楼板作用下构件截面承载力验算

图 7.4-3 为连桥各层构件轴力示意图及截面承载力利用率图。连体层在不考虑楼板作用下，连桥部

分的平面支撑以轴向应力为主，除连桥桁架上下弦杆轴力较大外，其余连桥楼面斜杆的轴力均相对较小。在连桥顶部斜杆的轴力约为900~1200kN，在连桥中部斜杆的轴力大小约为500~800kN，连桥底部斜杆的轴力大小约为600~1000kN，具体详见构件的轴力图（图7.4-3）。

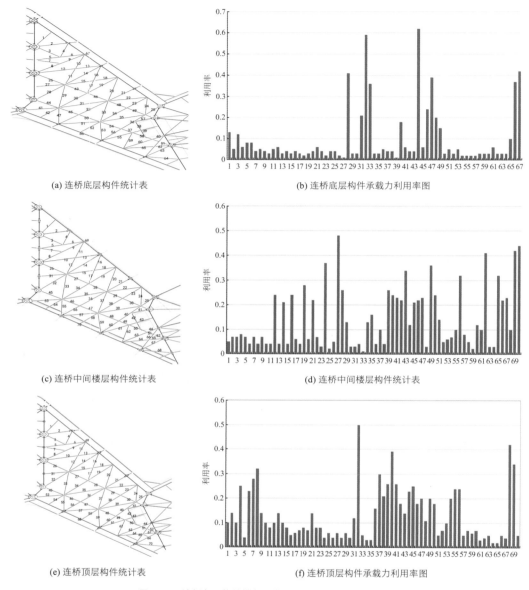

(a) 连桥底层构件统计表　　　　　　　　(b) 连桥底层构件承载力利用率图

(c) 连桥中间楼层构件统计表　　　　　　(d) 连桥中间楼层构件统计表

(e) 连桥顶层构件统计表　　　　　　　　(f) 连桥顶层构件承载力利用率图

图7.4-3　连桥各层构件轴力示意图及截面承载力利用率图

从以上连桥构件的截面承载力利用率图可以看到，连桥顶部和底部构件的截面承载力利用率比连桥中部构件的截面承载力利用率大，连桥桁架上下弦杆的轴向应力较大，但连桥区域水平支撑杆件的整体应力水平较低，除个别构件外，构件的截面承载力利用率都小于0.3，满足规范的要求。

（3）连桥层楼面梁按照不同楼板属性包络设计

连桥层楼板分别采用刚性板、弹性板和弹性膜验算楼面梁截面承载力，具体的计算结果如图7.4-4所示。连桥层分别采用刚性板、弹性板和弹性膜验算连桥楼面梁，连桥采用刚性板的计算结果比采用弹性板和弹性膜略大，弹性板和弹性膜的计算结果基本一致，主要原因是因为在采用刚性板计算时，连桥的刚度较大，在协调两塔楼变形时在连桥部位产生的内力比弹性板和弹性膜大，故采用刚性板计算时连桥楼面梁承载力利用率比弹性板和弹性膜大。连桥楼面梁采用刚性板、弹性板和弹性膜设计均可以满足规范的要求。

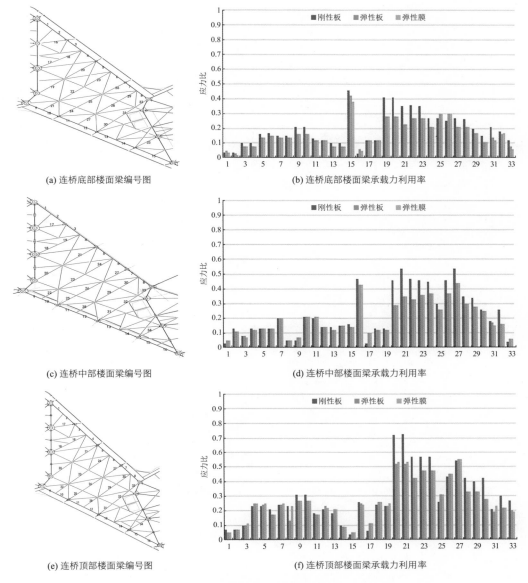

(a) 连桥底部楼面梁编号图　　　　　　(b) 连桥底部楼面梁承载力利用率

(c) 连桥中部楼面梁编号图　　　　　　(d) 连桥中部楼面梁承载力利用率

(e) 连桥顶部楼面梁编号图　　　　　　(f) 连桥顶部楼面梁承载力利用率

图 7.4-4　连桥各层楼面梁利用率统计图

（4）连桥层考虑两塔楼相对位移差时在连桥层产生的附加应力

两塔楼由于刚度不同，在地震作用下会产生相对变形，此时在连桥层会由于塔楼变形差产生附加应力。图 7.4-5 为连桥底部、中部、顶部平面视图以及有关柱的编号；表 7.4-1 为连体层相对位移计算结果。

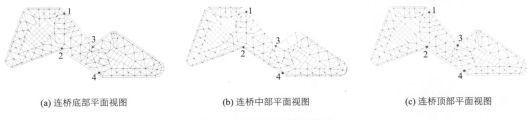

(a) 连桥底部平面视图　　　　　(b) 连桥中部平面视图　　　　　(c) 连桥顶部平面视图

图 7.4-5　连桥各部位平面视图

由表 7.4-1 可以看到，在 90°方向地震作用下，两塔楼在 1 点和 3 点的位移差在Y方向约为 7～9mm，在X方向约为 10～11mm；2 点和 4 点在Y方向的位移差约为 9～10mm，在X方向的位移差约为 22～24mm。在 45°方向地震作用下，两塔楼在 1 点和 3 点的位移差在X方向约为 8～10mm；在Y方向约为 10～11mm，2 点和 4 点在X方向的位移差约为 9～10mm，在Y方向的位移差约为 5～6mm。

部位	柱节点编号	90°方向地震作用		45°方向地震作用	
		Y方向位移	X方向位移	X方向位移	Y方向位移
连桥底部	1	121.92	60.17	130.37	34.27
	2	123.32	71.28	146.79	35.64
	3	114.19	70.19	138.86	44.05
	4	114.00	93.12	155.91	40.75
连桥中部	1	127.05	61.47	136.07	34.4
	2	128.49	73.19	153.65	35.8
	3	119.06	72.05	145.17	44.49
	4	118.87	96.09	163.38	41.06
连桥顶部	1	133.71	63.12	143.66	34.63
	2	135.22	75.58	162.45	36.03
	3	125.30	74.36	153.39	44.96
	4	125.09	99.83	172.82	41.41

现将该位移差作为单独工况施加在独立模型上，计算模型如图 7.4-6 所示。

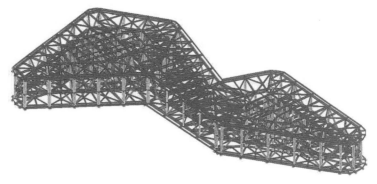

图 7.4-6 连体独立模型

该计算模型将办公和酒店楼部分施加固定约束，在酒店部分分别施加 12mm 的Y方向位移、24mm 的X方向位移以及同时施加 12mm 的Y方向位移和 24mm 的X方向位移，其计算结果见表 7.4-2、表 7.4-3。

附加轴力表   表 7.4-2

楼层	12mmY方向位移	24mmX方向位移	同时施加 12mmY方向位移和 24mmX方向位移
连桥底层构件最大轴力/kN	4190	10327	12873
连桥中间层构件最大轴力/kN	1791	4862	5770
连桥顶层构件最大轴力/kN	4205	10731	13335

附加内力与截面承载力之比   表 7.4-3

楼层	12mmY方向位移	24mmX方向位移	同时施加 12mmY方向位移和 24mmX方向位移
连桥底层构件附加内力与截面承载力之比	0.195	0.530	0.629
连桥中间层构件附加内力与截面承载力之比	0.191	0.486	0.604
连桥顶层构件附加内力与截面承载力之比	0.190	0.468	0.583

由以上三层构件内力可以看到，在连桥桁架上下弦杆产生的轴力最大，达到了 13335kN，该内力约占构件承载力的 60% 左右；在连桥中间层产生的最大轴力为 5770kN，该内力约占构件承载力的 63%，故在小震组合工况下，对连桥上下桁架弦杆的承载能力复核中，将连桥桁架上下弦杆的承载力利用率控制在 0.4，将连桥中间层桁架弦杆的承载力利用率控制在 0.35 以内，以满足小震下结构构件的承载能力

要求。

（5）竖向地震作用下连桥桁架承载力校核

根据抗震规范规定，8 度抗震设计时，连体结构的连接体应考虑竖向地震作用的影响。应按时程分析法与规范方法分别计算竖向地震作用对连桥桁架的影响。图 7.4-7 为连桥桁架杆件布置图及其杆件编号；表 7.4-4、表 7.4-5 给出了连桥桁架结构柱轴力时程分析结果和《抗规》第 5.3.3 条方法分析结果。从表结果可以看出，对于本结构，时程分析结果中，连桥桁架结构的竖向加速度最大值为 3.38m/s²，最小值为 0.87m/s²，平均值为 1.68m/s²，大于规范规定的 0.1g = 0.98m/s²。

本结构在构件截面验算中，采用《抗规》第 5.3.3 条方法进行竖向地震作用计算。除 2 根柱子的时程分析计算结果略大于规范方法外，其余连桥结构柱采用规范计算方法计算结果是偏于安全的，对于时程计算结果大于规范法的 2 根柱子，采用时程计算结果进行复核，这 2 根结构柱也是安全的。

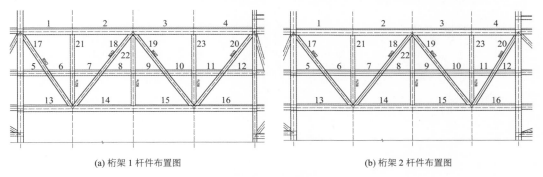

(a) 桁架 1 杆件布置图　　　　　　　　　　　　(b) 桁架 2 杆件布置图

图 7.4-7　连桥桁架杆件布置图

连桥桁架柱轴力　　　　　　　　　　　　　　　　　　表 7.4-4

杆件编号	连桥桁架柱轴力/kN									
杆件编号	人工波 1	人工波 2	天然波 1	天然波 2	天然波 3	天然波 4	天然波 5	时程平均值	规范法	时程与反应谱比值
桁架 1 柱 5	944	1058	3385	1098	1099	1284	1446	1473	3853	0.38
桁架 1 柱 21	155	190	467	329	163	334	184	260	595	0.44
桁架 1 柱 22	261	221	704	398	148	359	213	329	304	1.08
桁架 1 柱 23	258	268	587	381	212	284	280	324	242	1.34
桁架 1 柱 24	767	1031	2718	1883	946	1496	861	1386	2275	0.61
桁架 2 柱 5	1108	1141	2086	1148	839	1083	861	1181	3856	0.31
桁架 2 柱 21	129	119	2086	1148	839	1083	861	1181	3856	0.31
桁架 2 柱 22	106	115	591	322	140	250	278	244	257	0.95
桁架 2 柱 23	147	155	595	410	172	325	303	301	525	0.70
桁架 2 柱 24	1028	982	3073	999	608	996	912	1228	2993	0.41

连桥桁架柱竖向加速度　　　　　　　　　　　　　　　　　表 7.4-5

杆件编号	连桥桁架柱竖向加速度/（m/s²）							
杆件编号	人工波 1	人工波 2	天然波 1	天然波 2	天然波 3	天然波 4	天然波 5	时程平均值
桁架 1 柱 5	0.68	0.56	−1.97	1.00	−0.61	0.50	−0.77	0.87
桁架 1 柱 21	0.71	0.60	−2.04	1.02	−0.66	0.49	−0.77	0.90
桁架 1 柱 22	0.70	0.62	−2.04	1.01	−0.69	0.49	−0.76	0.90
桁架 1 柱 23	0.69	0.63	−2.05	1.00	−0.72	0.45	−0.74	0.90
桁架 1 柱 24	−0.76	0.68	−2.10	0.98	−0.76	0.46	−0.71	0.92
桁架 2 柱 5	−7.11	−0.65	−2.65	−0.82	0.64	−1.38	7.14	1.20
桁架 2 柱 21	−1.85	−0.95	−4.14	−1.36	0.95	−2.15	1.79	1.88
桁架 2 柱 22	−2.64	−1.30	−5.59	−1.99	−1.38	−2.90	2.42	2.60

杆件编号	人工波1	人工波2	天然波1	天然波2	天然波3	天然波4	天然波5	时程平均值
连桥桁架柱竖向加速度/（m/s²）								
桁架2柱23	−3.41	−1.71	−7.03	−2.92	−1.89	−3.64	3.04	3.38
桁架2柱24	−3.30	−1.69	−6.66	−3.05	−1.89	−3.44	2.83	3.27

2．中震分析

（1）中震弹性工况下支承连桥结构柱截面承载力验算

在中震地震作用下，支承连体结构柱子的承载力计算结果如图7.4-8所示。

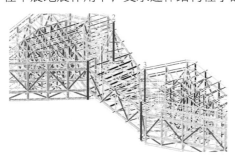

(a) 支承连桥及其上下层结构柱子空间位置示意图

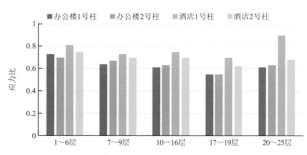

(b) 支承连桥结构柱截面承载力利用率

图7.4-8　支承连桥结构柱截面承载力

从图7.4-8可以看到，支承连桥及其上下层结构柱截面承载力利用率最大值为0.90，小于1.0，满足规范和设定的性能目标要求。

（2）中震弹性工况下连桥桁架和腰桁架杆件截面承载力验算

连体模型在中震弹性工况下（荷载组合包括竖向地震作用为主的组合），连桥桁架分别按照刚性板和"0刚度"楼板计算，并取二者的包络设计值，桁架杆件截面承载力利用率如图7.4-9、图7.4-10所示。

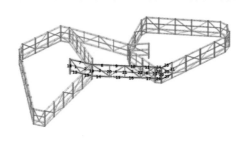

(a) 连桥处桁架1杆件空间位置图

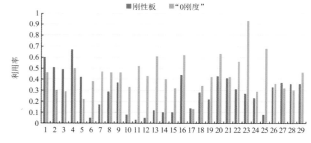

(b) 连桥处桁架1杆件截面承载力利用率

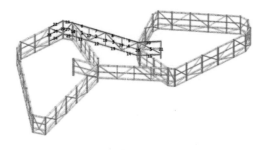

(c) 连桥处桁架2杆件空间位置图

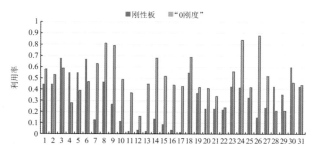

(d) 连桥处桁架2杆件截面承载力利用率

图7.4-9　连桥桁架杆件空间位置图和截面承载力

从连桥桁架杆件截面承载力利用率图可以看出，对于连桥桁架的上下弦杆，"0刚度"楼板假定比刚性板假定计算的截面承载力利用率大。对于桁架的斜杆，按刚性板假定比按"0刚度"楼板假定计算的桁架杆件截面承载力利用率大；连桥桁架分别按照刚性板和"0 刚度"楼板计算，连桥桁架杆件截面承载力利用率均小于 1.0，满足规范要求。

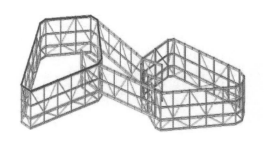

(a) 连体层办公塔楼腰桁架上弦杆空间位置图

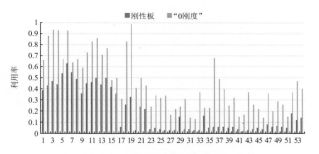

(b) 连体层办公塔楼腰桁架上弦杆截面承载力利用率

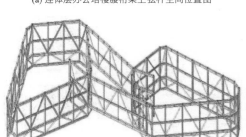

(c) 连体层办公塔楼腰桁架斜腹杆空间位置图

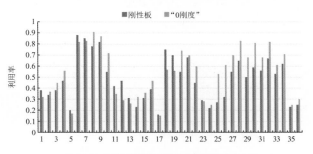

(d) 连体层办公塔楼腰桁架斜腹杆截面承载力利用率

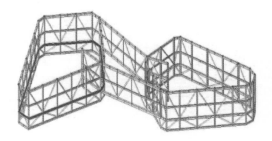

(e) 连体层办公塔楼腰桁架下弦杆空间位置图

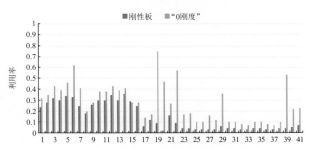

(f) 连体层办公塔楼腰桁架下弦杆截面承载力利用率

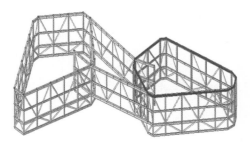

(g) 连体层办公塔楼腰桁架上弦杆空间位置图

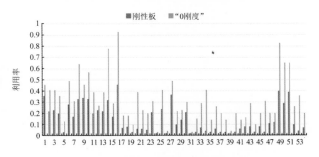

(h) 连体层酒店塔楼腰桁架上弦杆截面承载力利用率

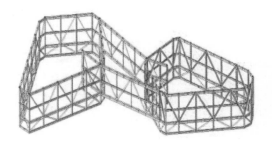

（i）连体层办公塔楼腰桁架斜腹杆空间位置图

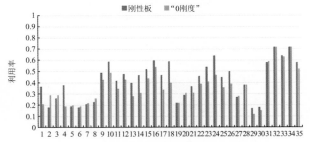

(j) 连体层酒店塔楼腰桁架斜腹杆截面承载力利用率

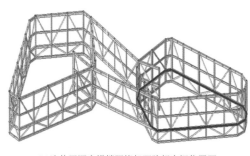
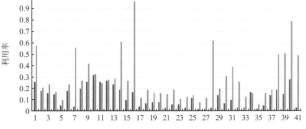

(k) 连体层酒店塔楼腰桁架下弦杆空间位置图　　　　　　(l) 连桥处酒店塔楼内腰桁架下弦杆截面承载力利用率

图 7.4-10　连桥桁架杆件空间位置图及杆件截面承载力统计表

从以上刚性板假定和"0 刚度"楼板假定的计算结果可以看到，采用刚性板假定和"0 刚度"楼板假定的连桥层和加强层腰桁架的杆件截面承载力利用率均小于 1.0，满足设定的性能目标的要求。

3. 大震分析

在设定的大震不屈服工况下，连桥桁架结构按照刚性板和"0 刚度"楼板假定的计算结果包络设计，详细计算结果如图 7.4-11 所示。

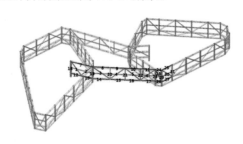
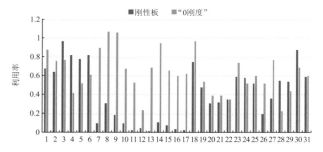

(a) 连桥处桁架 1 杆件空间位置图　　　　　　(b) 连桥处桁架 1 杆件截面承载力利用率

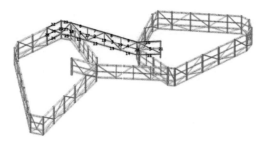
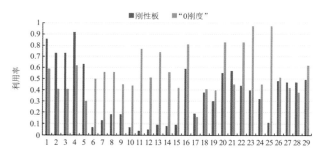

(c) 连桥处桁架 2 杆件空间位置图　　　　　　(d) 连桥处桁架 2 杆件承载力利用率

图 7.4-11　连桥桁架杆件空间位置图及截面承载力利用率图

从图 7.4-11 所示的计算结果看到，桁架 1 有 2 根上弦杆在"0 刚度"楼板假定下，截面承载力利用率达到了 1.06 和 1.07。该杆件位于办公塔楼与连桥桁架连接处，其中有 80%的承载利用率来自于轴向应力。在连桥结构的四周适当位置铺设钢板，以协助连桥桁架传递楼面水平力。铺设钢板时，楼面水平力主要由楼面钢板承受，该构件的截面承载力可以满足大震不屈服的性能目标要求。

从以上刚性板假定和"0 刚度"楼板假定的计算结果可以看到，对于桁架上下弦杆，"0 刚度"假定的计算结果比刚性板假定的计算结果更为不利。对于桁架斜腹杆，刚性板假定的计算结果比"0 刚度"假定的计算结果更为不利，通过刚性板和"0 刚度"楼板假定计算结果的包络设计，确保连桥桁架结构满足设定的性能目标要求。

7.4.2　桁架关键节点分析

连桥立柱、外环桁架、径向楼面梁、桁架斜腹杆在交叉节点处交汇，节点既承担和传递桁架构件的内力，同时也承受封闭腰桁架、径向楼面梁的拉、弯、剪复合内力作用，受力十分复杂，是整个结构体系中的关键部位。结构设计中，"强节点、弱构件"是实现结构良好抗震性能的基本原则，对于连体结构，如何实现节点设计的性能目标要求，是连体结构设计尤为关键的内容。

采用有限元分析软件进行计算分析。节点验算采用 Von-Mises 强度准则。钢管柱、梁、斜支撑等钢结构采用壳单元模拟，钢材采用理想弹性材料；混凝土采用实体单元模拟，材料特性根据《混凝土结构设计规范》GB 50010-2010 取值。

采用整体结构模型大震（不屈服）分析结果得出三维有限元模型中，各杆系对应位置的截面内力数据，直接应用到实体有限元模型内作为截面作用力进行分析，每个分析节点按 4 个荷载（表 7.4-6）工况进行分析，确保连体关键节点的安全性。

荷载组合工况	表 7.4-6
荷载工况	选取依据
I	恒荷载 +0.5活荷载 +X向地震作用 +0.5竖向地震作用
II	恒荷载 +0.5活荷载 +Y向地震作用 +0.5竖向地震作用
III	恒荷载 +0.5活荷载 +0.5X向地震作用 + 竖向地震作用
IV	恒荷载 +0.5活荷载 +0.5Y向地震作用 + 竖向地震作用

办公楼关键节点 1（上弦节点）在大震工况下 Mises 应力云图见图 7.4-12。由图可见，节点区钢材最大 Mises 应力约为 320MPa（对应 Q390GJC），混凝土最大 Mises 应力约为 31MPa。

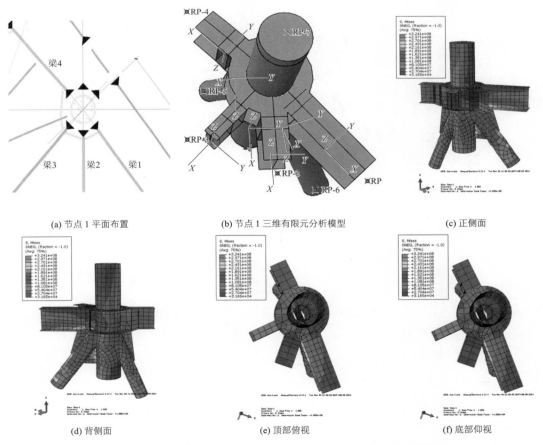

(a) 节点 1 平面布置　　　　(b) 节点 1 三维有限元分析模型　　　　(c) 正侧面

(d) 背侧面　　　　(e) 顶部俯视　　　　(f) 底部仰视

图 7.4-12　办公楼关键节点 1（上弦节点）在大震工况下的 Mises 应力云图

酒店节点 2（上弦节点）在大震作用下 Mises 应力云图见图 7.4-13。由图可见，钢材最大 Mises 应力为 280MPa（对应 Q390GJC），混凝土最大 Mises 应力为 24MPa，处于弹性阶段，满足节点区大震弹性的性能目标要求。

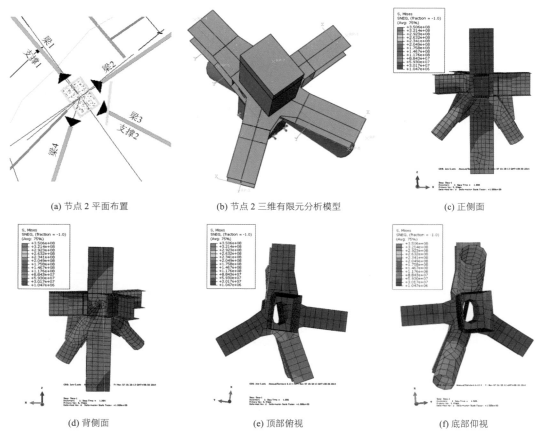

<table>
<tr><td>(a) 节点 2 平面布置</td><td>(b) 节点 2 三维有限元分析模型</td><td>(c) 正侧面</td></tr>
<tr><td>(d) 背侧面</td><td>(e) 顶部俯视</td><td>(f) 底部仰视</td></tr>
</table>

图 7.4-13　酒店关键节点 2（上弦节点）在大震工况下的 Mises 应力云图

通过有限元分析，检验了节点在大震作用下的承载能力，分析结果表明节点是安全的。

7.5　结语

西安迈科商业中心属于复杂双塔连体超高层建筑结构，结构体系采用钢管混凝土柱框架-钢中心支撑核心筒-连体钢桁架结构。结构体系新颖，充分发挥该结构体系的结构性能，并能完美呈现建筑效果。

在结构设计过程中，主要完成了以下几方面的创新性工作：

1. 结构抗侧力体系设计与分析

本工程采用钢中心支撑核心筒结构体系，支撑布置在建筑核心筒区域，并通过各塔楼的支撑位置来调整单塔结构的刚度，以实现酒店第 1 振型周期和办公楼第 1 振型周期基本一致，降低连体结构的整体扭转效应。钢中心支撑核心筒可以最大限度地减低结构自重和地震作用下的底部剪力值。通过分析研究明确各类构件在不同地震烈度作用下的性能目标。

2. 桁架关键节点的设计与分析

通过对桁架关键节点进行有限元分析，各节点区域钢材的 Mises 应力低于材料屈服强度，混凝土的 Mises 应力处于弹性状态，未出现明显的塑性发展，满足罕遇地震作用下的性能目标。

西安迈科商业中心为高位连体建筑，且连体层平面复杂，属于特别不规则的超高层建筑。设计通过对连体结构进行合理的结构布置和构造加强，确保双塔在大震下协同变形工作。采用性能化设计方法，验证了结构性能目标的合理性，在兼顾结构经济性的同时，有效地保证了结构的安全性。

设计团队

项目负责人：李　冰、刘西兰

结构设计团队：曾凡生、辛　力、任同瑞、赵　波、荆　罡、张　严、毛　伟、刘　涛、窦　颖

获奖信息

2019 年度中国建筑西北设计研究院优秀设计（公建、住宅）一等奖

2019 年度中国建筑西北设计研究院优秀设计（建筑结构）一等奖

2019 年度陕西省优秀工程勘察设计一等奖

2019 年度陕西省优秀工程勘察设计（建筑结构）一等奖

2019 年度中国勘察设计协会优秀（公共）建筑设计三等奖

第 8 章

陕建丝路创发中心

8.1 工程概况

8.1.1 建筑概况

陕建丝路创发中心项目位于陕西省西安市西咸新区的中央商务区，咸阳市秦都区沣泾大道（上林路南段）以西，丰产路以南，规划金融一路以东。项目由 1 栋高度 200m 办公楼（1 号楼）、1 栋高度 150.1m 公寓楼（2 号楼）、1 栋高度 98.6m 办公楼（3 号楼）及商业裙楼和地下 3 层的车库组成，3 栋塔楼通过商业裙楼连接在一起，总建筑面积约为 302439m²，其中地上建筑面积约为 225343m²。建筑效果图如图 8.1-1 所示。该项目开始时间 2021 年 8 月，开始施工时间 2022 年 8 月。

图 8.1-1 建筑效果图

1 号楼建筑平面尺寸为 50m × 50m，1~3 层层高 6.0m，4 层层高 12m，标准层层高 4.3m，避难层层高 5.0m，共 43 层，塔冠高度 11m。2 号楼建筑平面尺寸为 38m × 38m，1~3 层层高 6.0m，4 层层高 4m，标准层层高 3.4m 和 3.25m，避难层层高 4.8m，共 42 层，塔冠高度 8m。3 号楼建筑平面尺寸为 50m × 50m，1~3 层层高 6.0m，4 层层高 12m，标准层层高 4.2m，共 20 层，塔冠高度 8.4m。商业裙楼为地上 3 层，建筑高度 18m。地面以下设 3 层地下室，主要功能为停车库，层高分别为 7.0m、4.0m、4.0m。基础埋深 17.8m，基础形式为桩筏 + 平板基础，采用钻孔灌注桩。建筑立面图和典型平面图如图 8.1-2、图 8.1-3 所示。

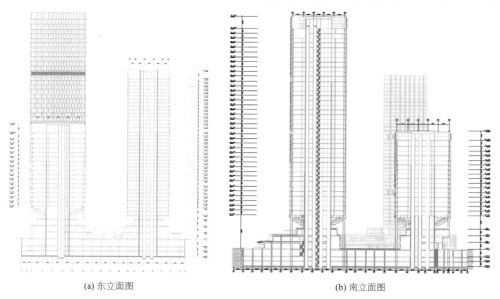

(a) 东立面图　　　　　　　　　　　　　　　(b) 南立面图

图 8.1-2 建筑立面图

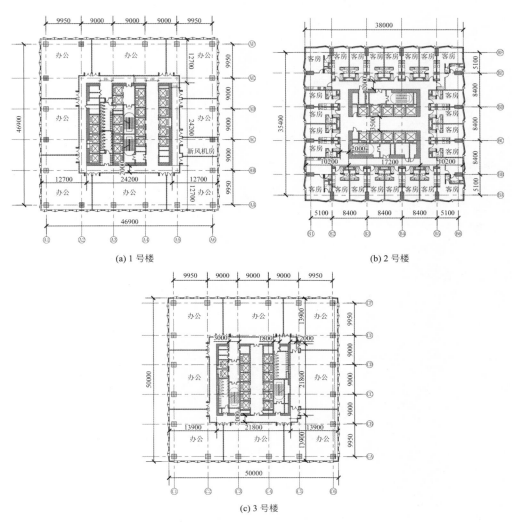

(a) 1 号楼　　　　　　　　　　　　　　(b) 2 号楼

(c) 3 号楼

图 8.1-3　建筑典型平面图

8.1.2　设计条件

1. 主体控制参数

结构主体控制参数见表 8.1-1。

结构主体控制参数表　　　　　　　　　表 8.1-1

项目		标准
结构设计基准期		50 年
建筑结构安全等级		二级
结构重要性系数		1.0
建筑抗震设防分类		标准设防类（丙类）
地基基础设计等级		甲级
设计地震动参数	抗震设防烈度	8 度
	设计地震分组	第二组
	场地类别	Ⅱ 类
	小震特征周期/s	0.49

项目		标准
设计地震动参数	大震特征周期/s	0.54
	设计基本地震加速度值/g	0.20
建筑结构阻尼比	多遇地震	0.04
	罕遇地震	0.08
水平地震影响系数最大值	多遇地震	0.16
	设防烈度地震	0.45
	罕遇地震	0.90
地震峰值加速度/（cm/s²）	多遇地震	70

2. 结构抗震设计条件

塔楼结构构件抗震等级见表 8.1-2。合理布置地下室结构，保证地下室的侧向刚度与地下室以上部分的侧向刚度之比均大于 2.0，3 栋塔楼结构首层嵌固层刚度比大于 2.0，故均采用地下室顶板作为上部结构的嵌固端。

构件抗震等级   表 8.1-2

构件		抗震等级	
1 号楼	框架结构	地下 1 层—地上 10 层（含裙楼）	特一级
		地上 10 层以上	一级
		地下 2 层	一级
		地下 3 层	二级
	剪力墙	地下 1 层及以上各层	特一级
		地下 2 层	一级
		地下 3 层	二级
	加强层及其上下各一层竖向构件和连接部位	主要连接构件	特一级
		次要构件	一级
2 号楼	框架结构	地下 1 层—地上 8 层（含裙楼）	特一级
		地上 8 层以上	一级
		地下 2 层	一级
		地下 3 层	二级
	剪力墙	地下 1 层及以上各层	特一级
		地下 2 层	一级
		地下 3 层	二级
	加强层及其上下各一层竖向构件和连接部位	主要连接构件	特一级
		次要构件	一级
3 号楼	框架结构	地下 1 层—地上 8 层（含裙楼）	特一级
		地上 8 层以上	一级
		地下 2 层	一级
		地下 3 层	二级
	剪力墙	地下 1 层—地上 8 层（含裙楼）	特一级
		地上 8 层以上	一级
		地下 2 层	一级
		地下 3 层	二级

3．风荷载

结构变形验算时，按 50 年一遇取基本风压为 0.35kN/m²，承载力验算时按基本风压的 1.1 倍采用，场地粗糙度类别为 B 类。考虑塔楼间的相互干扰系数，取值 1.1。

8.2 建筑特点

8.2.1 建筑高度超限

1 号楼建筑高度为 211m（含塔冠），结构高度为 200m，结构体系采用型钢混凝土框架 + 钢筋混凝土核心筒结构。2 号楼建筑高度为 158.1m（含塔冠），结构高度为 150.1m，结构体系采用型钢混凝土框架 + 钢筋混凝土核心筒结构。依据《高层建筑混凝土结构技术规程》JGJ 3-2010 的规定，高度大于型钢混凝土框架 + 钢筋混凝土核心筒结构适用的最大高度为 150m，故 1 号楼和 2 号楼高度均超限。

8.2.2 底部多层框架通高

塔楼建筑平面为正方形，平面规则，建筑 5 层以上层高均匀，竖向规则，4 层及以下由于建筑造型需要，形成局部楼层无楼板、无框架梁及穿层柱。底部楼层三维模型示意图如图 8.2-1～图 8.2-3 所示，图中 3、4 层的支撑，经复核对结构受力影响较小，结构设计上没有考虑该支撑的作用，该构件将作为建筑装饰性构件，不参与结构计算与受力。

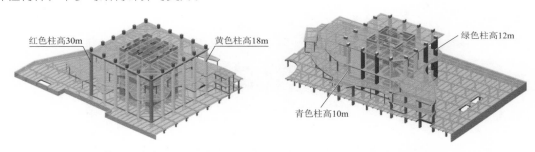

图 8.2-1　1 号楼底部 5 层三维模型示意图　　　　图 8.2-2　2 号楼底部 5 层三维模型示意图

图 8.2-3　3 号楼底部 5 层三维模型示意图

8.3 体系与分析

8.3.1 结构体系和结构布置

项目结构三维模型示意图如图 8.3-1 所示。结构设计考虑设置防震缝，划分为不同的塔楼，如图 8.3-2

所示，防震缝处采用双柱方案。

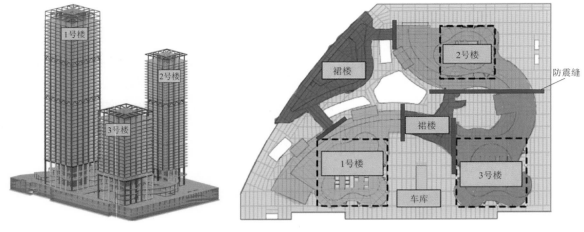

图 8.3-1 结构三维模型示意图　　　　　　　图 8.3-2 结构分缝示意图

综合考虑本项目的建筑体型与高度，1 号楼抗侧力体系为型钢框架-钢筋混凝土核心筒结构 +2道加强层，如图 8.3-3 所示。2 号楼抗侧力体系为型钢框架-钢筋混凝土核心筒结构 +1道加强层，如图 8.3-4 所示。3 号楼抗侧力体系为型钢框架-钢筋混凝土核心筒结构，如图 8.3-5 所示。

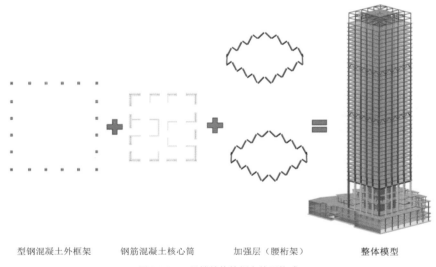

型钢混凝土外框架　　　钢筋混凝土核心筒　　　加强层（腰桁架）　　　　**整体模型**

图 8.3-3 　1 号楼结构抗侧力体系构成

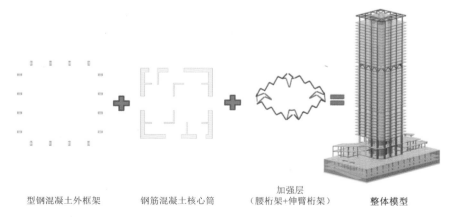

型钢混凝土外框架　　　钢筋混凝土核心筒　　　加强层　　　　　　　　**整体模型**
　　　　　　　　　　　　　　　　　　　（腰桁架+伸臂桁架）

图 8.3-4 　2 号楼结构抗侧力体系构成

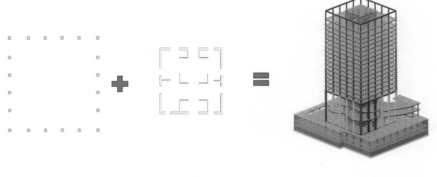

型钢混凝土外框架　　　　　　　钢筋混凝土核心筒　　　　　　　整体模型

图 8.3-5　3 号楼结构抗侧力体系构成

1. 主要构件截面

（1）框架柱

1 号楼塔楼地上 7 层外框架柱为钢管混凝土柱 + 钢梁，地上 8 层以上为型钢混凝土柱 + 钢梁，竖向连续布置，自下而上分层缩小尺寸，框架柱间距 9.0m，钢管混凝土柱和型钢混凝土柱可以充分发挥钢材和混凝土的优点，提高框架柱的承载力；型钢混凝土框架柱的截面和混凝土强度等级随着建筑高度的增加而逐渐减小；型钢和钢管混凝土柱内混凝土的强度等级从底层的 C60 逐渐过渡减小到 C50，钢材牌号为 Q420、Q355。

2 号楼塔楼框架柱采用型钢混凝土框架柱，框架柱的间距为 8.4m，型钢混凝土内混凝土的强度等级从底层的 C60 逐渐过渡减小到 C50，钢材牌号为 Q355。为了避免刚度突变，框架柱的截面变化与材料强度变化错开 1 个楼层。

3 号楼塔楼 7 层及以下为型钢混凝土柱，8 层以上为混凝土框架柱，框架柱的间距为 9.0m，柱截面和混凝土强度等级随着建筑高度的增加而逐渐减小，外框柱内混凝土的强度等级从底层的 C60 逐渐减小到顶部楼层的 C50，5 层以下型钢混凝土柱钢材牌号为 Q355。

自下至上，主要框架柱截面尺寸如表 8.3-1 所示。

主要框架柱截面尺寸　　　　　　　　　　　　　　　表 8.3-1

楼号	层号	柱截面/mm	型钢截面/mm	配钢率/%
1 号楼	地下 3 层～地上 5 层	CFT1500 × 1500	—	—
	地上 6～7 层	CFT1400 × 1400	—	—
	地上 8～12 层	1400 × 1400	H1000 × 750 × 30 × 35	4.10%
	地上 13～19 层	1300 × 1300	H900 × 700 × 28 × 32	4.04%
	地上 20～27 层	1200 × 1200	H800 × 650 × 25 × 30	4.00%
	地上 28～35 层	1100 × 1100	H700 × 500 × 25 × 30	4.04%
	地上 36～39 层	900 × 900	H500 × 400 × 22 × 28	4.00%
	地上 40～顶层	800 × 800	H400 × 350 × 20 × 28	4.13%
2 号楼	地下 3 层～地上 5 层	1000 × 2000	H1600 × 600 × 30 × 35	4.40%
	地上 6～15 层	900 × 1800	H1400 × 500 × 28 × 30	4.00%
	地上 16～24 层	800 × 1600	H1200 × 400 × 26 × 28	4.07%
	地上 25～30 层	700 × 1400	H1000 × 300 × 26 × 26	4.11%
	地上 31～37 层	600 × 1200	H800 × 200 × 26 × 26	4.15%
	地上 38～顶层	600 × 1000	H600 × 200 × 26 × 26	4.11%
3 号楼	地下 3 层～地上 5 层	SRC1500 × 1500	H900 × 400 × 25 × 30	4.00%
	地上 6～7 层	SRC1200 × 1200	H800 × 400 × 25 × 30	4.00%
	地上 8～10 层	1200 × 1200	—	—
	地上 11～15 层	1000 × 1000	—	—
	地上 16～顶层	800 × 800	—	—

（2）混凝土核心筒

1号楼和2号楼的核心筒采用剪力墙结构。剪力墙的平面布置位置结合建筑使用功能和结构刚度的需求，在不影响建筑使用功能的位置布置剪力墙，剪力墙在立面上连续布置，截面沿立面自下而上逐渐减小。核心筒剪力墙混凝土的强度等级从底部的C60逐渐过渡减小到C50。针对底部5层存在高度较大的楼层，局部楼层存在楼板开大洞等情况，在中、大震情况下，导致在底部4层核心筒剪力墙截面抗剪承载力不足，并存在个别墙肢拉应力偏大的情况，在底部5层墙体内设置型钢和钢板，确保剪力墙墙肢的截面抗剪承载力和偏拉应力均满足规范要求。将钢板剪力墙的设置位置根据计算需求的基础上顶端向上延2层至7层底，底部向下延2层至地下3层基础顶面。在楼层标高处，在钢板剪力墙上设置型钢暗梁。3号楼在底部4层剪力墙体内设置型钢，钢筋采用HRB500级钢，确保墙体的受力满足要求以及剪力墙墙肢的抗剪承载力和偏拉应力均满足规范要求。

自下至上，主要剪力墙截面尺寸如表8.3-2所示。

主要剪力墙截面尺寸 表8.3-2

楼号	层号	墙厚/mm	钢板剪力墙厚度/mm	端部暗柱的截面尺寸/mm
1号楼	地下3层	1000	20	$600 \times 400 \times 60 \times 60 + 600 \times 300 \times 60 \times 60$
	地下2层	1000	25	$600 \times 400 \times 60 \times 60 + 600 \times 300 \times 60 \times 60$
	地下1层~地上5层	1000	30	$600 \times 400 \times 60 \times 60 + 600 \times 300 \times 60 \times 60$
	地上6~7层	900	25	$H500 \times 350 \times 25 \times 30$
	地上8~9层	900	20	$H500 \times 350 \times 25 \times 30$
	地上10~12层	900	—	$H500 \times 350 \times 25 \times 30$
	地上13~19层	800	—	$H250 \times 250 \times 9 \times 14$
	地上20~27层	700	—	$H250 \times 250 \times 9 \times 14$
	地上28~35层	600	—	$H200 \times 200 \times 9 \times 14$
	地上36~39层	450	—	$H200 \times 200 \times 9 \times 14$
	地上40层~楼顶层	350	—	$H150 \times 150 \times 7 \times 10$
2号楼	地下3层	1000	20/15	$600 \times 400 \times 30 \times 40 + 500 \times 300 \times 40 \times 35$
	地下2层	1000	30/25	$600 \times 400 \times 30 \times 40 + 500 \times 300 \times 40 \times 35$
	地下1层~地上5层	1000	40/35	$600 \times 400 \times 30 \times 40 + 500 \times 300 \times 40 \times 35$
	地上6层	900	30/25	$H500 \times 350 \times 25 \times 30$
	地上7层	900	20/15	$H500 \times 350 \times 25 \times 30$
	地上8~15层	900	—	$H500 \times 350 \times 25 \times 30$
	地上16~24层	800	—	$H250 \times 250 \times 9 \times 14$
	地上25~30层	650	—	$H250 \times 250 \times 9 \times 14$
	地上31~37层	500	—	$H200 \times 200 \times 9 \times 14$
	地上38~顶层	350	—	$H150 \times 150 \times 7 \times 10$
3号楼	地下3~2层	800		$600 \times 300 \times 25 \times 25 + 400 \times 300 \times 25 \times 30$
	地下1层	800		$600 \times 300 \times 25 \times 25 + 400 \times 300 \times 25 \times 30$
	地上1~5层	800		$600 \times 300 \times 25 \times 25 + 400 \times 300 \times 25 \times 30$
	地上6~7层	700		
	地上8~10层	700		
	地上11~15层	500		
	地上16~顶层	400		

（3）加强层

因底部4层层高偏大，且底部4层局部存在楼板不连续、跃层柱等情况，导致结构在底部4层的刚度较弱，故1号楼于建筑避难层/设备层共设置2层加强层（腰桁架），2号楼于建筑避难层/设备层共设置1层加强层（腰桁架＋伸臂桁架）。加强层可以有效地提高结构抗侧刚度，减小结构的层间位移角。加强层三维示意图如图8.3-6所示。加强层构件采用矩形钢管，设置加强层可以使外框架柱承受的轴力趋于均匀，提高外框架抗倾覆能力，提高结构抗侧刚度，减小结构侧移。

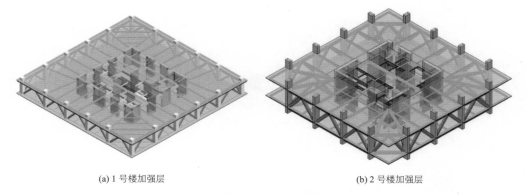

(a) 1 号楼加强层   (b) 2 号楼加强层

图 8.3-6 结构加强层三维示意图

2．楼面体系

楼面采用 H 型钢梁与钢筋桁架楼承板组合楼盖体系，标准层结构平面布置图如图 8.3-7 所示。框架柱在两个方向上与结构梁连接；由于框架柱的截面尺寸较大，框架梁偏心布置，结构计算上考虑框架梁偏心对框架柱产生的附加弯矩。框架梁与框架柱采用刚接连接，强度验算按照钢梁设计。楼面次梁与主梁铰接连接，按照组合梁进行设计。其中，1 号楼和 3 号楼的次梁间距为 3.0m 左右，2 号楼的次梁间距为 4.2m 左右。1 号楼和 2 号楼的标准楼层核心筒外楼板厚度采用 120mm，核心筒内由于电梯等开洞导致楼板不连续，结构设计上将核心筒内的楼板厚度增大到 130mm，以加强楼板由于电梯开洞对于楼板刚度的影响。3 号楼的标准楼层核心筒外楼板厚度采用 100mm，核心筒内的楼板厚度采用 110mm。6 层周边框架梁采用800mm×1500mm 矩形截面，概念上形成加强层。

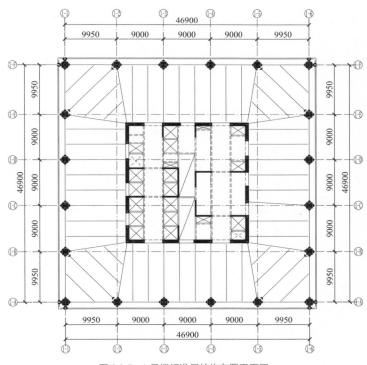

图 8.3-7 1 号楼标准层结构布置平面图

跨度较大楼板或异形楼板板厚相应增大；增大 2 层和 3 层塔楼范围内的楼板厚度至 160mm；增大 6 层楼板厚度至 180mm；结构加强层（腰桁架上、下层）楼板采用钢筋桁架楼板，楼板厚度 160mm；屋面楼板厚度 120mm。施工图设计阶段，楼板配筋除考虑竖向荷载外，同时需要考虑地震作用下的配筋，并对配筋进行加强，2～5 层楼板上、下层钢筋按照受拉构件采取构造措施。

3．基础结构设计

根据地质勘察报告，本工程地下室坐卧于第④层中砂层，地基承载力特征值为 210kPa，该土层可直接作为裙楼及纯地下室的基础持力层。1 号楼和 2 号楼需布置抗压桩，采用钻孔灌注桩。主要布置方案如下：大筏板厚度 1800mm，核心筒处筏板厚度 2500mm，外框架柱下承台厚度 3500mm。桩径 800mm，混凝土设计强度等级为 C50，有效桩长 60m，设计单桩竖向抗压承载力特征值为 7800kN，采用后注浆工艺。3 号楼采用桩径 700mm，混凝土设计强度等级为 C45，有效桩长 33m，设计单桩竖向抗压承载力特征值为 3800kN。其中，1 号楼基础平面布置图如图 8.3-8 所示。

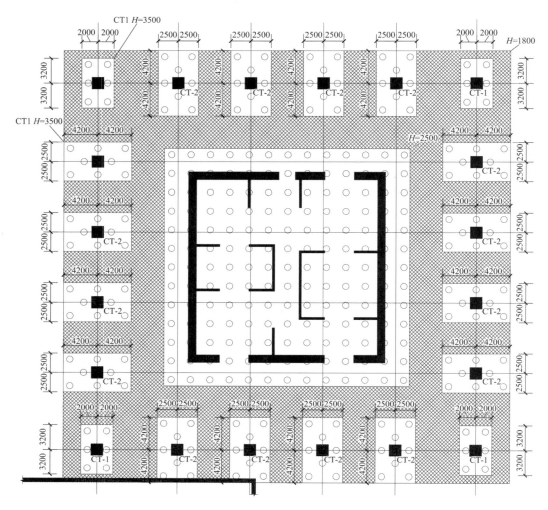

图 8.3-8　基础平面布置图

8.3.2　抗震性能目标

1．抗震超限分析和采取的措施

1 号楼在如下方面存在超限：（1）高度超限。结构属于型钢混凝土框架 + 钢筋混凝土核心筒结构，根据《高层建筑混凝土结构技术规程》JGJ 3-2010，高度大于型钢混凝土框架 + 钢筋混凝土核心筒结构适用的最大高度 150m，高度超限。（2）扭转不规则。裙楼考虑偶然偏心的扭转位移比为 1.36，大于 1.2。（3）楼板不连续：开洞面积大于 30%。（4）刚度突变。（5）构件间断。含加强层。（6）局部不规则。局部含穿层柱。（7）层刚度偏小。按 5 层通高模型计算得到地上 1 层刚度比 0.2242（不考虑高度修正）、0.875（考虑高度修正）。综上，1 号楼结构高度超限，存在 5 项一般超限项，1 项严重超限项。

2 号楼在如下方面存在超限：（1）高度超限。结构属于型钢混凝土框架＋钢筋混凝土核心筒结构，根据《高层建筑混凝土结构技术规程》JGJ 3-2010，高度大于型钢混凝土框架＋钢筋混凝土核心筒结构适用的最大高度 150m，高度超限；（2）扭转不规则。裙楼考虑偶然偏心的扭转位移比为 1.39，大于 1.2。（3）楼板不连续，开洞面积大于 30%；（4）刚度突变；（5）构件间断，含加强层。（6）承载力突变。11 层和 25 层的 X 向抗剪承载力比值分别为 0.79 和 0.66，小于限值 0.80；（7）局部不规则，局部含穿层柱。综上，2 号楼结构高度超限，存在 5 项一般超限项，无严重超限项。

3 号楼在如下方面存在超限：（1）高度超限。结构属于型钢混凝土框架＋钢筋混凝土核心筒结构，根据《高层建筑混凝土结构技术规程》JGJ 3-2010，高度大于型钢混凝土框架＋钢筋混凝土核心筒结构适用的最大高度 150m，高度超限。（2）扭转不规则。裙楼考虑偶然偏心的扭转位移比为 1.31，大于 1.2。（3）楼板不连续。开洞面积大于 30%。（4）刚度突变。首层楼层侧向刚度比小于 0.90。（5）承载力突变。5 层的 X 向和 Y 向楼层受剪承载力比值分别为 0.68 和 0.72，小于限值 0.80。（6）局部不规则，局部含穿层柱。（7）层刚度偏小。按 5 层通高计算，不考虑高度修正时地上一层刚度比 0.22，考虑高度修正时地上一层刚度比为 0.82。综上，2 号楼结构高度超限，存在 5 项一般超限项，1 项严重超限项。

针对超限问题，设计时采用针对性措施如下：

（1）约束边缘构件：项目底部 5 层的性能目标为 B 级，从第 6 层开始计算约束边缘构件的设置高度，约束边缘构件应符合《高层建筑混凝土结构技术规程》JGJ 3-2010 第 7.2.14、7.2.15 条的要求。并设置 2 层过渡层，过渡层边缘构件的箍筋配置要求高于构造边缘构件的要求，并且随着结构高度的增加与构造边缘构件要求接近。

（2）核心筒墙体：钢板剪力墙的设置位置需要根据在计算需求的基础上再下延 2 层；加强层的墙体，可以考虑适当加强，避免墙体损伤严重。剪力墙轴压比不小于 0.30 时设置约束边缘构件，加强层及其上下层剪力墙设置约束边缘构件。剪力墙四角设置约束边缘构件到顶层。底部加强部位核心筒外墙的水平和竖向分布筋配筋率不宜小于 0.50%；其他部位剪力墙水平和竖向分布筋配筋率不宜小于 0.40%。分布筋间的拉筋间距不应大于 2 倍竖向分布筋间距，直径不应小于 8mm。

（3）抗震等级：1 号楼框架柱为一级，剪力墙为特一级，将底部 9 层框架柱的抗震等级从一级提高到特一级；2 号楼框架柱为一级，剪力墙为特一级，将底部 8 层框架柱的抗震等级从一级提高到特一级；3 号楼框架柱和剪力墙为一级，将底部 7 层框架柱和剪力墙的抗震等级从一级提高到特一级。

（4）楼板厚度：第 2、3 和 5 层的外框与核心筒进行强连接，并增大楼板的厚度，第 2 层和第 3 层楼板厚度 160mm，第 5 层楼板厚度 180mm。每层每方向配筋率不宜小于 0.25%；楼板配筋除考虑竖向荷载外，同时需要考虑地震作用下的配筋，并对配筋进行加强，楼板上下层钢筋按照受拉构件采取构造措施。

（5）底部加强区约束边缘构件的纵向最小构造配筋率取为 1.40%；构造边缘构件纵向钢筋的配筋率不应小于 1.0%；过渡层边缘构件的纵向钢筋的配筋率不应小于 1.2%。底部加强区及过渡层剪力墙端部设置型钢，提高主要墙肢的延性。

（6）筒体角部附近不应开洞，且应全高设置约束边缘构件。约束边缘构件配箍特征值 λ_v 应不小于 0.2，竖向钢筋除满足承载力计算要求外，配筋率不宜小于 1.5%，筒体角部设置型钢混凝土暗柱。

（7）全楼层采用型钢混凝土柱，型钢含钢率控制在 4%～8%，沿柱全高均设置栓钉。

（8）对于避难层处的刚度突变，按照规范要求放大地震力，增大此层构件的配筋。

（9）伸臂桁架上下弦杆贯通墙体布置，与腹杆相连的核心筒墙体内埋置钢支撑，以保证伸臂桁架杆件内力在核心筒体内的可靠传递。伸臂桁架与外框柱及核心筒的连接先临时固定，待塔楼封顶后再最终固定，以减小恒荷载作用下外框柱与核心筒的竖向压缩变形差异在伸臂桁架中引起的附加应力。

2. 抗震性能目标

根据《高层建筑混凝土结构技术规程》JGJ 3-2010 的相关规定，1 号、2 号、3 号楼底部楼层的抗震性能目标设定为 B，其余楼层抗震性能目标设定为 C。具体性能目标如表 8.3-3～表 8.3-5 所示。

1 号楼主要结构构件抗震性能目标　　　　　　　　　　表 8.3-3

构件		构件分类	多遇地震 （满足性能水准1）	设防烈度地震 （底部4层满足性能水准2，其余楼层满足性能水准3）	罕遇地震 （底部4层为性能水准3，其余楼层满足性能水准4）
框架柱	地上1~5层（塔楼部分，含穿层柱）	关键构件	弹性	抗剪弹性，抗弯弹性	抗剪弹性，抗弯不屈服，弹塑性层间位移角满足不大于1/200
	地上6~9层	关键构件	弹性	抗剪弹性，抗弯弹性	抗剪弹性，抗弯不屈服，弹塑性层间位移角满足不大于1/100
	地上10~屋面层	普通竖向构件	弹性	抗剪弹性，抗弯不屈服	抗剪截面满足要求，弹塑性层间位移角满足不大于1/100
	地上1~5层（与塔楼相连的裙楼部分）	普通竖向构件	弹性	抗剪弹性，抗弯弹性	抗剪不屈服，抗弯局部屈服，弹塑性层间位移角满足不大于1/100
核心筒	地上1~5层	关键构件	弹性	抗剪弹性，抗弯弹性	抗剪弹性，抗弯不屈服，弹塑性层间位移角满足不大于1/200
	地上6~9层	关键构件	弹性	抗剪弹性，抗弯弹性	抗剪弹性，抗弯局部屈服，弹塑性层间位移角满足不大于1/100
	地上10~屋面层	普通竖向构件	弹性	抗剪不屈服，抗弯不屈服	抗剪截面满足要求，弹塑性层间位移角满足不大于1/100
加强层及其上下层	上下弦杆	关键构件	弹性	中震弹性	部分屈服
	腹杆	关键构件	弹性	中震弹性	部分屈服
	加强层及其上下层竖向构件（框架柱和剪力墙）	关键构件	弹性	抗剪弹性，抗弯不屈服	抗剪不屈服，抗弯局部屈服，弹塑性层间位移角满足不大于1/100
梁	核心筒内连梁[地上6层以下（含6层）]	关键构件	弹性	抗剪弹性，抗弯不屈服	抗剪不屈服，抗弯局部屈服
	核心筒内连梁[地上6层以上]	耗能构件	弹性	少量屈服	大量屈服
	楼面梁	耗能构件	弹性	少量屈服	大量屈服
	塔楼外框架梁[地上6层以下（含6层）]	关键构件	弹性	抗剪和抗弯弹性	抗剪和抗弯不屈服
	塔楼外框架梁[地上6层以上]	耗能构件	弹性	少量屈服	大量屈服
	转换梁	关键构件	弹性	抗剪和抗弯弹性	抗剪和抗弯不屈服
楼板	地上1~屋面层	—	弹性	弹性	不破坏

2 号楼主要结构构件抗震性能目标　　　　　　　　　　表 8.3-4

构件		构件分类	多遇地震 （满足性能水准1）	设防烈度地震 （底部4层满足性能水准2，其余楼层满足性能水准3）	罕遇地震 （底部4层满足性能水准3，其余楼层满足性能水准4）
框架柱	地上1~4层（塔楼部分，含穿层柱）	关键构件	弹性	抗剪弹性，抗弯弹性	抗剪不屈服，抗弯不屈服，弹塑性层间位移角满足不大于1/100
	地上5~7层	关键构件	弹性	抗剪弹性，抗弯弹性	抗剪不屈服，抗弯不屈服，弹塑性层间位移角满足不大于1/100
	地上8~屋面层	普通竖向构件	弹性	抗剪弹性，抗弯不屈服	抗剪截面控制，抗弯局部屈服，弹塑性层间位移角满足不大于1/100
	地上1~4层（与塔楼相连的裙楼部分）	普通竖向构件	弹性	抗剪弹性，抗弯弹性	抗剪不屈服，抗弯局部屈服，弹塑性层间位移角满足不大于1/100
核心筒	地上1~4层	关键构件	弹性	抗剪弹性，抗弯弹性	抗剪不屈服，抗弯不屈服，弹塑性层间位移角满足不大于1/100
	地上5~7层	关键构件	弹性	抗剪弹性，抗弯弹性	抗剪不屈服，抗弯局部屈服，弹塑性层间位移角满足不大于1/100
	地上8~屋面层	普通竖向构件	弹性	抗剪不屈服，抗弯不屈服	抗剪截面控制，抗弯局部屈服，弹塑性层间位移角满足不大于1/100
加强层	上下弦杆	关键构件	弹性	中震不屈服	部分屈服
	腹杆	关键构件	弹性	中震弹性	腹杆不先于弦杆进入屈服状态，且腹杆兼框架柱时应满足不屈服
	加强层上下层竖向构件（框架柱和剪力墙）	关键构件	弹性	抗剪弹性，抗弯不屈服	抗剪不屈服，抗弯局部屈服，弹塑性层间位移角满足不大于1/100

构件		构件分类	多遇地震 （满足性能水准 1）	设防烈度地震 （底部 5 层满足性能水准 2， 其余楼层满足性能水准 3）	罕遇地震 （底部 5 层满足性能水准 3， 其余楼层满足性能水准 4）
框架柱	地上 1~5 层（塔楼部分， 含穿层柱）	关键构件	弹性	抗剪弹性，抗弯弹性	抗剪弹性，抗弯不屈服，弹塑性 层间位移角满足不大于 1/150
	地上 6~7 层	关键构件	弹性	抗剪弹性，抗弯弹性	抗剪弹性，抗弯不屈服，弹塑性 层间位移角满足不大于 1/100
	地上 8~屋面层	普通竖向构件	弹性	抗剪不屈服，抗弯不屈服	抗剪截面满足要求，抗弯局部 屈服，弹塑性层间位移角满足不 大于 1/100
	地上 1~5 层（与塔楼相 连的裙楼部分）	普通竖向构件	弹性	抗剪弹性，抗弯弹性	抗剪不屈服，抗弯局部屈服，弹 塑性层间位移角满足不大于 1/100
核心筒	地上 1~5 层	关键构件	弹性	抗剪弹性，抗弯弹性	抗剪弹性，抗弯不屈服，弹塑性 层间位移角满足不大于 1/150
	地上 6~7 层	关键构件	弹性	抗剪弹性，抗弯弹性	抗剪弹性，抗弯局部屈服，弹塑 性层间位移角满足不大于 1/100
	地上 8~屋面层	普通竖向构件	弹性	抗剪不屈服，抗弯不屈服	抗剪截面满足要求，抗弯局部 屈服，弹塑性层间位移角满足不 大于 1/100
梁	核心筒内连梁〔地上 6 层 以下（含 6 层）〕	关键构件	弹性	抗剪弹性，抗弯不屈服	抗剪不屈服，抗弯局部屈服
	核心筒内连梁（地上 6 层 以上）	耗能构件	弹性	少量屈服	大量屈服
	楼面梁	耗能构件	弹性	少量屈服	大量屈服
	塔楼外框架梁〔地上 6 层 以下（含 6 层）〕	关键构件	弹性	抗剪和抗弯弹性	抗剪和抗弯不屈服
	塔楼外框架梁（地上 6 层 以上）	耗能构件	弹性	少量屈服	大量屈服
楼板	地上 2~屋面层	—	弹性	弹性	不破坏

8.3.3　结构分析

1．小震弹性计算分析

限于篇幅，下文仅给出 1 号楼的分析结果。采用 ETABS 和 YJK 分别计算，振型数取至质量参与系数达到 90% 以上，周期折减系数取 0.9。计算结果见表 8.3-6~表 8.3-8。由表可见，两种软件计算所得的结构总质量、振动模态、周期、基底剪力、层间位移比等均基本一致，可以判断模型的分析结果准确、可信。结构第 1 扭转周期与第 1 平动周期比值为 0.696，表明交叉网格筒中筒体系抗扭刚度很强。结构前三阶振型图如图 8.3-9 所示。同时进行了小震弹性时程补充分析，并按照规范要求根据小震时程分析结果对反应谱分析结果进行了相应调整。

总质量与周期计算结果　　　　　　表 8.3-6

周期		ETABS	YJK	YJK/ETABS	说明
总质量/t		189634	194072	102%	
周期/s	T_1	4.478	4.457	100%	X 平动
	T_2	4.250	4.264	100%	Y 平动
	T_3	3.118	3.068	99%	扭转振型
	T_4	1.426	1.415	101%	X 平动
	T_5	1.263	1.273	99%	Y 平动
	T_6	1.104	1.092	97%	扭转振型

		基底剪力计算结果		表 8.3-7
荷载工况	ETABS/kN	YJK/kN	YJK/ETABS	说明
SX	37565	37147	99%	X向地震
SY	39170	38381	98%	Y向地震

		层间位移角计算结果		表 8.3-8
荷载工况	ETABS	YJK	YJK/ETABS	说明
SX	1/661	1/655	101%	X向地震
SY	1/684	1/674	101%	Y向地震

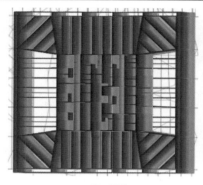 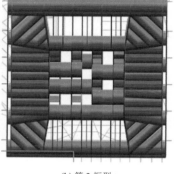 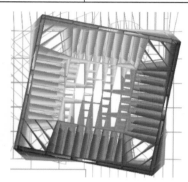

(a) 第 1 振型　　　　　　　(b) 第 2 振型　　　　　　　(c) 第 3 振型

图 8.3-9　前三阶振型图示

2. 大震动力弹塑性时程分析

计算软件采用由广州建研数力建筑科技有限公司开发的新一代"GPU + CPU"高性能结构动力弹塑性计算软件 SAUSAGE（Seismic Analysis Usage），可以准确模拟梁、柱、支撑、剪力墙（混凝土剪力墙和带钢板剪力墙）和楼板等结构构件的非线性性能，使实际结构的大震分析具有计算效率高、模型精细、收敛性好的特点。非线性分析时第一步进行施工模拟加载，第二步进行地震加载。

1）材料本构关系及构件弹塑性模型

计算中钢材的本构模型采用双线性随动硬化模型，考虑包辛格效应，在循环过程中，无刚度退化。

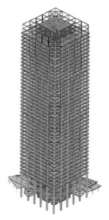

计算分析中，设定钢材的强屈比为 1.2，极限应变为 0.025。一维混凝土材料模型采用规范指定的单轴本构模型，能反映混凝土滞回、刚度退化和强度退化等特性，其轴心抗压和轴心抗拉强度标准值按《混凝土结构设计规范》GB 50010-2010 表 4.1.3 采用。二维混凝土本构模型采用弹塑性损伤模型，该模型能够考虑混凝土材料拉压强度差异、刚度及强度退化以及拉压循环裂缝闭合呈现的刚度恢复等性质。

梁、柱、斜撑和桁架等构件采用纤维束模型，由于采用了纤维塑性区模型而非集中塑性铰模型，构件刚度由截面沿长度方向动态积分得到，双向压弯和拉弯的滞回性能可由材料的滞回性能准确表现，同一截面的纤维逐渐进入塑性，而在长度方向亦是逐渐进入塑性。楼板采用壳单元。SAUSAGE 结构模型如图 8.3-10 所示。

图 8.3-10　SAUSAGE 结构模型

2）地震波输入

根据抗震规范要求，在进行动力时程分析时，按建筑场地类别和设计地震分组选用两组实际地震记录和一组人工模拟的加速度时程曲线。罕遇地震对应的地震波峰值加速度取 400Gal。

3）动力弹塑性分析结果

（1）罕遇地震分析参数

地震波的输入方向，依次选取结构X或Y方向作为主方向，另两方向为次方向，分别输入3组地震波的2个分量记录进行计算，每个工况地震波峰值按水平主方向：水平次方向：竖向＝1：0.85：0.65进行调整。

（2）基底剪力响应

图8.3-11和图8.3-12给出了该结构模型在大震作用下的基底总剪力时程曲线，表8.3-9列出了结构在小震及大震作用下的基底剪力峰值。3条地震波作用下，大震弹塑性基底剪力与小震弹性基底剪力的比值为3.08～4.09，结果表明大震下结构进入弹塑性状态。

小震及大震基底剪力计算结果对比 表8.3-9

地震波名称	小震弹性基底剪力/kN		大震弹塑性基底剪力/kN		大震弹塑性基底剪力与小震弹性基底剪力的比值	
地震波	X向	Y向	X向	Y向	X向	Y向
TH002TG055	32979	28817	121575	117724	3.69	4.09
TH057TG055	37170	38614	119305	140380	3.21	3.64
RH4TG055	39985	35501	123003	124294	3.08	3.50
3条均值	36711	34311	121294	127466	3.33	3.74

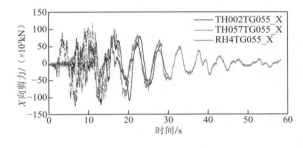

图8.3-11　X主方向输入下基底总剪力时程　　　　图8.3-12　Y主方向输入下基底总剪力时程

（3）楼层位移及层间位移角响应

表8.3-10为罕遇地震作用下的该结构最大顶点位移和层间位移角。图8.3-13为该结构楼层层间位移角和顶点位移分布。整体看来，在地震波作用下，结构位移连续均匀，结构竖向布置合理。本结构在罕遇地震作用下的弹塑性最大层间位移角，X主向为1/111，出现在24层；Y主向层间位移角为1/114，出现在24层，最大值均满足《建筑抗震设计规范》GB 50011-2010小于1/100的规定。由图可知，在底部4层层间位移角小于1/200，满足性能目标对结构位移角限值的要求。

地震动位移计算结果 表8.3-10

工况	主方向	类型	最大顶点位移/m	最大层间位移角	位移角对应层号
TH002TG055_X	X向	弹塑性	1.005	1/121	28
TH057TG055_X	X向	弹塑性	1.239	1/111	24
RH4TG055_X	X向	弹塑性	0.868	1/154	28
TH002TG055_Y	Y向	弹塑性	0.945	1/124	29
TH057TG055_Y	Y向	弹塑性	1.204	1/114	24
RH4TG055_Y	Y向	弹塑性	0.893	1/153	24

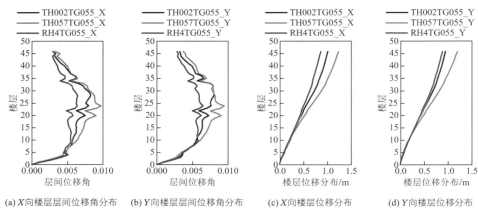

| (a) X向楼层层间位移角分布 | (b) Y向楼层层间位移角分布 | (c) X向楼层位移分布 | (d) Y向楼层位移分布 |

图 8.3-13　层间位移角和楼层位移分布

（4）构件损伤情况

大震作用下结构构件损伤分布如图 8.3-14 所示。由图可见，大震作用下结构的核心筒外墙、外框柱、腰桁架及外框梁基本无损伤，抗震性能良好。连梁作为结构的主要耗能构件，产生中度或重度损伤，满足预设的性能目标要求。

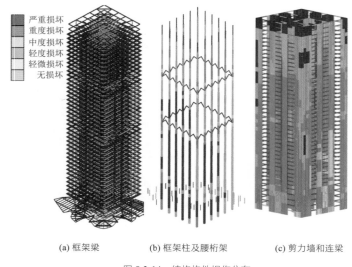

| (a) 框架梁 | (b) 框架柱及腰桁架 | (c) 剪力墙和连梁 |

图 8.3-14　结构构件损伤分布

（5）结论

由上述分析结果可知，考虑重力二阶效应及大变形的影响，罕遇地震作用下，结构最终仍能保持直立，满足"大震不倒"的设防要求。结构在罕遇地震作用下位移连续均匀，弹塑性时程分析得到的 X、Y 向最大层间位移角均小于 1/100，满足规范要求；底部四层位移角均小于 1/200，满足性能目标的要求；结构竖向布置合理、抗侧刚度连续。在罕遇地震作用下，剪力墙产生了一定受压损伤，但是并未发生塑性变形破坏集中的情况。结构的底部加强区和加强层位移角最大的楼层，在罕遇地震作用下塑性变形也较为集中，设计时应采取合理的加强措施。结构损伤主要集中在连梁上，达到耗能目的。结构整体和各类构件损伤较轻，结构体系设计合理，起到了二道防线的作用。

综上所述，本结构抗震性能良好，满足规范"大震不倒"的要求，各项指标均满足规范要求，主要结构构件在罕遇地震作用下基本满足了预设的性能目标。

3. 极罕遇地震动力弹塑性时程分析

通过大震弹塑性分析，结构竖向构件损失较小，为研究结构破坏机制，对结构进行极限破坏分析，加速度峰值 PGA 达到 700cm/s²。基于大震分析结果，本次分析主要关注剪力墙及加强层周边破坏机制。

（1）剪力计算结果

极罕遇地震作用下剪力时程曲线如图 8.3-15 所示。表 8.3-11 给出了不同地震水准作用下结构基底剪力结果对比。由表可知，极罕遇地震动作用下，地震作用放大倍数减小，说明极罕遇地震动作用下，地震作用并没有随着地震加速度峰值增大成比例增大，而是在地震动峰值增大到一定程度后，地震作用增加幅度开始变小。

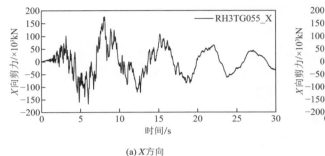
(a) X方向

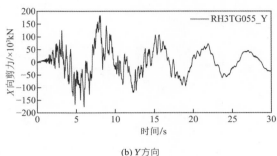
(b) Y方向

图 8.3-15　极罕遇地震剪力时程曲线

不同水准地震作用下地震基底剪力计算结果对比　　　　　　　　　　　　　表 8.3-11

小震弹性基底剪力/×10³kN		大震弹塑性基底剪力/×10³kN		极罕遇地震弹塑性基底剪力/×10³kN		大震弹塑性基底剪力与小震弹性基底剪力的比值		极罕遇地震弹塑性基底剪力与小震弹性基底剪力的比值	
X	Y	X	Y	X	Y	X	Y	X	Y
39.9	39.6	143.7	140.6	160.9	172.8	3.6	3.55	4.03	4.36

（2）结构损伤状况

图 8.3-16 为在极罕遇地震作用下结构最终破坏云图。由图可知，在极罕遇地震作用下，墙体在底部区域及 5 层上部区域损失比较严重，框架柱及框架梁损伤较小，连梁大部分损伤严重，说明结构在极罕遇地震动作用下，耗能构件率先破坏耗能，然后剪力墙发挥第一道防线作用，框架柱损伤较小，发挥第二道防线作用。楼板在加强层及加强层上、下楼层损伤较为严重，在施工图设计阶段应针对性地予以加强。

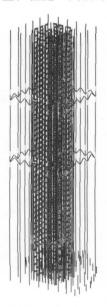

(a) 结构整体模型最后破坏形态（一）　　(b) 结构整体模型最后破坏形态（二）

图 8.3-16　极罕遇地震作用下结构最后破坏形态

8.4 专项设计

8.4.1 不同组装模式结构指标分析

1. 层间位移角

为准确反映底部 5 层多层通高对结构层间位移角分布情况的影响，分别采用 3 种不同组装模式的模型复核层间位移角，其中模型 1 为原始模型（5 层，5×6＝30m）；模型 2 为合并的 2 层模型（1、2 层合并2×6＝12m，3～5 层合并3×6＝18m）；模型 3 为合并为 1 层模型（1～5 层合并共30m），3 种模型层间位移角计算结果见表 8.4-1。由表可知，结构底部 5 层层间位移角分布较均匀，未出现明显突变，且 5 层顶点位移角（模型 3）控制在传统框架-核心筒结构要求的 1/800 以内，表明在底部采取针对性加强措施后，结构侧向刚度分布较均匀，未形成明显软弱部位。

地震动层间位移角计算结果 表 8.4-1

楼层	模型 1		模型 2		模型 3	
	X向	Y向	X向	Y向	X向	Y向
1 层（嵌固层）	1/1824	1/2311	1/1289	1/1741	1/908	1/1331
2 层	1/1204	1/1617				
3 层	1/985	1/1379				
4 层	1/913	1/1248	1/800	1/1149		
5 层	1/889	1/1201				

2. 刚度比

按照《抗规》第 3.4.3 条结构竖向不规则的楼层侧向刚度比要求和《高规》第 3.5.2 条考虑层高修正的楼层侧向刚度比要求，分别计算 3 种不同组装模式结构楼层侧向刚度比。计算结果如表 8.4-2 所示。

结构楼层侧向刚度比 表 8.4-2

楼层	模型 1		模型 2		模型 3	
	R_{atx1}	R_{atx2}	R_{atx1}	R_{atx2}	R_{atx1}	R_{atx2}
1 层	2.16	1.01	1.03	1.07	0.22	0.88
2 层	1.66	1.37				
3 层	1.29	1.24	0.33	0.93		
4 层	1.11	1.13				
5 层	1.07	1.20				
6 层	1.52	1.26	1.47	1.24	1.45	1.22

楼层	模型 1		模型 2		模型 3	
	R_{aty1}	R_{aty2}	R_{aty1}	R_{aty2}	R_{aty1}	R_{aty2}
1 层	2.13	0.99	1.20	1.07	0.28	0.88
2 层	1.71	1.37				
3 层	1.39	1.27	0.40	1.09		
4 层	1.23	1.17				
5 层	1.19	1.30				
6 层	1.59	1.30	1.57	1.29	1.56	1.22

注：表中R_{atx1}和R_{aty1}（不考虑层高修正）分别表示X向和Y向本层侧移刚度与上一层侧移刚度的70%或上三层平均侧移刚度的80%的比值中的较小者；R_{atx2}和R_{aty2}（考虑层高修正）表示X向和Y向本层塔层侧移刚度与上一层相应侧移刚度的90%、110%或150%的比值，110%指当本层层高大于相邻上层层高 1.5 倍时，150%指嵌固层。

由表 8.4-2 可知，不考虑层高修正情况下，刚度比与层高关系较大，造成不同组装模式底部 5 层刚度比差异显著。考虑层高修正情况下，不同组装模式底部 5 层刚度比差异较小。按照考虑层高修正方法

经典回眸 中国建筑西北设计研究院有限公司篇

计算结构楼层侧向刚度比较为合理,建议对底部多层通高穿层柱框架-核心筒结构,按照考虑层高修正的楼层侧向刚度比对结构薄弱层进行判断。

为进一步分析结构底部是否刚度偏弱,按照《高规》附录 E.0.3 的方法验算底部 5 层与其上 5 层刚度比。其中,模型 4 为底部通高 5 层($H_1 = 6 \times 5m = 30m$),模型 5 为 6~12 层($H_2 = 4.3 \times 4 + 5 + 4.3 \times 2 = 30.8m$),两种模型底部均按嵌固端处理,模型 4 和模型 5 示意图见图 8.4-1。在模型 4 和模型 5 顶层形心位置分别作用 1000kN 的水平荷载,模型 4 的顶点侧移$\Delta_1 = 2.67mm$;模型 5 的顶点侧移$\Delta_2 = 2.88mm$,计算可得两个模型的等效侧向刚度比$\gamma_{e2} = 1.05$,接近于 1.0,表明结构底部刚度分布均匀。

为考虑底部大长细比穿层柱可能引起结构抗扭刚度减小问题,在模型 4 和模型 5 顶层形心位置分别作用绕竖向轴 1000kN·m 的力矩作用,模型 4 顶层绕竖向轴转角$\theta_1 = 0.00085rad$;模型 5 顶层绕竖向轴转角$\theta_2 = 0.002rad$。由此可知,模型 4 的抗扭刚度大于模型 5,表明结构底部通过设置钢板混凝土剪力墙、钢管混凝土柱等加强措施后,具有足够的抗扭刚度。

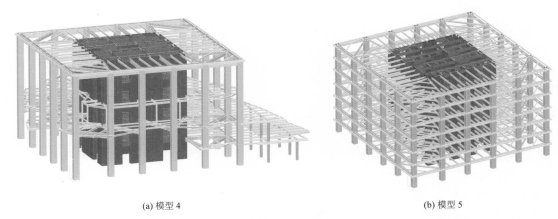

(a) 模型 4　　　　　　　　　　　　　　(b) 模型 5

图 8.4-1　模型示意图

3. 受剪承载力比

表 8.4-3 列出了模型 1~3 的楼层受剪承载力之比。由表可知,不同组装模式下,楼层受剪承载力之比差别较大。主要原因在于框架柱的受剪承载力是根据柱两端实际配筋计算得到的受弯承载力按两端同时屈服的假定失效模式反算得出,不同组装模式对应的框架柱计算高度不同,且边界条件失真,从而使其受剪承载力产生显著差异。楼层受剪承载力计算结果表明,无论采用何组装模式,结构底部均存在薄弱层,因此,对结构底部采取加强措施是非常必要的。

结构楼层受剪承载力之比　　　　　　　　　　　　　　　　表 8.4-3

楼层	模型 1		模型 2		模型 3	
	Ratio$_X$	Ratio$_Y$	Ratio$_X$	Ratio$_Y$	Ratio$_X$	Ratio$_Y$
1 层	0.95	0.97	1.29	1.32	0.64	0.83
2 层	1.38	1.35				
3 层	1.07	1.06				
4 层	0.84	0.84	0.83	0.92		
5 层	0.89	1.01				

楼层	模型 1		模型 2		模型 3	
	Ratio$_X$	Ratio$_Y$	Ratio$_X$	Ratio$_Y$	Ratio$_X$	Ratio$_Y$
6 层	1.00	1.01	1.00	1.00	1.01	1.01

注：表中Ratio$_X$和Ratio$_Y$分别表示X向和Y向本层与上一层的承载力之比。

4．倾覆力矩比和剪力比

结构底部存在大量多层通高穿层框架柱，对外框架刚度削弱明显。为研究多层通高穿层柱引起的框架刚度削弱程度，表 8.4-4 对比了穿层柱模型（项目原始模型）和传统模型（底部框架梁和楼板完整无缺失）底层框架承担的地震倾覆力矩与结构总地震倾覆力矩的比值以及楼层地震剪力标准值与结构总基底剪力的比值。

底层框架承担的倾覆力矩比和剪力比　　　　　　　　　　　　表 8.4-4

模型	X向		Y向	
	传统模型	穿层柱模型	传统模型	穿层柱模型
自振周期/s	4.36	4.46	4.20	4.25
倾覆力矩比	28.6%	23.1%	25.5%	20.6%
剪力比	38.8%	20.1%	36.7%	13.4%

由表 8.4-4 可知，底部多层通高穿层柱对框架部分刚度削弱严重，但通过对多层通高穿层柱采取了一系列加强措施，即在 5 层穿层柱顶部设置大截面箱形钢梁，其底层框架承担的倾覆力矩比和剪力比仍符合规范对框架-核心筒结构的规定，满足结构双重抗侧力体系的刚度需求。此外，为了定量分析采取的加强措施的有效性，对比了穿层柱模型中钢梁加强模型和钢梁未加强模型底层框架承担的倾覆力矩比，底部未加强模型X向和Y向底层框架承担的倾覆力矩比分别为 1.5%和 19.4%，采用加强措施的穿层柱模型底层框架承担的倾覆力矩相比传统模型提高了约 10%，证明了加强效果明显。

本工程按 0.25 倍的结构底部总地震剪力V_0与 1.80 倍的框架部分楼层剪力标准值最大值$V_{f,max}$的较小值对框架部分承担的地震剪力进行了调整，且使结构底部 1~5 层的剪力调整系数不小于 2.0，保证结构框架部分的安全性和二道防线的有效性。

8.4.2　穿层柱屈曲分析

为确保底部多层通高穿层柱在大震作用下的稳定性，采用有限元分析软件 MIDAS Gen 2020 对最不利穿层柱进行了大震作用下考虑位移初始缺陷的屈曲分析。取角部最不利的 1~5 层通高穿层钢管混凝土柱（柱高度为 30m，截面尺寸为1500mm×1500mm，混凝土强度等级 C60，型钢采用 Q355B）作为分析对象，子结构基本边界条件如图 8.4-2 所示。考虑楼板作用，框架梁平面外每间隔 1m 设侧向约束，在远柱端（反弯点位置）近似设置为铰接。对框架梁、框架柱单元进行剖分，典型单元长度取 1000mm。框架柱受压控制工况为 1.0 恒荷载 +0.5活荷载 +1.0水平地震作用，提取该工况下的轴力设计值（24500 + 0.5 × 4355 + 48322 = 75000kN）作为屈曲荷载施加到柱顶。考虑大震位移（$\Delta = 204$mm）以及整体初始几何缺陷的位移（$\Delta = 80$mm），参考《钢结构设计标准》GB 50017-2017（简称《钢标》）式（5.2.1-1），同时考虑构件初始缺陷 [$q_0 = 25$kN/m，参考《钢标》式（5.2.2-2）]。综合上述条件对框架柱进行几何非线性屈曲分析，得到框架柱的屈曲因子为 4.6，满足《空间网格结构技术规程》JGJ 7-2010 中考虑初始缺陷框架柱的弹性屈曲因子不小于 4.2 的规定。

由上述计算结果可知,框架柱的欧拉临界承载力为框架柱的轴力设计值的 4.6 倍,即约为 345000kN,远大于框架柱正截面轴向极限承载力 97628kN。换算可知,考虑初始缺陷的弹性屈曲承载力为正截面轴向极限承载力的 3.5 倍,确保了该穿层框架柱在大震下的稳定性。

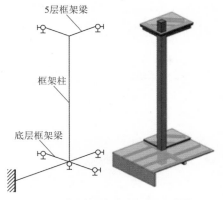

图 8.4-2　穿层柱局部支座条件及三维模型

8.4.3　核心筒地震作用下剪力墙剪力占比分析

以大震不屈服工况下,计算首层外圈钢板剪力墙剪力及内部钢筋混凝土剪力墙在地震工况下的剪力占比,计算结果如表 8.4-5 和表 8.4-6 所示。

X向地震作用下剪力占比　　　　　　表 8.4-5

X向地震作用	剪力/kN	百分比
核心筒X向外侧墙	94803.9	89.64%
核心筒X向内侧墙	10960	10.36%
核心筒Y向外侧墙	46608.6	95.67%
核心筒Y向内侧墙	2107.8	4.33%

Y向地震作用下剪力占比　　　　　　表 8.4-6

Y向地震作用	剪力/kN	百分比
核心筒X向外侧墙	22821	86.90%
核心筒X向内侧墙	3439.5	13.10%
核心筒Y向外侧墙	119615	90.8%
核心筒Y向内侧墙	12118.6	9.20%

从上表可知:在大震不屈服工况下,外圈钢板剪力墙承担绝大部分地震剪力,内部墙肢只承担较小的地震剪力。因此在进行设计分析时,应重点关注外圈钢板剪力墙,内部墙体可以适当放松。

8.5　结语

本项目为 3 栋超高层建筑,采用了型钢混凝土框架-钢筋混凝土核心筒结构体系。基于详细的分析以及计算结果,可以得到以下结论:

(1)多遇地震作用下,结构的周期、最大层间位移角、位移比、楼层抗剪承载力、刚重比、剪重比等指标基本满足规范要求。

（2）采用了 YJK 和 ETABS 两种软件进行了多遇地震作用下的对比分析，分析结果吻合较好，验证了结构计算模型的可靠性。计算结果表明，多遇地震作用下，结构承载能力及变形能力均满足规范要求，结构处于弹性阶段。结构整体能够满足"小震不坏"的抗震性能目标。

（3）为保证底部加强区的关键构件及普通构件在设防烈度地震作用下的抗震性能，进行了抗震性能化设计。根据本工程特点，确定了经济合理的性能目标，进行了承载力及变形验算。结构整体能够满足"中震轻度损坏"的抗震性能目标。

（4）采用 SAUSAGE 软件进行了罕遇地震坐下的弹塑性时程分析，罕遇地震作用下结构塑性变形可以满足规范要求，结构具有良好的抗震性能，结构整体能够满足"大震中度损坏"的抗震性能目标。

通过以上工作，本项目结构设计能够实现《建筑抗震设计规范》GB 50011-2010 中"小震不坏、中震轻度损坏、大震中度损坏"的抗震设防要求，结构设计安全。

本项目位于秦创原能源金融贸易区，项目邻近秦创原总平台，是国家级新区和陕西省对外形象核心窗口。目前所有项目建设者正在全力推进项目建设进度，预计 2026 年年底交付使用。

设计团队

项目负责人：李 冰、张 彤

结构设计团队：辛 力、任同瑞、许跃湘、段小欣、王伟锋、韩刚启、史生志、任冬云、王 涛、窦 颖、赵 波、刘 涛、王 璐、程倩倩

第 9 章

延长石油科研中心

9.1 工程概况

9.1.1 建筑概况

延长石油科研中心项目位于西安市高新区，西邻唐延路，南接科技八路，是集办公、科研为一体的集团中心发展项目。项目塔楼建筑高度（含塔冠）217.60m。顶部设有直升机救援平台，塔楼底部东端和五层高的商业裙楼相连，东侧玻璃中庭 42 层，与裙楼玻璃天窗相连。塔楼结构高度 195.45m，地下 3 层，层高分别为 6.0m、3.7m、3.9m，地上 46 层，标准层层高 4.2m，南北宽为 49.8m，东西宽为 59.4m。基础埋深 17.0m，主塔楼基础形式为桩筏 + 平板基础，采用 D800 大直径机械旋挖钻孔灌注桩，裙楼基础采用梁筏基础。该项目开始时间 2013 年 4 月，建成时间 2018 年 4 月，验收时间 2018 年 5 月。

塔楼标准层平面布置呈椭圆形，塔楼采用框架-核心筒结构体系，其中外框架采用钢管混凝土柱 + 型钢梁结构，核心筒采用混凝土剪力墙结构。建筑效果图和建成实景图如图 9.1-1 所示，典型建筑立面图和平面图如图 9.1-2 所示。

经典回眸 中国建筑西北设计研究院有限公司篇

(a) 建筑效果图　　　　　　　　　　(b) 建成实景图

图 9.1-1　延长石油科研中心建筑效果图和建筑立面图

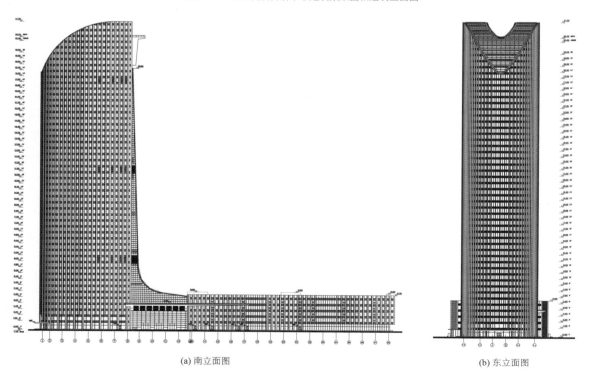

(a) 南立面图　　　　　　　　　　　　(b) 东立面图

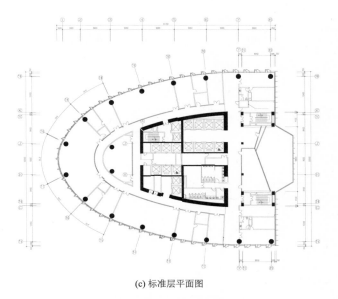

(c) 标准层平面图

图 9.1-2 建筑典型立面图和平面图

9.1.2 设计条件

1. 主体控制参数

结构主体控制参数见表 9.1-1。

结构主体控制参数表　　　　　　　　　　　　　　表 9.1-1

项目		标准
结构设计基准期		50 年
建筑结构安全等级		二级
结构重要性系数		1.0
建筑抗震设防分类		标准设防类（丙类）
地基基础设计等级		甲级
设计地震动参数	抗震设防烈度	8 度
	设计地震分组	第一组
	场地类别	Ⅱ类
	小震特征周期/s	0.35
	大震特征周期/s	0.40
	设计基本地震加速度值/g	0.20
建筑结构阻尼比	多遇地震	地上：0.04 地下：0.05
	罕遇地震	0.06
水平地震影响系数最大值	多遇地震	0.161（安评）
	设防烈度地震	0.45
	罕遇地震	0.90
地震峰值加速度/（cm/s²）	多遇地震	70

2．结构抗震设计条件

塔楼结构构件抗震等级见表 9.1-2。地下一层与首层侧向刚度比大于 2.0，采用地下室顶板作为上部结构的嵌固端。

构件抗震等级		表 9.1-2
地下室部分抗震等级	核心筒或剪力墙	地下一层：特一级 地下二层：一级 地下三层：二级
	框架	地下一层：特一级 地下二层：一级 地下三层：二级
地上部分抗震等级	核心筒	特一级
	框架	框架柱：特一级 框架梁：一级

3．风荷载

结构变形验算时，按 50 年一遇取基本风压为 0.35kN/m²，承载力验算时取 100 年一遇基本风压 0.40kN/m²，场地粗糙度类别为 B 类。项目开展了风洞试验，模型缩尺比例为 1：250，风洞试验考虑了周边现有建筑物对风荷载和风环境的影响，试验模型如图 9.1-3 所示。结构设计中采用了《建筑结构荷载规范》GB 50009-2012 规定的风荷载和风洞试验结果进行位移和强度包络验算，并对舒适度进行了评估。

图 9.1-3　风洞试验模型

9.2　建筑特点

9.2.1　建筑高度超限、平面呈半椭圆形

塔楼屋面高度为 195.45m，屋面向上延伸钢构架约 22m，建筑高度达 217.6m。超过《超限高层建筑工程抗震设计导则》要求的 B 级高度框架-核心筒高层建筑最大适用高度（150m），超过 B 级高度 30%。

塔楼造型借鉴山峰厚重挺拔的形态，建筑平面布置呈半椭圆形，核心筒、框架柱平面布置不均匀、不对称，传统结构布置方案很难保证标准层质心、刚心重合。由于钢筋混凝土核心筒抗侧刚度远大于外部钢框架部分，导致框架部分分配的地震剪力标准值的最大值小于结构底部总剪力标准值的 10%，不利于结构抗震二道防线设计。

南侧主入口大堂 2 层通高，故 2 层楼板受入口大堂通高布置影响，有效楼板宽度小于楼板总宽度的 50%，楼板局部开大洞。

9.2.2 中庭幕墙飞流直下

贯穿建筑主体的中庭玻璃幕墙从高空一泻而下，宛如山谷中一股清涧飞流直下汇成一汪碧水。塔楼东侧立面幕墙局部突出，从42层至裙楼形成瀑布式幕墙造型，上部依附于塔楼主体，下部幕墙呈马鞍形支承于裙楼两侧。一方面，幕墙功能要求通透美观，对结构构件尺寸提出严格限制要求。另一方面，幕墙如何在裙楼两侧形成有效支撑，并满足地震作用下南北两侧裙楼的变形协调要求，以及幕墙在塔楼与裙楼的分缝部位如何衔接等，均造成一定难度。由于幕墙结构造型不规则，对风荷载较敏感，如何确定风荷载体型系数也是设计的难点之一。

塔楼东侧中庭幕墙两侧布置两个疏散楼梯，不同于传统意义上的框架-核心筒结构；而幕墙中庭部位因建筑效果需要，局部开敞，楼板开口不规则且层层变化。同时在一层大堂部位要求不设柱，导致结构在此部位竖向构件不连续，存在局部桁架托柱转换。

9.2.3 裙楼与中庭连接成环

为了打造一个空间通透的办公园区，以南侧主入口大堂为中心，围绕玻璃幕墙中庭以及内庭创造了一个环线，会议室、健身房、餐厅、茶水间等公共非办公空间沿着这条环路布置。为了实现这一建筑效果，与塔楼相接的南侧裙楼主入口门厅跨度达到42.8m，由于建筑功能不允许设柱，同时要形成对幕墙结构的有效支撑。东侧裙楼分为南北两部分，中间通过报告厅、连廊连接，属于连体结构。主塔楼与裙楼未在交界处设变形缝，对基础变形、地基不均匀沉降设计带来困难。

9.3 体系与分析

9.3.1 结构体系及结构布置

按照建筑功能，结合结构合理性分布原则，防震缝划分位置如图9.3-1所示。

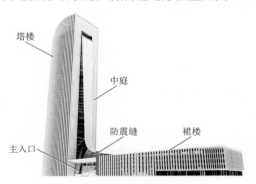

图9.3-1 建筑功能及防震缝划分示意图

1. 塔楼结构

塔楼抗侧力体系采用框架-核心筒结构，其中外框架采用钢管混凝土柱＋型钢梁结构，核心筒采用混凝土剪力墙结构，如图9.3-2所示。利用12层、27层、42层三个避难层，在第27层设置加强层（伸臂桁架＋环带桁架），在第12层外框周边设置腰桁架。塔楼平面东侧中厅大跨度室内空间采用在避难层设置转换桁架和吊柱的结构方案来实现，2～11层、14～26层、29～41的吊柱，分别悬吊于12层、27层、42层的转换桁架上。周边框架梁采用型钢组合梁，楼面采用压型钢板组合楼板。为降低梁的跨度，根据室内布置，设置2个内框架柱，以减小梁的跨度和截面尺寸，保证室内最低净高要求和增加侧向刚度，标准层及加强层结构平面布置如图 9.3-3 所示。

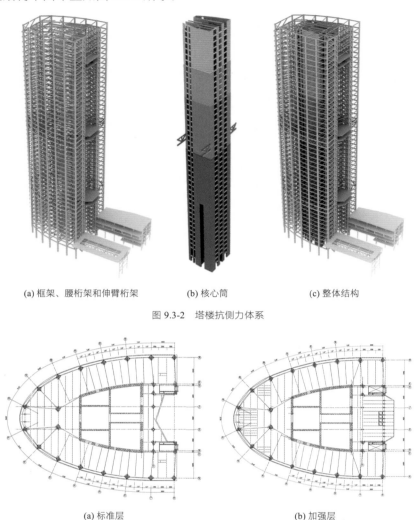

(a) 框架、腰桁架和伸臂桁架　　　(b) 核心筒　　　(c) 整体结构

图 9.3-2　塔楼抗侧力体系

(a) 标准层　　　　　　　　　　(b) 加强层

图 9.3-3　结构平面布置图

2．主要构件截面

塔楼核心筒厚度基于设计强度和抗侧力刚度并兼顾楼层上下刚度比确定。核心筒南北外墙厚度，底部为 1000mm，其厚度 600～1000mm 和混凝土的强度等级 C40～C60 自顶层至地下室变化。东西外墙厚度，底部为 850mm，其厚度 600～850mm 自顶层至地下室变化。内墙厚度，南北向为 600mm，东西向为 300mm。为增加核心筒加强区层构件的延性和减小构件截面尺寸，加强层及其上下各一层设置型钢暗柱；沿全高设置约束边缘构件。主要钢框架梁截面采用 H800×300×18×40、H800×300×18×30、H700×300×16×30、H700×200×16×30、H700×200×16×20；腰桁架水平梁截面采用□800×500×60×50、□800×500×40×40；腰桁架斜支撑截面采用□600×500×40×40、□600×500×50×50；伸臂桁架水平梁截面采用□900×500×60×60、□800×500×50×40；伸臂桁架斜支撑截面采用□800×500×50×40、□600×500×50×40。

楼梯筒采用钢支撑框架体系，构件的截面尺寸基于设计强度和抗侧力刚度的要求确定。筒东侧南北侧采用支撑钢框架，西侧采用钢抗弯框架。楼梯筒角柱采用矩形钢管混凝土柱，最大截面尺寸为□1100×600，最小截面尺寸为□600×600，柱壁厚及柱内填充混凝土强度沿高度变化，最大壁厚为 40mm，最小壁厚为 18mm。钢支撑采用□600×600方形钢管。

框架柱采用钢管混凝土柱，截面最大直径为 1400mm，最小直径为 800mm，柱截面尺寸、壁厚及柱内填充混凝土强度沿高度变化。最大壁厚 30mm，最小壁厚为 18mm。

如图 9.3-4 所示，在设备/避难层（27 层）核心筒处设置两道伸臂桁架，加强核心筒和结构外框柱的联系，共同承担水平荷载引起的倾覆力矩，减小结构侧移。在设备/避难层（12 层/27 层）设置环向腰桁架，加强结构外框柱的联系，减少外框稀柱之间的剪力滞后效应，提高外框柱的抗倾覆能力；更均匀地分配伸臂桁架传至外柱的轴力，与核心筒共同参与整体抗弯，共同承担水平荷载引起的倾覆力矩，减小结构侧移，实现多重抗侧力体系。

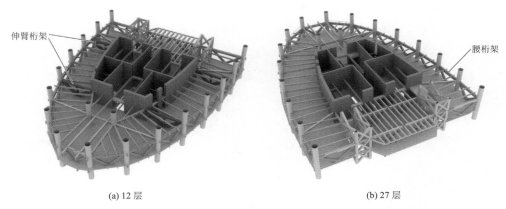

(a) 12 层   (b) 27 层

图 9.3-4　加强层伸臂桁架及腰桁架

3．中庭结构

考虑中庭结构与建筑造型、幕墙体系的统一，兼顾施工便捷性，将塔楼抗侧系统与中庭结构分离。中庭结构体系如图 9.3-5 所示，12 层以上顶部中庭包含区块 02、03，采用了钢板梁和受拉悬吊钢板的体系，各段中庭幕墙的重力荷载由悬挂在避难层的受拉杆件承担，水平风荷载和地震作用由与塔楼钢筋混凝土筒体结构铰接的水平钢板梁传递。12 层以下底部区块 01 由防震缝分为两段，一段由塔楼以及和塔楼相连的裙楼和主入口结构提供竖向和水平支撑，另一段由独立裙楼结构提供竖向和水平支撑。中庭结构采用了门式拉索主桁架和箱形截面次梁体系，中庭幕墙的竖向荷载由悬挂在避难层的受拉杆件、门式拉索主桁架和箱形截面次梁共同承担，水平风荷载和地震作用由门式拉索主桁架和连接于塔楼墙体的水平系杆共同承担。门式拉索桁架南侧由位于 4 层的雨篷空间桁架提供竖向和水平支撑，北侧连接在 4 层的裙楼结构上。

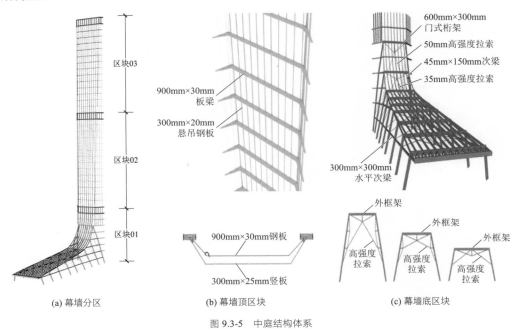

(a) 幕墙分区   (b) 幕墙顶区块   (c) 幕墙底区块

图 9.3-5　中庭结构体系

4．主入口雨篷结构

考虑主入口无柱大空间，同时需要为中庭幕墙结构提供竖向及水平支撑。主入口雨篷结构体系如图 9.3-6 所示，中庭幕墙及玻璃雨篷传递来的竖向荷载由楼面梁传递到沿横向布置的四榀次桁架，再由次桁架传递到沿纵向布置的两榀主桁架，最终传递至两侧带支撑钢框架。水平荷载主要由雨篷板及设于板内的水平撑杆传递至两侧带支撑钢框架，计算中考虑竖向地震作用和风荷载影响。

5．裙楼结构

裙楼结构和塔楼结构在地面以上由变形缝分开。西段部分裙房和塔楼结构相连，相连部分裙楼采用钢框架-支撑结构体系。东段独立部分裙楼采用钢筋混凝土框架-剪力墙体系，裙楼东端连体部分设计了报告厅和健身房，考虑到连体跨度较大，该部分楼面采用钢结构组合梁和组合楼面，与组合梁相接的框架柱采用型钢混凝土组合柱。裙楼南北两侧由四个连桥相连。连桥采用钢框架＋受拉斜杆的钢桁架结构体系，如图 9.3-7 所示，两端支承于主体结构伸出的悬挑梁上。

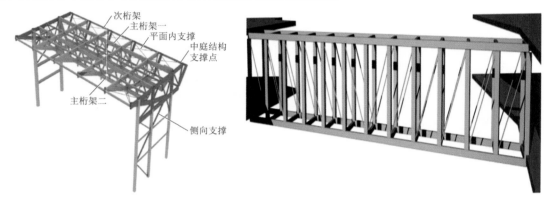

图 9.3-6　主入口雨篷结构体系　　　　图 9.3-7　裙楼连桥结构体系

6．基础结构设计

塔楼部分采用桩筏基础，筏板厚度 3m。经过对多种桩长、桩径的计算比较，并结合本建筑的平面布置特点，塔楼下最终采用桩径 800mm，桩长 50m 桩基础，采用泥浆护壁反循环钻孔灌注桩，并结合桩底、桩侧后注浆施工工艺，单桩的设计承载力特征值为 8250kN。

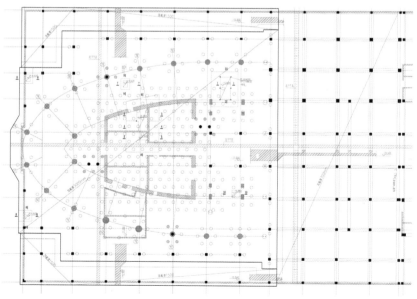

图 9.3-8　基础结构布置图

为减小核心筒与外框架、塔楼与裙楼之间的不均匀沉降，结合上部结构布置，主楼筏板向东侧延伸一跨，然后逐渐减薄至 700mm。采用变刚度调平设计理念，其中核心筒下采用满堂布置、外框柱下采用柱下集中布桩方式。基础结构布置图如图 9.3-8 所示。

9.3.2 性能目标

1. 结构超限分析和采取的措施

塔楼在如下方面存在超限：（1）高度超限。结构属于型钢混凝土框架 + 钢筋混凝土核心筒结构，根据《高层建筑混凝土结构技术规程》JGJ 3-2010（简称《高规》），高度大于型钢混凝土框架 + 钢筋混凝土核心筒结构适用的最大高度 150m，超 B 级高度 30%。（2）楼板不连续。2 层受入口大堂通高布置影响，有效楼板宽度小于楼板总宽度的 50%。（3）构件间断。幕墙结构复杂导致竖向构件不连续，局部存在钢桁架托柱转换。（4）局部不规则。存在悬吊竖向构件、穿层柱。

针对超限问题，设计中采取了如下应对措施：

（1）多遇地震作用下，框架依其刚度分配的地震剪力按不应小于结构基底地震总剪力的 20%进行调整，同时核心筒的地震剪力乘以 1.1。

（2）严格控制底部加强区剪力墙墙肢的轴压比。在重力荷载代表值作用下，底部加强部位核心筒墙肢的轴压比控制在 0.5 以内。

（3）对于底部加强区核心筒剪力墙，抗剪按中震弹性、抗弯按中震不屈服进行验算。底部加强部位边缘构件中设置型钢，增强其抗弯、抗剪能力，同时增强其延性。

（4）提高底部加强区水平分布钢筋的配筋率以及约束边缘构件的配筋率，核心筒角部及主要墙肢节点布置型钢（地下 3 层至地上 3 层），核心筒四角全高做约束边缘构件，提高筒体底部的延性。

（5）预期的罕遇地震作用下，剪力墙底部加强区应满足大震不屈服，其他层部分剪力墙可进入弯曲塑性，以满足预设的结构抗震性能目标。

（6）控制底层剪力墙在罕遇地震作用下不发生剪切破坏。

（7）连梁应满足中震部分屈服/屈曲、大震下部分进入塑性的结构抗震性能目标。

（8）框架柱应满足中震弹性和大震不屈服/不屈曲的抗震性能目标。

（9）框架梁应满足中震部分屈服/屈曲、大震下部分可进入塑性的抗震性能目标。

（10）提高底层加强区钢框架柱和梁的抗震等级到特一级。

（11）针对性能目标对结构构件进行验算和复核设计。

2. 抗震性能目标

根据抗震性能化设计方法，综合考虑抗震设防类别、设防烈度、场地条件、结构的特殊性、建造费用、震后损失和修复难易程度等各项因素后，该项目的结构抗震性能目标选定为 C 级，主要结构构件的抗震性能要求如表 9.3-1 所示。

主要结构构件抗震性能目标   表 9.3-1

地震水准		多遇地震	设防烈度地震	罕遇地震
抗震性能水准		1	3	4
剪力墙构件性能	底部加强区、加强层及其上下各一层	弹性	正截面承载力不屈服，斜截面抗剪弹性	允许进入塑性，斜截面抗剪不屈服，弹塑性层间位移角≤1/100
	非底部加强区	弹性	正截面承载力不屈服，斜截面抗剪不屈服	允许进入塑性，控制截面剪压比，弹塑性层间位移角≤1/100
剪力墙连梁		弹性	允许进入塑性，控制截面剪压比	允许进入塑性，剪切不屈服

				续表
框架柱	底部加强区、加强层及其上下各一层	弹性	正截面承载力不屈服，斜截面抗剪弹性	允许进入塑性，斜截面抗剪不屈服，弹塑性层间位移角≤1/100
	非底部加强区	弹性	正截面承载力不屈服/斜截面抗剪不屈服	允许进入塑性，控制截面剪压比，弹塑性层间位移角≤1/100
框架梁	不区分加强、非加强部位	弹性	不屈服	允许进入塑性
塔楼框架中心支撑		弹性	不屈服	允许进入塑性，屈曲
加强层	伸臂桁架和腰桁架	弹性	弹性	允许进入塑性
塔楼相连裙楼，主入口中心支撑，中庭桁架		弹性	个别杆件端部出现弯曲塑性，其他满足不屈服/不屈曲	部分杆件端部出现弯曲塑性，其他满足不屈服/不屈曲
节点			满足强节点、弱构件的抗震要求	

9.3.3 结构分析

1. 小震弹性计算分析

采用 ETABS 和 MIDAS Gen 分别计算，振型数取至质量参与系数达到 90%以上，周期折减系数取 0.9。计算结果见表 9.3-2～表 9.3-4。由表可见，两种软件计算的结构总质量、振动模态、周期、基底剪力、层间位移角等均基本一致，可以判断模型的分析结果准确、可信。结构第一扭转周期与第一平动周期比值为 0.635，满足规范要求。结构前三阶振型图如图 9.3-9 所示。

总质量与周期计算结果   表 9.3-2

周期		ETABS	MIDAS Gen	ETABS/MIDAS Gen	说明
总质量/t		103892	105555	98%	
周期/s	T_1	3.81	3.78	101%	Y向平动
	T_2	3.13	3.11	101%	X向平动
	T_3	2.42	2.45	99%	扭转振型
	T_4	1.16	1.17	99%	Y向平动
	T_5	0.87	0.88	101%	X向平动
	T_6	0.80	0.82	98%	扭转振型

基底剪力计算结果   表 9.3-3

荷载工况	ETABS/kN	MIDAS Gen/kN	ETABS/MIDAS Gen	说明
SX	51644	48719	106%	X向地震
SY	43861	40645	108%	Y向地震

层间位移角计算结果   表 9.3-4

荷载工况	ETABS	MIDAS Gen	ETABS/MIDAS Gen	说明
SX	1/1124	1/1131	101%	X向地震
SY	1/721	1/714	99%	Y向地震

根据《高规》规定，采用小震作用下的弹性时程分析法进行补充计算，取 7 组地震波弹性时程分析结果的平均值与振型分解反应谱法分析结果二者的较大值对结构进行设计。反应谱法与时程分析法所得结构各层层间位移角分布如图 9.3-10 所示。

由图 9.3-10 可知，时程分析所得结构层间位移角分布与反应谱法基本一致，Y向结构最大层间位移角大于X向；时程分析法得到的结构层间位移角在结构的底部和顶部几层略大于反应谱法，故相关几层在结构设计时采用时程分析法的计算结果。最大层间位移角小于 1/628，满足规范要求。

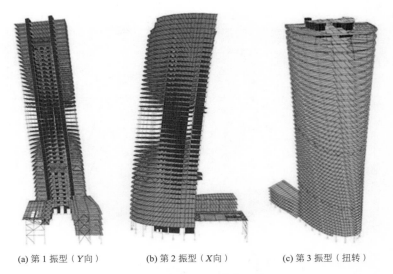

(a) 第 1 振型（Y向）　　　(b) 第 2 振型（X向）　　　(c) 第 3 振型（扭转）

图 9.3-9　前三阶振型图示

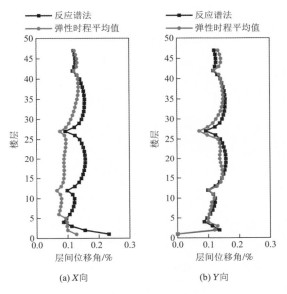

(a) X向　　　　　　　(b) Y向

图 9.3-10　小震层间位移角分布

2．动力弹塑性时程分析

采用 ABAQUS 有限元软件对结构进行罕遇地震作用下的动力弹塑性时程分析，考虑几何非线性和材料非线性的影响。剪力墙、连梁及楼板采用壳单元模拟，剪力墙及楼板内的钢筋采用桁架单元模型，钢筋与混凝土采用嵌入命令模拟相互作用；钢管混凝土柱、钢框架梁采用纤维模型梁单元模拟，外包钢管采用嵌入式钢管纤维进行模拟。混凝土本构采用弹塑性损伤模型，钢材本构采用双线性随动硬化模型。地震波选取 2 条天然波和 1 条人工波，地震波峰值加速度取 400Gal。

塔楼结构在大震作用下的层间位移包络图如图 9.3-11 所示，罕遇地震作用下结构最大层间位移和顶点位移如表 9.3-5 所示。由表 9.3-5 可见，X向和Y向最大层间位移角分别为 1/122 和 1/128，满足规范限值 1/100 的要求。

罕遇地震作用下结构位移指标　　　　　　　　　　　　　　　　表 9.3-5

方向	位移	HIST1	HIST1	HIST3	包络值
X向	顶点最大位移/m	0.897	0.735	0.874	0.897
	最大层间位移角	1/122（10 层）	1/170（9 层）	1/139（14 层）	1/122

方向	位移	HIST1	HIST1	HIST3	包络值
Y向	顶点最大位移/m	1.139	0.975	0.951	1.139
	最大层间位移角	1/128（20 层）	1/128（9 层）	1/134（14 层）	1/128

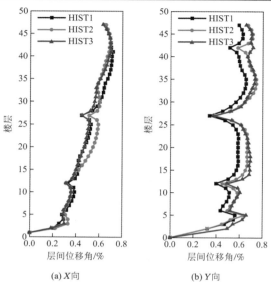

(a) X向　　　　　　　　　(b) Y向

图 9.3-11　大震层间位移角分布

　　罕遇地震作用下竖向承重构件损伤分布示意如图 9.3-12 所示。塔楼核心筒连梁出现大范围弯曲屈服，个别小跨高比连梁出现剪切破坏，连梁形成了塑性铰机制，符合屈服耗能的抗震设计概念。结构大部分剪力墙墙肢混凝土受压损伤因子较小（混凝土压应力均未超过其抗压强度），大部分墙体受压损伤因子小于 0.1，表明混凝土压应力远低于其抗压强度，可认为混凝土受压基本处于弹性状态。底部加强部位、加强层部分核心筒剪力墙损伤较严重，损伤较大的剪力墙墙体的承载力复核结果表明，基本满足极限承载力的要求，未发现混凝土大范围压碎现象。钢框架梁、钢管混凝土柱钢管、伸臂桁架、腰桁架和转换桁架没有出现塑性应变，保持弹性工作状态；楼梯筒钢斜撑除首层位置出现轻微塑性应变外，其余位置没有出现塑性应变，基本保持弹性工作状态。构件的损伤发展顺序和损伤程度合理，结构能够充分发挥二道防线的作用，与初始预定的结构抗震性能目标基本吻合。依据弹塑性分析结果，结构设计时适当增加了核心筒底部加强区、加强层及其上下两层的剪力墙分布钢筋配筋率，并对楼梯筒首层的斜支撑进行适当加强。

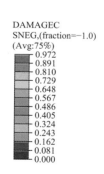

DAMAGEC
SNEG,(fraction=−1.0)
(Avg:75%)

```
0.972
0.891
0.810
0.729
0.648
0.567
0.486
0.405
0.324
0.243
0.162
0.081
0.000
```

(a) X向剪力墙　　　　　　　　　(b) Y向剪力墙

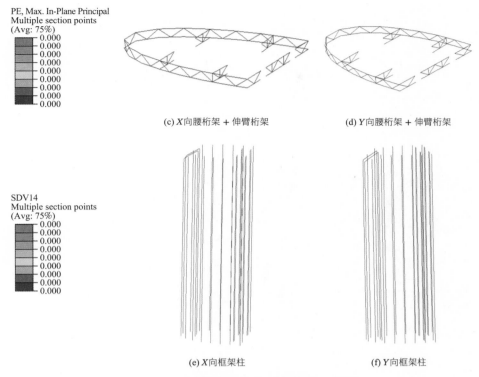

(c) X向腰桁架 + 伸臂桁架   (d) Y向腰桁架 + 伸臂桁架

(e) X向框架柱   (f) Y向框架柱

图 9.3-12　罕遇地震作用下竖向承重构件损伤分布示意

由上述分析结果可知，大震作用下，结构最大层间位移角均不大于 1/100，满足规范要求。整个计算过程中，结构始终保持直立，能够满足规范的"大震中度损坏"抗震性能目标要求。塔楼结构基本实现了抗震性能目标为 C 级的设防目标，重要部位的结构构件性能目标达到 B 级，表明整体结构在大震下是安全的，可以达到预期的抗震性能目标。

9.4　专项设计

9.4.1　塔楼伸臂和腰桁架验算

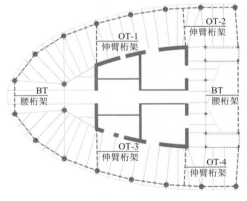

图 9.4-1　桁架布置图

伸臂和腰桁架构件的验算内力，取加强层上、下楼板为半刚性楼板假定下分析得到的桁架内力包络值，分别考虑小震弹性和中震弹性组合。所有桁架构件均为箱形截面，采用 Q345-GJ 钢材，设计中不考虑混凝土楼板对强度的贡献，埋在剪力墙中的构件采用水平焊接 H 型钢。由于桁架上、下弦整浇钢筋混凝土楼板，并与其牢固相连，能阻止其杆件受压翼缘的侧向位移，故不需进行整体稳定性的验算。桁架布置图如图 9.4-1 所示，腰桁架构件分组如图 9.4-2 所示，伸臂桁架构件分组如图 9.4-3 所示。

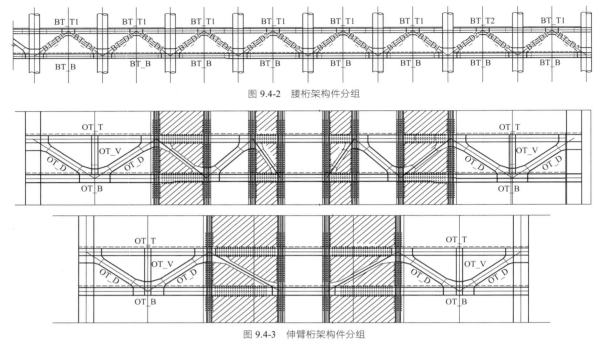

图 9.4-2　腰桁架构件分组

图 9.4-3　伸臂桁架构件分组

表 9.4-1 列出了伸臂和腰桁架构件在小震弹性和中震弹性工况下的构件截面应力比，结果均小于 1.0，表明所有构件满足中震弹性的要求。

伸臂和腰桁架构件截面应力比　　　　　　　　　　　　表 9.4-1

桁架构件类型	构件编号	截面规格					截面承载力验算		双向压弯失稳验算	
		梁宽/mm	梁高/mm	翼缘厚度/mm	腹板厚度/mm	跨度/m	小震弹性	中震弹性	小震弹性	中震弹性
腰桁架上弦杆	BT_T1	500	600	40	40	6.7	34.85%	62.06%	35.70%	63.43%
	BT_T1	500	600	50	50	6.2	28.78%	60.24%	29.27%	61.31%
腰桁架下弦杆	BT_B	500	800	40	40	9.2	30.05%	69.78%	28.85%	63.63%
腰桁架腹杆	BT_D1	500	800	30	30	9.2	16.80%	37.23%	14.53%	31.95%
	BT_D2	500	900	40	40	9.2	32.61%	68.01%	28.53%	59.27%
伸臂桁架上弦杆	OT_T	500	600	30	30	10.4	33.78%	65.64%	31.19%	62.00%
伸臂桁架下弦杆	OT_B	500	1000	30	50	11.3	34.90%	86.19%	50.37%	99.16%
伸臂桁架腹杆	OT_D	500	900	40	64	7.1	42.79%	85.68%	41.99%	84.18%
伸臂桁架竖杆	OT_V	500	600	30	30	4.2	24.10%	49.36%	25.22%	50.65%

9.4.2　附属钢结构影响

与塔楼主结构相连的附属结构体系主要包括顶部女儿墙、中庭幕墙两部分。为满足建筑外观及使用要求，均采用不同的钢结构体系实现。为验证塔楼与附属各部结构之间是否存在不利相互影响，现将塔楼、塔楼顶部及中庭结构模型位于变形缝左侧的全部模型拼合，采用 ETABS 软件对拼合后模型进行分析计算，三维拼装模型如图 9.4-4 所示。

图 9.4-4 三维拼装模型

1. 附属结构对塔楼结构的影响

拼装后模型的分析结果与独立塔楼模型（中庭及女儿墙部分以线荷载形式施加）结果如表 9.4-2 所示，拼装模型与独立模型总质量相差约为 0.4%；两模型前 3 阶周期差异很小；层间位移角两模型相差不超过 1.7%。比较可得附属结构不会对主塔楼结构的质量、周期和刚度指标造成过大影响。

两种模型计算结果比较 表 9.4-2

模型		独立塔楼模型	拼装模型
总质量/t		160861	160361
周期/s	T_1	3.98	3.95
	T_2	3.47	3.41
	T_3	2.45	2.45
层间位移角	X向地震	1/825	1/838
	Y向地震	1/635	1/639

2. 塔楼对中庭悬吊结构的影响

为了研究塔楼结构扭转对中庭板梁变形的影响，将与板梁两端（P1 和 P4）相连的塔楼楼板设置为弹性楼板，分别读取了板梁角点（P1、P2、P3、P4，见图 9.4-5）的节点位移。由图 9.4-6 可知，塔楼扭转对中庭板梁的影响小于 5%，故可不考虑塔楼主体对上部中庭悬吊结构的影响。

图 9.4-5 中庭板梁角点示意图

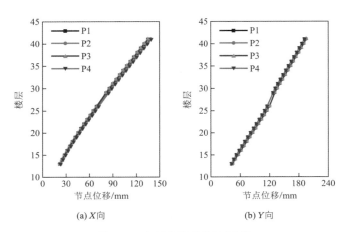

(a) X向   (b) Y向

图 9.4-6　中庭悬吊结构的节点位移

3．塔楼对顶部女儿墙结构体系的影响

采用 SAP2000 有限元分析软件对位于塔楼顶部的女儿墙结构进行分析验算，综合考虑建筑效果及结构受力合理要求，采用钢框架 + 钢支撑体系，如图 9.4-7 所示，并将模型拼装入整体塔楼模型加以校验。其荷载传递路径为：重力荷载通过钢梁、钢柱传递到塔楼屋面；水平荷载先由钢梁传递到屋顶立柱，再由立柱传递到屋顶平面及钢支撑体系，经钢支撑传递到设置于两侧的消防楼梯间及屋顶钢斜柱。风荷载和水平地震作用下女儿墙的变形云图如图 9.4-8 所示。

由图 9.4-8 可见，风荷载作用下屋顶钢结构的最大变形为38mm < l/250[88mm]（其中l为构件计算跨度，下同）；水平地震作用下屋顶钢结构的最大变形为30mm < l/250[88mm]；屋顶钢立柱杆件截面应力比为 0.55；屋顶钢横梁杆件截面应力比为 0.87。以上结果均满足现行《钢结构设计标准》GB 50017-2017 对构件刚度及承载力的要求。

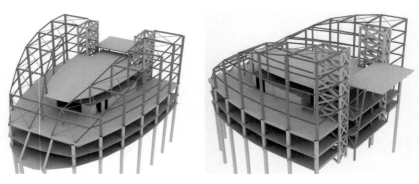

图 9.4-7　女儿墙及屋顶平台钢结构三维示意图

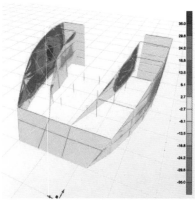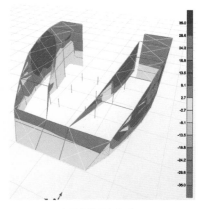

(a) X向风荷载最大变形：38mm   (b) Y向风荷载最大变形：36mm

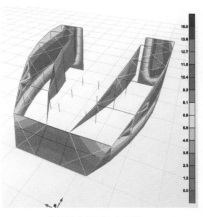
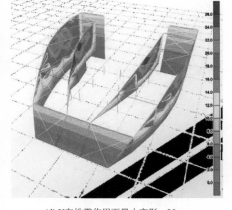

(c) X向地震作用下最大变形：15mm　　　　(d) Y向地震作用下最大变形：30mm

图 9.4-8　侧向荷载下女儿墙变形云图

将屋顶部分拼入整体 ETABS 模型，查验整体作用下杆件截面承载力验算结果。计算结果表明：拼入整体模型后钢立柱按规范反应谱法计算所得的底部最大弯矩为 265kN·m，小于静力作用下底部最大弯矩 500kN·m。杆件最大应力比约为 0.30，小于静力计算结果 0.55，均满足构件截面承载力及刚度设计要求。故女儿墙结构部分采用 SAP2000 静力模型计算的结果可信。

9.4.3　中庭结构设计

将中庭结构体系分为顶区块 02、03 和底区块 01 两部分（图 9.3-5），采用 SAP2000 有限元分析软件对中庭结构进行分析。幕墙自重、风荷载及地震作用按 1.5m 间距分隔折算为线荷载作用于竖向构件及门式桁架，上部用于吊挂板梁的竖向杆件为受拉杆；全部拉索采用单向受拉杆件模拟。

1. 底区块计算模型及分析结果

中庭底区块 01 钢结构因与主塔楼及裙楼、雨篷处于交接位置，向其提供各向支撑的结构整体变形差异较大，特别是雨篷桁架竖向变形明显，造成其上部门式桁架随之产生两侧不均匀竖向变形。因此为保证拉索门式桁架计算模型体系能够反映真实变形，提供可靠稳定系数，对计算模型的边界条件进行了如下分别模拟：1）与雨篷桁架连接端：根据雨篷永久荷载作用下的整体变形，折算深梁截面，作为支撑结构，模拟桁架底部特殊变形；2）12 层/13 层重力桁架提供顶部竖向约束；3）侧向变形约束根据整体塔楼模型计算结果，用线弹簧模拟实际楼层刚度。边界条件设置如图 9.4-9 所示。

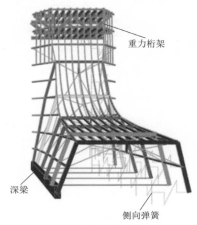

图 9.4-9　底区块计算模型约束设置示意图

图 9.4-10 和图 9.4-11 分别为竖向荷载和侧向荷载作用下的构件变形示意图。由于各部分结构的刚度差异，以及门式桁架体系随主塔楼在Y方向同步变形的影响，桁架体系竖向和侧向最大变形均出现在与雨篷连接一侧。经分析，竖向荷载作用下的最大变形量均小于限值l/400[105mm]，水平荷载作用下的最大水平位移均小于限值l/250[168mm]，所有变形量均满足规范要求。

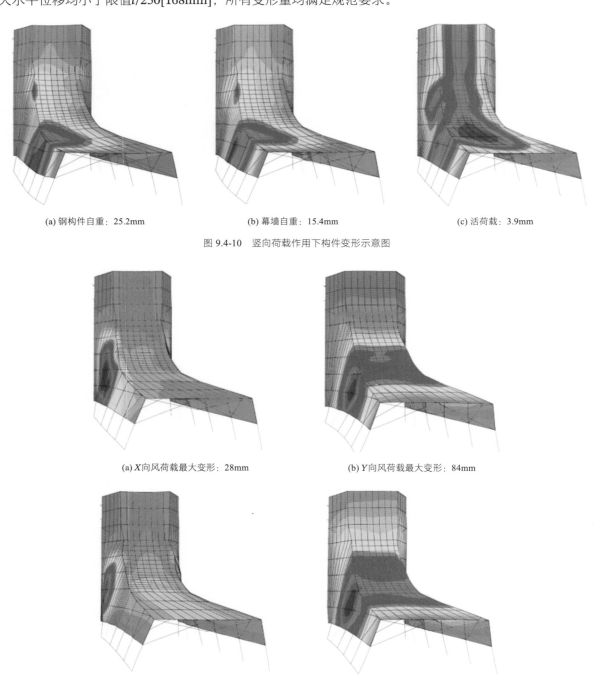

(a) 钢构件自重：25.2mm   (b) 幕墙自重：15.4mm   (c) 活荷载：3.9mm

图 9.4-10　竖向荷载作用下构件变形示意图

(a) X向风荷载最大变形：28mm   (b) Y向风荷载最大变形：84mm

(c) X向地震作用最大变形：39.2mm   (d) Y向地震作用最大变形：104mm

图 9.4-11　侧向荷载作用下构件变形示意图

2. 门式桁架整体屈曲分析

为保证此区块结构体系的稳定性，进行了竖向及侧向荷载工况下的屈曲分析。实际分析结果中，大多数工况下第 1 屈曲模态均为局部变形。图 9.4-12 和图 9.4-13 分别为竖向荷载和水平荷载工况下最小屈曲因子及变形形态为整体屈曲的情况。分析结果表明，此区块结构体系不会发生整体失稳。

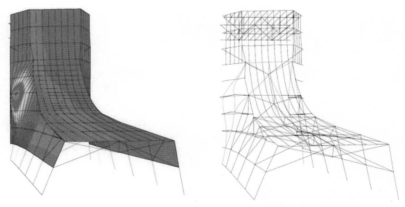

图 9.4-12 （恒荷载 +0.5活荷载）工况下第 1 整体屈曲模态：屈曲因子 31.97

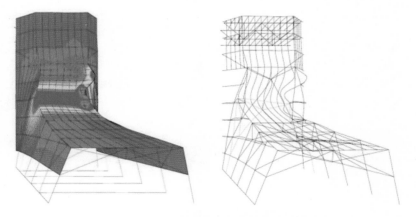

图 9.4-13 Y向地震工况下第 1 整体屈曲模态：屈曲因子 30.02

3．单榀门式桁架屈曲分析

桁架底区块 01 的竖向及侧向荷载由拉索-门式桁架体系承担，桁架平面外稳定由纵向拉索及水平杆件提供，拉索的设置可以有效提高结构的抗侧刚度和稳定性。在桁架平面的 3 种典型布置中，对最不利的第 1 种形式进行了平面内屈曲分析，单榀桁架计算模型如图 9.4-14 所示。桁架平面外设置约束以实现三维空间桁架的平面内屈曲变形，竖向及侧向荷载均按线荷载施加于桁架杆件。

图 9.4-14 单榀门式桁架计算模型

图 9.4-15 表示单榀门式桁架平面内在竖向及侧向荷载作用下的受力情况，其中黄色显示为拉力，红色显示为压力。

图 9.4-16 为拉索门式桁架在竖向荷载作用下的屈曲变形。由图可知，竖向荷载作用下，最小屈曲因子为 15.24，侧向荷载作用下最小屈曲因子为 44.03，满足结构稳定要求。

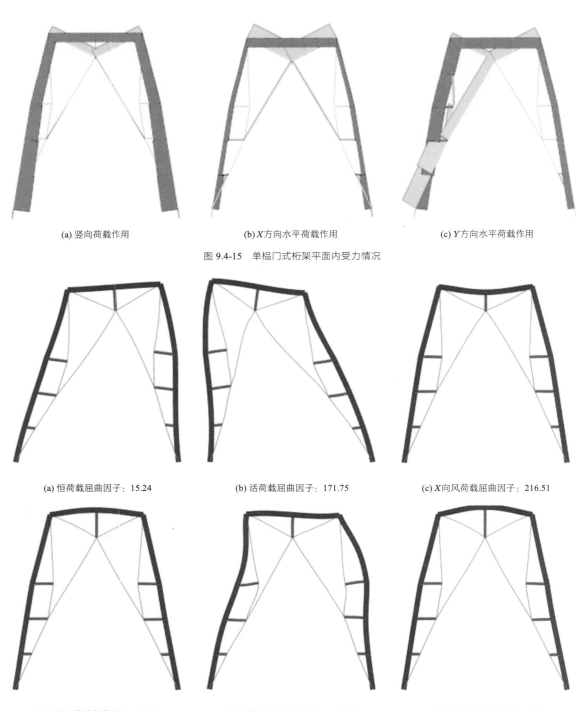

(a) 竖向荷载作用   (b)X方向水平荷载作用   (c)Y方向水平荷载作用

图9.4-15 单榀门式桁架平面内受力情况

(a) 恒荷载屈曲因子：15.24 (b) 活荷载屈曲因子：171.75 (c) X向风荷载屈曲因子：216.51

(d) Y向风荷载屈曲因子：44.03 (e) X向地震作用屈曲因子：10129.02 (f) Y向地震作用屈曲因子：55.03

图9.4-16 拉索门式桁架屈曲模态

4．顶部区块计算模型及分析结果

位于塔楼两个楼梯筒之间的重力桁架（L42/L43，L27/L28）为悬吊体系提供竖向约束，板梁两端与墙筒连接采用铰支座模拟，每区块内竖向钢管与其下的重力桁架之间释放轴力，以实现杆件受拉状态，顶部02/03区块板梁吊挂体系如图9.4-17所示。

图9.4-18为竖向荷载作用下结构变形云图，由图可见，构件最大竖向变形小于限值l/400[45mm]。图9.4-19为水平荷载作用下结构变形云图，可见构件最大水平变形小于限值l/250[72mm]。分析结果表明，板梁-吊柱悬挂体系在竖向及侧向荷载作用下均满足规范规定的变形要求。

经典回眸 中国建筑西北设计研究院有限公司篇

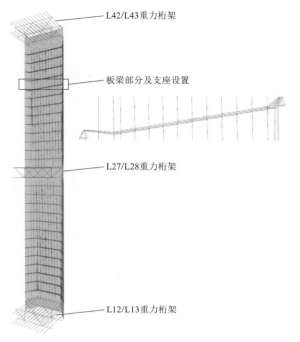

L42/L43重力桁架

板梁部分及支座设置

L27/L28重力桁架

L12/L13重力桁架

图 9.4-17　02/03 区块计算模型

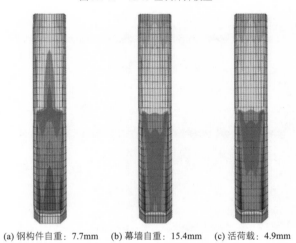

(a) 钢构件自重：7.7mm　　(b) 幕墙自重：15.4mm　　(c) 活荷载：4.9mm

图 9.4-18　竖向荷载作用结构竖向变形

 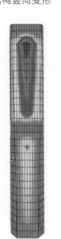 

(a) X向风荷载最大变形：12mm　　(b) Y向风荷载最大变形：12mm　　(c) X向地震作用最大变形：7.15mm　　(d) Y向地震作用最大变形：7.15mm

图 9.4-19　水平荷载作用下结构水平变形

5. 单榀板梁屈曲分析

为保证单片钢板作为结构构件时的稳定性，采用 SAP2000 对板梁截面（900mm×30mm）进行单榀屈曲分析，其壳单元剖分形状如图 9.4-20 所示。板梁与剪力墙连接点采用铰支座，竖向钢管穿过板梁处设置刚性区域点组以减少局部应力集中，刚性点组添加弹簧支座，弹簧刚度k按竖向钢管受拉轴向刚度计算。侧向风荷载及水平地震作用按楼层高度 4.2m 折算为线荷载直接作用于板梁侧面。

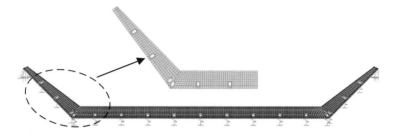

图 9.4-20　单榀板梁计算模型

图 9.4-21 为单榀板梁在侧向荷载作用下的屈曲分析结果，可见最小屈曲因子为 29.64，均为局部屈曲变形，满足结构稳定要求。

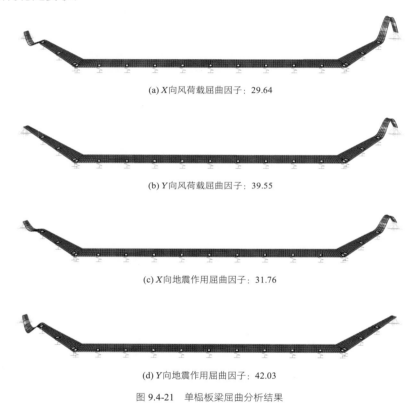

(a) X向风荷载屈曲因子：29.64

(b) Y向风荷载屈曲因子：39.55

(c) X向地震作用屈曲因子：31.76

(d) Y向地震作用屈曲因子：42.03

图 9.4-21　单榀板梁屈曲分析结果

9.4.4　主入口雨篷结构分析

1. 结构模型及计算假定

表 9.4-3 为雨篷结构构件几何尺寸，全部杆件均为箱形截面，左侧消防楼梯间通过钢管混凝土柱模拟，并在楼层处施加双向水平位移约束。在计算中考虑竖向地震作用、风荷载及活荷载不利布置影响。由于雨篷作为上部中庭体型的支承构件，是不能被破坏的主要受力构件，故要加强此部分变形控制。根据《钢标》规定，主桁架最大竖向变形不宜超过$l/400$，此处按照$l/600$控制，次桁架最大变形不超过$l/400$。

杆件几何尺寸（单位：mm）　　　　　　　表 9.4-3

主桁架			次桁架			钢支撑
上弦杆	上弦杆	上弦杆	上弦杆	上弦杆	上弦杆	300×200×12×12
400×800×50×30	400×800×40×30	400×300×25×30	300×400×50×30	300×400×20×20	300×200×12×12	

2．分析结果

图 9.4-22 为雨篷结构主桁架和次桁架杆件截面应力比，主桁架体系最大应力比为 0.92，次桁架最大应力比为 0.75，各杆件应力比均小于 1.0，表明构件截面承载力验算满足要求。图 9.4-23 为雨篷结构杆件变形图，2 榀主桁架最大变形为 66mm，小于限值 $l/600[68mm]$，5 榀次桁架最大绝对变形为 75mm，小于限值 $l/400[100mm]$，表明构件截面刚度验算满足要求。

雨篷钢支撑体系是非常重要的受力构件，需满足大震作用下承载力要求，将其拼入整体模型进行验算。根据大震弹性验算结果（图 9.4-24）可知，在大震作用下钢支撑截面承载力最大应力比约为 0.99。由于大震作用下结构已进入部分塑性，故大震作用下杆件截面承载力的实际应力比会小于 0.99，钢支撑构件可满足大震不倒的承载力要求。

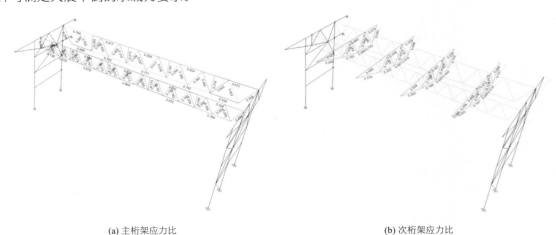

(a) 主桁架应力比　　　　　　　　　　　　　(b) 次桁架应力比

图 9.4-22　雨篷结构桁架杆件截面应力比

图 9.4-23　雨篷结构桁架杆件变形

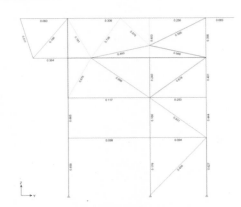

图 9.4-24　雨篷支撑体系杆件截面应力比

9.5　结语

延长石油科研中心是西安市的地标性建筑，塔楼造型借鉴了山峰厚重挺拔的形态，东侧近 180m 高的瀑布式幕墙飞流直下，蔚为壮观，为建筑内部带来充沛的日照和自然光线。内庭花园是延长总部大楼的绿色心脏，它与飞流而下的中庭幕墙以及水体一起组成了一幅立体的唯美画卷。塔楼结构体系选用了钢管混凝土柱钢框架-钢筋混凝土核心筒-伸臂桁架混合结构体系，中庭幕墙采用与结构主体分开设计的思路，分别采用了钢板梁＋受拉悬吊钢板体系以及门式拉索主桁架＋箱形次梁体系，南侧主入口雨篷采用空间钢桁架结构体系，完美实现了建筑的造型效果。

本项目结构设计的创新性工作主要体现在以下几方面：

（1）结构位于高烈度区，超 B 级高度 30%，平面呈半椭圆形，局部框架不封闭，个别竖向构件不连续，楼板开大洞，幕墙结构复杂且与主体结构依存度高，具有多个超限项，设计技术难度在省内处于较高水平。

（2）钢管混凝土柱框架-钢筋混凝土核心筒结构体系，能够充分发挥混凝土刚度大、造价低、防火性能好以及钢材强度高、施工速度快、构件截面小的特点，与建筑功能要求完美结合，使得结构构件尺寸可控，施工速度大幅提高，整体结构方案符合安全、经济、美观要求。

（3）外框架东侧疏散楼梯采用矩形钢管混凝土柱-中心支撑结构方案，充分发挥支撑体系刚度大的优点，大幅提高了外框架刚度，在最小钢材增量前提下，实现外框架分配最小剪力大于总基底剪力 10% 的目标。框架-核心筒超高层结构体系中，在外框架局部通高设置中心支撑提高结构整体刚度，具有一定的创新性。

（4）上部幕墙结构创新性地采用柔性吊挂体系，依附于主体结构，自身不承担地震作用，仅将自重及风荷载传递给主体结构，突破传统竖向构件的压弯受力模式，充分发挥钢材受拉性能好的优势，做到幕墙的轻质、透亮、美观。高位、异形、多楼层悬挂幕墙结构体系在省内具有典型的代表性。

（5）主体结构与附属钢结构分别采用单体、合体模型分别分析，并进行包络设计，先后运用 SAP2000、ETABS、MIDAS 等多个国内外有限元软件进行比对，保证了附属钢结构与主体结构的分析精度及安全可靠性。采用 ABAQUS 通用有限元软件对结构进行了大震弹塑性分析，详细了解了大震下结构的屈服次序、耗能机制、刚度退化、位移分布、薄弱部位、损伤程度等，并有针对性地采取了加强措施，保证了结构在大震作用下的安全性。

设计团队

项目负责人：毛庆鸿、张　洪

结构设计团队：辛　力、赵宏安、王馨华、王　敏、刘　源

获奖信息

2022 年度中国建筑学会建筑设计奖结构专业奖三等奖

2020 年度陕西省优秀工程勘察设计专项奖（结构）一等奖

2020 年度中国建筑优秀勘察设计奖（结构）一等奖

第10章

西咸 1-A 楼

10.1 工程概况

10.1.1 建筑概况

西咸新区 1-A 楼为超高层办公楼，位于西咸新区能源金贸区内，北临能源三路，南临能源二路，东侧为城市主干道上林路，西侧为金融一路。项目总建筑面积约为 5.81 万 m²，为一类高层。建筑总高度 150m，地上 30 层，地下 2 层，其中 1、2 层高 6m，标准层层高 4.2m，在 11、22 层设置 2 个避难层。基础埋深 11m，基础形式为桩筏 + 平板基础，桩基采用 700mm 直径的后插筋混凝土灌注桩。建筑功能地上主要为办公，地下室为车库及配套机房。

建筑标准层平面布置为方形，平面尺寸为44.1m × 44.1m。建筑主要特点为地上 23～25 层整体向东、南方向悬挑 10m，同时西、北侧凹进，形成了一个体块交错的标志性形象。项目设计时间为 2017 年 12 月，开工时间为 2018 年初，2020 年 1 月竣工并投入使用，建成后成为西咸新区地标性建筑之一。建筑建成照片和主楼立面图分别如图 10.1-1 所示，建筑典型平面图如图 10.1-2 所示。

经典回眸 中国建筑西北设计研究院有限公司篇

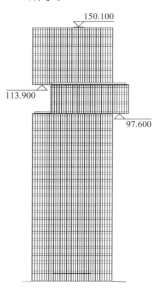

(a) 西咸 1-A 楼建成照片　　　　　　(b) 主楼立面图

图 10.1-1　西咸 1-A 楼建成照片和主楼立面图

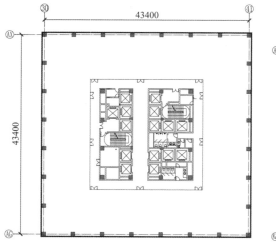
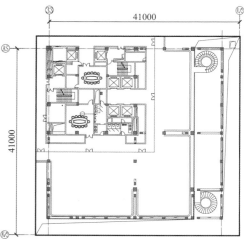

图 10.1-2　建筑典型平面图（标准层/体块交错层）

10.1.2 设计条件

1．主体控制参数

主体控制参数见表 10.1-1。

控制参数表　　　　　　　　　　　　　　　　　　　　　　表 10.1-1

结构设计基准期	50 年	建筑抗震设防分类	标准设防类（丙类）
建筑结构安全等级	二级	抗震设防烈度	8 度（0.20g）
结构重要性系数	1.0	设计地震分组	第二组
地基基础设计等级	甲级	场地类别	Ⅲ类
建筑结构阻尼比	0.03/0.05	小震特征周期/s	0.48

2．结构抗震设计条件

主楼中心支撑抗震等级一级，框架抗震等级一级。地下室顶板作为上部结构的嵌固端。

3．风荷载

主体结构变形验算时，按 50 年一遇取基本风压为 0.35kN/m²，承载力验算时按基本风压的 1.1 倍采用，场地粗糙度类别为 B 类。由于体型不规则等原因，项目开展了风洞试验，模型缩尺比例为 1：200。设计中采用了规范风荷载和风洞试验结果进行位移和强度包络验算。

10.2 建筑特点

10.2.1 高位楼层体块交错

建筑最主要特点为地上 23～25 层平面整体西北侧凹进（凹进尺寸为 12.4m）、东南侧外挑（外挑尺寸为 10m），形成了一个高位体块交错的标志性高层建筑形象。这种体块交错形成两处大的悬挑，造成了整体结构竖向不规则，故结构体系选择及悬挑楼层的设计最为关键。结构最终选择全钢结构体系，悬挑通过钢桁架实现。23～25 层外挑部分采用 3 层通高的悬挑桁架；26～30 层结构整体自核心筒外挑 12.4m，结构采取 3 层外挑转换桁架，以支托自身重量及上部楼层的所有竖向荷载。

10.2.2 底部两层通高

建筑底层为大厅，设置咖啡厅、茶座等，为满足建筑采光、通透大气的效果要求，底部两层通高，层高为 12m。此建筑特点，造成了结构底部抗侧刚度偏弱，刚度突变等问题。为满足底部抗侧刚度及层间抗剪承载力的要求，结构外框架的四角设置两层单斜杆支撑。建筑底部局部剖面见图 10.2-1。通高层现场施工照片见图 10.2-2。

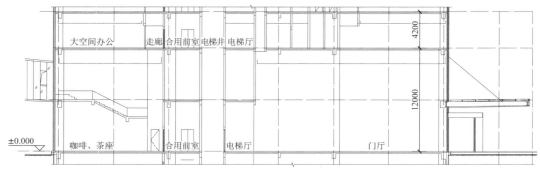

图 10.2-1　底层建筑局部剖面图

图 10.2-2　通高层现场施工照片

10.3　结构体系与分析

10.3.1　结构体系

初步设计阶段，首先选用钢框架-混凝土核心筒结构体系，此种混合结构设计方案，虽然上部结构整体造价偏小，但存在以下三方面的不利因素：

（1）由于本工程地处高烈度区，且为Ⅲ类场地，地震作用特别明显，采用混凝土核心筒后，混凝土墙体的厚度很大，结构自重及地震反应大，结构位移难以满足规范要求，大震下构件破坏严重，结构延性差，抗震性能很不理想。

（2）上部采用钢结构悬挑桁架，与混凝土核心筒的连接比较困难，筒内需设置很大的钢骨柱会使得高位墙体厚度变大，影响建筑的使用功能，且连接复杂。

（3）由于混合结构混凝土核心筒结构自重大，导致基础筏板的厚度增加较多，桩长及桩数也较多，基础工程总造价较大，且厚型筏基技术处理难度也相应加大。

为避免混凝土核心筒的众多不利因素，经过一系列综合造价及结构性能对比，最终选择全钢结构的钢框架＋中心支撑＋悬挑桁架结构体系，结构体系示意如图 10.3-1 所示。筒体采用了中心支撑核心筒，即采用钢中心支撑与钢管混凝土柱形成的核心筒；外围框架由钢管混凝土柱与 H 型钢梁组成；外围框架梁柱之间、外围框架梁与内部支撑筒体间均采用刚接，形成钢框架-中心支撑双重抗侧力结构体系。其主要的优点为：

（1）支撑仅布置在建筑交通核心区，对建筑平面功能和外立面效果没有任何不利的影响。

（2）高位悬挑部分楼层，悬挑钢桁架与内部核心筒钢支撑框架间实现相同材性连接，并对悬挑端外力提供相应的平衡，利于悬挑外力向内的传递。

（3）通过调整核心筒四个角部支撑的刚度，能够很好对结构楼层的偏心布置进行相应的调整，减小

经典回眸　中国建筑西北设计研究院有限公司篇

刚度中心与质量中心的偏离，从而大幅度减小结构的扭转效应。

（4）钢中心支撑核心筒的结构自重比钢筋混凝土核心筒大大减轻，综合考虑钢中心支撑核心筒刚度减小的因素，最终地震作用下底部剪力大约减小 1/3，这对于实现整个结构高标准抗震性能目标至关重要。

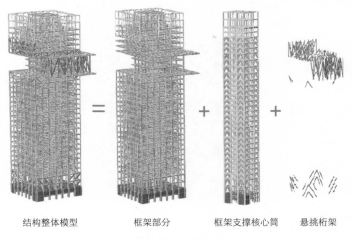

| 结构整体模型 | 框架部分 | 框架支撑核心筒 | 悬挑桁架 |

图 10.3-1 结构体系组装示意

10.3.2 结构布置

1. 主体结构布置

结构体系采用钢框架-中心支撑体系，框架柱采用矩形钢管混凝土柱，以满足框架柱长细比及轴压比的要求。外围框架由钢管混凝土柱与 H 型钢梁组成，核心筒位于建筑的中央位置，在核心筒四个角布置竖向支撑，形成钢支撑框架。外围框架梁柱之间、外围框架梁与内部核心筒之间均采用刚接，形成钢框架-支撑双重抗侧力结构体系。楼盖承重体系采用钢筋桁架楼承板，一般部位楼板厚度为 110mm，悬挑层楼板局部厚度为 150mm。

核心筒平面为方形，平面尺寸为18.6m×18.6m，高宽比约为 8.1。核心筒自基础顶面上下贯通，采用人字形中心支撑，考虑自核心筒直接外挑楼层的传力要求，核心筒局部采用十字形交叉支撑。为充分发挥钢材和混凝土两种材料的优势，外围框架柱及内部支撑框架柱均采用矩形钢管混凝土框架柱，柱截面由900mm×900mm逐渐变化到700mm×700mm，钢管壁厚也由 70mm 过渡到 20mm，内部填充混凝土强度等级均采用C60；支撑采用H400×500×20×40。设计时，将支撑杆件的强轴位于平面外且平面内采取防屈杆措施减少其长细比。图 10.3-2 为结构标准层平面及支撑立面图。

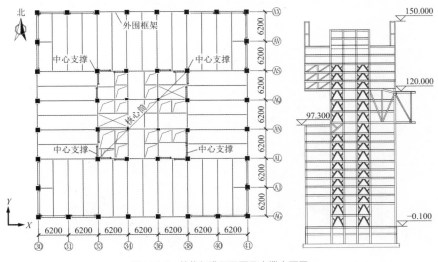

图 10.3-2 结构标准层平面及支撑立面图

2. 悬挑结构布置

工程中存在两处高位长悬挑，分别是 23～25 层外挑和 26 层之上的整体 5 层外挑。悬挑的实现是工程的最大设计难点。经过与建筑功能的配合及外挑方案的对比，外挑楼层的结构布置方案如下：

23～25 层外挑部分楼层，采用 4 榀与核心筒支撑框架相连、3 层通高的平面桁架（悬挑桁架 A）来实现，外悬挑部分采用斜拉杆，桁架悬挑长度 6.2m，桁架上下层通过钢梁外挑长度 3.8m 以实现通高玻璃幕墙的固定点，如图 10.3-3 所示。同时，在建筑角部设置两榀斜杆桁架，桁架悬挑长度 6.2m。在内部悬挑的 6 榀桁架的纵向设置 3 层通高的副桁架进行外挑的做法，最大外悬挑跨度为 6.2m。

26 层以上楼层的悬挑，采用 3 层转换桁架来实现，通过三层转换悬挑桁架 B 以支托桁架上部的钢柱，桁架自核心筒外挑 12.4m，在 26～28 层核心筒角部，A 轴与 F 轴相交处设置十字交叉中心支撑，以便均匀地传递竖向压力于下部竖向构件，如图 10.3-4 所示。两部分悬挑桁架的弦杆及腹杆均采用焊接箱形截面，下弦杆（$H \times B$）最大尺寸为 800mm×700mm，结构高位楼层的整体外挑内收桁架布置及施工照片如图 10.3-5 所示。

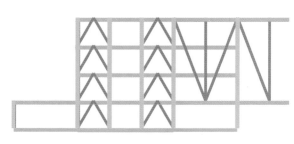

图 10.3-3 悬挑桁架 A 平面布置及单榀立面示意

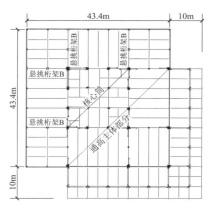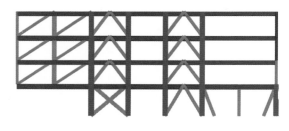

图 10.3-4 悬挑桁架 B 平面布置及单榀立面示意

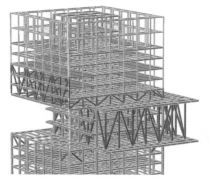

图 10.3-5 高位悬挑整体布置及现场安装照片

3．基础结构设计

基础方案采用桩筏 + 平板基础。由于桩长范围内土层分布以砂层和粉质黏土层为主，含水率大，粉质黏土黏性强，下钻困难，设计采用后插筋混凝土灌注桩。此种工艺施工速度快、现场污染小、成孔质量高、不用护壁，有效解决了砂层塌孔问题，取得了良好的经济效益，同时也成为西咸新区第一个率先采用此工艺的超高层建筑，并形成了省级先进工法，对后期工程有很高的参考价值。桩身直径700mm，桩长约33m，采用 C40 混凝土，桩端持力层为⑦粗砂层，单桩竖向承载力特征值为 3500kN。基础筏板厚 1800mm，基底标高为−11.000m，主楼厚筏与周边地下车库之间以薄板弱连接，采用沉降后浇带解决两者之间的差异沉降。桩基现场施工照片见图 10.3-6，后插筋工法施工照片见图 10.3-7。

图 10.3-6　桩基现场施工图

图 10.3-7　后插筋工法桩基现场照片

10.3.3　性能目标

1．抗震超限分析和采取的措施

主楼具有偏心布置、尺寸突变和竖向构件不连续三项不规则项，属于需要进行超限高层建筑工程抗震设防专项审查的项目。针对超限问题，设计中采取了如下应对措施：

（1）采用比常规结构更高的抗震设防目标，重要构件采用中震或大震下的性能标准进行设计。采用两种空间结构计算软件（YJK 和 ETABS）对比验证，并通过弹性时程分析对反应谱法的计算结果进行调整。

（2）控制结构自身的刚度，避免出现剪重比过小的情况。同时控制外框架的刚度，提高外框架在地震作用下承担的水平剪力，充分发挥外框架作为第 2 道防线的作用。

（3）对于结构体形外挑和收进的部位竖向构件及水平悬挑构件进行加强处理，增大了悬挑楼层的楼板厚度，楼板采用双层双向配筋进行加强。在桁架下弦悬挑位置的楼层处，设置水平支撑。悬挑位置的桁架在构件计算时，采用弹性膜楼板假定计算，并考虑楼板可能开裂对面内刚度的影响，采用平面内零刚度楼盖假定进行验算。

（4）采用有限元分析软件进行结构大震下的弹塑性时程分析，控制大震下层间位移角不大于 1/60，并对计算中出现的薄弱部位进行加强；采用有限元分析软件，对重要的节点进行详细的有限元分析。

（5）主要构件的抗震等级为一级，主要的竖向构件中均设置钢管混凝土，并严格控制竖向构件的轴压比，框架柱的轴压比不超过 0.70。

2．抗震性能目标

根据《高层建筑混凝土结构技术规程》JGJ 3-2010（以下简称《高规》）所述的抗震性能化设计方法，性能目标参照 C 级，结合项目特点和超限专家的意见，主要针对悬挑桁架以及与悬挑桁架直接相连的竖向构件提出更为严格的性能要求，主要结构构件的抗震性能目标如表 10.3-1 所示。

主要结构构件抗震性能目标 表 10.3-1

地震水准			多遇地震	设防烈度地震	罕遇地震
层间位移角限值			$h/300$	$h/150$	$h/60$
关键构件	悬挑桁架	悬挑桁架部分	弹性	弹性	不屈服
		与悬挑桁架直接相连的框架支撑及框架柱	弹性	弹性	
	12m 高的底层框架柱		弹性	不屈服	轻度破坏，满足斜截面抗剪的要求
普通构件	框架柱及普通柱		弹性	不屈服	轻度破坏，满足斜截面抗剪的要求
	框架支撑中的斜撑		弹性	允许进入塑性	中等破坏（塑性铰）
	外围框架中的支撑		弹性	轻度破坏	中等损坏（塑性铰）
耗能构件	框架支撑中的耗能梁段		弹性	最早进入塑性	中等损坏（塑性铰）
	框架梁		弹性	允许进入塑性	进入塑性，可形成塑型铰，破坏较严重但防止倒塌

10.3.4 结构分析

1. 小震弹性分析

采用 YJK 和 ETABS 分别计算，计算结果见表 10.3-2～表 10.3-4。由表可见：两种软件计算的结构总质量、振动模态、周期、基底剪力、层间位移角等均基本一致，这说明计算结果合理、有效，计算模型符合结构的实际工作状况；结构第 1 扭转周期与第 1 平动周期比值为 0.80，满足规范要求，结构体系抗扭刚度较强；结构周期和自重适中，剪重比符合规范要求，位移和轴压比小于规范的限值要求，构件截面取值合理，结构体系选择适当。如图 10.3-8 所示。

总质量与基本周期计算结果 表 10.3-2

周期		YJK	ETABS	YJK/ETABS	说明
总质量/t		58350	58330	100%	
周期/s	T_1	3.96	3.85	100%	Y向平动
	T_2	3.91	3.81	103%	X向平动
	T_t	3.18	3.10	102%	扭转

基底剪力计算结果 表 10.3-3

荷载工况	YJK/kN	ETABS/kN	YJK/ETABS	说明
EX	18813	17803	106%	X向地震
EY	21086	19875	106%	Y向地震
WindX	7893	7750	102%	X向风荷载
WindY	7893	7750	102%	Y向风荷载

层间位移角计算结果 表 10.3-4

荷载工况	YJK	ETABS	YJK/ETABS	说明
EX	1/1157	1/1189	97%	X向地震
EY	1/804	1/802	100%	Y向地震
WindX	1/3289	1/3514	94%	X向风荷载
WindY	1/1266	1/1045	121%	Y向风荷载

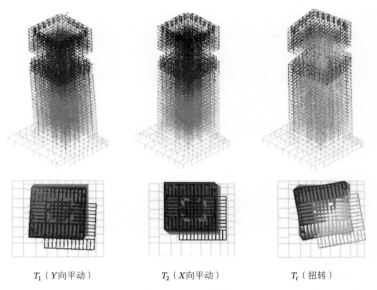

| T_1（Y向平动） | T_2（X向平动） | T_t（扭转） |

图 10.3-8 前三阶振型示意图

2. 动力弹塑性时程分析

采用 Perform-3D 进行结构的弹塑性时程分析，其中梁、柱、支撑均为框架线单元，悬挑层楼板按弹性板考虑，其他楼层楼板按刚性隔板考虑，结构质量采用 1.0D 恒荷载 +0.5L 活荷载组合，本模型地下室部分按周边弹性约束考虑。竖向施工模拟的加载中，考虑了支撑杆件的后施工。

1）构件模型及材料本构关系

钢管混凝土柱采用纤维模型模拟，两端为基于弹塑性材料本构的纤维铰，中间段为弹性杆，钢管内混凝土纤维采用约束混凝土单轴本构模拟。钢梁采用塑性铰模型，钢支撑采用非线性支撑单元模拟，采用钢材屈曲本构，可模拟钢材受压屈曲。钢管混凝土柱的管壁钢材一般选用非屈曲钢材本构，采用三折线模型，不考虑强度退化，往复加载过程中考虑材料的刚度退化。

2）地震波输入

根据《建筑抗震设计规范》GB 50011-2010（2016 年版）的要求，在进行动力时程分析时，按建筑场地类别和设计地震分组，选用 2 条天然波和 1 条人工波。计算中，地震波峰值加速度取 400Gal（罕遇地震），地震波持续时间取 25s。

3）弹塑性时程分析结果

（1）地震动参数

地震波的输入方向，依次选取结构X或Y方向作为主方向，对应正交方向为次方向，分别输入 3 组地震波的两个分量记录进行计算，同时考虑竖向地震输入。结构初始阻尼比取 3%。每个工况地震波峰值按水平主方向：水平次方向：竖向 = 1：0.85：0.65 进行调整。

（2）基底剪力响应

表 10.3-5 给出了基底剪力峰值及其剪重比统计结果。

大震下基底剪力和剪重比结果　　　　　　　　　　　　　　表 10.3-5

地震波	X主方向输入		Y主方向输入	
	V_x（kN）	剪重比	V_y（kN）	剪重比
天然波 1	79360	13.20%	68610	11.40%
天然波 2	81394	13.60%	86545	14.40%
人工波	76452	12.70%	71321	11.90%

（3）楼层位移及层间位移角响应

X 为主输入方向时，楼顶最大位移为 865mm（天然波 2），楼层最大层间位移角为 1/86（天然波 2，第 10 层）；Y 为主输入方向时，楼顶最大位移为 873mm（人工波），楼层最大层间位移角为 1/90（天然波 2，第 10 层）。

（4）构件损伤情况分析

结构在大震作用下，结构框架梁，特别是支撑间的框架梁进入塑性状态明显，产生中度破坏。大部分支撑均出现屈曲，框架柱少量进入屈服状态，破坏为轻度，基本保持完好。

（5）结论

结构在大震作用下，最大层间位移角均不大于 1/60，满足"大震不严重破坏"的性能目标。结构塑性耗能占比约 26%，主要为支撑屈曲和框架梁耗能，框架柱基本保持完好，耗能机制良好，整体结构能够达到各项抗震性能目标。

10.4 专项设计

10.4.1 悬挑桁架分析及加强

结构设计中，针对结构高位长悬挑采取了一系列的加强措施和计算处理。

1. 竖向地震作用分析

悬挑桁架，最大悬挑长度达到 12.4m，而且位置接近结构顶部，加速度反应较大，对竖向地震作用较为敏感，需要进行详尽的竖向地震作用分析。设计时，为比较准确地计算悬挑部位的竖向地震作用，除采用竖向反应谱法外，还采用竖向时程分析法对悬挑桁架进行补充分析。

在竖向地震反应谱分析时，可近似采用水平地震反应谱，竖向地震影响系数的最大值取水平地震影响系数最大值的 65%，本工程为 8 度Ⅲ类，竖向地震影响系数最大值为 0.104。竖向时程分析时，输入地震竖向加速度的最大值取水平地震加速度值的 0.65 倍，即 45cm/s^2。时程分析时采用了 3 条竖向地震波，包括Ⅲ类场地人工波、El-Centro 波的竖向分量和 Taft 波的竖向分量。进行竖向地震反应分析时，结构的阻尼比取 3%。计算完成后，选取图 10.4-1 所示的 23～25 层悬挑桁架 A、26 层之上的悬挑桁架 B 作为研究对象，通过竖向弹性时程分析，计算出了悬挑桁架的加速度，将悬挑桁架的加速度与地面加速度进行比较，得到悬挑桁架的加速度相对于地面的放大系数。表 10.4-1 给出了悬挑桁架 A 的 23 层底、悬挑桁架 A 的 25 层顶、悬挑桁架 B 的 26 层底和悬挑桁架 B 的 29 层顶弦杆根部及端部的竖向加速度放大系数。

悬挑桁架竖向加速度放大系数 表 10.4-1

桁架位置	悬挑桁架 A		悬挑桁架 B	
	23 层底	25 层顶	26 层底	29 层顶
弦杆根部	1.22	1.50	1.60	1.80
弦杆端部	3.24	3.45	3.60	3.72

由表 10.4-1 中数据可知，在竖向地震波作用下，沿悬挑方向，随着楼层高度的增加，竖向加速度呈放大趋势。特别是悬挑桁架的端部，对竖向加速度的放大效应更为明显，在设计时应予以加强。另外，对比悬挑桁架 A 和悬挑桁架 B 下部斜腹杆在 3 条地震波（多遇地震）下的轴力及其在重力荷载作用下的轴力的比值，其值均大于《抗规》10% 的限值规定，但都未超过 15%。因此，设计中采用重力荷载代表值的 15%

作为结构悬挑部位竖向地震作用效应的下限值加以考虑，并对反应谱法计算结果进行相应的调整。

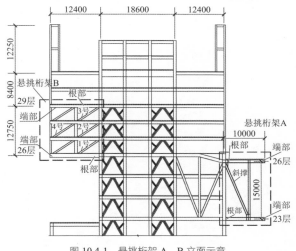

图 10.4-1　悬挑桁架 A、B 立面示意

2．"零楼板"复核

设计中，对悬挑桁架杆件进行了杆件加强，严格控制其构件的应力比。悬挑桁架的构件计算时，采用刚性楼板和"零楼板"（零刚度楼板假定时）的包络设计。"零楼板"计算时，不考虑楼板的有利作用，将楼板厚度设为 0 厚度，楼板自重折算成恒载加到计算模型中，采用弹性膜作补充计算。

3．悬挑层楼板受力分析

在悬挑桁架上弦杆以及斜腹杆的水平拉力作用下，混凝土楼板面内将产生很大的水平拉力作用。为此，专门针对建筑外挑和收进的楼层，进行了竖向荷载作用下楼板平面内应力分析。分析时，楼板采用弹性膜单元，仅考虑楼板的平面内刚度。楼板应力计算分析中，不考虑悬挑桁架下弦楼层水平支撑的有利作用。计算中考虑梁与楼板的变形协调，在竖向荷载组合荷载工况作用下，各悬挑桁架上下弦楼板内力分析结果如图 10.4-2、图 10.4-3 所示。

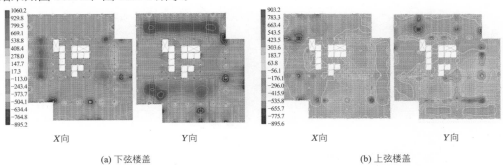

(a) 下弦楼盖　　　　　　　　　　　　　　　(b) 上弦楼盖

图 10.4-2　悬挑桁架 A 下弦及上弦楼盖受力云图（单位：kN/m）

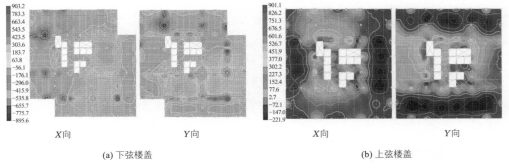

(a) 下弦楼盖　　　　　　　　　　　　　　　(b) 上弦楼盖

图 10.4-3　悬挑桁架 B 下弦及上弦楼盖受力云图（单位：kN/m）

设计中，针对楼板拉应力较大部位，配置双层双向通长的附加钢筋或加厚楼板进行加强，从而保证混凝土楼板在竖向荷载的最不利工况下，达到安全可靠的正常使用状态。

4．悬挑桁架节点分析

选取悬挑桁架 A 及悬挑桁架 B 根部受力最大的连接节点进行有限元分析，采用 ANSYS 软件，不考虑混凝土的作用，采用各向同性的壳单元进行模拟，钢节点模型及网格划分如图 10.4-4 所示。

中震、大震作用下节点的应力分析结果见图 10.4-5，由图中数据可知，角部框架柱与悬挑桁架下弦的接触应力较大，但均不大于钢材的强度设计值（中震）及标准值（大震），满足中震弹性、大震不屈服的性能设计要求。

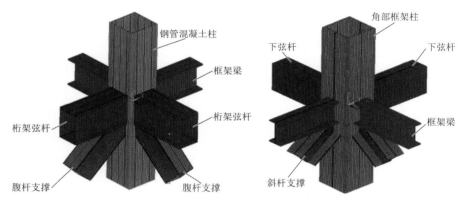

图 10.4-4　悬挑桁架根部节点模型（桁架 A/桁架 B）

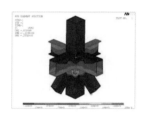  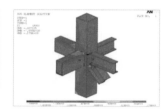 

图 10.4-5　中震弹性及大震不屈服内力组合应力分析结果（桁架 A/桁架 B）

5．防连续性倒塌分析

根据超限专家组的建议，同时结合本工程的特殊性，针对悬挑桁架部分的几榀斜腹杆，应考虑极端情况下其中任一榀失效后，在重力荷载代表值的设计值作用下，保证悬臂结构部分不倒塌。

《高层建筑混凝土结构技术规程》JGJ 3-2010 第 3.12 节规定，可采用拆除构件方法进行抗连续性倒塌设计。构件拆除后，剩余结构构件承载力应符合式 $R_d \geqslant \beta S_d$ 的要求，式中 S_d 为剩余结构构件效应设计值，R_d 为剩余结构构件承载力设计值，β 为效应折减系数。在杆件的应力计算中，与被拆除构件直接相连构件的荷载效应动力放大系数取 2.0，非直接相连构件荷载效应放大系数取 1.0。对悬挑桁架 A 及悬挑桁架 B 悬挑部位考虑个别腹杆失效后，验证结构是否具有足够的抗连续性倒塌能力。

（1）悬挑桁架 A 主要考虑根部斜腹杆的失效，逐个拆除各榀桁架斜腹杆进行计算分析。由计算结果可知，拆除角部桁架的斜腹杆后，与腹杆相连的杆件应力比较大，最大应力比达到 0.98，满足设计要求，其余杆件应力比均比较小，处于 0.28～0.50 之间，满足抗连续性倒塌的设计要求。

（2）悬挑桁架 B 杆件的拆除示意如图 10.4-1 所示，逐个拆除图中的 1～4 号杆件，拆除杆件后悬挑桁架在 $D + 0.5L$（考虑活荷载的准永久值系数 0.5）作用下剩余结构构件的最大应力为 230N/mm^2，考虑动力放大系数及效应折减系数后，小于 $R_d(1.25 f_y)$。由分析可知，拆除悬挑桁架 B 任意一根腹杆后，结构仍然具备足够的抗连续性倒塌的能力。

10.4.2 二道防线及耗能机制的处理

本工程核心筒内支撑全部采用中心支撑。结构布置时，创新性地采用了中心支撑＋耗能梁跨的概念，大大提高了结构的耗能能力。主要设计思路为：中心支撑与框架柱及框架梁形成刚度较大的整体，类似双肢剪力墙中的连梁，无支撑跨的钢梁由于跨度较小，在大震作用下将先于其他普通框架梁进入塑性，可起到与偏心支撑耗能梁端相同的耗能作用。

本工程结构在多遇地震作用下，同时考虑施工模拟的各楼层结构杆件的应力比分布如下：应力比最大的为核心筒内框架支撑间的框架梁（应力比 0.90～0.99），其次是中心支撑（应力比 0.79～0.89），最小的为外围框架梁柱（0.49～0.72）。通过分析结构构件应力比的分布及大小，基本可以明确整个结构构件的屈服及耗能顺序。在中震乃至罕遇地震作用下，支撑框架间的框架梁（类似于剪力墙连梁作用）先行屈服耗能，而后是支撑进入屈曲耗能，当支撑破坏后再由纯框架作为最后一道防线，抵抗剩余的地震作用。

综上所述，在计算多道防线的调整系数时，为准确计算外框架承担的剪力比例，应重新建立新模型。此模型中应事先考虑支撑框架间梁的屈服，此梁均按照两端按铰接考虑；对于悬挑楼层，无支撑的框架柱很少，有悬挑桁架的模型会使框架柱分配的地震力偏小，故应按照去掉悬挑支撑的模型确定多道防线的调整系数。其次，为详细准确地统计外围框架柱承担的地震剪力，对各层模型中的外围框架柱地震剪力进行单独的统计并相加汇总，然后与分段的总地震力进行比较，以此确定外围框架柱的第 2 道防线 $0.25V_0$ 的调整系数。通过上述分析后，进而对结构外框架柱给予相应的加强。

同时，为进一步确保外框架第 2 道防线的抗震性能，结构分析计算中补充模型：将核心筒中所有中心支撑取消，按纯框架结构承受原有未取消核心筒中心支撑时的结构基底剪力的 25% 地震作用，进行纯框架计算。通过计算分析，结构构件的承载力依旧满足抗震规范的要求。

10.4.3 人字形支撑处横梁不平衡力的验算

由于结构核心筒采用人字形中心支撑（图 10.4-6），故人字形支撑相交处，框架横梁不平衡力的验算较难满足规范要求。本工程中，支撑采用 H 型钢，截面采用 H400×500×20×40，杆件采用 Q345C，支撑跨横梁采用 H800×400×18×40，杆件采用 Q345GJC 钢材。根据《高层民用建筑钢结构技术规程》JGJ 99-2015（简称《高钢规》）中第 7.5.6 条，在确定支撑跨的横梁截面时，不考虑支撑在跨中的支撑作用。横梁除应承受重力荷载代表值的竖向荷载外，尚应承受跨中节点处两根支撑斜杆分别受拉屈服、受压屈曲所引起的不平衡竖向分力和水平分力的作用。

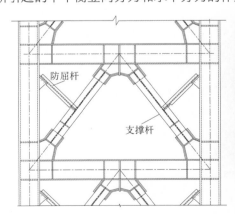

图 10.4-6　中心支撑节点详图及现场照片

设计中，人字形支撑杆件将强轴位于面外且面内使用防屈曲杆减少了相应的长细比，故支撑杆件两个方向的长细比均比较小。而且大震弹塑性分析表明，普通支撑在大震中发生屈曲，但基本处于 IO 与 LS 性能水平之内，属于轻度损坏状态，故在不平衡力的设计中将压杆承载力调整为按照 50%（征求专家意见）的临界力进行验算。框架横梁按照压弯构件进行验算，计算后横梁的承载力基本满足规范不平衡力的要求。

10.5 结语

西咸 1-A 楼是西咸新区的地标性建筑，其高位体块交错、造型独特，形成了一个竖向不连续、空间高位大悬挑的体型复杂建筑，属于超限高层建筑。结构体系复杂，是目前国内首个采用纯钢框架-中心支撑核心筒-悬挑桁架的结构体系项目，体系新颖、结构抗震性能优良。设计中通过对悬挑楼层进行合理的结构布置和构造加强，确保悬挑桁架在大震下变形和承载力符合规范要求。采用结构性能化设计方法，选用合理的抗震性能目标，在兼顾结构经济性的同时，有效保证了结构安全。

在结构设计过程中，主要有以下几方面的创新性工作：

· （1）采用竖向地震波对高位悬挑结构进行时程分析，对悬挑部位的竖向加速度分布和悬挑部分构件轴力的竖向地震作用效应等内容进行研究，从而对设计使用的竖向地震作用效应作定量的分析，给出悬挑部位的竖向地震作用效应的设计值。

（2）结构布置中，创新性地采用了中心支撑＋耗能梁跨的概念，结构具有优异的耗能机制和二道防线功能，可以对地震能量进行有效的耗散，保证结构的整体安全。同时，为详细准确地统计外围框架柱承担的地震剪力，进行了一系列的汇总统计及多模型计算对比，确保结构二道防线的有效。

（3）结合建筑效果及功能要求，对悬挑桁架的形式及位置进行了合理的布置，并采取多项加强措施，保证结构安全。

（4）人字形支撑的框架梁不平衡力的设计，突破《高钢规》第 7.5.6 条 2 款的要求，考虑实际支撑的破坏程度和构件性能对压杆考虑 50% 的临界力进行验算，取得了良好的经济效益。

（5）钢结构施工中，楼板及楼梯后浇，必须设置大量临时楼梯作为竖向施工通道，效率低，造价高。本工程核心筒楼梯采用预制梯板，大大提高了施工效率，降低了成本，实现了全楼 100% 的装配。

参考资料

[1] 长安大学公路工程检测中心. 西咸新区 1-A 楼风洞试验报告[R]. 2017.

[2] 中国建筑西北设计研究院有限公司, 都市与建筑设计研究中心. 西咸新区 1-A 楼超限高层建筑抗震设计可行性论证及抗震设计报告[R]. 2017.

[3] 张涛, 王洪臣, 褚玲. 西咸新区 1-A 楼悬挑结构竖向地震分析及设计要点[J]. 建筑结构, 2020 (14): 25-28.

[4] 张涛, 王洪臣, 褚玲. 西咸新区 1-A 楼超限结构设计难点解析[J]. 建筑结构, 2020 (14): 20-24.

设计团队

项目负责人：赵元超、王　敏

结构设计团队：王洪臣、张　涛、韦孙印、杨　琦、辛　力、周文兵、卢　骥、尹龙星、武红姣、郜京锋

获奖信息

2022 年度陕西省优秀工程勘察设计奖（结构专项）一等奖

2021 年度中国建筑西北设计研究院有限公司优秀设计奖（结构专业）一等奖

2019 年度第十三届第二批中国钢结构金奖工程

第11章

中国大运河博物馆

11.1 工程概况

11.1.1 项目背景

2019 年 7 月 24 日，中央全面深化改革委员会会议召开，审议通过了《长城、大运河、长征国家文化公园建设方案》。方案强调，要以长城、大运河、长征沿线一系列主题明确、内涵清晰、影响突出的文物和文化资源为主干，生动呈现中华文化的独特创造、价值理念和鲜明特色，形成一批可复制推广的成果经验，为全面推进国家文化公园建设创造良好条件。

江苏省扬州市被誉为中国运河第一城，作为中国大运河申报世界文化遗产的牵头城市，成为中国大运河博物馆项目选址所在地。

经典回眸 中国建筑西北设计研究院有限公司篇

11.1.2 建筑概况

中国大运河博物馆坐落于扬州三湾古运河畔，是一座以古运河文化为内涵，以传统风格和现代材料相结合的建筑形式为载体，以保护传承利用大运河承载的优秀传统文化为主题的集文物保护、科研展陈、休闲体验三位于一体的现代化综合性博物馆。同时，该区域分布着三湾上下河段历史遗迹，包括文峰寺文峰塔、高旻寺天中塔等。设计团队提出"三塔映三湾"的构想，在博物馆旁耸立高塔，为参观者提供欣赏这一水工智慧的场所，同时使三塔在空间上相互因借，更好提升古运河文化轴的定位。

中国大运河博物馆总体布局注重处理好建筑与大运河河道的关系，尊重现有三湾公园规划，博物馆设在三湾湿地公园以北，处在公园主路与剪影桥的通达处。馆旁建塔俯瞰三湾；建筑合理恰当地处理了馆、塔、桥的构成关系，使之四面成景。在建筑风格上体现运河上标志性建筑之稳健；体现古城历史文化风貌之传承；彰显现代扬州之创新。

项目总建筑面积约 8 万 m²，其中地上部分约 5 万 m²，地下部分约 3 万 m²。由博物馆、大运塔和今月桥三部分组成，建筑效果图见图 11.1-1，实景图见图 11.1-2。博物馆、大运塔和今月桥各为一个结构单元，各单元间设置防震缝。建筑平立面见图 11.1-3、图 11.1-4。

11.1.3 建筑特点

结合图 11.1-1～图 11.1-4，博物馆单体平面尺寸为110.2m×266.3m，采用中轴对称的平面布局。建筑大屋面结构顶标高 18.800m，突出屋面的四角方亭檐口标高 30.0m，突出屋面中部圆亭（阅江厅）檐口标高37.5m，建筑平面柱距以 8.4m 为主，地下 1 层，地上 3 层（局部设加层）。由于博物馆内功能复杂，标高变化较多，主要楼层标高为−6.300m、±0.000m、5.700m、11.400m、18.800m、22.700m、37.500m。地下室层高 6.3m，功能主要是地下车库、文物库房、设备用房等；±0.0m 标高平面，主要功能为大运河中国世界文化遗产常设展厅和专题展厅、游客中心以及内庭院景观区等；11.4m 标高平面，主要功能为专题展厅、考古工作站等；18.8m 标高平面，主要功能为种植屋面、阅江厅室外连廊和平台等。

大运塔（图 11.1-5）建筑平面为正方形，地上一层平面尺寸为21m×21m，随着层高的增加，平面尺寸逐渐内收，至顶层纵横向尺寸收至为14.6m×14.6m。塔檐高度 94.1m，屋脊交会点标高 103.300m，楼层分明层和暗层，层高以 9.9m 为主。大运塔每层屋檐外挑，外挑尺寸为 5.8～6.8m。

今月桥（图 11.1-6）桥墩为月牙形，桥面为船之造型，架设在景观水池之上，连接大运塔与博物馆，桥跨约 43m，桥面标高 19.400m。

图 11.1-1 设计效果图 图 11.1-2 建筑实景图

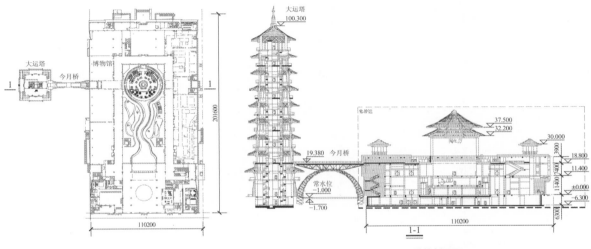

图 11.1-3 建筑一层平面 图 11.1-4 建筑剖面图

图 11.1-5 大运塔 图 11.1-6 今月桥

11.1.4 设计条件

本工程抗震设防烈度 7 度,设计基本地震加速度值 0.15g,设计地震分组第二组,场地类别Ⅲ类,特征周期 0.55s。地基基础设计等级甲级,地下室混凝土框架抗震等级三级,钢结构抗震等级三级(大运塔抗震构造措施二级)。基本风压 0.45kN/m²(100 年重现期),基本雪压 0.40kN/m²(100 年重现期)。结构主体控制参数见表 11.1-1。

控制参数表 表 11.1-1

设计参数	指标	设计参数	指标
建筑结构安全等级	一级（博物馆、大运塔）；二级（今月桥）	设计基本地震加速度值/g	0.15
结构重要性系数	1.1（博物馆、大运塔）；1.0（今月桥）	建筑场地类别	Ⅲ类
建筑抗震设防分类	乙类（博物馆）；丙类（大运塔、今月桥）	特征周期值/s	0.55
设计工作年限	100年（博物馆、大运塔）、50年（今月桥）	框架抗震等级	三级（地下室混凝土框架）
地基基础设计等级	甲级	钢结构抗震等级	三级（博物馆、大运塔、今月桥）；大运塔抗震构造措施二级
抗震设防烈度	7度	基本风压/（kN/m²）	0.45（100年重现期）
设计地震分组	第二组	基本雪压/（kN/m²）	0.40（100年重现期）

11.2 结构设计难点

11.2.1 博物馆

地上平面基本呈回字形，中间为天井，回字形平面不设结构缝。突出大屋面阁楼（阅江厅）存在梁抬柱转换。在入口门厅、展厅、小剧场等处存在较多的大跨度空间，最大跨度约24m。楼层层高较大，1层基本层高11.4m，2层基本层高7.6m，局部通高处层高19m，且大范围楼层存在二次布展需求，楼面荷载较大。标高11.400m楼层楼板有较大开洞，南北两侧存在夹层及错层；2层以上有较大悬挑，北侧部分悬挑长度7m，南侧入口处悬挑跨度14.5m。

11.2.2 大运塔

有明、暗层之分，随着建筑标高和层数增加，体型不断收进；作为传统风格建筑，挑檐、斗拱等元素造成檐口构造复杂，且挑檐悬挑长度约为6.8m，出挑及倾斜度较大；建筑高宽比接近4.9，层高9.9m，中部交通核周边设置有悬挑楼梯。顶层为大开间门型钢架，屋面坡度约36°，屋面钢梁投影跨度达15m，斜向长度约16.6m。

11.2.3 今月桥

建筑造型为空间异形，桥身及桥墩均为空间曲面。桥面支承条件有限，悬挑长度较大，桥面与桥拱处支承节点构造复杂，且需考虑竖向地震作用。

11.3 结构选型与设计

11.3.1 博物馆结构

博物馆存在楼层层高较大、柱跨较大、错层较多、局部大悬挑等特点，如若采用钢筋混凝土结构，建筑功能不易实现，净高不易保证，且难以满足工期要求。鉴于上述因素，本单体采用钢框架＋局部屈曲约束支撑体系。博物馆标高11.400m结构平面见图11.3-1，屋面结构平面见图11.3-2。

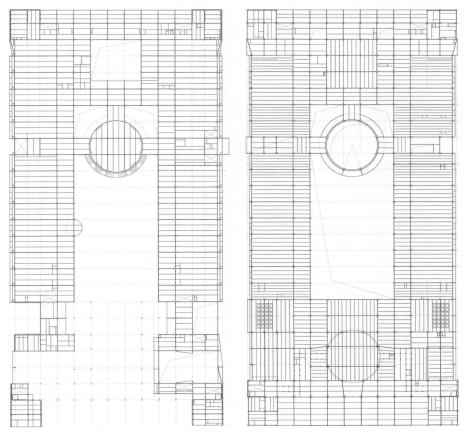

图 11.3-1　博物馆标高 11.400m 结构平面　　　　　图 11.3-2　博物馆屋面结构平面

根据博物馆的结构布置和试算结果，结合《建筑抗震设计规范》GB 50011-2010 和《超限高层建筑工程抗震设防专项审查技术要点》(〔2015〕67 号) 的有关规定，对本项目中博物馆子项进行超限判断，如表 11.3-1 所示。

结构规则性指标（一）　　　　　　　　　　　　　　　表 11.3-1

序号	不规则类型	简要含义	计算结果	是否超限
1a	扭转不规则	考虑偶然偏心的扭转位移比大于 1.2	大于 1.20（2 层，$X+$） 大于 1.20（3 层，$Y+$）	是
1b	偏心布置	偏心率大于 0.15 或相邻层质心相差大于相应边长 15%	偏心率小于 0.15	否
2a	凹凸不规则	平面凹凸尺寸大于相应边长 30%	无	否
2b	组合平面	细腰形或角部重叠形	无	否
3	楼板不连续	有效宽度小于 50%，开洞面积大于 30%，错层大于梁高	标高 11.400m 楼层开洞宽度大于有效楼板宽度 50%，标高 7.600m 局部错层	是
4a	刚度突变	相邻层刚度变化大于 70%（按《高规》考虑层高修正时，数值相应调整）或连续三层变化大于 80%	无	否
4b	尺寸突变	竖向构件收进位置高于结构高度 20% 且收进大于 25%，或外挑大于 10% 和 4m，多塔	无	否
5	构件间断	上下墙、柱、支撑不连续，含加强层、连体类	无	否
6	承载力突变	相邻层受剪承载力变化大于 80%	无	否
7	局部不规则	如局部的穿层柱、斜柱、夹层、个别构件错层或转换，或个别楼层扭转位移比略大于 1.2	局部穿层柱、夹层、个别构件错层或转换	是

针对上述结构不规则项，设计中采用了以下技术措施：1) 为了解决博物馆长向扭转问题，在南北两端角部 X、Y 向设置屈曲约束支撑（图 11.3-3），使结构扭转位移比小于 1.2；2) 对于平面楼板不连续，各楼层楼板加厚至 150（楼层处）～200mm（屋面处），并进行温度作用、混凝土收缩徐变、地震作用工况下的楼板应力分析，保证楼板刚度及薄弱部位的楼板不发生破坏；3) 针对个别需转换结构柱，在其

下布置大跨度钢桁架，柱生根于桁架节点。为保证柱脚刚接，进行了节点加强（图 11.3-4）。钢桁架上弦杆采用矩形钢管梁，为满足柱脚面内、外的抗弯刚度，圆钢管柱下端设置钢板柱靴。在不影响建筑屋面使用功能的前提下，设置了钢筋混凝土柱墩，并在各钢筋混凝土柱墩之间设混凝土环梁拉结，以提高其整体性。

图 11.3-3　角部屈曲约束支撑

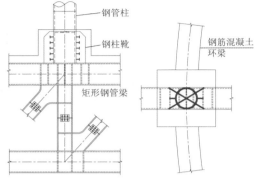

图 11.3-4　转换柱节点构造

针对南主入口悬挑桁架和主入口两侧桁架进行了如下分析和处理：

（1）通过设置悬挑桁架（图 11.3-5）实现建筑造型，同时钢桁架延伸进入主体结构内一跨，并对相连框架柱做性能化设计，保证构件中震正截面、斜截面不屈服。

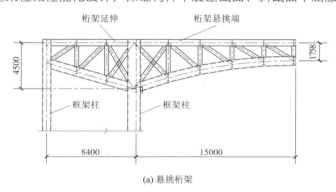

(a) 悬挑桁架

(b) 悬挑桁架施工

图 11.3-5　南主入口悬挑桁架示意图

（2）为满足建筑外弧形幕墙建筑需要，结合受力需求，南主入口两侧的落地悬挑桁架外侧增设弧形钢柱作为幕墙竖龙骨，避免了幕墙后期在结构构件上的焊接。桁架和幕墙施工效果见图 11.3-6。

(a) 桁架施工

(b) 幕墙施工

图 11.3-6　南主入口两侧落地桁架施工与幕墙效果

（3）博物馆一层平面尺寸约为269m×105m（含地下车库）。根据地勘报告，场地历史最高水位及近3～5 年最高水位接近地表，抗浮设计水位取室外地坪标高。同时由于博物馆地下室存在文物库房等功能，这对地下室外墙及楼板的抗裂提出了更高要求。在基础筏板、墙体和1层楼板中设置缓粘结预应力钢绞线，博物馆地下室外墙的张拉端在结构柱内侧面，采用内凹式做法，如图11.3-7所示。

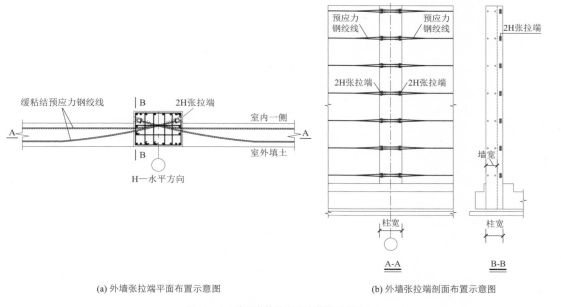

(a) 外墙张拉端平面布置示意图　　　　　　(b) 外墙张拉端剖面布置示意图

图 11.3-7　地下室外墙内凹式张拉示意图

（4）阅江厅（图 11.3-8）以中国传统的亭台楼阁和运河水乡的纸伞为意象，构建出经典的唐风建筑轮廓。为满足建筑造型需要及空间无柱的使用功能，结构设计初期考虑了如图 11.3-9 所示的两种方案。方案 1 由四榀空间相交屋架构成，相比方案 2 结构整体性更好，但多道拱梁影响穹顶的通透性。因此采用方案 2 空间钢框架结构体系，为保证转折柱折点处传力可靠，在柱折点处设置矩形截面环梁，形成拉压环以平衡柱折点处内力，同时屋面放射状椽子采用铝合金构件，既减轻檐口自重，又可凸显建筑的轻盈之美。

图 11.3-8　阅江厅及南主入口建筑效果图

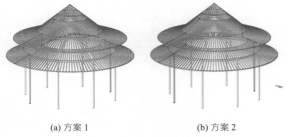

(a) 方案 1　　　　　(b) 方案 2

图 11.3-9　阅江厅结构方案

11.3.2　大运塔结构

大运塔单体高宽比接近 4.9。依据《高层建筑混凝土结构技术规程》JGJ 3-2010（简称《高混规》）第 3.3.2 条，考虑到大运塔是重点设防类（乙类）建筑，规范要求按高于本地区设防类一度考虑，按抗震设防烈度 8 度考虑时，若采用钢筋混凝土结构，其高宽比接近框架-剪力墙结构高宽比限值 5，小于框架-核心筒结构高宽比限值 6。但该塔平面尺度较小，层高较大，建筑对框架柱、剪力墙厚度均有尺寸限制要求，故钢筋混凝土结构非合理方案。为保证结构刚度，控制侧向位移，结合以往传统风格建筑的实践，本项目结构体系采用钢框架-中心支撑结构。

大运塔随着建筑标高和层数的增加，体型不断收进，导致结构竖向构件不连续，需进行特殊处理。

针对塔形建筑退柱造型，西安天人长安塔外圈钢框柱采用牛腿式内折转换实现塔身收缩，同时在层高较大的楼层外周柱间设置加强桁架，确保节点转换安全可靠。大运塔主体结构采用钢框架-中心支撑结构体系，结构交通核区域柱采用方钢管柱，外框柱采用圆钢管柱。针对建筑退柱造型，该结构创新性地采用了斜柱的方案 [图 11.3-10（a）]，不仅很好地实现了建筑塔身缩进，还保证了竖向构件连续，传力明确。

考虑使用环境和耐久性使用年限因素，钢材材质选用 Q355B 耐候钢，一明层结构平面布置见图 11.3-10（b），其钢柱截面为□700×35，钢梁截面□500×300×20、□500×350×14，悬挑钢梁截面为□(300～500)×300×25，钢支撑截面为□350×20。

大运塔各层设有外挑檐口，以一暗层屋檐结构平面 [图 11.3-10（c）] 为例，各屋面挑檐处，结合斗拱构造设置受力构件 [图 11.3-10（d）]，较好地解决了屋檐悬挑较大问题。挑檐上设置间距 825mm 的铝合金屋面椽，椽端吊设天沟，天沟内部设加劲肋，实现与铝合金檐椽连接。同时，在屋面刚架之间设置钢拉索，以平衡因屋面跨度和倾角大产生的水平向推力。

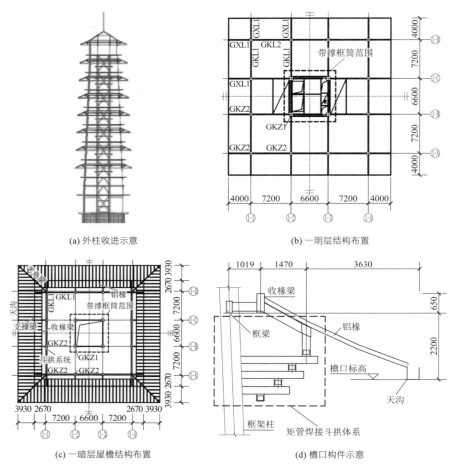

(a) 外柱收进示意　　(b) 一明层结构布置

(c) 一暗层屋檐结构布置　　(d) 檐口构件示意

图 11.3-10　大运塔结构示意图

11.3.3　今月桥结构

今月桥连通博物馆屋面和大运塔二明层，依据建筑效果 [图 11.3-11（a）]，通过拟合设置两道拱架支承桥面构件。鉴于建筑桥墩、桥面均为空间异形，结构采用空间钢管桁架结构 [图 11.3-11（b）] 很好地满足了建筑造型和结构受力要求，单元构件受力以拉压杆为主，便于控制构件尺寸规格。考虑到建筑物自身位于古运河畔，且该桥架设于景观水面之上，建筑结构面临耐久性问题。基于建筑的重要性和后期维护等因素，该结构钢材采用耐候钢，并采用耐久年限较长的防腐防锈涂料及涂装工艺。

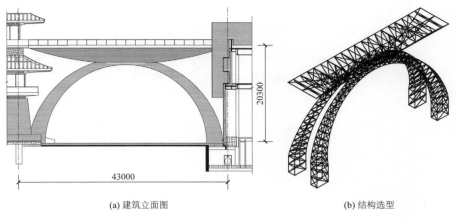

|（a）建筑立面图|（b）结构选型|

图 11.3-11　今月桥建筑立面图及结构选型

11.4　地基基础设计与分析

11.4.1　岩土工程条件

1．工程地质条件

拟建场地勘探深度范围内所揭示的地层均为第四纪松散堆、沉积物，按成因类型、土质特征共分 13 层，其中①、②层属第四系全新统（Q_4），③层属第四系上更新统（Q_3），④层属基岩（K_2）。表 11.4-1 为各土层物理力学参数。

土层物理力学参数　　　　　　　　　　　　　　　　表 11.4-1

土层	厚度/m	f_{ak}/kPa	泥浆护壁钻孔灌注桩		PHC 管桩		压缩模量/MPa	后注浆增强系数	
			q_{sik}/kPa	q_{pk}/kPa	q_{sik}/kPa	q_{pk}/kPa		β_{si}	β_p
①层素填土	0.4～4.0	—	—	—	—	—	5.53	—	—
②₁层粉土	3.5～6.1	150	40	—	15	—	11.5	1.4	—
②₂层粉土	4.3～6.2	190	56	—	58	—	12.17	1.7	—
②₃层粉土	8.1～11.8	170	50	—	52	—	11.39	1.5	—
②₄层粉土	0.8～2.5	150	40	—	42	—	11.79	1.4	—
②₅层粉砂	6.0～11.1	190	56	900	58	3000	11.36	1.8	—
②₆层粉土	0.3～4.9	140	38	—	40	—	9.39	1.4	—
②₇层粉土	2.9～8.7	170	52	850	54	3200	9.86	1.4	2.2
②₈层粉质黏土	最大揭示厚度 4.8	140	40	700	42	—	5.65	1.4	—
③₁层粉土	最大揭示厚度 8.6	190	56	1000	58	—	10.21	1.8	2.2
③₂层粉砂	最大揭示厚度 5.5	300	75	1100	—	—	10.90	—	—
④₁层强风化泥岩	最大揭示厚度 10.1	250	80	—	—	—	—	—	—
④₂层中风化泥岩	最大揭示厚度 15	300	—	—	—	—	—	—	—

注：f_{ak} 为地基承载力特征值；q_{sik} 为桩侧第 i 层土极限侧阻力标准值；q_{pk} 为极限端阻力标准值；β_{si} 为第 i 层土后注浆侧阻力增强系数；β_p 为后注浆端阻力增强系数。

2．水文地质条件

场地潜水水位埋深一般为 0.3～1.63m，地下水位受季节变化影响显著，变化幅度在 2.0m 左右，场地历史最高水位及近 3～5 年最高水位接近地表，结合各孔点水位观测结果得出：场地潜水位绝对高程为 4.00～5.06m。

在地基承载力计算、液化判别、抗浮验算时，本工程按照不利情况考虑，抗浮设计水位取室外地坪标高。本工程防水设防水位按高出室外地坪高程 0.50m 以上考虑。地下水对混凝土及钢筋混凝土结构中的钢筋均具有微腐蚀性。

3. 地基的地震效应

场地 20m 深度范围内的②$_1$、②$_2$、②$_3$均为饱和粉土，抗震设防烈度为 7 度，参照《建筑抗震设计规范》GB 50011-2010 第 4.3.2 条规定，对场地地基应进行液化判别。

根据抗震规范初步判别结果和标准贯入试验法判别结果表明：在设防烈度为 7 度时，综合判定②$_1$、②$_2$、②$_3$层土为液化土层，液化等级为轻微。

11.4.2 基础设计与分析

1. 单桩竖向抗压承载力估算

本工程采用钻孔灌注桩，为了防止粉土和砂土塌孔，采用泥浆护壁工艺，以保证成孔质量，并采用桩端桩侧后压浆工艺，桩端及以上 12m 处设注浆阀。桩径 ϕ700mm，桩长 40m，桩端持力层为③$_1$粉土。

由表 11.4-2 可知，液化效应和负摩阻力对单桩竖向抗压极限承载力影响很大，降低约 30%。40m 桩长计算出的单桩竖向抗压极限承载力标准值仅为 3400kN 左右，从而造成工程桩数量太大，工期和造价增加较多。因此，在综合考虑当地工程经验和征询地勘单位意见后，决定采用后压浆工艺。分别考虑了两种注浆工艺：桩端单一注浆、桩端桩侧复式注浆，复式注浆又分为桩侧一个注浆断面和两个注浆断面两种情况。由表 11.4-2 可见：

（1）考虑到液化土层厚度约为 16m，桩长 40m 时，若采用桩侧两个注浆断面，意味着最上面那个注浆断面位于液化土层和非液化土层分界线左右，该部分竖向增强段为注浆断面以上 12m，几乎全部是液化土层，经过液化折减和负摩阻力计算后，对单桩竖向抗压极限承载力贡献有限，单桩竖向抗压极限承载力比桩侧一个注浆断面仅提高 2%～4%，因此不考虑该注浆工艺。

（2）采用桩端桩侧复式注浆工艺后，单桩竖向抗压极限承载力最少提高了约 60%。

（3）采用桩端桩侧复式注浆的单桩竖向抗压极限承载力比桩端单一注浆的单桩竖向抗压极限承载力最少提高了约 20%。

单桩竖向抗压极限承载力估算结果（单位：kN）　　　　　　　表 11.4-2

项次	孔点 3	孔点 11	孔点 13	孔点 16	孔点 20	孔点 25
不考虑液化折减	4829	4801	4808	4952	4880	4895
考虑液化折减	3968	3955	4015	4114	4096	4118
考虑液化和负摩阻力折减	3412	3393	3524	3627	3581	3595
考虑桩端单一注浆	4518	4461	4601	4858	4761	4842
考虑桩端桩侧复式注浆（桩侧 1 个断面）	5512	5451	5571	5825	5795	5873
考虑桩端桩侧复式注浆（桩侧 2 个断面）	5642	5580	5798	6057	6027	6106

综合考虑成本和效益，最终决定采用桩端桩侧复式注浆（桩侧一个注浆断面）工艺，单桩试桩竖向抗压极限承载力标准值为 6900kN，扣除中性点以上液化土层的侧阻值并考虑中性点以下液化土层侧阻折减后为 5400kN，特征值为 2700kN。

2．桩基础设计

本工程桩基设计采用多工况包络设计，可以分为两个阶段：一是承台下桩数的确定，二是桩配筋计算。承台下桩数是由桩顶荷载效应标准值和单桩承载力特征值确定的。桩配筋则是在前者的基础上，根据桩的实际受力进行承载力和裂缝控制计算，并满足规范构造要求。

桩基础受力工况应分别按照施工和使用两个阶段考虑。由于场地范围很大，若在施工全过程一直不间断采取降水措施，会导致降水持续时间增长，降水量加大，降水成本大幅度提高，所以设计时基坑停止降水时间按照地下室施工完成且外周肥槽回填完毕考虑。那么施工阶段又应分为采取降、排水措施的前期和停止降水的后期。

（1）抗压桩计算分析

在施工阶段前期，由于采用降水和止水帷幕等施工措施，所以不存在水浮力，荷载工况为施工阶段的恒载＋活载，恒载为地下室部分结构传至桩顶的恒载标准值，活载为施工荷载标准值。这个阶段，桩承受轴向压力。

在正常使用阶段，桩基的受力状态取决于上部结构传来的轴向力和实际水位高度。其中，桩承受上部结构传来的全部轴向压力，大于地下水产生的水浮力，为抗压桩。考虑到筏板基础下土层为液化土层，且地下室建筑功能主要为文物库房、临时展厅、餐厅、设备机房和车库等，功能较为重要，所以抗压桩设计时基础自重及其上的恒、活荷载均由桩承担，荷载工况为使用阶段的恒载＋活载－水浮力，其中，恒载为全部楼层传至桩顶的恒载标准值，活载为全部楼层传至桩顶的活载标准值，此处水浮力为考虑历史最低水位产生的有利浮力标准值。本工程各柱下承台抗压桩数分别为2～6根。

（2）抗拔桩计算分析

在施工阶段后期，由于已停止降水，地下水位按照略高于场地最高潜水位考虑，高程控制在5.5m以下，若施工阶段遭遇汛期，地下水位高于高程5.5m时，启用封存的备用降水井，继续降水。此阶段荷载工况为水浮力-恒荷载，水浮力为预估施工阶段最大地下水位高程5.5m时水浮力标准值，恒荷载为地下室及基础传至桩顶的恒荷载标准值，不包括地下室顶板上没回填的覆土和所有的活荷载标准值。这时，纯地下室和中庭区域及部分荷载较小区域的桩受力为拉力。

在正常使用阶段，纯地下室和中庭区域桩承受的上部结构传来的轴向压力小于地下水产生的水浮力，应按抗拔桩设计。荷载工况为使用阶段的水浮力-恒荷载，水浮力为按照抗浮设防水位室外地坪标高−0.900m（绝对高程7.9m）时水浮力标准值，恒荷载为正常使用阶段地下建筑物传至桩顶的全部恒荷载标准值，包括地下室顶板上覆土荷载。

本工程分别按照两个阶段受力情况，计算出博物馆纯地下室和中庭区域各柱下承台抗拔桩桩数为2～3根。

（3）桩基水平力计算分析

由于场地内存在较厚的液化土层，桩水平力抗震验算按《建筑抗震设计规范》GB 50011-2010第4.4.3条规定进行，并按不利情况设计。经核算，在地震作用下单桩最大水平力标准值为115kN，均小于群桩中基桩的水平承载力特征值。另外，由于本工程设有一层地下室，基础采用桩基承台＋筏板，筏板顶面同承台顶面平齐，且在筏板内设有缓粘结预应力筋，因此一方面地下室外墙侧面和承台侧面均能分担水平荷载，另一方面600mm厚筏板和筏板内的预应力筋，可以有效增强群桩基础之间的整体性，即使在地震作用下局部出现液化效应，也可以把液化部分基桩所承担水平荷载效应转嫁到其余基桩上，不会对建筑物造成大的影响，从而大幅度提高基桩抵抗水平力的能力。

3．基础抗液化处理措施

由于场地内②₁、②₂、②₃层粉土均为液化土层，桩身需穿越约16m厚的液化土层，本工程基础设计时采用了以下抗液化措施：

（1）桩长40m，伸入非液化土层的长度为24m左右，该部分均采用桩端桩侧复式注浆，可对桩端及桩侧土进行加固，并要求桩端进入持力层③$_1$密实粉土内不小于1.5m。

（2）基础采用桩基承台+600mm厚筏板基础，并在筏板基础内设有缓粘结预应力筋，基础整体性很好，对基础的抗液化十分有利。

（3）在基础、地下室外墙与基坑侧壁间的回填土要求采用级配砂石、砂土、灰土或压实性较好的素土等，回填土分层夯实，对称进行，压实系数不小于0.94。

（4）桩基2/3桩长，即桩顶以下24m范围内箍筋加密，采用ϕ10@100。

（5）超长结构处理措施

本工程基础平面尺寸为266.3m×110.2m，属于超长混凝土结构，为了减少温差收缩效应采取了以下措施：

①结合上部结构布置，南北向设置2道温度后浇带，东西向设置5道温度后浇带，设置在框架柱净跨三等分线附近，宽度为800mm，后浇带间距控制在50m左右。

②筏板基础内设置ϕ20@200双层双向拉通钢筋，最小配筋率约为0.26%。

③筏板基础板底、板面设置17.8mm规格双向缓粘结预应力钢绞线，短向预应力筋间距为600mm，长向预应力筋间距为400mm。

11.5 结构的整体计算分析

11.5.1 博物馆结构计算分析

采用YJK软件对博物馆结构进行整体内力、位移计算，计算模型见图11.5-1。进行多遇地震反应谱分析时，整体参数分析时采用刚性楼板假定，构件设计时采用非强制刚性楼板假定。

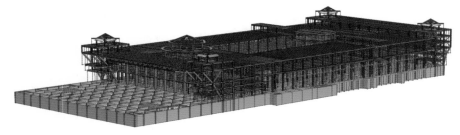

图11.5-1 博物馆结构计算模型

结构周期计算结果（表11.5-1）及结构主要抗震性能指标计算结果（表11.5-2）表明，各项指标满足规范要求。

博物馆结构模态分析结果　　　　　　　　　　　　　　　　　　　　　　　表11.5-1

计算项		YJK
周期/s	T_1	1.0715（X向平动）
	T_2	1.0525（Y向平动）
	T_3	0.7903（扭转）
周期比	T_t/T_1	0.74 < [0.90]
有效质量系数	X向	99.99%
	Y向	99.96%

博物馆结构整体分析主要结果　　　　　　　　　　　　　　表 11.5-2

结果项	荷载条件	方向	YJK 计算值	规范要求
最大层间位移角	地震作用	X向	1/318	1/250
		Y向	1/317	1/250
	风荷载	X向	1/9999	≤1/250
		Y向	1/9039	≤1/250
最大位移比	地震作用	X向	1.16	≤1.2
		Y向	1.18	≤1.2
	风荷载	X向	1.07	≤1.2
		Y向	1.05	≤1.2
基底剪力/kN	地震作用	X向	178540	—
		Y向	172990	—
基底剪重比	地震作用	X向	11.89%	≥3.26%
		Y向	11.52%	≥3.26%

11.5.2　大运塔结构计算分析

大运塔结构整体模型如图 11.5-2（a）所示，分别采用 YJK 和 MIDAS Gen 两种软件建立不同力学模型进行结构整体内力、位移计算。进行多遇地震反应谱分析时，整体参数分析采用刚性楼板假定，构件设计采用非强制刚性楼板假定。

大运塔结构周期计算结果见表 11.5-3，结构前三阶振型如图 11.5-2（b）所示。该建筑结构第 1 振型为沿X向平动，第 2 振型为沿Y向的平动，第 3 振型则为扭转。

大运塔主要抗震性能指标计算主要结果（表 11.5-4）表明，YJK 和 MIDAS Gen 两种软件计算分析得出的结构反应特征、变化规律基本吻合，结构各项指标均满足规范要求。

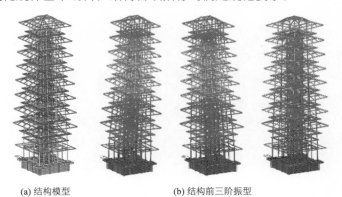

(a) 结构模型　　　　　　　　(b) 结构前三阶振型

图 11.5-2　大运塔结构计算模型及振型（MIDAS Gen）

大运塔结构模态分析结果　　　　　　　　　　　　　　表 11.5-3

振型	YJK		MIDAS Gen	
	周期/s	平扭系数（$X + Y + T$）	周期/s	平扭系数（$X + Y + T$）
1	2.751	1.00 + 0.00 + 0.00	2.859	1.00 + 0.00 + 0.00
2	2.732	0.00 + 1.00 + 0.00	2.769	0.00 + 1.00 + 0.00
3	2.310	0.00 + 0.00 + 1.00	2.365	0.00 + 0.00 + 1.00
周期比T_t/T_1	2.310/2.751 = 0.84 < 0.90		2.365/2.859 = 0.83 < 0.90	
有效质量系数	X向	Y向	X向	Y向
	97.19%	98.83%	93.55%	93.88%

结果项	荷载条件	方向	YJK 计算值	MIDAS Gen 计算值	规范要求
最大层间位移角	地震作用	X向	1/424	1/410	≤1/250
		Y向	1/433	1/415	≤1/250
	风荷载	X向	1/710	1/676	≤1/250
		Y向	1/720	1/689	≤1/250
最大位移比	地震作用	X向	1.01	1.02	≤1.2
		Y向	1.01	1.02	≤1.2
	风荷载	X向	1.01	1.01	≤1.2
		Y向	1.01	1.01	≤1.2
基底剪力/kN	地震作用	X向	5723	5445	—
		Y向	5832	5550	—
	风荷载	X向	2673	2550	—
		Y向	2673	2545	—
基底剪重比	地震作用	X向	5.21%	4.96%	≥3.2%
		Y向	5.31%	5.06%	≥3.2%

11.5.3 今月桥结构计算分析

分别采用 3D3S 和 MIDAS 两种软件对今月桥结构整体模型进行内力、位移计算。今月桥结构体系采用空间钢管桁架结构，构件主要涉及 $\phi152 \times 10$、$\phi299 \times 16$、$\phi400 \times 20$ 等几种规格，钢材材质为 Q355B-NH。设计中，考虑了活荷载的不利布置因素，同时分析了竖向地震作用下结构的相关性能。

图 11.5-3 给出标准组合（恒荷载 + 活荷载）下结构的 Z 向位移，最大位移集中在悬挑的桥面两端，约为 69mm，依据《钢结构设计标准》GB 50017-2017 第 3.4 节和附录 B，挠度容许值为 L/400（L 为悬臂桁架长度的 2 倍），即 98mm，满足规范限值要求。

图 11.5-4 给出了标准组合（恒荷载 + 活荷载 + 风荷载）下结构的 Y 向位移，最大位移集中在下支拱桁架顶端，约为 5.3mm，按基础顶到拱点顶标高计，高度与位移之比约为 1/4000，表明结构侧向刚度足够大，在荷载作用下水平向位移较小，结构安全可靠。

图 11.5-5 给出了基本组合下结构最不利应力结果，应力较大部位集中在桥面悬挑段根部以及下拱桁架主肢上部，最大拉压应力接近，约为 275N/mm²，小于钢材强度设计值。

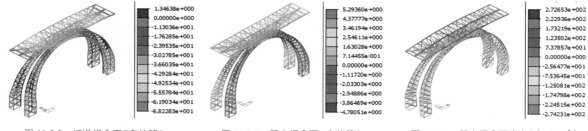

图 11.5-3　标准组合下 Z 向位移/mm　　　图 11.5-4　基本组合下 Y 向位移/mm　　　图 11.5-5　基本组合下应力/（N/mm²）

11.6　结语

中国大运河博物馆各单体采用钢结构，符合绿色环保的社会发展趋势，体现了环境友好、可持续发展的科学发展观。该工程项目施工周期短、造价合理、结构各项受力性能好。竣工后的中国大运河博物馆既实现了传统建筑空间与现代博物馆博览空间的融合，又采用了传统建筑形式的现代工艺建构，在保证传统建筑神韵的基础上，使建筑满足现代功能需求。

在结构设计过程中，主要有以下几方面创新性工作：

（1）博物馆采用钢框架结构＋少量屈曲约束支撑结构体系；大运塔采用钢框架-中心支撑结构体系；今月桥采用空间钢桁架结构。对该类型博物馆设计，应针对各单体的设计特点和难点，量体裁衣、因地制宜，选用合理的结构方案和计算分析手段，确保结构的安全性。

（2）针对博物馆建筑，其通常存在楼层层高较大、大跨度空间多、局部大悬挑等特点，因此结构设计应采用合理体系，通过异形构件或构造处理、屈曲约束支撑及预应力等新工艺、新技术的应用，实现建筑绿色、环保、可持续发展的理念。

（3）针对大运塔单体，结构创新性地采用了斜柱的处理方式，不仅很好地实现了塔形建筑逐层收进的效果，还保证了结构布置简单、传力明确，安全性高。

（4）今月桥结构采用空间钢管桁架结构，不仅很好地拟合了建筑体型需求，同时该方案符合有限元思路，单元构件受力以拉压杆为主，便于控制构件规格。

（5）对于重要的临水建筑，结构钢材建议采用耐候钢，并采用耐久年限较长的防腐防锈涂料及涂装工艺。

中国大运河博物馆大事记

2018 年 10 月 12 日，"2018 年世界运河城市论坛"分论坛之"世界运河城市博物馆馆长论坛"宣布，中国大运河博物馆选址江苏扬州三湾。

2019 年 5 月 5 日，中国大运河博物馆（筹）奠基仪式在扬州运河三湾风景区举行。

2019 年 9 月 24 日，中国大运河博物馆正式开工建设。

2020 年 8 月 1 日，中国大运河博物馆钢结构主体建成。

2021 年 6 月 5 日，中国大运河博物馆竣工验收。

2021 年 6 月 16 日，中国大运河博物馆开馆。

设计团队

项目负责人：张锦秋、徐　嵘

结构设计团队：贾俊明、车顺利、王　景、吴　琨、沈励操、陶倍林、刘　锋、李建兵、刘　涛、龙　婷

获奖信息

2022 年度第十五届中国钢结构金奖

第12章

中国国家版本馆西安分馆

12.1 工程概况

12.1.1 建筑概况

中国国家版本馆西安分馆选址于西安南郊秦岭圭峰北麓，西邻黄柏峪、东连太平峪、北望长安城。项目采用了"山水相融、天人合一、汉唐气象、中国精神"的设计主导思想，采用新理念、新技术，满足复杂使用需求的功能性要求。总体布局充分利用山形高耸险峻的圭峰为背景，格局方正、大气典雅，采用山水园林的群落空间布局，各功能区分置，形成中轴对称、主从有序之势，与层层山峦唱和相应。

项目占地约 20 万 m²，总建筑面积 8.25 万 m²。设有洞藏区、保藏区、展示区、交流区、研究及业务用房、设备及服务用房等 18 个建筑单体，主要用于存放、保管中华文化版本资源，包括保藏、展示、研究、交流等功能。项目建成鸟瞰照片及平面主要建筑分区如图 12.1-1 所示。

项目设计完成时间：2021 年 2 月；竣工时间：2022 年 4 月。

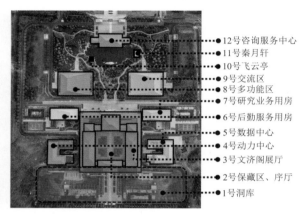

- 12号咨询服务中心
- 11号秦月轩
- 10号飞云亭
- 9号交流区
- 8号多功能区
- 7号研究业务用房
- 6号后勤服务用房
- 5号数据中心
- 4号动力中心
- 3号文济阁展厅
- 2号保藏区、序厅
- 1号洞库

(a) 项目鸟瞰图　　　　　　　　　　　　(b) 项目分区图

图 12.1-1　项目鸟瞰分区图

项目各分区主要单体建筑概况详见表 12.1-1。

各分区主要单体建筑概况　　　　　　　　　　　　　表 12.1-1

单体编号		1号	2号	3号	4号	5号	6号	7号	8号	9号	10号	11号	12号
建筑功能		洞库	保藏区、序厅	文济阁展厅	动力中心	数据中心	后勤服务用房	研究业务用房	多功能区	交流区	飞云亭	秦月轩	咨询服务中心
最大高度/m		地下主体高12.0	21.7	22.9	11.8	11.8	16.8	16.8	14.1	14.1	6.2	5.2	10.8
层数	地下	1（局部2层）	—	—	—	1	—	—	1	—	—	—	—
	地上	—	4（序厅通高）	4	2	2	3	3	2	1	1	1	1
主要跨度/m		13.5	8.4（序厅32.4）	13.2	8.4	8.4	9.6	9.6	14.4/9.1	14.4/9.1	3.9	6.6	14.4/7.2

项目基地位于秦岭脚下，属山地地形，地势南高北低，起伏较大，最大相对高差约77m。场地内存在两处明显陡坎，陡坎东西走向，将场地从北向南大致分为 3 块，呈大台阶状。主体建筑依山就势，高台筑阁，呈现大气磅礴的汉唐风格。项目总体剖面见图 12.1-2。

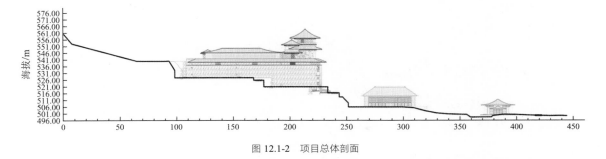

图 12.1-2 项目总体剖面

1 号洞库为珍藏版本存储用房。东西长 180.50m，南北宽 43.05m，采用双洞形式并排布置，单洞净宽 12.0m，净高 9.10m。洞顶布置管道层，洞两侧布置设备用房及通道。洞顶覆土厚度 5.50m。洞库平面如图 12.1-3（a）所示，洞库剖面如图 12.1-3（b）所示。

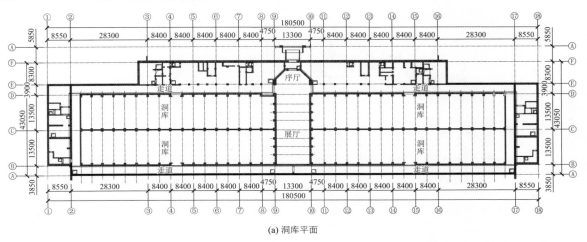

(a) 洞库平面

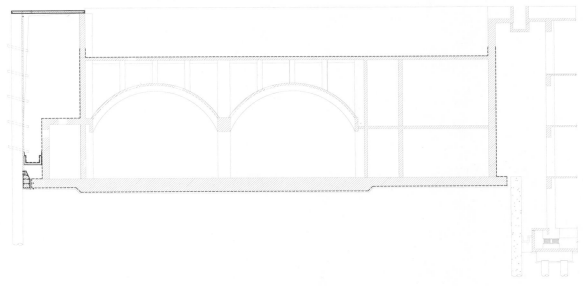

(b) 洞库剖面

图 12.1-3 洞库

2 号保藏区为各种纸质、音像、电子等出版物版本的存储用房，是整个项目的核心。宽 106.80m，长 115.70m。高大空间序厅位于最北侧，通高 21.70m，跨度 32.40m。3 号文济阁建筑高度 19.9m，屋脊高 23.2m，位于序厅之上；3 号展示区建筑高度 7.0m，位于保藏区之上，平面为"口"字形。2 号和 3 号平、剖面如图 12.1-4 所示。

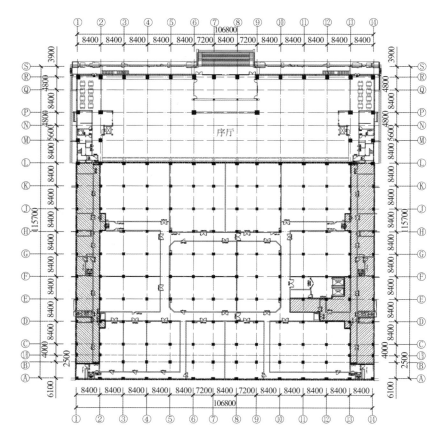

(a) 2 号保藏区典型平面

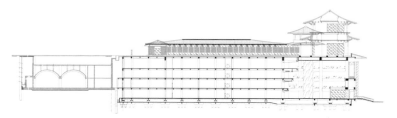

(b) 洞库、保藏区、展藏区组合剖面

图 12.1-4　2 号和 3 号平、剖面图

12.1.2　设计条件

1. 部分建筑主体控制参数

部分建筑主体控制参数见表 12.1-2。

控制参数表　　　　　　　　　　　　　　　　　表 12.1-2

项目	标准
结构设计基准期	50 年
建筑结构安全等级	洞库、保藏展藏区、动力中心、数据中心：一级
	其他：二级
结构重要性系数	洞库、保藏展藏区、动力中心、数据中心：1.1
	其他：1.0
建筑抗震设防分类	洞库、保藏展藏区、动力中心、数据中心：乙类
	其他：丙类

项目		标准
地基基础设计等级		甲级
设计地震动参数	抗震设防烈度	8度
	设计地震分组	第二组
	场地类别	Ⅱ类
	小震特征周期/s	0.45
	大震特征周期/s	0.50
	设计基本地震加速度值/g	0.20
建筑结构阻尼比	多遇地震	钢筋混凝土结构：0.05；钢结构：0.04
	罕遇地震	0.06
水平地震影响系数最大值	多遇地震	0.16
	设防烈度地震	0.45
	罕遇地震	0.90
地震峰值加速度/（cm/s²）	多遇地震	70
地震动参数计入近场影响系数		1.5
不利地段水平地震影响系数最大值增大系数		1.1~1.4

2. 结构抗震设计条件

（1）依据《二二工程——西安项目岩土工程初勘报告》，秦岭北缘断裂位于场地南侧，为全新世断裂。建筑初步方案洞库长向为南北走向，四洞并排布置，洞库距离断裂带不满足最小避让距离200m的要求。因此将洞库方案调整为东西走向，两洞并排布置，并适当北移，满足最小避让距离要求。方案调整前后总平面对比见图12.1-5，调整后结构布置与断裂带关系见图12.1-6。

考虑到本工程的重要性，为控制工程风险，组织召开秦岭山前断裂对项目影响专家论证会。会议认为采取相应工程措施控制风险后可进行建设，并建议开展活动断裂专题研究，以便为建筑抗震设计提供支持，为此专门委托中国地震局第二监测中心进行地震安全性评价。中国地震局第二监测中心提供的《二二工程——西安项目工程场地地震安全性评价报告》确定了秦岭山前主断裂带f1及次断裂带f2的位置、走向及深度，并提供了相关地震设计参数，作为本工程设计的依据。报告内容显示，秦岭北缘主断裂带f1从场地南侧通过，断裂破碎带宽约110m，场地南侧主断裂带距离1号洞库南侧墙约210m。

1号洞库
2号保藏区
3号展藏区
4号动力中心
5号数据中心
6号服务用房
7号研究区
8号交流区
9号多功能区
10号飞云亭
11号秦月轩
12号咨询服务中心
13号大门（东）
14号大门（西）
15号岗亭（东）
16号岗亭（西）
17号卫生间（东）
18号卫生间（西）

2号库调整后范围
1号洞库调整后范围
调整后去除范围

图12.1-5　断裂带与场地关系及方案调整前后总平面对比

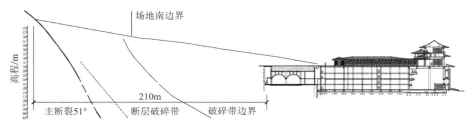

图 12.1-6 调整后结构布置与断裂带关系

（2）场地南北高差大，形成 3 大台地陡坎，依据《建筑抗震设计规范》GB 50011-2010 第 4.1.8 条规定属于抗震不利地段，应估计不利地段对设计地震动参数可能产生的放大作用，其水平地震影响系数最大值增大系数依据规范条文计算，取值在 1.1～1.4 之间。陡坎、边坡影响地震动参数放大系数见表 12.1-3。

陡坎、边坡影响地震动参数放大系数　　　　　　　　　　　　　　　　　表 12.1-3

单体建筑编号	1 号	2 号	3 号	4 号	5 号	6 号	7 号	8 号	9 号	10 号	11 号	12 号
陡坎、边坡影响地震动参数放大系数	1.40	1.20	1.20	1.40	1.40	1.33	1.33	1.0	1.0	1.0	1.0	1.0

3. 风荷载

结构变形验算时，按 50 年一遇取基本风压为 0.35kN/m²，承载力验算时按基本风压的 1.0 倍取用，场地粗糙度类别为 B 类。

12.2　结构对策

12.2.1　重型承载拱形空腹桁架

洞库为地下结构，方案为双洞并排布置，两侧布置走道和设备用房，埋置深度大，顶板覆土厚度大。

洞库区对环境温度及湿度均要求较高，为了洞库整洁、美观要求，设备管线不能布置在洞库空间内。结合建筑造型及功能要求，结构顶部采用钢筋混凝土空腹桁架，下弦为拱形。拱形空腹桁架支承在地下外墙壁柱及两洞中间立柱上，如图 12.2-1、图 12.2-2 所示。

图 12.2-1　洞库局部模型

图 12.2-2　洞库内部照片

洞库结构体系充分利用钢筋混凝土拱形下弦抗压性能好的特点，减小拱形梁截面高度及挠度。通过选择合理的拱高、拱间距、拱上桁架立柱的间距及布置形式，结构用材及受力达最优状态，妥善解决了洞顶 5.50m 厚超重覆土问题。同时洞库上层空腹桁架为设备专业提供了布置管线的空间，创建了简洁、良好的建筑空间。1 号洞库空腹桁架 MIDAS Gen 计算结果见图 12.2-3。

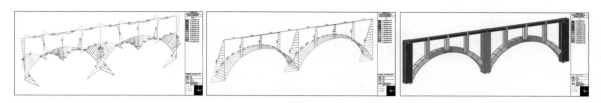

图 12.2-3　1 号洞库空腹桁架 MIDAS Gen 计算结果

洞库抗侧力体系包括地下外墙和洞间以及设备区墙、柱。

12.2.2　基础隔震 + 混合框架（钢筋混凝土框架 + 型钢混凝土框架 + 钢框架）

2、3 号保藏、展藏区位于南端台地范围，建筑结合山坡地形而建，南北室外地面高差达 22.60m，三面围土，东西两侧室外地面为台阶状，主体结构外侧挡墙布置不均，刚度偏心，扭转不规则。同时，本工程抗震设防烈度 8 度，设计基本地震加速度值 0.2g，场地邻近断裂带，虽满足《建筑抗震设计规范》GB 50011-2010 表 4.1.7 发震断裂最小避让距离的要求，但考虑近场影响及边坡、陡坎不利地段水平地震影响系数最大值增大系数调整，地震作用很大。如何保证结构在地震作用下，侧向刚度、截面抗弯、抗剪承载力满足设计要求，确保结构体系安全，是结构设计的重要内容。

为比较结构设计的安全、经济、合理性，对 2 号、3 号保藏、展藏区分别采用框架结构、框架-剪力墙结构、基础隔震 + 框架（框撑）结构不同结构体系进行分析验算。经过分析比较及专家论证，2 号、3 号保藏、展藏区采用基础隔震 + 混合框架的结构体系，满足设计的各项要求，抗震性能得以提高。2 号、3 号保藏、展藏隔震设计剖面图见图 12.2-4。

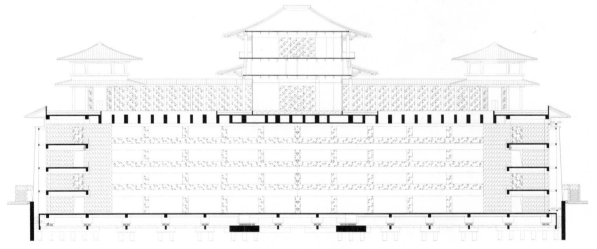

图 12.2-4　2 号、3 号保藏、展藏隔震设计剖面图

12.2.3　32m 跨高大序厅采用型钢混凝土框架

建筑设计中，在 2 号楼北侧为高大空间序厅，序厅跨度 32.4m，中间无柱，4 层通高，建筑效果开阔大气，是建筑设计的一大亮点（图 12.2-5）。为了满足建筑设计中的这个亮点，导致序厅部位相比主体结构其他部位刚度较弱，通高柱稳定性差。

通过计算分析（图 12.2-6），序厅周边采用型钢混凝土框架，型钢混凝土梁柱构件刚度大，延性较好，承载能力高。采用型钢混凝土构件后，序厅部位的整体刚度得到了很大提高，增强了结构稳定性，提高了构件承载能力，同时减小了构件的截面尺寸，达到了预期的设计效果。

图 12.2-5　序厅实景图　　　　　　　　　　图 12.2-6　序厅模型

12.2.4　设置转换构件

建筑方案设计中，3 号文济阁、展厅位于 2 号楼顶部，文济阁、展厅采用钢框架。展厅钢柱在 2 号楼屋面的混凝土梁上生根转换，文济阁钢柱在 2 号序厅屋面的钢骨混凝土梁上生根转换，采用了"抬柱贯通，梁连接于柱"的连接方式实现柱底刚接；文济阁一层柱采用钢管混凝土柱以增加其抗侧刚度，2、3 层柱采用钢柱，钢柱以斜柱形式实现建筑退柱效果。文济阁、展厅的三维模型如图 12.2-7 所示；文济阁的剖面图如图 12.2-8 所示。

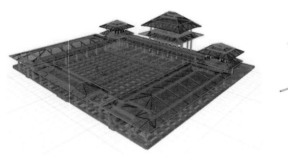
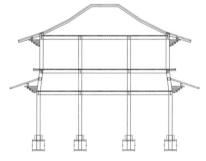

图 12.2-7　文济阁、展厅模型　　　　　　　图 12.2-8　文济阁剖面

辅阁存在工字形钢梁抬钢管柱情况，采用了"柱贯通，梁连接于柱"的连接构造，更好地满足节点承载力及刚度。展厅、门厅处钢柱生根于钢筋混凝土梁。覆土浅，创造性地采用了外包式与外露式相结合的钢柱柱脚，解决了外露式柱脚极限承载力难以满足、外包式柱脚外包高度不足的困境，如图 12.2-9 所示。

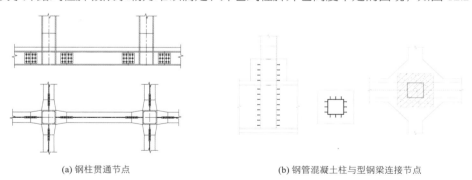

(a) 钢柱贯通节点　　　　　　　　　　(b) 钢管混凝土柱与型钢梁连接节点

图 12.2-9　柱脚节点详图

12.2.5　永久性边坡支护

拟建场地南北高差约 77m。场地内存在两处明显东西走向陡坎，将场地从北向南大致分为 3 台，呈

台阶状。

部分主体建筑依山就势，高台筑阁。为控制工程风险，保证主体边坡稳定，对陡坎进行永久性支护。如 2 号保藏区采用基础隔震，东西两侧隔震沟最高处 13.40m，南侧与 1 号洞库连接形成垂直陡坎，均采用永久性支护。1 号洞库南侧紧邻山坡，采用永久性支护，支护结构与 1 号洞库外墙间留置空腔，一方面避免山体土压力作用，另一方面方便支护结构变形监测及维护。

陡坎、边坡支护采用钢筋混凝土灌注桩 + 钢筋混凝土板墙结构，支护平面布置如图 12.2-10 所示；支护桩板墙简图及施工照片见图 12.2-11。

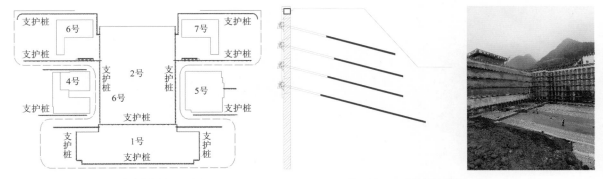

图 12.2-10　支护桩板墙平面布置　　　　　　　图 12.2-11　支护桩板墙简图及施工照片

12.3　体系与分析

12.3.1　方案对比

由于本项目场地地质环境较为复杂，考虑到本项目的重要性，为控制工程风险，满足项目安全性要求，2 号、3 号建筑采用以下工程措施并进行结构方案对比：

（1）项目位于发震断裂 5km 以内，地震动参数应计入近场影响，乘以增大系数 1.5（依据《建筑抗震设计规范》GB 50011-2010 第 3.10.3 条）。

（2）该建筑单体位于台地上，台地间存在陡坎，其水平地震影响系数应乘以增大系数 1.2（依据《建筑抗震设计规范》GB 50011-2010 第 4.1.8 条）。

（3）考虑到 2 号建筑邻近陡坎且单柱荷载较大，采用钻孔灌注桩基础。

（4）对 2 号采用抗震及隔震两种结构设计方案，进行论证分析，选择优化方案。

方案 1：框架-剪力墙结构抗震设计

方案 1 的三维模型见图 12.3-1。该方案的优点：不需另行增设永久独立挡土结构，采用的措施简单、常规。

存在的问题如下：

（1）主体结构依山就势而建，三面围土，需设置外墙挡土。同时，依据建筑方案，北侧为序厅高大空间，不允许设置剪力墙；东西两侧底部两层依地形要求需设置从北至南通长挡土墙；南侧结构全部在地面以下，需通长、通高设置挡土墙，不平衡土压力对结构整体稳定影响较大。

（2）设置外挡土墙后，结构刚度不对称，偏心较大，为满足设计要求，必须在对称位置设置剪力墙以减少偏心对结构扭转的影响；该楼南北长 115.70m、东西宽 106.80m，除外围剪力墙外，中间部位须均匀设置纵、横向剪力墙，剪力墙间距需满足规范限值要求，以均匀分担水平地震剪力，起到有效抗震作用，因此需增加的剪力墙较多，对建筑内部空间影响较大。

（3）结构计算时地下室层数、嵌固端位置、周边土体对结构刚度的影响不能与实际完全一致，须进行包络设计，增加材料用量。

（4）考察近场效应及陡坎影响，地震作用较大。经计算，剪力墙厚度为500～700mm，剪力墙需内置钢板方能满足抗剪截面要求。

（5）钢筋混凝土外挡土墙直接与内部空间相邻，外墙若有渗漏，建筑内部恒温、恒湿的环境要求将不能得到保证。

（6）施工阶段仍须设置基坑支护。

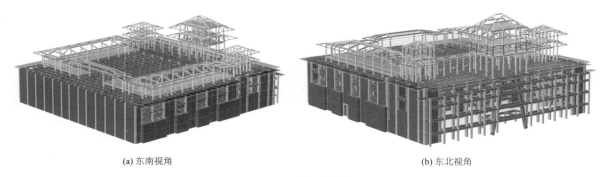

(a) 东南视角　　　　　　　　　　　　(b) 东北视角

图12.3-1　方案1结构体系

方案2：基础隔震 + 框架隔震设计

方案2的三维模型见图12.3-2。主体结构外围设1.5m宽隔震沟，沟外土体采用永久支护结构，将主楼与土体脱开；采用基础隔震，减小上部结构的地震作用，避免不平衡土压力对结构影响，上部结构采用框架结构。

本工程采用隔震结构优点如下：

（1）避免不平衡土压力对建筑的不利影响。

（2）设置基础隔震，上部结构水平地震作用减小，可采用框架结构，框架梁、柱截面减小，减少了材料用量，同时使建筑内部空间布置更加灵活，便利，适用性更大。

（3）隔震沟使土体与外墙隔开，避免了外墙可能渗漏对室内藏品空间环境的不利影响。

（4）隔震结构的设防目标高于抗震结构，达到小震可用，中震可修，罕遇地震不严重破坏，极罕遇地震不倒的性能目标，结构安全性能更加可靠。

（5）本工程采用隔震结构影响造价的主要因素：主体结构外需增设永久支护，使建筑周边与土体脱开，与施工临时支护相比，增加部分成本；增加隔震支座及隔震层，增加部分成本。

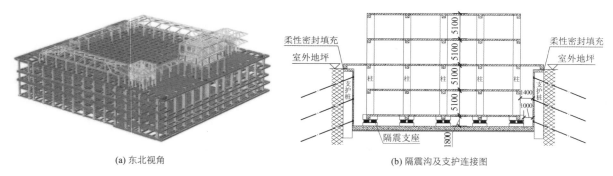

(a) 东北视角　　　　　　　　　　　　(b) 隔震沟及支护连接图

图12.3-2　方案2结构体系

1. 结构方案对比

根据时程分析对比结果，取减震系数为$\beta = 0.35$，$\varphi = 0.8$，$\beta/\varphi = 0.4375$。减震后地震影响系数最大值为$0.16 \times 0.4375 = 0.07$（7度为0.08）。方案1与方案2经济性对比，如表12.3-1所示。

序号	项目		抗震	隔震	备注
1	结构体系		框架-剪力墙	框架	注：1. 抗震结构指基础顶面以上； 2. 隔震结构指隔震垫以上； 3. 框架-剪力墙结构中，部分剪力墙为钢板混凝土剪力墙； 4. 材料用量统计仅为梁、墙、柱受力构件，仅作为方案比较参考
2	抗震等级		一级	二级	
3	地震影响系数最大值		$0.16 \times 1.5 \times 1.2 = 0.288$	$0.08 \times 1.5 \times 1.2 = 0.144$	
4	基本周期（前三阶）/s		0.45/0.41/0.27	2.92/2.92/2.54	
5	上部结构	层间位移角	X（1/251）顶部钢结构	X（1/593）	
			Y（1/205）顶部钢结构	Y（1/594）	
6		底层剪力/kN	X（218215）	X（113353）	
			Y（251781）	Y（109929）	
7	材料	混凝土/m³	23118	22038（含隔震层）	
8		钢材/t	3337	3188	
9		钢筋/t	2935	2802（含隔震层梁板）	
10	隔震垫	隔震垫数量/个		217	
11	基础	基础形式	筏板＋下柱墩	筏板＋支墩	

由上述对比结果可知，由于 2 号楼采用隔震方案，增设隔震支座，增加造价，但隔震方案对建筑使用功能、结构抗震性能具有较好的效果。经专家论证后，确定采用隔震方案。

2. 3号楼结构方案对比

3 号展厅由文济阁、辅阁、展厅、门厅、大门组成。对钢筋混凝土框架结构与钢结构方案进行对比分析，采用钢结构自重轻，地震作用小，施工速度快；采用钢筋混凝土框架结构则梁、柱截面较大，不满足建筑造型设计要求，结构自重大，地震作用明显，且对下部抬柱梁不利。综合分析后采用钢结构方案。

3号各单体间若设置防震缝会导致各单体之间长宽比大，抗扭不利。综合考虑建筑使用性、抗震性能，各个单体之间不设置防震缝而形成回字形平面体型（图 12.3-6），整体抗震性能好。不设置防震缝时，回字形平面尺寸约106.8m×99.2m，结构超长，对温度荷载工况进行详细分析以满足承载力及变形要求。

12.3.2　结构布置

1. 洞库结构布置

单孔拱跨 13.50m，拱顶高度 9.40m，拱间距为 4.20m，拱下弦截面尺寸为700mm×800mm，每 1/4 跨度处设置支撑立柱，立柱截面尺寸为550mm×550mm，拱脚支撑柱截面尺寸为800mm×1200mm，上弦梁截面尺寸为500mm×600mm，外墙厚度 700mm。

拱下弦平面布置与和上弦平面布置图如图 12.3-3、图 12.3-4 所示。

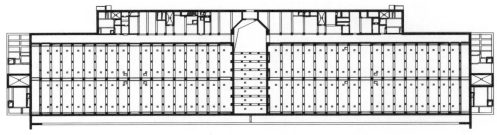

图 12.3-3　下弦平面布置

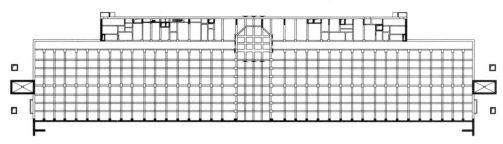

图 12.3-4 上弦平面布置图

2. 2号、3号结构布置

（1）2号隔震支座及隔震层布置图

本工程选用橡胶隔震支座，如图 12.3-5 所示。支座相关力学性能参数见表 12.3-2、表 12.3-3。隔震层采用梁板结构，序厅框架梁截面尺寸600mm×1000mm，其他区域框架梁截面尺寸450mm×850mm，次梁截面300mm×700mm，板厚 160mm。

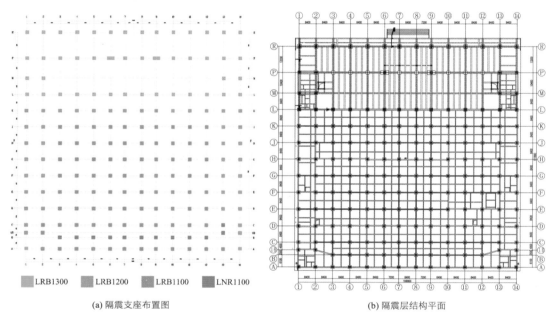

LRB1300   LRB1200   LRB1100   LNR1100

(a) 隔震支座布置图　　　　　　　　　　(b) 隔震层结构平面

图 12.3-5　隔震支座布置图及隔震层结构平面

隔震支座参数一　　　　　　　　　　　　　　　　　　　　表 12.3-2

| 支座型号 | 竖向刚度 /（kN/mm） | 等效水平本构（100%） | | 屈服前刚度 /（kN/mm） | 屈服力 /kN | 屈服后刚度 /（kN/mm） |
		等效水平刚度 /（kN/mm）	等效阻尼比 /%			
LNR1100	4000	2.09	5.0	—	—	—
LRB1100	4900	3.40	25	29.90	227	2.30
LRB1200	5700	3.60	25	31.98	250	2.46
LRB1300	6800	3.90	25	34.45	300	2.65

隔震支座参数二　　　　　　　　　　　　　　　　　　　　表 12.3-3

支座型号	第一形状系数S_1	第二形状系数S_2	剪切模量/MPa	支座总高度/mm	橡胶层总厚度/mm	最大水平位移/mm
LNR1100	≥15	≥5	0.55	430.5	200	605
LRB1100	≥15	≥5	0.55	430.5	200	605
LRB1200	≥15	≥5	0.55	459.5	220	660
LRB1300	≥15	≥5	0.55	488.5	240	715

（2）3号展厅结构布置

3号展厅采用钢框架结构，坡屋面主钢梁采用异形工字形梁和矩形钢管梁，保证钢梁上翼缘均处于同一平面。檩条或者椽子均可不设檩托，连接构造简单、施工方便。建筑金属屋面构造层薄，完美实现了轻盈的建筑效果。坡屋面檐口悬挑长度达4.2m，借鉴了传统建筑斗拱系统受力特点，采用密布钢檩条悬挑，实现了檐口轻薄的建筑效果。3号展厅结构布置见图12.3-6。

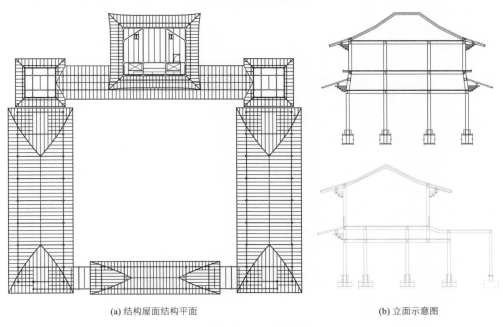

(a) 结构屋面结构平面　　　　　　　　　　　　　　(b) 立面示意图

图 12.3-6　3号展厅结构布置

3．基础结构设计

（1）洞库基础

洞库紧邻2号保藏区南侧，基础底面标高高于2号保藏区基础底面6.45m，形成陡坎，陡坎边缘处设置永久性支护桩。洞库采用筏形基础，由于基础边缘距离陡坎边缘较近，为了减少基础压力对支护桩的影响，保证陡坎处地基的稳定性，在靠近陡坎支护桩的6.0m范围内，1号洞库筏板下布置钢筋混凝土灌注桩，将基底压力传递到深层土层。1号洞库基础平面图见图12.3-7。

为了减少洞库南侧高大山坡土压力对结构的不利影响，在洞库南侧设置永久性支护结构。

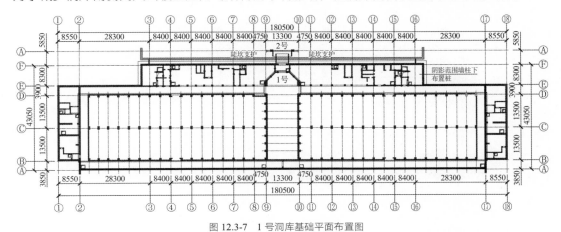

图 12.3-7　1号洞库基础平面布置图

（2）保藏、展藏区基础

2号保藏区基础采用桩承台，桩径700mm，承台高度1.20m，承台之间设置基础拉梁和250mm厚防水板。边承台与支护桩间留置隔震沟。2 号保藏区基础平面图见图 12.3-8。

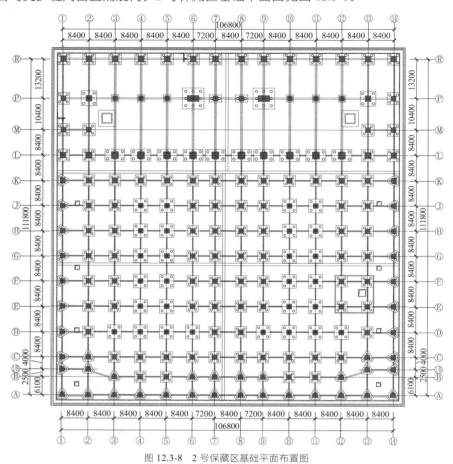

图 12.3-8 2 号保藏区基础平面布置图

12.3.3 抗震性能目标

1. 抗震不规则分析和采取的措施

经过抗震不规则项检查，本工程 2 号、3 号楼存在如下方面的不规则情况：（1）3 号楼展厅和文济阁钢结构位于 2 号楼钢筋混凝土结构屋面上，存在局部转换；（2）2 号楼序厅存在穿层柱，楼板局部不连续，3 号楼文济阁存在斜柱；（3）2 号、3 号楼上下叠合布置，下部为钢筋混凝土结构，上部为钢结构；（4）部分楼层扭转位移比大于 1.2（小于 1.5）。

针对抗震不规则问题，结构进行了专家论证，并采取了如下应对措施：

（1）转换梁、柱按照设防烈度地震作用下弹性，罕遇地震不屈服的性能目标设计；

（2）转换梁柱的抗震等级比相邻构件提高一级；

（3）钢柱与其下部的连接应满足钢构件塑性承载力连接的要求；

（4）序厅穿层柱，采取钢骨混凝土柱进行加强处理；

（5）楼板局部不连续位置，采用周边剩余楼板加厚、加大楼板配筋率进行加强处理。

2. 抗震性能目标

2 号、3 号楼采用基础隔震，抗震性能得以提高。主体结构抗震性能目标为：当遭受多遇地震影响时，将基本不受损坏和影响使用功能；当遭受设防烈度地震影响时，不需修理仍可继续使用；当遭受罕遇地震影响时，将不发生危及生命安全和丧失使用价值的破坏。

12.3.4 结构分析

1. 隔震计算参数确定

2 号、3 号楼采用隔震结构，依据《建筑抗震设计规范》GB 50011-2010（2016 年版）第 12.2 节规定，采用时程分析法进行设防烈度地震和罕遇地震作用下的结构地震反应计算分析。依据设防烈度地震分析结果，确定水平向减震系数，隔震层以上结构的水平地震作用根据水平向减震系数确定。

本工程 2 号、3 号楼使用有限元软件 ETABS 和 YJK 建立隔震与非隔震结构模型，使用连接单元"Rubberisolator + Gap"模拟橡胶隔震支座。

为了校核所建立 ETABS 模型的准确性，将 EATBS 和 YJK 非隔震模型计算得到的质量、周期、层间剪力进行对比，如表 12.3-4～表 12.3-6 所示，表中差值为：(|ETABS − YJK|)×100。

非隔震结构质量对比（单位：t）　　　　　　　　　　　　　表 12.3-4

YJK	ETABS	差值/%
153786.25	153435.4634	0.23

非隔震结构周期对比（前三阶）（单位：s）　　　　　　　　表 12.3-5

振型	YJK	ETABS	差值/%
1	1.0479	1.005	4.09
2	1.0259	0.974	5.06
3	0.9266	0.883	4.71

非隔震结构楼层地震剪力对比（单位：kN）　　　　　　　　表 12.3-6

层数	YJK		ETABS		差值/%	
	X	Y	X	Y	X	Y
9	366.71	370.93	325.16	336.09	11.33	9.39
8	1422.52	1136.27	1348.75	1055.14	5.19	7.14
7	2772.37	2964.54	2657.42	2826.45	4.15	4.66
6	4704.98	4384.69	4624.07	4232.96	1.72	3.46
5	57018.00	56681.86	59219.95	58395.45	3.86	3.02
4	72720.85	71802.70	74959.26	73509.37	3.08	2.38
3	85160.11	84257.54	87149.60	85742.22	2.34	1.76
2	92078.04	91567.56	93313.06	92157.82	1.34	0.64
1	94228.09	93914.25	93560.81	92428.67	0.71	1.58

由表 12.3-4～表 12.3-6 可知，按 ETABS 模型与 YJK 模型计算所得的结构质量、周期、楼层地震剪力差异很小。因此，用于本工程隔震分析计算的 ETABS 模型与 YJK 模型的计算结果是一致的。

本工程设防烈度地震下所选地震动时程及反应谱曲线如表 12.3-7、图 12.3-9 所示；7 条时程反应谱与规范反应谱曲线对比见表 12.3-8（非隔震结构）、表 12.3-9（隔震结构）。针对本项目，时程分析所用地震加速度时程的最大值，考虑近场、陡坎增大系数$1.5 \times 1.2 = 1.8$。结构基底剪力比较见表 12.3-10。

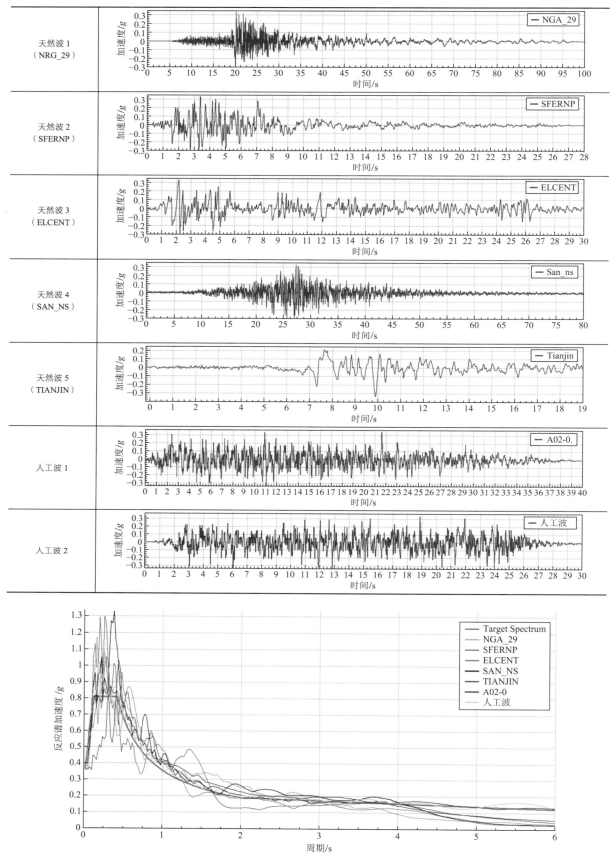

图 12.3-9　7 条时程反应谱与规范反应谱曲线

非隔震结构 7 条时程反应谱与规范反应谱曲线对比表   表 12.3-8

振型	ETABS（非隔震）	时程平均影响系数（α）	规范反应谱影响系数（α）	差值/%
1	1.005	0.4214	0.3535	16.112
2	0.974	0.4261	0.3636	14.659
3	0.883	0.4782	0.3972	16.943

隔震结构 7 条时程反应谱与规范反应谱曲线对比表   表 12.3-9

振型	ETABS（隔震后）	时程平均影响系数（α）	规范反应谱影响系数（α）	差值/%
1	3.178	0.1668	0.1712	−2.623
2	3.164	0.1677	0.1714	−2.236
3	3.018	0.1746	0.1738	0.432

隔震结构基底剪力比较   表 12.3-10

工况		反应谱	天然波 1	天然波 2	天然波 3	天然波 4	天然波 5	人工波 1	人工波 2	时程平均
剪力/kN	X	23002	19907	24315	17295	20414	22406	20517	18663	20502
	Y	23014	18220	24107	17563	20155	22688	20382	18646	20251
比例/%	X	100	87	106	75	89	97	89	81	89
	Y	100	79	105	76	88	99	89	81	88

注：比例为各个时程分析与振型分解反应谱法得到的结构基底剪力之比

2. 隔震计算结果

隔震层偏心率是隔震结构计算的重要指标，相关规范或标准要求隔震层偏心率不应大于 3%。本项目在隔震分析时，计算了隔震层的偏心率，如表 12.3-11 所示。由表可见，隔震层的偏心率均小于 3%，满足规范要求。

隔震结构的偏心率   表 12.3-11

坐标	重心/m	刚心/m	偏心距/m	扭转刚度/（kN·m）	扭转半径/m	偏心率/%
X向	53.35	53.48	−0.13	366076384	59.46	−0.215
Y向	−27.74	−27.13	−0.61			−1.031

隔震结构与非隔震结构的周期对比见表 12.3-12，可见隔震后结构周期明显延长。《叠层橡胶支座隔震技术规程》CECS 126：2001 第 4.1.3 条规定，隔震房屋在两个方向的基本周期如果差别过大，将导致两个方向隔震效果也差别较大，所以有必要限定两者相差不宜超过较小值的 30%。由表 12.3-12 可见，本项目隔震结构的基本周期满足要求。

ETABS 隔震与非隔震结构前三阶周期对比   表 12.3-12

振型	非隔震/s	隔震/s	非隔震两方向差值/%	隔震两方向差值/%
1	1.005	3.178	3.18	0.44
2	0.974	3.164		
3	0.883	3.018		

表 12.3-13 给出了设防烈度地震（中震）作用下，非隔震结构、隔震结构的层间剪力。图 12.3-10 对隔震与非隔震结构的层间剪力进行了比较。

楼层	非隔震结构层间剪力													
	X方向							Y方向						
	1	2	3	4	5	6	7	1	2	3	4	5	6	7
9	1121	819	1259	925	1184	879	934	1223	953	1232	1048	1284	978	1022
8	6070	4457	6807	4984	6437	4774	5030	6606	5151	6667	5664	6936	5295	5523
7	10793	7676	12540	9203	11628	8507	9217	11702	8747	11837	9887	12125	9477	9875
6	19115	14543	24426	20190	20498	15357	17823	19974	14966	22440	20924	21188	20225	17724
5	243800	314142	316292	348325	314570	279468	305924	269216	360344	341096	377769	320056	306996	256774
4	338906	390633	407431	386872	371151	331012	365824	337920	401819	427584	425270	356292	362769	314281
3	432620	420594	489088	403305	423333	401225	392236	417134	426591	484737	432879	422586	406472	396920
2	482466	499096	556331	409615	485297	431834	449334	466566	500284	518400	402952	468874	448169	442915

楼层	隔震结构层间剪力													
	X方向							Y方向						
	1	2	3	4	5	6	7	1	2	3	4	5	6	7
9	328	297	499	336	257	354	352	427	344	429	370	405	410	358
8	885	1033	1890	907	910	1361	1031	1149	1232	2099	1452	1095	1645	1235
7	1689	1967	3573	1720	1756	2579	1974	2077	2261	3832	2637	2080	3024	2282
6	5088	5815	10285	5237	5714	7388	6036	5614	6192	10190	6632	6457	8117	6326
5	64258	63427	93672	63340	80258	73118	74677	62814	63377	87585	65917	84294	72671	72937
4	84376	80902	96819	84501	107870	88822	99944	83787	83012	96553	85959	111617	89842	93034
3	99310	104654	110525	103853	132242	108090	120351	100064	103864	113001	104515	131308	106765	114208
2	110795	127304	120532	118229	150469	131422	133319	109605	127218	121066	116516	144471	127421	128539

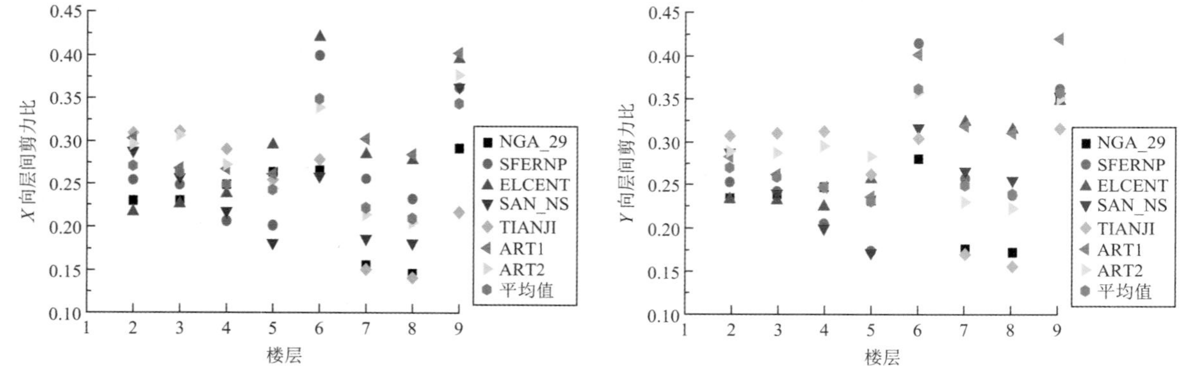

(a) 隔震与非隔震结构X向层间剪力比　　　　(b) 隔震与非隔震结构Y向层间剪力比

图 12.3-10　隔震与非隔震结构层间剪力比

　　由图 12.3-10 隔震与非隔震结构的层间剪力比可见，层间剪力比（7 条时程波平均值）最大值为 0.361，依据《抗规》第 12.2.5 条可知，$\alpha_{max1} = \beta\alpha_{max}/\psi = 0.361 \times 0.16 \times 1.8/0.85 = 0.122$（$\psi$ 按 S-A 类取值）。根据《叠层橡胶支座隔震技术规程》CECS 126：2001 第 4.1.7 条规定，并考虑到剪重比、竖向地震可能起控制作用等因素，本工程隔震后水平地震影响系数最大值取 $\alpha_{max1} = 0.141$。

　　罕遇地震作用下，采用隔震措施后上部结构的层间弹塑性位移角限值可按现行国家标准《建筑抗震设计规范》GB 50011 规定值的 1/2 采用。本结构罕遇地震作用下的层间位移角见表 12.3-14。从表中可以看出，X向结构最大层间位移角介于 1/315～1/201 之间，Y向结构最大层间位移角介于 1/202～1/186 之间，小于普通框架结构层间位移角限值（1/50）的一半，满足规范对隔震结构层间位移角从严控制的要求。

| 楼层 | 层间位移角 | | | | | | | 层间位移角均值 |
| | X方向 | | | | | | | |
	1	2	3	4	5	6	7	X方向
9	1/1399	1/1047	1/1268	1/1132	1/882	1/1202	1/944	1/1099
8	1/2696	1/1898	1/2399	1/2101	1/1722	1/1863	1/1954	1/2047
7	1/1150	1/803	1/1012	1/866	1/733	1/800	1/814	1/864
6	1/653	1/459	1/581	1/509	1/417	1/451	1/474	1/496
5	1/543	1/382	1/484	1/424	1/347	1/375	1/395	1/413
4	1/344	1/242	1/306	1/268	1/220	1/238	1/249	1/261
3	1/315	1/221	1/280	1/246	1/201	1/218	1/229	1/239
2	1/319	1/225	1/284	1/248	1/204	1/221	1/232	1/229

| 楼层 | 层间位移角 | | | | | | | 层间位移角均值 |
| | Y方向 | | | | | | | |
	1	2	3	4	5	6	7	Y方向
9	1/14085	1/7195	1/12659	1/9616	1/7247	1/9010	1/7634	1/9056
8	1/2778	1/1884	1/2381	1/2106	1/1725	1/1938	1/1819	1/2040
7	1/1214	1/852	1/1044	1/920	1/782	1/877	1/824	1/912
6	1/716	1/519	1/619	1/545	1/474	1/529	1/500	1/548
5	1/517	1/377	1/448	1/394	1/344	1/382	1/363	1/397
4	1/291	1/212	1/251	1/221	1/196	1/216	1/206	1/224
3	1/276	1/202	1/239	1/210	1/186	1/204	1/196	1/213
2	1/298	1/217	1/257	1/227	1/200	1/221	1/211	1/229

图 12.3-11 表示罕遇地震作用下隔震结构的层间位移角分布。从图中可以看出，隔震层变形最大，符合隔震设计预期。上部结构层间位移角沿楼层高度分布均匀无突变，没有薄弱层出现，隔震结构在罕遇地震作用下整体基本呈水平向平动。

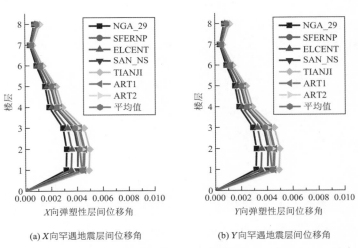

(a) X向罕遇地震层间位移角   (b) Y向罕遇地震层间位移角

图 12.3-11   罕遇地震下隔震结构的层间位移角分布图

3. 隔震支座验算结果

隔震支座布置原则：（1）压应力分布均匀；（2）力学性能指标、变形指标满足规范设计要求；（3）最大限度发挥隔震效果。隔震橡胶支座构造类型为Ⅱ型，剪切性能偏差类别为 S-A。

（1）隔震支座重力荷载代表值下压应力最大值为 11.24MPa，小于 12MPa，满足要求。

（2）图 12.3-12 为隔震支座在罕遇地震作用下的拉、压应力验算结果，可见在罕遇地震作用下的最大拉应力为 0.94MPa（小于 1.0MPa），最大压应力为 29.41MPa（小于 30MPa），二者均满足规范要求。

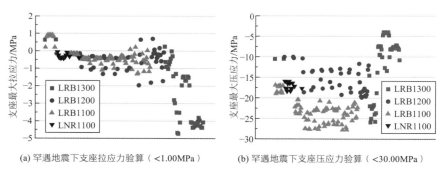

(a) 罕遇地震下支座拉应力验算（<1.00MPa）　　　(b) 罕遇地震下支座压应力验算（<30.00MPa）

图 12.3-12　隔震支座拉、压应力验算

（3）在罕遇地震作用下，隔震层的水平向最大位移为 597mm（已考虑双向地震影响），小于 605mm（直径 1100mm 支座的最大允许变形 605mm），满足规范要求。

（4）抗风及自复位验算：本工程风荷载作用下隔震层的水平剪力标准值 $V_{wk} = 4347.6kN$（Y向），结构总重力的 10%即 $0.1 \times 153786.25 \times 10 = 153786.25kN$。另外，抗风装置的水平承载力设计值（隔震支座的水平屈服荷载设计值）：$V_{Rw} = 227 \times 82 + 250 \times 42 + 300 \times 50 = 44114kN$。

即：$1.5V_{wk} = 6521.4kN < V_{Rw} < 0.1G_{eq}$，满足要求。分析结果如图 12.3-13 所示。

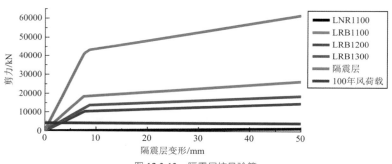

图 12.3-13　隔震层抗风验算

另外，

$$K_{100}t_r = 3400 \times 82 \times 0.2 + 3600 \times 42 \times 0.22 + 3900 \times 50 \times 0.24 + 2350 \times 14 \times 0.2$$
$$= 142404.0kN > 1.4 \times V_{Rw} = 61759.6kN$$

满足《叠层橡胶支座隔震技术规程》CECS 126：2001 第 4.3.6 条的弹性恢复力要求。

12.4　专项设计

12.4.1　2 号楼序厅通高柱屈曲分析

2 号楼序厅存在通高柱，柱几何高度为 21.75m，截面为 1500mm×1500mm 的型钢混凝土柱。对通高柱进行稳定分析，保证通高柱不发生屈曲破坏。

经典回眸　中国建筑西北设计研究院有限公司篇

采用 MIDAS Gen 软件对通高柱进行屈曲分析，在整体模型中模拟通高柱上下端约束及受力状态。经分析计算，屈曲临界力为1.2×10^6kN，计算长度系数为 0.55，接近柱上、下两端刚接约束时的压杆长度系数，说明框架梁对通高柱的约束作用较强。通高柱在多遇地震作用下最大轴向力为0.39×10^6kN，远小于屈曲临界力，如图 12.4-1 所示。

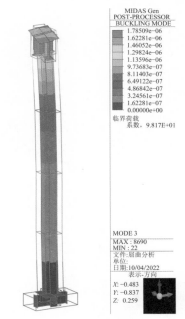

图 12.4-1　通高柱第一节屈曲模态

12.4.2　2 号楼屋面楼板温度作用专项分析

2 号楼屋面长度×宽度为107m×116m，不能设缝，平面尺寸超过伸缩缝最大间距，应考虑气温变化产生的均匀温度作用效应。分析时考虑混凝土材料的徐变和收缩效应。最低基本气温−9℃，最高基本气温 37℃。施工期间，假定合拢温度为 15～20℃，降温荷载为−34℃，升温荷载为+22℃。混凝土徐变和收缩相当于温降−5.3℃。图 12.4-2 为 2 号屋面楼板在温升、温降情况下的温度作用云图。由图可见，在降温工况下，屋面板基本处于受拉状态，拉应力主要出现在大截面梁、柱及洞口周边。梁、柱对板的变形约束作用增大了楼板的温度作用，最大拉应力小于混凝土抗拉强度标准值$f_{tk} = 2.39$MPa。

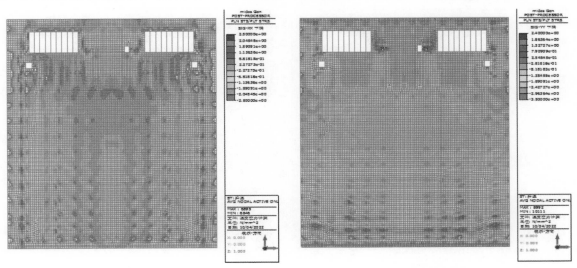

(a) 温升工况X向楼板应力　　　　　　　　　　　　(b) 温升工况Y向楼板应力

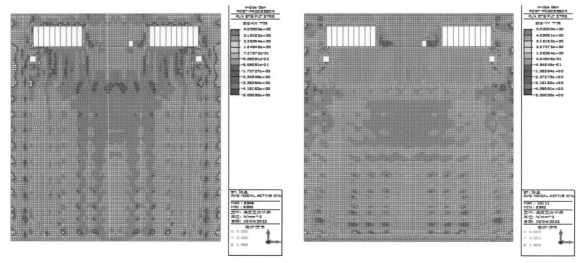

(c) 温降工况X向楼板应力   (d) 温降工况Y向楼板应力

图 12.4-2   2 号屋面楼板温度作用分析

12.4.3   2 号、3 号楼竖向地震作用专项分析

对于隔震结构，目前的隔震支座只具有隔离水平地震的作用，对竖向地震作用存在较大的不确定性，隔震结构的竖向地震作用可能大于非隔震结构。根据《抗规》第 12.2.1 条中规定，在 8 度多遇地震作用下，隔震层以上结构的竖向地震作用标准值不应小于隔震层以上重力荷载代表值的 20%。

3 号楼文济阁框架柱坐落于 2 号序厅 32m 大跨度型钢混凝土转换梁上，竖向地震作用效应明显。采用反应谱法与时程分析法进行竖向地震作用的包络设计。采用子空间迭代法对该结构的自振特性进行分析，前三阶竖向自振周期分别为 $T_1 = 0.216s$，$T_2 = 0.217s$，$T_3 = 0.204s$。前三阶竖向振动振型如图 12.4-3 所示。

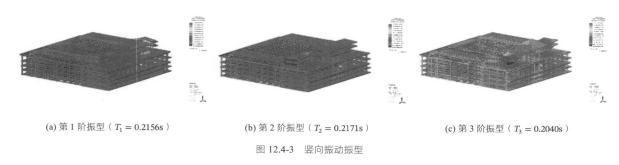

(a) 第 1 阶振型（$T_1 = 0.2156s$）   (b) 第 2 阶振型（$T_2 = 0.2171s$）   (c) 第 3 阶振型（$T_3 = 0.2040s$）

图 12.4-3   竖向振动振型

为确保序厅大跨度型钢混凝土转换构件的最小竖向地震作用满足规范要求。考虑陡坎、边坡影响地震动参数放大系数 1.20 和地震动参数计入近场影响系数 1.50，转换构件竖向地震作用标准值取其重力荷载代表值 20% × 1.20 × 1.50 = 0.36（简化方法）与反应谱法计算得到的竖向地震作用较大值。反应谱法与简化方法得到的转换梁跨中及支座的弯矩之比（弯矩比）、转换柱的轴向力之比（轴重比）如图 12.4-4 所示。

从图中可以看出，序厅大跨度型钢混凝土转换梁和转换柱等构件竖向地震作用反应明显，大部分构件均满足《抗规》第 12.2.1 条中隔震结构竖向地震作用不小于隔震层以上结构总重力荷载代表值的 20% × 1.20 × 1.50 = 0.36 的最低要求。对于不满足规范要求的构件，调整放大其竖向地震作用以满足规范要求。

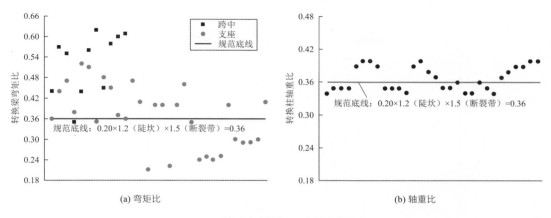

(a) 弯矩比　　　　　　　　　(b) 轴重比

图12.4-4　型钢混凝土转换梁弯矩比及轴重比验算

12.5　结语

二二工程-西安项目为重点文化工程，主要用于存放、保管中华文化版本资源，包括保藏、展示、研究、交流等功能。主体建筑依山就势，高台筑阁，呈现大气磅礴的汉唐风格。建设场地复杂，结构设计考虑到安全性、经济性、施工便利性、装配化发展等多方面因素，采用合理的结构形式及创新性技术，如基础隔震、重型承载拱形桁架、缓粘结预应力、高大空间钢骨混凝土框架、高大空间钢结构等技术，完美实现了建筑功能及设计效果。

在结构设计过程中，主要完成了以下几方面的创新性工作：

1. 1号洞库

（1）1号洞库主体结构为地下并排布置的双洞，采用地下挡土墙支承钢筋混凝土拱形下弦空腹桁架的结构形式，承载洞库顶上5.5m厚超重荷载。充分利用钢筋混凝土拱形下弦抗压性能好的特点，减小拱形梁截面高度及挠度。通过多方案比较，选择合理的拱高、拱间距、拱上桁架立柱的间距及布置形式，不仅结构用材及受力达最优状态，洞库上层空腹桁架也为设备专业提供了布置管道的空间。

（2）1号洞库东西方向超长（180m），混凝土温度收缩应力较大，为有效控制混凝土裂缝，地下外墙及顶板采用新型缓粘结预应力筋，既保证了工程质量，施工难度也大幅降低。

（3）1号洞库北侧设备用房紧邻陡坎，陡坎边采用了永久性支护桩，为减少基底压力对支护桩影响，靠近陡坎边约6.0m宽范围基础设灌注桩，将基底压力向下传递，有效减少了对支护桩的影响，其他范围采用天然地基。通过合理的优化布置，既保证了地基稳定性，提高了结构安全性，又节省了造价。

2. 2号保藏区

（1）2号保藏区考虑到结构安全与经济性等多方面因素，进行了框架与框剪、抗震与隔震多方案比较、论证，最终采用基础隔震设计，并选用Ⅱ型可更换橡胶隔震支座，上部结构采用钢筋混凝土框架结构，有效降低水平地震作用的影响，提高结构的抗震性能。

（2）2号藏书库序厅为通高大空间，采用型钢混凝土柱，顶部大跨梁采用了双向型钢混凝土梁，增强了结构刚度，提高了结构延性，同时实现了32.4m跨度的大跨无柱空间。

3. 3号展厅、文济阁

（1）3号展厅的文济阁、辅阁、展厅、门厅各单体间若设置防震缝会导致各单体之间长宽比大，抗扭不利，综合考虑建筑使用性、抗震性能，各个单体之间不设置防震缝而形成回字形平面体型，整体抗震性能好。不设置防震缝时，回字形平面尺寸约为106.8m×99.2m，结构超长，详细分析温度荷载工况以满足承载力及变形要求。

（2）文济阁采用钢框架结构，其钢柱在2号序厅屋面的钢骨混凝土梁上生根转换，采用了"抬柱贯通，梁连接于柱"的连接方式实现柱底刚接；文济阁一层柱采用钢管混凝土柱以增加抗侧刚度，2、3层柱采用钢柱，钢柱以斜柱形式实现建筑退柱效果。

（3）辅阁存在工字形钢梁抬矩形钢管柱情况，采用了"柱贯通，梁连接于柱"的连接构造，更好地满足节点承载力及刚度要求。展厅、门厅处钢柱生根于混凝土梁，覆土浅，创造性地采用了外包式与外露式相结合的钢柱柱脚，解决了外露式柱脚极限承载力难以满足、外包式柱脚外包高度不足的困境。

（4）坡屋面主钢梁均采用异形工字形梁和矩形钢管梁，保证钢梁上翼缘均处于同一平面，檩条或者椽子均可不设檩托，连接构造简单、施工方便，建筑金属屋面构造层薄，完美实现了轻盈的建筑效果。

（5）檐口悬挑长度达4.2m，借鉴了传统建筑斗拱系统受力特点，采用密布钢檩条悬挑，实现了檐口轻薄的建筑效果。

建成后的中国国家版本馆西安分馆项目作为中华版本"一总三分"保藏传承体系的重要组成部分，承担着中华版本资源"异地灾备"的重要作用，能够更好地保障中华版本资源安全、永续保存的功能，传承中华文明，持续提高国家文化软实力，坚定文化自信，是一项利国利民、千秋万代的大事。

参考资料

[1] 二二工程——西安项目工程场地地震安全性评价报告[R]. 2020.

[2] 二二工程——西安项目地质灾害危险性评估报告[R]. 2020.

设计团队

项目负责人：张锦秋、郑　犁、徐　嵘

结构设计团队：贾俊明、陈宏伟、杨　琦、单桂林、张　耀、王　莉、刘　峰、刘　涛、龙　婷

获奖信息

2022年度陕西省优秀工程勘察设计行业奖优秀建筑工程设计一等奖

第13章

大唐芙蓉园

13.1 工程概况

13.1.1 建筑概况

大唐芙蓉园（图 13.1-1）位于陕西省西安市曲江新区，在大雁塔东南侧，占地 66.5ha，其中水面 19.77ha，总建筑面积为 87120m²。该项目以隋大兴城离宫"芙蓉园"（亦称"芙蓉苑"）、唐开元年间的"芙蓉池"命名，借景曲江山水和大雁塔，取盛唐皇家园林风格，建成后成为百姓游玩赏景的大型主题公园。大唐芙蓉园由张锦秋院士主持设计。大唐芙蓉园与慈恩寺玄奘纪念院、大雁塔广场、大唐不夜城、曲江池遗址公园一起组成了曲江新区的重点唐风建筑群，再现了盛唐苑囿的山水格局，提升了曲江新区的城市形象。

全园有大小建筑四十余项，按照中国传统建筑群的轴线构成、结合地形地貌、建筑功能共形成四大景区——中轴区、西翼区、东翼区和环湖区。

图 13.1-1　大唐芙蓉园全景照片

中轴区为全园的中心，从南至北依次为南门、"凤鸣九天"剧院、紫云湖和紫云楼，主要功能分别为园区入口、演艺、展览等。紫云楼（图 13.1-2）、"凤鸣九天"剧院（图 13.1-3）是中轴区的代表作，建成后紫云楼成为新长安的三大名楼之一、全园的主标志性建筑。

图 13.1-2　紫云楼建成照片

图 13.1-3　"凤鸣九天"剧院建成照片

西翼区由西大门、御宴宫和"曲水流觞"组成，以餐饮为主，包括 5 个大宴会厅、1 个多功能厅和院落式的包间，临湖、登高风景各不相同。西大门（图 13.1-4）、御宴宫（图 13.1-5）是西翼区的代表作。西大门是全园主要出入口，坐东朝西。

图 13.1-4　西大门建成照片

图 13.1-5　御宴宫建成照片

东翼区主要建筑为唐集市建筑群及百戏楼。百戏楼（图 13.1-6）是东翼区的代表作，是园内主要的传统戏曲演出之地。

环湖区由湖面及其周围的十八景点组成，包括龙舟、曲江亭、牡丹亭、赏雪亭、彩霞亭廊、陆羽茶社、杏园、望春阁、芳林苑等。陆羽茶社为木结构唐风建筑，可赏析茶文化；杏园可举办会议和进行展览；望春阁（图 13.1-7）彰显了唐代女性特色；芳林苑为精致特色的微型宾馆。

图 13.1-6　百戏楼建成照片　　　　　图 13.1-7　望春阁建成照片

根据形制、体量、高度、色彩、功能等分析，紫云楼、西大门、望春阁为全园的三大标志性建筑。大唐芙蓉园以现代材料、现代结构体系、现代结构设计理论演绎中国传统建筑，成为传统风格建筑现代结构设计的典范。

13.1.2　设计条件

1．主体控制参数

结构主体控制参数见表 13.1-1。

结构主体控制参数表　　　　　　　　　　表 13.1-1

项目		标准
结构设计基准期		50 年
建筑结构安全等级		二级
结构重要性系数		1.0
建筑抗震设防分类		标准设防类（丙类）
地基基础设计等级		乙级
黄土地区建筑物分类		乙类（紫云楼、西大门、望春阁），丙类（戏楼、御宴宫）
黄土湿陷等级		Ⅱ级自重湿陷性黄土
设计地震动参数	抗震设防烈度	8 度
	设计地震分组	第一组
	场地类别	Ⅲ类
	小震特征周期/s	0.45
	设计基本地震加速度值/g	0.20
建筑结构阻尼比	多遇地震	0.05
水平地震影响系数最大值	多遇地震	0.16
	设防烈度地震	0.45
	罕遇地震	0.90
地震峰值加速度/（cm/s²）	多遇地震	70

2．结构抗震设计条件

百戏楼采用框架结构，抗震等级为二级。紫云楼、西大门、御宴宫及望春阁采用框架-剪力墙结构，剪力墙抗震等级一级，框架抗震等级二级，无地下室时嵌固于基础顶，有地下室时嵌固于地下室顶板。

3．风荷载

重现期为 50 年时，基本风压为 0.35kN/m²，场地粗糙度类别为 B 类。结构体型系数、风压高度变化系数、风振系数等均按照规范取值。

4．雪荷载

重现期为 50 年时，基本雪压为 0.25kN/m²。

5．标准冻深

小于 0.6m。

经典回眸　中国建筑西北设计研究院有限公司篇

13.2 建筑特点

"旧时王谢堂前燕，飞入寻常百姓家"，"芙蓉园（芙蓉苑、芙蓉池）"在隋唐时期是帝王将相的离宫、花园，当代采用唐代传统风格建筑形制，建造了这座百姓游玩赏景的大型主题公园，赋予了大唐芙蓉园新的生命力。

13.2.1 紫云楼

紫云楼（图 13.2-1、图 13.2-2）由主楼、四角阙楼、连接主楼及阙楼的拱桥、南广场单层长廊、配房、大门组成，整组建筑的中轴线与"凤鸣九天"剧院的轴线一致，东西对称。东西两侧四座阙楼形制一致，高度相等，采用四角攒尖屋顶，完美地衬托出紫云楼的恢宏大气。长廊、配房、大门均地上一层，与主楼、阙楼连接处设防震缝，形成独立的结构单元，采用框架结构体系。

主楼为高台式建筑，屋脊处标高为 37.300m，地上共四层，无地下室。局部设有夹层，一、二层为展厅，三、四层为茶室，可用于唐代历史文化场景展演。主楼一、二层外围护竖向构件向内倾斜，形成"三段式"中的台基部分，北侧大型台阶直通三层楼面；三层与四层形成"三段式"中的屋身部分，但四层与三层柱错位、不贯通，需做退柱处理；"三段式"中的屋顶部分为重檐庑殿式四坡屋面；层层设挑檐，挑檐尺寸较大；外圆柱按传统建筑进行收分，需做梭柱处理；角梁及角部檐口进行起翘出翘处理；梭柱处设斗栱，屋顶设屋脊、鸱吻及宝顶。斗栱、鸱吻、宝顶等均属于装饰构件。

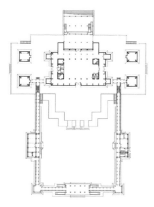

图 13.2-1　紫云楼一层平面图

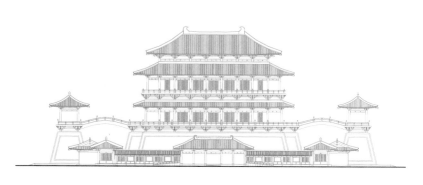

图 13.2-2　紫云楼南立面图

13.2.2 西大门

西大门（图 13.2-3、图 13.2-4）由主楼、南北两侧的三出阙楼及单层便民服务设施、南北便门组成，整组建筑高低错落，中轴对称，平面呈"Π"形布局。单层便民服务设施主要有售票处、卫生间、小型商业等，硬山屋顶，与主门楼及三出阙楼连接处设防震缝，形成独立的结构单元，采用框架结构体系。

主楼七开间，形制规格仅次于九开间的天安门门楼，庑殿屋顶；高 21.500m，地上两层，一层主要为检票，二层为管理、办公用房；在一层与二层之间存在较大的悬挑飞檐，设结构夹层；二层与一层柱错位、不贯通，需做退柱处理；外圆柱进行收分，做梭柱处理。

两侧的三出阙楼地上两层，歇山屋顶，屋脊最高处标高为 14.200m；一层用于设备房及库房，二层主要用于游玩观景；三出阙楼平面尺寸逐渐增大，高度逐渐增加，层层递进，仅有最大、最高的阙楼屋顶完整，其他仅有部分屋顶。

阙，是建在高台上的建筑，是中国古建筑中一种特殊的类型，是中国古代城门、宫殿或者陵园的一种标志性建筑，其中三出阙等级最高、最复杂。三出阙楼一般在主阙（或称之为"一阙"）外侧或后侧附两出次阙（或称之为"二阙"、"三阙"），次阙依次缩小，规模都较主阙小，平面进退有致，更加强了立面上高低错落的效果，大大丰富了建筑的造型。

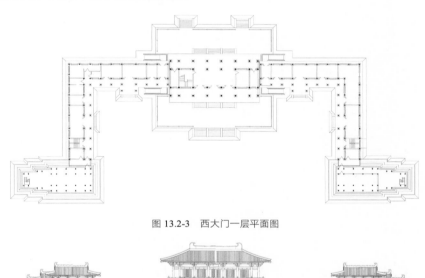

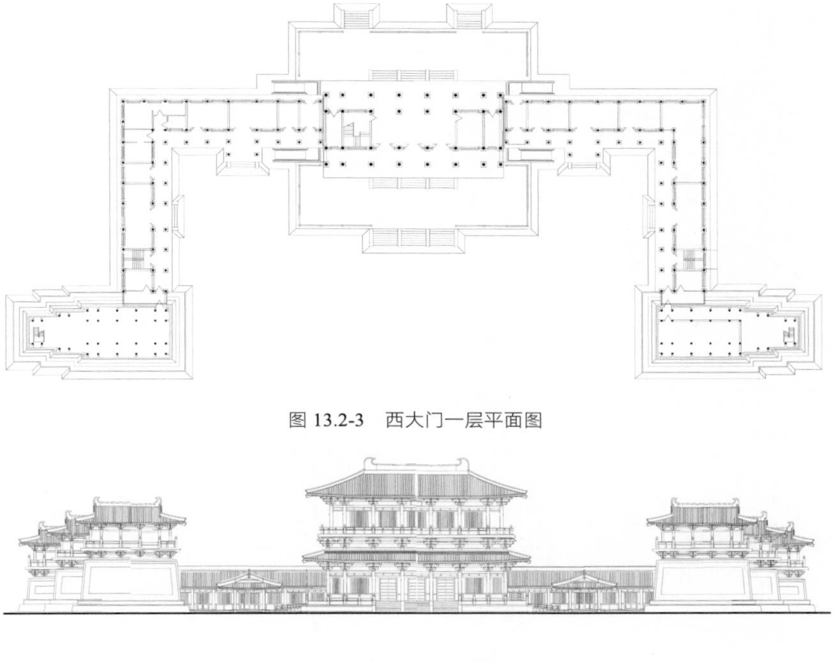

图 13.2-3　西大门一层平面图

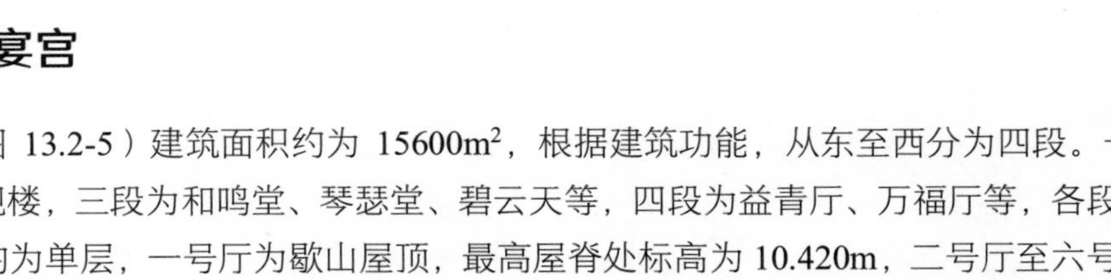

图 13.2-4　西大门西立面图

13.2.3　御宴宫

御宴宫（图 13.2-5）建筑面积约为 15600m²，根据建筑功能，从东至西分为四段。一段共六个宴会厅，二段为畅观楼，三段为和鸣堂、琴瑟堂、碧云天等，四段为益青厅、万福厅等，各段通过长廊相连。一段的宴会厅均为单层，一号厅为歇山屋顶，最高屋脊处标高为 10.420m，二号厅至六号厅为悬山屋顶。二段畅观楼为四层，攒尖屋顶，屋脊标高处为 26.880m。三段、四段设有一层地下室，主要为厨房及设备用房。三段多为大宴会厅，以地上一层为主，局部地上二层，屋顶形制多样、错落有致；最高屋脊处标高为 14.070m；碧云天厅建筑面积 1150m²。四段以大宴会厅为主，均为单层建筑，最高屋脊处标高为 11.360m；其中益青厅、万福厅建筑面积均为 600m²。

图 13.2-5　御宴宫组合一层平面图

13.2.4　百戏楼

百戏楼其建筑平面尺寸15m×15m，主屋脊标高为17.640m，分为2层，左右对称。整体造型小巧精致，传统风格浓郁，屋顶采用重檐十字歇山顶；圆柱均有收分，做梭柱处理；共设三层斗栱，第三层斗栱造型最为复杂；梭柱处设阑额；室内设藻井。建筑一层平面图、剖面图见图13.2-6、图13.2-7。

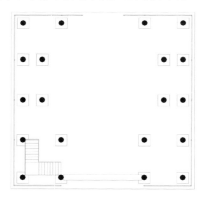

图 13.2-6　百戏楼一层平面图

图 13.2-7　百戏楼剖面图

13.2.5　望春阁

望春阁平面为正六边形，一层平面边长13m，随着层高的不断增加，平面尺寸逐渐收至9.8m。设地下一层，层高4.5m；地上四明两暗共六层，屋脊处标高35.000m，其中明层层高5.6m，沿外周设有回廊；暗层层高4.2m，均设有长悬挑坡屋面，悬挑长度最大4.3m。建筑平面图、立面图见图13.2-8、图13.2-9。

该建筑具有以下特点：

（1）各层层高较大，有明暗之分，而且随着高度的增加体型逐渐收进。

（2）建筑造型为传统的正六边形楼阁建筑，重檐攒尖屋顶，老角梁、斗栱、挑檐等传统风格建筑元素丰富，每层屋面出挑较大，檐口构造相对复杂。

（3）建筑功能为展览、观景，且屋面坡度较大，顶层屋脊梁投影跨度16.5m，屋面坡度约27°。

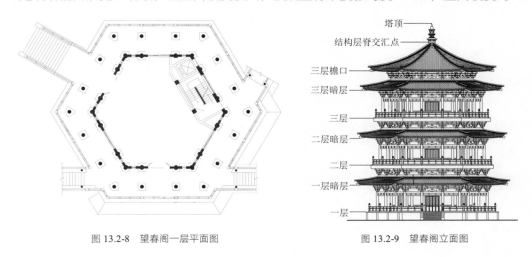

图 13.2-8 望春阁一层平面图　　　　　　图 13.2-9 望春阁立面图

13.2.6 "凤鸣九天"剧院

展现盛唐风情的歌舞剧长期固定在"凤鸣九天"剧院演出，原设计座位数为650座，属于小型精品剧场。2019年进行升级更新，增加楼座，根据歌舞剧内容增加表演设施等。其高度为17.3m，地下一层，地上二层，局部设有夹层；平面为矩形，尺寸为42m×63.45m，分为门厅、座位区、舞台区三个部分；门厅屋顶采用庑殿坡屋面，局部退台处设置盝顶屋面，形成重檐效果；座位区和舞台区跨度为24.8m。建筑平面图、剖面图见图13.2-10、图13.2-11。

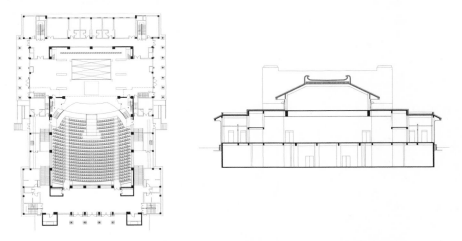

图 13.2-10 "凤鸣九天"剧院一层平面图　　　　图 13.2-11 "凤鸣九天"剧院剖面图

13.3 体系与分析

13.3.1 地基基础

1. 地基处理方案-DDC 灰土桩法

由岩土工程勘察报告知，建筑场地为Ⅱ级自重湿陷性黄土，湿陷土层厚度约12m，建筑场地邻近芙蓉湖，蓄水后地基土遇水湿陷，因此设计中采用DDC灰土桩法（孔内深层强夯法）对湿陷性土层进行整片处理，以全部消除地基土的湿陷性并提高地基承载力。

DDC桩布置：梅花形布桩，桩距1.0m，成孔直径0.4m，成桩直径不小于0.55m。孔内夯填料为1∶9灰土，桩身土压实系数不小于0.95，桩间土压实系数平均值不小于0.90。施工桩长10m，有效桩长8.8m，有效桩顶标高−4.000m，桩顶设1.2m厚3∶7灰土垫层。处理后地基承载力特征值为250kPa，DDC桩布置由基础边外放4.5m。

DDC桩施工工艺参数：采用螺旋钻成孔，夯锤锤长约2.5m，锤径0.38m，锤重1.8t，锤尖33°，夯击时1/2桩长以下每次填料8击，1/2桩长以上每次填料10击，锤落距4m，每次填料虚方为0.12m³。

2．基础方案

紫云楼主楼基础采用钢筋混凝土梁筏基础，基础梁截面最大高度1200mm，筏板厚度400mm，中庭无柱范围不设置筏板；基础整体性好，承载力高。"凤鸣九天"剧院门厅和舞台区有地下室，采用钢筋混凝土梁筏基础，座位区采用钢筋混凝土独立基础和拉梁。西大门柱底荷载较小，采用钢筋混凝土独立基础和条形基础。百戏楼柱底荷载不大，但柱距较小，采用钢筋混凝土筏板基础。望春阁柱底荷载较大，平面整体尺寸小，墙柱间距较小，采用钢筋混凝土平板式筏基，筏板厚900mm。各子项基础均满足地基承载力和变形验算要求。

13.3.2 结构方案

1．紫云楼主楼

紫云楼建筑造型独特，采用防震缝将其分为平面规则的单体。阙楼较西大门三出阙楼简单，以主楼为介绍传统风格重檐庑殿屋顶的设计方法。逐层有退台处理，建筑内部依据建筑功能需设大空间，且楼层层高较大，外圆柱有收分。依据上述特点，主楼结构采用钢筋混凝土框架-剪力墙结构体系（图13.3-1），利用楼梯间、电梯间设置剪力墙。同时，一～二层设置斜向剪力墙，既可满足建筑造型需要，又可形成安全可靠的建筑高台，该结构体系和布置可有效解决建筑结构刚度突变及部分竖向构件不连续问题，确保高烈度区建筑结构的安全性和可靠性，屋面为重檐庑殿式四坡屋面（图13.3-2）。

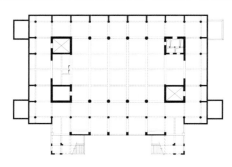 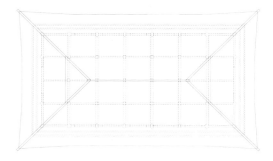

图13.3-1 紫云楼主楼二层结构平面　　　　　图13.3-2 紫云楼主楼屋面结构平面

依据建筑二～四层功能布置，相关部位需满足大开间、大净高要求。结构设计时，对大跨度区域（15.6m×22.5m）采用现浇钢筋混凝土网格空心板，板厚取600mm，肋宽约80mm，肋梁间距约600mm，板跨按3‰起拱。该措施有效提高了建筑净高，较好地满足了建筑功能的大跨、大空间要求。

紫云楼屋顶采用重檐庑殿形制，檐口椽板出挑3.25m，设双层檐梁，翼角有起翘及出翘。大悬挑屋面椽板采用叠合椽板，斗拱及椽子采用现场预制后安装的方案；斗拱、椽子及现浇坡屋面板均采用轻骨料陶粒混凝土以减轻自重。同时，由于建筑四层距屋顶高度大，且坡屋面较陡（图13.3-3），为增强该层抗侧刚度，保证结构整体性，在闷顶层设置钢筋混凝土框-撑体系（图13.3-4），作为屋架下弦，保证屋架层结构整体稳定，提高了该层的刚度。

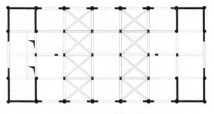

图 13.3-3 紫云楼屋架示意　　　　　　　　图 13.3-4 紫云楼闷顶结构平面

2．西大门主楼

西大门主楼在标高 6.600m、二层平面及屋面外周圆混凝土柱与框架梁的连接处设置混凝土斗栱，在斗栱处柱头有"收分"，直径由 470mm 收到 380mm。屋面梁板采用现浇钢筋混凝土，其上铺传统的唐式灰色陶瓦，造成屋面荷载较大。而混凝土柱收分后，该部位强度、刚度削弱较多，故利用楼梯间设置剪力墙，结构柱直径统一为 380mm，柱头收分通过建筑外装饰实现。故采用框架-剪力墙结构满足结构的抗震要求。在一～二层之间，标高 6.600m 处存在较大的悬挑飞檐（图 13.3-5），为了平衡悬挑椽板传给外周边梁的较大扭矩，在外檐椽板相邻内跨设置混凝土楼板，导致该处形成一个结构夹层（图 13.3-6）。

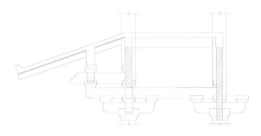
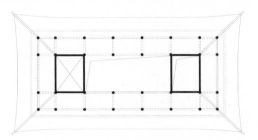

图 13.3-5 西大门主楼标高 6.600m 悬挑飞檐详图　　　图 13.3-6 西大门主楼标高 6.600m 结构平面图

3．西大门三出阙楼

三出阙主体结构地上二层，底层为台基，二层为阙楼。屋面为歇山屋面布瓦顶，一、二及三阙底层台基顶面结构标高分别为 7.620m、6.280m、4.940m，屋脊顶面结构标高分别为 14.200m、12.100m、10.520m。屋面结构平面如图 13.3-7 所示。基础顶标高为−2.100m，底层计算层高非常高，一阙底层计算高度最高可达 9.720m，故利用台基外斜墙设置剪力墙，台基墙柱布置见图 13.3-8，外斜墙详图见图 13.3-9。底层采用框架-剪力墙结构体系，二层采用框架结构体系。

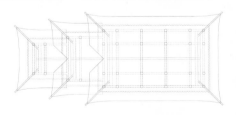

图 13.3-7 西大门三出阙楼屋面结构平面图

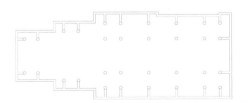

图 13.3-8 西大门三出阙楼台基墙柱布置图　　　图 13.3-9 西大门三出阙楼外斜墙详图

4. 百戏楼

由于建筑功能对整体造型和结构布局的限制，导致 3.200m 标高以上主体结构构件外露，四面开阔，整体结构通过 20 根圆柱与地下室相连，柱之间填充墙很少。百戏楼采用钢筋混凝土框架结构。受传统风格建筑的限制，结构框架柱截面不能太大，而复杂的屋面造型使得结构自身重量较大，为了满足抗震要求，主要抗侧力构件必须有足够的刚度。经过多种截面试算分析确定，戏楼的地上主体结构部分均采用直径为 550mm 的圆柱，地下部分采用边长为 550mm 的方柱，柱顶斗栱处均采用梭柱形式。

从建筑平面和剖面（图 13.2-6、图 13.2-7）可以看出，在标高 9.510m 处，结构立面开始收进，导致百戏楼 3-9 轴和 3-12 轴圆柱收至重檐斜板处，从而形成部分竖向构件不连续。在标高 11.510m 处，沿屋檐四周设有斗栱群，为了承担体型较大的斗栱所传递的屋面荷载，在斗栱对应位置均设置了框架柱。为了满足戏台空旷的设计风格，部分框架柱只能在 9.510m 标高以上生根，最终采用梁抬柱进行转换（图 13.3-10）。考虑到柱底集中力沿斜板方向对两侧结构容易形成巨大推力，在标高 9.510m 处设置截面为 400mm×990mm 十字交叉平层转换梁，共同支承其以上的圆柱和屋面梁架体系。

根据功能需求，戏台中央设置宽度为 7.8m、南北贯通的较高中厅空间，将大屋面以下结构分成两部分。两侧重檐斜板在中厅两侧框架柱处进行收口，在 11.510m 标高处设置斜板收边梁，以及在角部斜板转折处设截面较大的老角梁，同时将角梁、梁上框架柱以及转换梁相交处设计为一个整体，既对柱底提供有效的水平支撑，又可避免超短柱的形成。

整个支承屋面的竖向结构体系由中厅两侧框架共同支承，考虑到两侧框架变形容易产生不同步的现象，在不影响使用高度的情况下，在标高 11.510m 处（中厅上空）设置两道截面为 250mm×920mm 矩形大梁，将两侧框架拉结为一个整体，协调两部分的位移，见图 13.3-11 中 KL-1、KL-2。

复杂的大屋面（图 13.3-12）主要由四面歇山坡面构成，依据建筑造型设计，主屋脊沿 **X** 方向布置，次屋脊沿 **Y** 方向变标高布置。从建筑立面可以看出，主屋脊上的做法复杂，荷载较大，且跨度接近 10m，因此沿水平屋脊设置一榀完整屋架。考虑到整个屋顶自重和跨度都比较大，为了更有效地承担屋面巨大内力，又沿竖直方向对称设置两榀完整屋架，分别位于 3-10 轴和 3-11 轴。通过三榀屋架十字交错布置在屋面中心与外周，形成了明确、有效的传力途径。在标高 14.730m 处，沿屋面内圈框柱设置了环向框架梁，并沿屋面坡度设置折梁将外圈框柱与屋架体系拉接在一起，从而把屋面组合成一个稳定、可靠的整体。

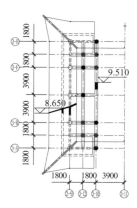

图 13.3-10　百戏楼梁抬柱结构平面图

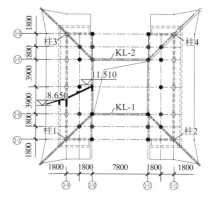

图 13.3-11　百戏楼重檐结构平面图

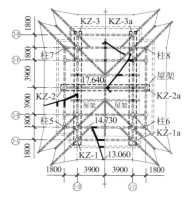

图 13.3-12　百戏楼屋面结构平面图

5. 望春阁

望春阁由于建筑造型要求，柱截面形状及尺寸受到限制，且外廊柱在暗层处有两次退柱（图 13.3-13），当采用钢筋混凝土框架结构进行计算时结构抗侧刚度明显不足，各项指标难以满足现行规范要求。最终采用框架-剪力墙结构体系。结合建筑外墙位置设置剪力墙，各剪力墙之间设置连梁，形成抗侧刚度很大的核心筒。剪力墙局部根据建筑造型特点增设圆柱，并根据建筑门窗洞口位置及尺寸适当调整剪力墙开洞大小使各墙段刚度均匀。

标高 15.400m 处结构平面布置如图 13.3-14 所示，结构外周框架柱根据建筑特点在暗层标高处作退柱处理，退柱通过设置框支梁实现转换，内筒剪力墙竖向连续布置。六角攒尖顶屋面由三组屋脊梁及若干次梁组成，屋脊梁跨度 16.5m，悬挑段长度 4.3m，由内筒剪力墙支承。屋脊梁为折线形，截面高度 900mm，悬挑端高度 670mm。

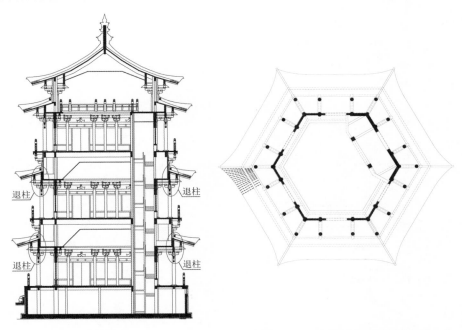

图 13.3-13　望春阁建筑剖面图　　　　图 13.3-14　望春阁标高 15.400m 处结构平面图

6．御宴宫

御宴宫根据经营需要，组织了包间、大宴会厅、多功能厅等，造成柱网尺寸差异较大，根据不同的跨度采用不同的屋面结构体系。一段以小包间为主，设单面走廊，进深为 9m 和 13m 两种规格，充分利用开间小的特点，合理设置竖向构件，减小框架梁跨度，屋面采用现浇钢筋混凝土梁板体系。二段未建设。三段、四段均为大宴会厅及多功能厅，大空间较多，主体结构为钢筋混凝土框架-剪力墙结构，屋面采用钢结构。其中三段碧云天厅跨度最大为 27m，且大厅上设采光玻璃屋面，采用空间网架，网架高度 1.5m。四段益青厅、万福厅屋面采用三角形钢屋架，屋架上弦采用 H300×200×6×8，下弦采用 HW200×200×6×8，节点竖杆及斜杆采用 □20a，屋面采用 720 型 1.0mm 厚镀锌压型钢板，上浇 60mm 厚细石混凝土配筋屋面板。

13.3.3　结构分析

1．紫云楼主楼

结构整体计算时合理建模，准确输入坡屋面的计算简图，分别采用 SATWE 和 YJK 两种三维空间程序进行结构整体内力、位移计算。整体参数分析采用刚性楼板假定，构件设计采用非强制刚性楼板假定。结构周期计算结果见表 13.3-1，结果表明：建筑结构第 1 振型表现为结构沿 Y 方向的平动，第 2 振型反映了结构沿 X 向的平动，第 3 振型则为扭转振型。

振型	SATWE		YJK	
	周期/s	平扭系数（$X+Y+T$）	周期/s	平扭系数（$X+Y+T$）
1	0.4827	0.02 + 0.86 + 0.12	0.5040	0.00 + 0.78 + 0.22
2	0.4618	0.94 + 0.01 + 0.05	0.4649	0.85 + 0.04 + 0.11
3	0.4227	0.06 + 0.05 + 0.89	0.4421	0.14 + 0.17 + 0.69
周期比（T_t/T_1）	0.4227/0.4827 = 0.88 < 0.90		0.4421/0.5040 = 0.88 < 0.90	
有效质量系数	X向	Y向	X向	Y向
	92%	95%	91%	93%

结构整体分析计算主要结果（表 13.3-2）表明，两种计算程序计算所得的结构动力特性结果基本接近，且各项指标满足规范要求。

结构整体分析主要结果 表 13.3-2

项次			SATWE	YJK	规范要求
X方向	地震作用	最大层间位移角	1/1804	1/1896	1/800
		最大位移比	1.14	1.10	≤1.2
		基底剪力/kN	13083	13813	—
		底层剪重比	8.83%	9.06%	≥3.2%
	风荷载	最大层间位移角	1/9999	1/9999	≤1/800
		最大位移比	1.15	1.06	≤1.2
		基底剪力/kN	813	746	—
Y方向	地震作用	最大层间位移角	1/1528	1/1477	1/800
		最大位移比	1.10	1.04	≤1.2
		基底剪力/kN	12891	12525	—
		底层剪重比	8.70%	8.22%	≥3.2%
	风荷载	最大层间位移角	1/9999	1/9999	≤1/800
		最大位移比	1.03	1.03	≤1.2
		基底剪力/kN	1154	1147	—

2. 西大门主楼分析

西大门结构整体分析采用 YJK 软件进行整体计算，计算主要结果见表 13.3-3，各项指标满足规范要求，该结构布置合理。

结构整体分析主要结果 表 13.3-3

项次	方向	结果
周期/s	X	0.34
	Y	0.29
最大层间位移角	X	1/2396
	Y	1/2944
一层与夹层的抗剪承载力之比	X	1.36
	Y	1.56
一层与夹层的刚度比	X	0.77
	Y	0.87

3．西大门三出阙楼分析

（1）计算模型

二层的三阙楼设计时，无法避免三部分阙楼因相互错层对结构造成的不利影响。经综合考虑，最终决定在计算模型中采用"基本部分＋附属部分"共同作用的结构设计方案（图 13.3-15）：假定各部分之间以铰接连接，释放弯矩，仅传递水平力和竖向力，其中基本部分为超静定的几何稳定体，可以独立承受竖向荷载和水平荷载，而附属部分自身单独无法承受荷载，需要依靠基本部分的支承，才能有效地将荷载传递给基本部分，只要基本部分有足够的刚度和承载力，整个结构体系就是安全稳定的。

从阙楼抗侧刚度上来看，由于一阙的抗侧刚度比二阙的抗侧刚度大得多，二阙屋面梁、板支承在一阙的深梁和层间阑额梁上（图 13.3-16）；一、二阙整体的抗侧刚度比三阙的抗侧刚度大得多，三阙屋面梁、板通过深梁与二阙连接在一起。即可以先将一阙看作"基本部分"，二阙看作"附属部分"；然后再将一、二阙整体看作"基本部分"，三阙看作"附属部分"。当荷载只作用在基本部分时，附属部分的内力很小，可以近似地认为它的内力等于 0。当荷载只作用在附属部分时，基本部分的变形很小，可以近似地看作附属部分的刚性支承。因此，在计算过程中，采用"基本部分＋附属部分"共同作用的设计方案是较为合理的。这样，就可以把基本部分和附属部分分开考虑，附属部分只起向基本部分传递荷载的作用，可以较为有效地降低阙楼"错层"的不利影响。

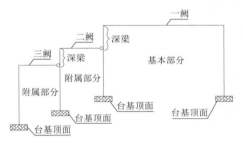

图 13.3-15　西大门三出阙楼计算模型简图

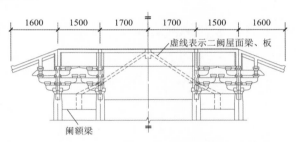

图 13.3-16　西大门三出阙楼一阙深梁和阑额梁立面示意

（2）计算结果分析

三出阙楼结构整体计算采用 YJK 软件，层间刚度比、周期、位移角计算结果见表 13.3-4。底层台基的侧移刚度（剪切刚度）很大，远大于二层阙楼的侧移刚度，X，Y 向的结构基本自振周期比较接近，二层阙楼的层间位移角均小于抗震规范的限值 1/550，说明台基外围斜板采用混凝土墙，增加了结构的整体抗侧刚度，有效地约束了阙楼的侧向变形，各项计算指标均满足规范的要求。

结构整体分析主要结果　　　　　　　　　　　　　　　　　表 13.3-4

方向	二层刚度/底层刚度	周期/s	最大层间位移角	
			一层	二层
X 向	0.0046	0.44	1/9999	1/644
Y 向	0.0114	0.43	1/7381	1/680

为了避免因楼层侧向刚度的突变，进而出现"鞭梢效应"，影响三出阙楼的结构安全，采用弹性时程分析法对该结构进行多遇地震作用下的抗震性能补充计算。地面加速度时程曲线选用 1 条人工模拟波和 2 条按实际强震记录的地震波，时程曲线选用应满足规范要求。分析结果见表 13.3-5。由于时程分析法所得的层间剪力大于振型分解反应谱法所得的层间剪力，故计算内力时应将反应谱法的地震作用乘以相应的放大系数后再进行内力计算，两者的各项计算指标基本一致。

为了确保该结构实现"大震不倒"的抗震设防目标，采用弹塑性时程分析法对其进行罕遇地震作用下的弹塑性位移验算。计算结果显示，上层阙楼弹塑性层间位移角为：X 向为 1/105；Y 向为 1/60，均小于抗震规范的限值 1/50。

项次		时程分析法	CQC 法
X向（二层）	层间剪力/kN	429.5	423.2
	地震力放大系数	1.015	
	周期/s	0.44	0.44
	层间位移角	1/635	1/644
Y向（二层）	层间剪力/kN	462.9	447.3
	地震力放大系数	1.035	
	周期/s	0.43	0.43
	层间位移角	1/657	1/680

（3）三出阙楼顶板层间梁分析

由于阙楼建筑造型的要求，需要在柱头"收分"处设置上、下两层水平层间梁（图 13.3-17），下层阑额梁截面为120mm×210mm，上层梁截面为120mm×190mm。其中，一阙层间梁顶标高为 10.430m 和 11.020m，二阙层间梁顶标高为 8.850m 和 9.440m，以及三阙层间梁顶标高为 7.780m 和 8.370m。

在计算模型中增加上、下两层层间梁，计算结果为：X向周期为 0.34s，最大层间位移角为 1/997；Y向周期为 0.38s，最大层间位移角为 1/997。与表 13.3-4 对比可见，结构基本自振周期明显变短，最大层间位移角显著变小，说明增加水平层间梁可以有效降低框架柱的计算高度，增加阙楼的结构整体性，提高结构的空间刚度，减小柱头"收分"带来的不利影响。

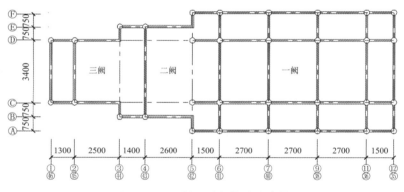

图 13.3-17　西大门三出阙楼层间梁布置

4. 百戏楼分析

针对百戏楼特殊的空间结构体系，主要采用 YJK、PMSAP 计算软件对其振动方式、关键点位移、整体位移角和局部构件内力进行分析，同时也对受限制结构构件与整体结构框架薄弱部位进行验算和优化设计。地上主体结构按空间模型整体计算，结构大屋面及标高 9.510m 处中厅两侧斜板均采用弹性楼板进行模拟分析。

首先对空间结构整体振动进行分析，表 13.3-6 给出两种软件计算所得的结构前 3 阶振型对应的结果。由表 13.3-6 可知，以扭转为主的第 1 周期T_t与平动为主的第 1 周期T_1比值（T_t/T_1）分别为 0.88、0.86，两种软件计算结果相近。结构X向平动振型质量参与系数分别为 95.1%、92.1%，最小剪重比分别为 8.29%、9.21%；结构Y向平动振型质量参与系数分别为 94.9%、91.8%，最小剪重比分别为 8.46%、9.57%，均满足规范设计要求。

经过两种软件前 3 阶振型结果对比，对应的平动系数与扭转系数接近于 1.0，表明该空间结构整体水平抗侧刚度分布比较合理。两个主轴方向平动时对应周期基本相等，说明该空间结构在两个方向的动力特性相近，即X、Y方向的总抗侧刚度基本相同。根据结构振型结果分析，表明刚度分配比较均匀，设计方案合理。

结构前3阶振型计算结果 表13.3-6

振型	1		2		3	
	YJK	PMSAP	YJK	PMSAP	YJK	PMSAP
周期/s	0.58	0.63	0.57	0.61	0.51	0.54
平动系数	0.99	1.00	1.00	1.00	0.02	0.01
扭转系数	0.01	0.00	0.00	0.00	0.98	0.99
振动类型	X向平动	X向平动	Y向平动	Y向平动	扭转	扭转

因该结构竖向连接复杂，质量分布不均匀，构件连续性较差，先统计两种软件中两个标高对应的角部柱顶位移（柱位置见图13.3-11、图13.3-12），并统计两种计算结果的最大相对位移，获取单个竖向构件的相对最大位移角（表13.3-7）。在标高9.510m、13.920m处，结构四周角部柱顶同标高位置的位移相近，单个构件的相对位移角均小于1/550，且沿着标高的变化，位移角逐渐减小。

各标高柱顶位移统计 表13.3-7

标高/m	编号	最大位移/mm		最大相对位移/mm	计算高度/m	最大相对位移角
		YJK	PMSAP			
9.510	1	9.64	9.20	9.64	6.39	1/663
	2	9.65	9.19	9.65	6.39	1/662
	3	10.02	10.47	10.47	6.39	1/610
	4	9.98	10.46	10.46	6.39	1/611
13.920	1	14.01	13.56	4.37	3.53	1/807
	2	14.11	13.56	4.46	3.53	1/791
	3	13.85	13.27	3.83	3.53	1/921
	4	13.85	13.26	3.87	3.53	1/912

从10根通高框架柱中选取具有代表性的6根（柱位置见图13.3-12），分别采用振型分解反应谱法、弹性时程分析法和弹塑性时程分析方法，计算了其空间整体位移（表13.3-8），最终求得该空间结构整体的相对位移角。从结构整体角度分析，最大相对弹性位移角与相对弹塑性位移角分别为1/715、1/85，均满足规范设计要求。

各标高柱顶位移统计 表13.3-8

柱编号	相对位移/mm			最大弹性位移角	弹塑性位移角
	CQC	弹性时程分析	弹塑性时程分析		
KZ-1	14.9	14.9	125.6	1/724	1/86
KZ-1a	14.7	14.7	124.8	1/735	1/87
KZ-2	13.2	13.2	120.3	1/818	1/89
KZ-2a	12.9	12.9	121.5	1/837	1/89
KZ-3	15.1	15.1	127.1	1/715	1/85
KZ-3a	14.9	14.9	126.8	1/725	1/85

由于戏台中厅上空11.510m标高处重檐斜板未连续布置，仅靠KL-1与KL-2连接两侧框架，为了分析该梁的受力机理及其对整体空间结构的作用，对其在弹性工作时的轴力与弯矩进行统计。内力结果见表13.3-9。结果表明，在恒荷载作用下，梁内力呈现为轴向拉力，且相对较大；在地震作用下，KL-1、KL-2存在轴向压力，但数值很小。

KL-1 与 KL-2 弹性工作时的内力 | 表 13.3-9

荷载工况	KL-1		KL-2	
	轴力/kN	弯矩/（kN·m）	轴力/kN	弯矩/（kN·m）
恒荷载	44.3	23.3	42.5	28.5
活荷载	−3.5	1.2	−2.3	0.5
地震作用	−5.1	87.0	−1.3	107.8

注：压力为负，拉力为正。地震作用考虑正、负方向。

从 KL-1 与 KL-2 的内力结果来看，在水平外力作用下，中厅两侧框架自身变形基本一致，对连接构件的作用不明显，两部分抗侧刚度分配合理；在竖向荷载作用下，梁承受一定的轴向拉力，故该梁可以协调两侧框架的水平变形，保证整个空间结构的稳定性和整体性。总体来看，KL-1、KL-2 对整个空间结构连接有明显作用，二者内力相近，说明该设计符合结构实际受力情况。

5. 望春阁分析

望春阁结构整体采用 SATWE 程序进行内力分析计算。沿层高在柱上段收分的圆柱，结构计算时按收分后最小截面建模计算。由于核心筒承担了绝大部分地震作用，为增加框架的强度储备，保证其作为第二道防线的功能，对框架柱总剪力按规范要求进行了调整。主要计算结果见表 13.3-10、表 13.3-11，可见周期、位移均满足规范要求。

周期与振型 | 表 13.3-10

振型	周期/s	平动系数（$X + Y$）	扭转系数
1	0.6799	1.00（0.29 + 0.71）	0.00
2	0.6770	1.00（0.72 + 0.28）	0.00
3	0.4833	0.00 + 0.00	1.00
周期比	0.4833/0.6799 = 0.71 < 0.90		

位移计算结果 | 表 13.3-11

X方向	地震作用	最大层间位移/mm	5.16
		最大层间位移角	1/1124
	风荷载	最大层间位移/mm	0.41
		最大层间位移角	1/9999
Y方向	地震作用	最大层间位移/mm	5.19
		最大层间位移角	1/1117
	风荷载	最大层间位移/mm	0.49
		最大层间位移角	1/9999

13.4 关键节点设计

13.4.1 斗栱系统节点

本项目均采用轻骨料混凝土预制斗栱系统（图 13.4-1、图 13.4-2）。轻骨料混凝土以陶粒、陶砂作为粗、细骨料，配合比经试验确定，材料表观密度为 1500kg/m³，具有轻质、高强、保温和耐火等特点。斗栱系统按图纸进行模板制作及钢筋下料、现场预制，并通过预留锚筋与柱连接，有效地实现了预制斗栱的加工及安装。斗栱不作为受力构件参与整体计算，不考虑斗栱对整体结构的影响。但通过令栱与檐枋处增设拉筋，加强了此处节点的连接性能，有效保证了大出挑檐口在竖向地震作用下的安全性，减小了大出挑檐口的挠度。这种简化处理的方式在传统风格建筑中应用普遍并且取得了很好的效果。

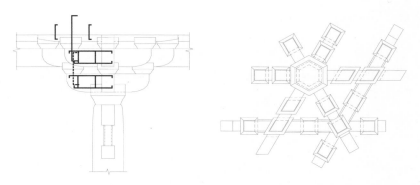

| 图 13.4-1　檐口斗栱系统节点立面 | 图 13.4-2　檐口斗栱系统平面 |

13.4.2　直柱退柱转换节点

在暗层标高处，通过恰当提高下层柱顶和转换梁面标高，在转换节点处形成刚域，该措施避免了传统建筑在柱转换处柱端节点部位不连续所形成的铰接节点问题。在保证了建筑对造型及下部空间要求的同时，有效实现了退柱转换。具体见图 13.4-3。

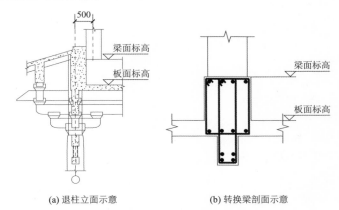

(a) 退柱立面示意　　　　　　(b) 转换梁剖面示意

图 13.4-3　退柱转换节点

13.4.3　斜柱退柱节点

紫云楼主楼在加层和四层楼层处外周柱不连续、错位，结构设计时采用斜柱退柱转换（图 13.4-4），可不影响建筑使用功能，受力合理、可靠，上层柱底内力可直接传至下层柱内。

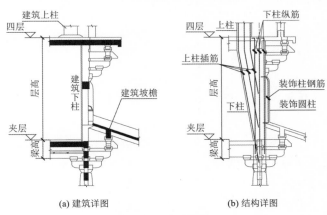

(a) 建筑详图　　　　　　　　(b) 结构详图

图 13.4-4　斜柱退柱节点

13.4.4 斜墙构造节点

在古代，为了体现单体建筑的巍峨雄伟，台基设置通常较高，从立面看外侧墙倾斜设置，内侧墙垂直设置，且墙体从上到下是变厚度处理，这符合当时的材料性能及施工工艺。紫云楼主楼一、二层外混凝土墙作为承重的主要竖向构件，并在二层顶向内收设置斗栱，设计时在框架柱及外斜墙之间的关键部位设置连接墙，保证外斜墙的受力性能，具体见图13.4-5。

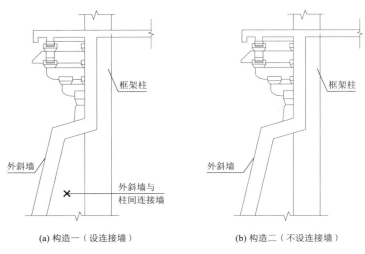

(a) 构造一（设连接墙）　　　　　(b) 构造二（不设连接墙）

图 13.4-5　外斜墙构造节点

13.4.5 剪力墙兼扶壁柱节点

作为内筒的剪力墙需要与其平面外的框架梁连接（图 13.4-6）以传递楼面荷载。根据结构构件的受力特点和建筑造型要求，在内筒剪力墙上设置扶壁柱，柱截面根据计算及建筑曲线共同确定，不仅减小了梁端弯矩对墙的不利影响，同时也满足了建筑美学要求。

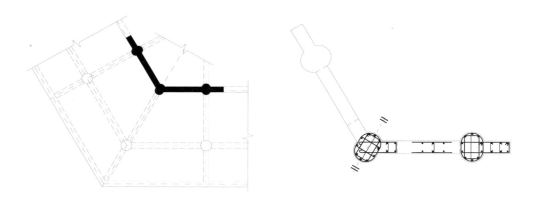

图 13.4-6　剪力墙兼扶壁柱节点

13.4.6 椽板节点

大唐芙蓉园作为传统风格建筑设计的典范，主要建筑均设椽。椽属于悬挑构件，其根部弯矩较大，第一跨屋面板需要采取加强措施以平衡椽板的悬挑弯矩。椽间距较密且截面尺寸较小，直接在屋面支模现浇混凝土不宜保证质量。为了施工简便，椽可以先预制好放在相应位置并铺设望板作为底模，再施工屋面板，椽的纵筋应预留锚固长度，方便锚入梁中。具体见图13.4-7。椽板可按叠合构件设计。

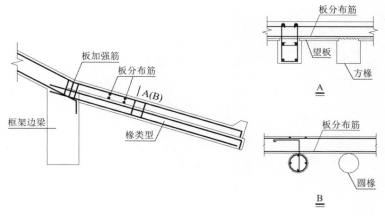

图 13.4-7 椽板节点

13.5 施工

大唐芙蓉园设计于 2003 年 2 月～2004 年 4 月，竣工于 2005 年 4 月，施工周期非常短，但施工场地大，每幢建筑面积较少，以单层、二层建筑为主，可同时施工。传统风格建筑节点多，翼角复杂，施工时先进行 1：1 现场放样，确认支模曲线后再组织施工，所有斗拱系统、钢筋混凝土椽现场预制，然后拼装。传统风格建筑采用现浇钢筋混凝土，构件施工工序复杂，施工周期长、质量控制难度大，特别是建筑檐口部位的斗、拱、耍头等造型复杂，施工工艺繁琐。预制装配技术可使大量的传统风格建筑构件（梁、柱、板、斗拱、椽等）由车间生产加工完成，使原始现浇作业和现场作业大大减少，可大幅度缩短工期，符合绿色环保、可持续发展的理念。

13.5.1 斗拱系统施工

斗拱系统由斗、拱、升、昂、翘 5 种基本构件组成，这些独立构件层层叠加、相互组合成为坚固且美观的传统风格关键构件。设计时依据斗拱各部位（斗、拱、升、昂、翘）的尺寸和连接关系对其拆分（图 13.5-1），采用预留后浇孔、钢筋预留或钢板预埋等方式实现斗拱各部件批量化预制。

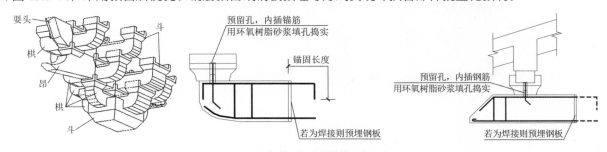

图 13.5-1　钢筋混凝土斗拱装配化设计

斗拱系统在安装前先进行预装配，确认无误后在现场根据设计标高进行装配连接（图 13.5-2），将斗拱与主体结构柱通过锚固钢筋进行节点整浇或采用斗拱后置倒挂安装技术进行连接，即斗拱构件通过预埋钢板与柱可靠焊接，简化了施工工艺，降低了施工难度，缩短了工期，提高了施工质量。

紫云楼主楼施工进度较紧，斗拱较复杂，斗拱预制速度较现场施工速度慢，采取先施工墙柱、梁、板等构件，在墙柱上预埋铁件或钢套箍，待斗拱预制后再安装。全园已开业 18 年，期间经历了 2008 年汶川大地震、2022 年泸定地震等，斗拱、墙柱、预埋件等均完好无损，证明该斗拱施工方式安全。

(a) 斗栱系统预装配　　　　　　　　　(b) 斗栱系统安装成型

图 13.5-2　钢筋混凝土斗栱装配化施工

13.5.2　椽板施工

在钢筋混凝土结构檐口设计时，将椽设计为预制构件，其开口箍筋外露，待椽构件混凝土达到设计要求的强度后，将预制椽按照设计标高支撑就位，椽距之间在椽顶面设置水泥压力板作檐板底模，绑扎屋面檐板钢筋，并将椽的预留箍筋与挑檐板钢筋绑扎连接（图 13.5-3）。

(a) 绑筋、支模　　　　　　　　　　　(b) 浇筑、养护

(c) 成型、脱模　　　　　　　　　　　(d) 定位、安装

图 13.5-3　钢筋混凝土椽板装配化施工

13.5.3　连廊施工

紫云楼南侧连廊呈 U 形，总长度达 220m 以上，连廊开间一致，柱、斗栱、屋面等形制一致，标准化程度高，故采用工厂预制柱、屋架、斗栱、椽等所有构件，现场安装的施工方法。采用离心法生产预制混凝土圆管柱，工艺流程为：钢筋笼准备→模板准备→混凝土准备→离心法制作钢筋混凝土圆管柱→养护、拆模、堆放、安装、灌芯。预制屋架与预制柱采用预埋铁件连接，计算模型为铰接。预制廊柱基础采用杯形基础。

13.6 结语

大唐芙蓉园全园建筑均为传统风格建筑,采用钢筋混凝土和钢结构完美演绎了建筑造型,充分发挥了现代结构体系优良的抗震性能,并实现了传统风格与现代功能的有机结合,从而传承与创新了中国传统建筑文化。全园于 2005 年 4 月 11 日（农历三月三）开园,2011 年被评为 5A 级景区,接待游客人数超过千万,各项指标良好,很好地达到了设计预期,获得众多游客的赞赏,成为西安市的一道靓丽风景线。

（1）传统风格建筑的关键构件往往削弱了竖向承重构件,结构方案可根据建筑功能、平面布置采取合理的结构体系,确保方案受力合理、抗震性能优良。

（2）传统风格建筑往往限制了结构构件布置与截面尺寸的选取。自重较大的复杂屋面体系对结构抗震性能要求较高,且抬梁式的结构形式容易造成竖向构件不连续,使得结构竖向分布没有明确的层概念,而是连接为一个整体,为了满足这种传统风格建筑的设计需求,应按空间结构整体计算分析。

（3）对空间结构而言,主要针对振动特性、位移大小及分布情况进行整体指标控制,尽量保证两方向刚度分布均匀,并提高其抗扭刚度。同时,保证空间结构外围竖向构件的位移满足设计要求。

（4）结构体型收进容易导致侧向刚度不规则,对结构抗震是不利的,竖向构件的内力也会明显增大,收进处结构的层间位移会有突变。针对此类问题,要具体分析其收进特征,应尽量避免较大程度的收进,加强竖向构件的配筋,保证其在地震作用下的结构安全。

（5）对于空间不连续的薄弱部位,容易出现较大拉应力,在中、大震作用下易拉裂混凝土,设计上应采取必要的措施保证结构的刚度及整体性。可采取楼板局部加厚及梁板配筋加强,并增加周边梁的刚度与延性。

（6）方椽与挑檐板有很好的叠合能力,二者可以整体受力,对于外挑长度过大的挑檐板,按叠合板设计,可以减小板厚度,减轻自重。

（7）柱顶斗栱高度范围之内,水平结构构件与造型构件整体浇筑,保证柱头收分处与水平传力构件有可靠的连接,既有效降低框架柱的计算高度,也可提高核心区的空间刚度,增强结构整体性,减小柱头收分的不利影响。

（8）斗栱、椽等构件先预制再安装,可极大地提高施工效率,保证施工质量,缩短施工周期,降低施工难度,减少碳排放和污染,实现绿色、节能的目标。

设计团队

项 目 负 责 人：张锦秋、党春红、王　军

结构设计团队：贾俊明、韦孙印、陈顺远、马　牧、董凯利、金小东、吴　琨、陶晞暝

获奖信息

2009 年度全国优秀工程勘察设计奖银奖（住房和城乡建设部）

2008 年度全国优秀工程勘察设计（建筑工程）一等奖（中国勘察设计协会评选的）

全国勘察设计行业庆祝新中国成立 70 周年优秀勘察设计项目

第14章

延安大剧院

14.1 工程概况

14.1.1 建筑概况

延安大剧院位于延安市新城北区主轴线，系融合大剧院、音乐厅和戏剧厅三个建筑单元于一体的综合性公共建筑，共设有 2200 个座位。总建筑面积 33134m²，主楼地上 4 层，地下 1 层，局部地下 2 层（舞台台仓），结构主体高度为 34.6m。基础埋深 6.5m，基础形式为独立承台 + 桩基础，承台厚度为 1100mm，承台下采用 D700 直径钻孔灌注桩，主舞台部分采用厚筏基础，筏板厚度为 1150mm，下部天然地基，基础埋深为 14.2m。

建筑屋盖采用轻盈飘逸的多坡曲线造型，与下部建筑浑然天成，开阔大气，为延安新区标志性建筑。结构体系依据建筑体型，下部采用现浇混凝土框架-剪力墙结构体系，上部屋面采用空间双层网架结构。项目设计开始时间为 2014 年 6 月，开工时间为 2015 年年初，竣工时间为 2016 年 5 月，建成后为 2016 年第十一届中国艺术节的开幕式主会场，同时也成为延安市最先进的文化表演场所和标志性建筑，业界评价很高。建筑建成照片和剖面图分别如图 14.1-1、图 14.1-2 所示，建筑典型平面图如图 14.1-3 所示。

图 14.1-1　延安大剧院建成照片

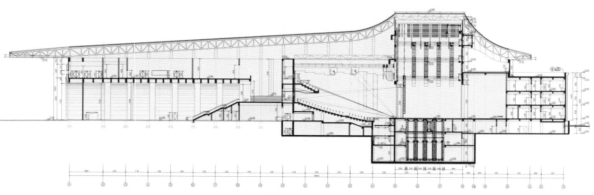

图 14.1-2　延安大剧院典型剖面

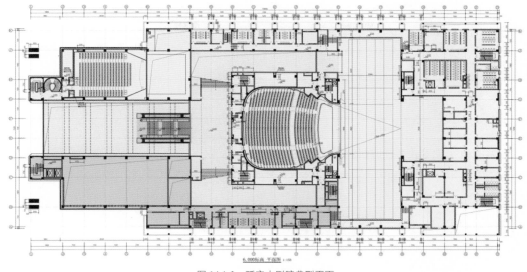

图 14.1-3 延安大剧院典型平面

14.1.2 设计条件

1. 主体控制参数

结构主体控制参数见表 14.1-1。

结构主体控制参数表　　　　　　　　　　　　　　表 14.1-1

结构设计基准期	50 年	建筑抗震设防分类	重点设防类（乙类）
建筑结构安全等级	二级	抗震设防烈度	6 度（0.05g）
结构重要性系数	1.0	设计地震分组	第一组
地基基础设计等级	甲级	场地类别	II 类
建筑结构阻尼比	0.04（小震）	小震特征周期/s	0.35

2. 结构抗震设计条件

主楼剪力墙抗震等级为二级，框架抗震等级为三级。地下室顶板作为上部结构的嵌固端。

3. 风荷载

主体结构变形验算时，按 50 年一遇取基本风压为 0.35kN/m²，承载力验算时按基本风压的 1.1 倍采用，场地粗糙度类别为 B 类。由于造型原因，屋盖属于对风荷载比较敏感的结构形式，基本风压按照 100 年重现期设计，取 0.40kN/m²。项目开展了风洞试验，模型缩尺比例为 1:250。设计中采用了规范风荷载和风洞试验结果进行位移和强度包络验算。

14.2 建筑特点

14.2.1 下部建筑功能复杂

剧院内部建筑功能复杂，交通流线变化多，含观众厅、舞台、前厅、后台、左右侧台和排练厅等大空间。建筑东西方向长度为 160m，因建筑功能和效果的需要，整个结构不设缝，整个建筑作为一个结构单元，属于超长结构，温度作用明显。结构设计难度较大，具有空旷性和复杂性两方面的特点。空旷性主要体现在舞台、侧台、观众厅都比较空旷，高差大，错层多，连接薄弱。复杂性主要体现在内部大跨多（大厅、台口、舞台、排练厅、观众厅顶），楼座长悬挑，结构超长等。另外，整体结构具有扭转不规则、楼板不连续、竖向构件不连续等不规则项，为超限高层建筑，需要进行抗震性能化设计。

14.2.2　屋盖造型奇特

由于建筑屋顶采用多坡曲面造型，屋盖结构设计较为复杂。一方面，由于竖向支承构件较少，屋盖均为大跨度、长悬挑（东入口悬挑长度24m），需要通过参数化建模、并进行相应的结构网格优化设计，实现连贯的建筑造型要求，既满足承受重载的受力要求，又能方便施工，且具有良好的经济性指标。另外，钢结构屋盖与下部主体结构的连接复杂，需要选择合理的支座刚度实现连接，最大限度地减少对下部结构的影响。

延安大剧院建成后的局部照片见图14.2-1。

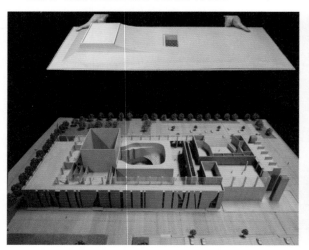

图14.2-1　延安大剧院建成局部照片

14.3　体系与分析

14.3.1　结构体系

本工程为剧院类建筑，具有体系复杂、内部空旷、跨度大、楼层错落不齐等特点，结构设计难度较大，需要更注重概念设计，故主体结构抗侧力体系的选择较为关键。结构特点如下：

（1）建筑平面布置复杂，结构不对称，荷载大且分布很不均匀。荷载大的部位主要集中在舞台和观众厅区域，故结构先天具有偏心大的特点，地震作用下容易产生较大的扭转效应，周期比和扭转位移比等指标不易控制。

（2）舞台、侧台、观众厅空旷，高差很大，大跨、楼板缺失多，薄弱部位多，结构整体性很差。

（3）主体结构存在扭转不规则、楼板不连续、竖向构件不连续等不规则项，不规则类型较多。

结合以上结构特点，并对比了框架结构、钢框架-支撑结构、混凝土框架-剪力墙结构，综合考虑经济性、结构整体刚度以及施工的便利性和难度，最终主体结构选用现浇混凝土框架-剪力墙结构体系，上部屋面结构采用钢结构网架。剪力墙主要布置在入口门厅两侧、观众厅周边、主舞台台口和后台台口位置，其余较为规则区域以混凝土框架为主。剪力墙作为结构的主要抗侧力构件，不仅为整体结构提供主要的抗侧刚度，而且对减小结构扭转和增加整体性起到了关键作用。

结构典型平面、结构体系示意分别如图 14.3-1 和图 14.3-2 所示。

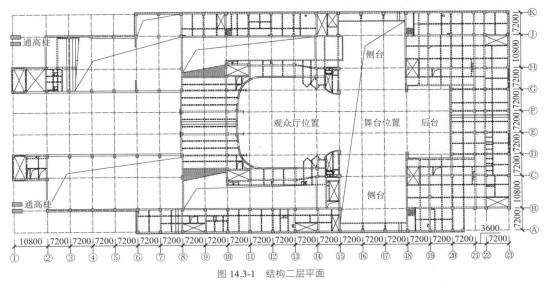

图 14.3-1　结构二层平面

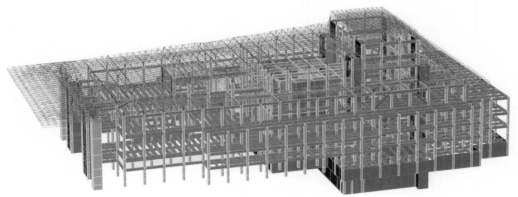

图 14.3-2　结构体系组装示意

14.3.2　结构布置

1. 主体结构布置

主体结构采用现浇钢筋混凝土框架-剪力墙结构，典型平面如图 14.3-1 所示。在入口门厅两侧、池座周边、主舞台台口和后台台口四个部位设置剪力墙，剪力墙墙厚为 400mm。门厅入口处柱网跨度为 21.6m，四层为大型会议室，顶部屋面为外挑 24m 的大悬挑屋盖，此处柱子较少，刚度偏弱，受荷面积较大，所以在入口的两个楼梯间处设置剪力墙，以减少地震作用下的结构的位移值和扭转效应。混凝土框架柱截面尺寸为 0.8m × 0.8m，主要分布在平面较为规则的部位，承担竖向荷载。各层楼板均采用现浇钢筋混凝土楼盖体系，板厚 120～150mm。以下为结构布置中具有亮点的细节处理。

（1）通高柱

1 轴与 B 轴和 J 轴相交的位置，为 4 个通高柱，柱顶标高 19.1m，屋盖的双向悬挑脊线支撑点为此处四个角柱，截面为 1.2m × 3.2m，上部截面变为 8 个 0.8m × 0.8m 的钢管柱，壁厚 20mm，内灌微膨胀混凝土，钢柱进入混凝土柱头 2m，支座锚栓在风荷载作用下受拉，所以有钢柱中的埋入段满足抗拉要求，且设置抗剪栓钉，如图 14.3-3 所示。

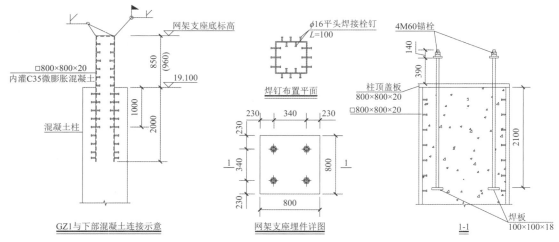

图 14.3-3 通高柱柱顶钢构节点

（2）转换桁架

在门厅入口的 1 轴位置，15～18 轴的侧台位置，跨度为 21.6m，楼面标高为 14.5m，建筑功能分别为大会议室和排练厅。在这三处设置了混凝土转换桁架，支承上部钢结构，桁架的形式比较简洁，只在两侧增加斜腹杆，中间不设（图 14.3-4），传力路径清晰，同时不会大幅增加楼层刚度。

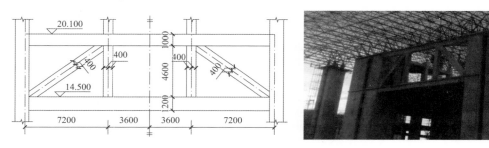

图 14.3-4 转换桁架的布置及实景图

（3）折梁的应用

音乐厅设折梁，兼作楼座，二层楼座入口处设折梁，兼作通入三层的楼梯，受力合理，截面较小，在保证结构安全的前提下，建成后整体效果突出，如图 14.3-5 所示。

图 14.3-5 折梁实景照片

（4）预应力梁的布置

二层和三层楼座部分，全部为悬挑构件，最大悬挑长度 9m，由于每排座位标高的变化，梁的截面为变截面，且为折梁。为减少挠度变形，在梁中设置直线形预应力筋，如图 14.3-6 所示。悬挑构件内部的平衡端只有一跨，跨度 3.6m，根据计算分析，柱子没有出现拉应力，安全可靠。四层 1～8 轴的 21.6m 大跨框架梁和次梁，设置抛物线形预应力筋（图 14.3-7），以减小挠度和裂缝。

经典回眸 中国建筑西北设计研究院有限公司篇

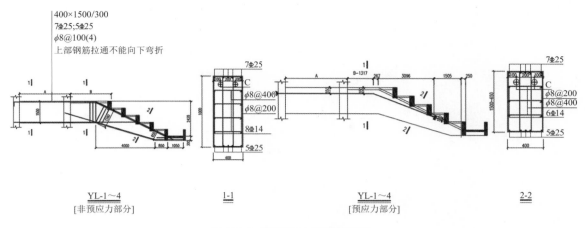

$$400 \times 1500/300$$
$$7\Phi25;5\Phi25$$
$$\phi8@100(4)$$
上部钢筋拉通不能向下弯折

YL-1~4
[非预应力部分]

1-1

YL-1~4
[预应力部分]

2-2

图 14.3-6　楼座预应力悬挑梁布置图

构件名称	数量/榀	梁截面/mm×mm	净跨度/m	预应力筋基本线形参数	预应力筋线形简图
YL-3(1)	6	400×1000	17.6	2-7ϕ^s15 (C4,500,110,500,0.13,0.5,0.13)	反弯点
YL-3a(1)	3	400×1000	17.6	2-6ϕ^s15 (C4,500,110,500,0.13,0.5,0.13)	反弯点
YL-3b(1)	2	400×1000	17.6	2-6ϕ^s15 (C4,500,110,500,0.13,0.5,0.13)	反弯点
YL-6(1)	1	400×1000	17.6	2-7ϕ^s15 (C4,500,110,500,0.13,0.5,0.13)	反弯点
YKL-3(1)	3	400×1000	16.8	2-3ϕ^s15 (C4,130,110,130,0.15,0.5,0.15)	反弯点
YKL-6(1)	2	400×1000	16.8	2-3ϕ^s15 (C4,250,110,250,0.15,0.5,0.15)	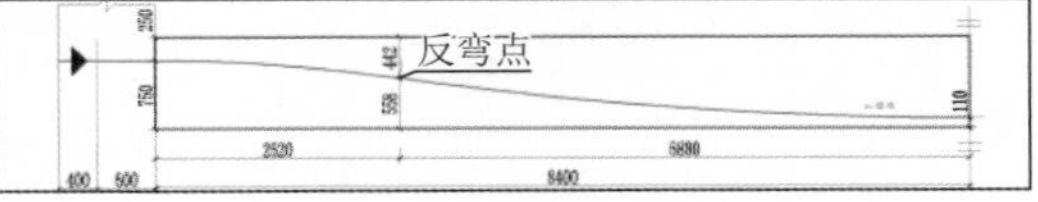 反弯点

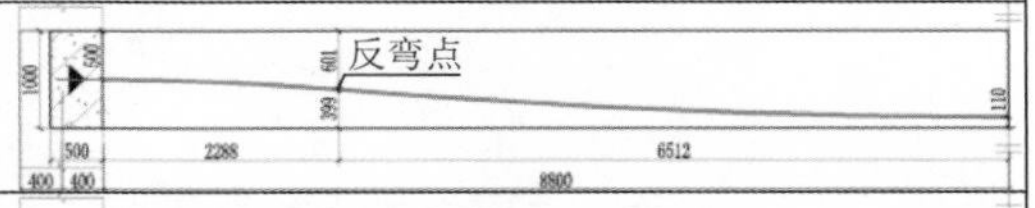

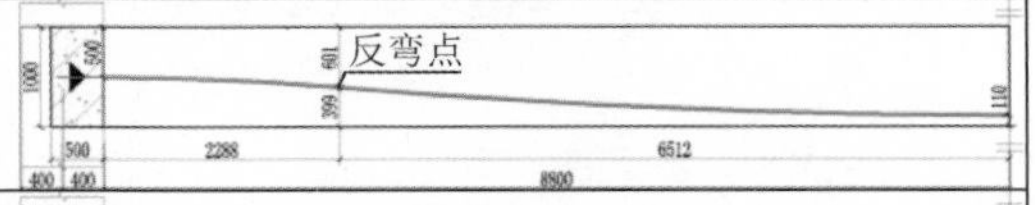

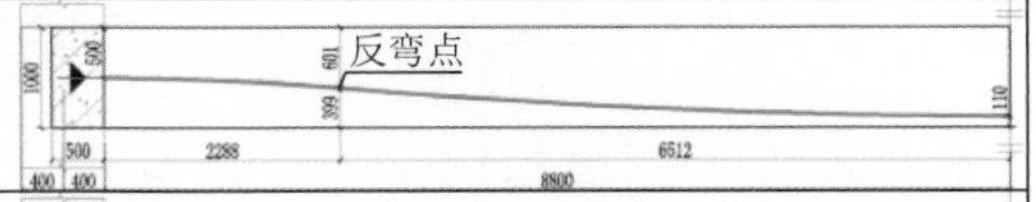

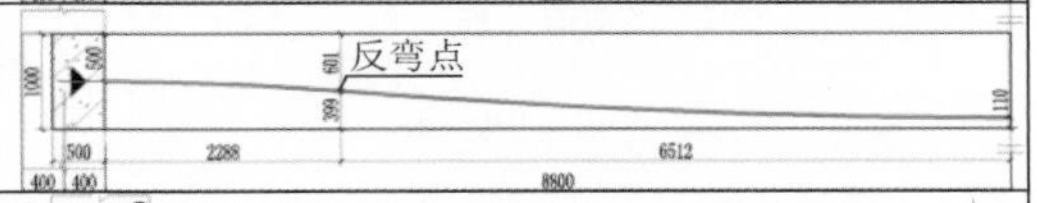

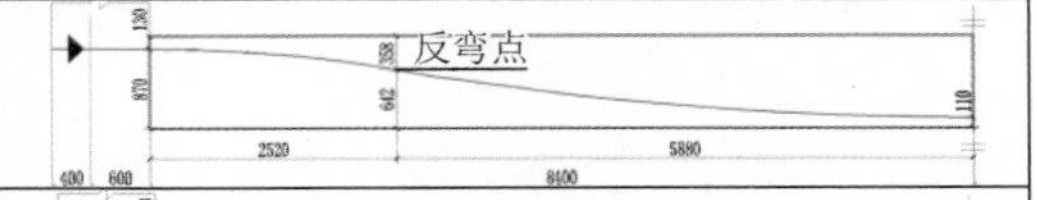

图 14.3-7　四层预应力大跨梁预应力参数

2．钢结构屋盖布置

屋面为多坡曲线造型，建筑效果要求屋面连贯、轻盈，且入口门厅处有 24m 的大悬挑要求，故此部分采用钢结构屋盖。钢屋盖结构可选择的方案有：（1）正放四角锥网架，网架高度 2.5m；（2）张弦桁架，总高度 4m，其中桁架高度 2m；（3）双向正交平面桁架组成的正放网架，网架高度 2.5m。通过对比各方案计算结果，并统计其用钢量，分别为 40kg/m²、37kg/m²、43kg/m²。各方案各项指标均能满足规范要求，各方案利弊分析如下：

（1）根据业主及建筑专业要求，设备管线及局部马道需隐藏在屋盖内。四角锥不利于风管布置，且杆件数量较多，布置凌乱，影响建筑美观。

（2）张弦桁架方案用钢量最小，但撑杆高度较高，越靠近中央高度越大，对建筑空间视觉效果影响较大，且悬挂荷载较大，此方案不利于吊点设置，影响建筑使用功能。

（3）双向正交平面桁架组成的正放网架方案，各榀主桁架两端均直接支承于混凝土柱顶，传力简洁、明确。虽然用钢量相对稍大，但平面桁架施工工艺成熟、简便，易布置风管，且视觉效果更好，业主及建筑师更愿意接受。最终屋盖采用第三种方案。钢结构屋面布置如图 14.3-8 和图 14.3-9 所示。

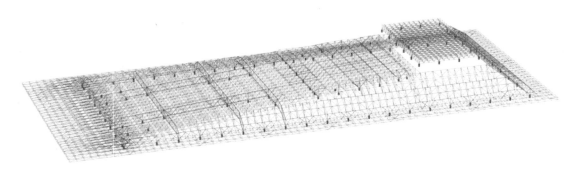

图 14.3-8　屋盖总体布置图

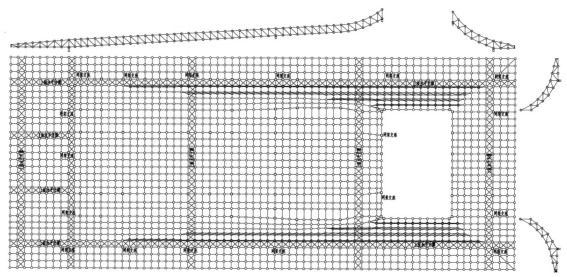

图 14.3-9　屋盖结构平面布置图

钢结构屋面布置分为：

（1）大剧院舞台屋面部分，最大跨度 22m，此处的工艺要求非常复杂，屋盖下设滑轮吊点层、栅顶层、吊幕、防火幕、马道、天桥、舞台灯杆等工艺构件，全部需要从此处屋面下挂，荷载很大，此处屋面采用双层双向正交重型平板网架，与周边网架完全分开，主要原因是两者荷载差异很大，且可以减小温度作用的影响。网架平面尺寸 36m × 21.6m，网格大小 2.4m，网架厚度 2.4m，采用螺栓球连接，最大球径 280mm，最大杆件为 180mm × 12mm 的圆管，最小杆件为 60mm × 3.5mm 的圆管，钢材牌号为 Q235B，支座采用带弹簧的板式橡胶支座。

（2）屋面为多坡曲线造型，建筑效果要求屋面连贯统一，而入口门厅处又有 21m 的大悬挑要求，所以此部分采用网架结构。钢结构屋盖采用正交正放双层网架，平面尺寸 168m × 58m，主入口门厅处悬挑长度 24m，其他三边悬挑长度 7.2m。轴网内网架矢高 2.5m，网格大小为 2.4m，悬挑部分厚度由 2.5m 变为 0.8m。节点连接以螺栓球为主，最大球径为 350mm，局部为焊接球，最大球径为 450mm，球厚度为 20mm。最大杆件为 219mm × 14mm 的圆管，最小杆件为 60mm × 3.5mm 的圆管，钢材牌号为 Q235B。支座采用带弹簧的板式橡胶支座及双向滑动钢铰支座。为增强大屋盖网架的整体刚度，在悬挑端周圈、中间横向三分点位置、支座位置，上下弦设置水平加强支撑。

（3）大剧院观众厅处的栅顶层距离屋面网架较远，难以从屋盖网架上做吊点来完成，所以需要单独做夹层网架，以便摆放面光天桥、马道及隔声吊顶，如图 14.3-10 所示。网架采用双向正交四角锥布置，平面尺寸 30.8m × 32.4m，网格大小 2.4m，网架厚度 2.5m，采用螺栓球连接，最大球径 300mm。最大杆件为 159mm × 6mm 的圆管，最小杆件为 60mm × 3.5mm 的圆管，钢材牌号为 Q235B，支座采用带弹簧的板式橡胶支座。

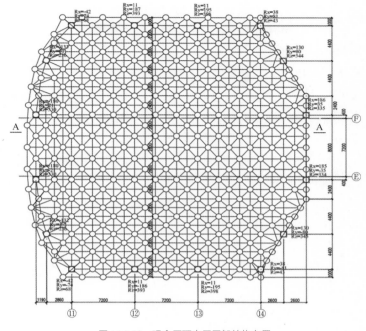

图 14.3-10　观众厅顶夹层网架结构布置

3．基础布置

本工程位于延安新区的北部，整个新区由挖方区和填方区组成，填方区最深可达上百米，不宜作为建筑持力层。根据地勘情况，对楼位进行调整以后，整个工程坐落于挖方区。但在挖填交界线附近浅挖方区以及薄填方区局部具有湿陷性，且挖填搭接区两侧土性能差异较大，地基土不均匀。如果做持力层，需进行地基处理，难度较大。本建筑结构体系复杂，各柱柱底轴力相差很大，从几百千牛到几千千牛，柱下独立基础和扩展基础皆不能满足设计要求。

综上所述，基础采用混凝土灌注桩加设独立承台，承台厚度为 1100mm，灌注桩桩径采用 700mm，持力层选在⑤层土壤及黄土层，桩长 23～27m，单桩极限承载力标准值为 4000kN。对于舞台部分，基底标高较深（−14.20m），不存在湿陷性，地基承载力特征值为 220kPa，根据舞台工艺要求，基础表面要求平整且有大量的预埋件，所以基础采用厚筏基础，筏板厚度 1150mm，地基采用天然地基。桩基承台布置示意图见图 14.3-11。

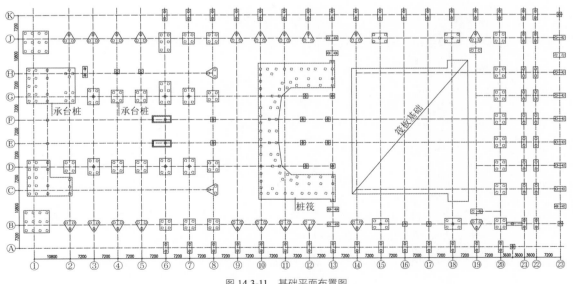

图 14.3-11　基础平面布置图

14.3.3　性能目标

1．结构超限分析和采取的措施

大剧院在如下方面存在超限：（1）观众厅、主舞台、后台等部位出现许多大跨度空腔，造成楼板大开洞，开洞面积大于楼层面积30%。观众厅与后台之间，二、三层形成错层，楼板不连续；（2）扭转不规则，局部楼层扭转位移比大于1.20；（3）竖向抗侧力构件不连续。

针对超限问题，设计中采取了如下应对措施：

（1）楼板开洞面积较大，造成楼板不连续。设计时对大洞周边的楼板进行加厚处理，提高配筋率，采用双层双向配筋，洞口角部集中配置斜向钢筋，洞边设边梁或暗梁，从而提高楼盖结构的承载能力和整体刚度，保证水平地震作用更好地传递，避免平面刚度突变出现明显的结构薄弱环节。

（2）主舞台的台口、侧台的台口及后台的台口，上部存在结构转换。这些转换柱是结构体系中重要的受力构件，应对构造从严加强，箍筋全高加密，其直径不小于10mm，间距不大于100mm，体积配箍率不小于1.5%。对其内力进行放大（按JGJ 3-2010第10.2.11条），抗震等级提高一级，按一级考虑。为保证构件的抗震能力和延性性能，控制其轴压比在0.6以内。转换柱和转换桁架、转换梁都是关键构件，如果发生严重破坏，整个舞台部分就会倒塌。同时，破坏后难以维修。鉴于此情况，对这些构件进行性能化设计，按中震弹性进行设计，预估大震下轻度损坏。

（3）通高柱在整体结构中刚度偏弱。本工程有两种形式的柱，一种是双向都无框架梁拉结的通高柱，另一种是有单向框架梁的通高柱。设计时，选取合理的截面以保证其抗侧刚度及整体稳定，计算长度系数按实际情况选取，同时增加纵向配筋。在整体模型计算中查看弯矩图，防止层模型的计算失真。

（4）本工程双向超长，在施工和使用期间，充分考虑混凝土结构和屋面钢结构的温度作用。对于下部混凝土结构，进行超长结构温度作用分析，设置施工后浇带的同时，配置双层双向拉通钢筋，对应力较大部分加强配筋；对于钢结构，计算时考虑温度作用，作为一个工况加入设计中，计算构件的温度作用。钢结构与混凝土结构之间的连接采用平板橡胶支座，考虑水平刚度，且可以滑动，这样温度作用产生的水平力可以释放掉，既保证了钢结构自身的安全，又减少了其对主体混凝土结构的不利影响。

（5）结构计算中，通过合理分层，建立符合实际的计算模型。合理调整结构布置，加强薄弱部位（右侧开大洞及通高区域）框架梁、柱的截面刚度和承载力，以提高结构的整体抗扭刚度，控制结构的周期和位移比，减小扭转效应。

（6）采用比常规结构更高的抗震设防目标，重要构件均采用中震或大震下的性能标准进行设计。采用有限元分析软件对结构进行大震作用下的弹塑性时程分析，控制大震下的结构层间位移角。

2．抗震性能目标

根据抗震性能化设计方法，确定了主要结构构件的抗震性能目标，如表14.3-1所示。

主要构件抗震性能目标　　　　　　　　　　　　　表14.3-1

地震水准	多遇地震	设防烈度地震	罕遇地震
允许层间位移	1/800	—	1/100
观众厅剪力墙底部加强区楼座悬挑大梁支座柱台口大柱与上部屋盖直接相连的柱	弹性	中震弹性	正截面不屈服，斜截面不屈服
楼座悬挑大梁大跨度结构转换桁架	弹性	正截面弹性、斜截面弹性	正截面不屈服，斜截面不屈服
普通竖向构件	弹性	正截面不屈服，斜截面弹性	正截面部分屈服，同层不全部屈服；斜截面满足截面限值条件
普通水平构件	弹性	正截面少量屈服，斜截面满足截面条件	大部分可屈服，斜截面满足截面条件

14.3.4 结构分析

1. 结构弹性分析

采用 YJK 和 MIDAS Gen 设计软件分别计算，振型数取为 30 个，周期折减系数为 0.85。计算结果见表 14.3-2～表 14.3-4。由表可见，两种软件计算所得的结构总质量、振动模态、周期、基底剪力、层间位移比等均基本一致，可以判断模型的分析结果准确、可信；结构第 1 扭转周期与第 1 平动周期比值为 0.88，表明整体结构抗扭刚度很强。同时进行了小震弹性时程补充分析，并按照规范要求，根据小震时程分析结果对反应谱分析结果进行了相应调整。

总质量与周期计算结果   表 14.3-2

软件名称		YJK	MIDAS Gen	YJK/MIDAS Gen	说明
总质量（t）		80010	79890	98%	
周期/s	T_1	0.535	0.532	100%	X平动
	T_2	0.496	0.490	100%	Y平动
	T_3	0.471	0.465	103%	扭转振型
	T_4	0.359	0.341	105%	Y平动
	T_5	0.352	0.328	107%	X平动
	T_6	0.330	0.310	106%	Y平动

基底剪力计算结果   表 14.3-3

荷载工况	YJK/kN	MIDAS Gen/kN	YJK/MIDAS Gen	说明
EX	12680	12712	99%	X向地震
EY	13777	13850	98%	Y向地震
WindX	1491	1512	96%	X向风荷载
WindY	2990	3070	98%	Y向风荷载

层间位移比计算结果   表 14.3-4

荷载工况	YJK	MIDAS Gen	YJK/MIDAS Gen	说明
EX	1/1080	1/1100	102%	X向地震
EY	1/1560	1/1690	102%	Y向地震
WindX	1/9999	1/9999	100%	X向风荷载
WindY	1/9999	1/9999	100%	Y向风荷载

2. 动力弹塑性时程分析

采用 SAUSAGE 对结构进行动力弹塑性时程分析，并考虑以下非线性因素：几何非线性、材料非线性、施工过程非线性。分析过程中不采用刚性楼板假定，并考虑楼板开裂损伤对其刚度退化的影响。

（1）构件模型及材料本构关系

钢材的非线性材料模型采用双线性随动硬化模型，在循环过程中，无刚度退化，考虑了包辛格效应。钢材屈服后的弹性模量为初始弹性模量的 0.01 倍，计算分析中，设定钢材的强屈比为 1.2，极限应变为 0.025。一维混凝土材料模型采用混凝土规范指定的单轴本构模型，该模型能反映混凝土滞回、刚度退化和强度退化等特性；二维混凝土本构模型采用弹塑性损伤模型，考虑了混凝土材料拉压强度差异、刚度及强度退化以及拉压循环裂缝闭合呈现的刚度恢复等性质。梁、柱、斜撑和桁架等构件的非线性模型采用纤维束单元，剪力墙、楼板采用弹塑性分层壳单元。

（2）地震波输入

根据抗震规范要求，在进行动力时程分析时，按建筑场地类别和设计地震分组选用 2 组实际地震记录和 1 组人工模拟的加速度时程曲线。计算中，地震波峰值加速度取 125Gal（罕遇地震），地震波持续时间取 25s。

地震波的输入方向，依次选取结构X或Y方向作为主方向，另两方向为次方向，分别输入 3 组地震波的两个分量记录进行计算。结构初始阻尼比取 4%。每个工况地震波峰值按水平主方向：水平次方向：竖向 = 1：0.85：0.65 进行调整。

（3）动力弹塑性分析结果

大剧院结构在大震作用下，当X为主输入方向时，混凝土结构楼顶最大位移为 28mm，楼层最大位移角为 1/187（四层）；Y为主输入方向时，混凝土结构楼顶最大位移为 14.2mm，楼层最大层间位移角为 1/306（四层）。对三向罕遇地震作用下各类构件的损伤情况分别进行考察。根据剪力墙的受压损伤因子发现，剪力墙墙体大部分基本完好，仅X主方向输入时观众厅、舞台台口两侧连梁洞口附近发生了轻度损伤。大部分连梁混凝土受压损伤因子超过 0.5，破坏较重，形成了铰机制，发挥了屈服耗能的作用；部分混凝土柱钢筋出现塑性，最大塑性应变为 0.0043（人工波，X向）；混凝土梁有部分构件的钢筋进入弹塑性状态，但均未发生严重损坏。钢结构有部分构件进入屈服状态，最大塑性应变约为 0.009，远小于钢材极限应变 0.025。

综上可知，大剧院在各条地震波（地震波峰值按罕遇地震调整）作用下，楼层最大层间位移角小于抗震规范规定的弹塑性位移角限值 1/100，满足大震不倒的性能要求。罕遇地震作用下，剪力墙混凝土基本完好，仅个别发生轻度损伤。大部分钢筋混凝土梁柱构件未进入屈服阶段，连梁大部分发生较大的塑性损伤，起到了很好的耗能作用。结构整体强度退化不大，具有足够的内力重分布能力，维持其整体稳定性，承受地震作用及重力荷载，满足预先设定的抗震性能要求。

14.4 屋盖及支座设计

14.4.1 荷载取值

本工程的常规荷载按《建筑结构荷载规范》GB 50009-2012 选取，舞台、观众厅、音乐厅按工艺要求获取其荷载，见表 14.4-1。由于造型原因，屋盖网架属于对风荷载比较敏感的结构形式，基本风压按照 100 年重现期设计，取 0.4kN/m²，地面粗糙度类别为 B 类。风荷载体型系数按照荷载规范取值，悬挑部分取 −2.0，中间部分的风荷载体型系数按照坡屋面取值为 −0.6；风振系数参考相关资料及风洞试验结果，悬挑端取 2.0，其余部分取 1.4。延安地区温度变化幅度比较大，施工安装完毕时的合拢温度取 20℃，常年最高温度约为 40℃，最低气温约−20℃，故设计中考虑温度作用，温升+20℃，温降−40℃。

恒载与活载布置说明   表 14.4-1

部位	恒荷载/（kN/m²）	活荷载/（kN/m²）
大屋盖网架（不含舞台顶）	上弦：1.2，下弦：音乐厅范围为 3.0，悬挑范围为 0.5，其他部分为 2.0	0.5
舞台顶屋盖网架	上弦：1.0，下弦：5.0	上弦：0.5，下弦 2.0
观众厅夹层网架	下弦：3.0，音桥区域下弦为 5.0	0.5

14.4.2 计算分析

计算分三步进行：钢结构屋盖，采用 MST 程序建立单独模型，分析其杆件应力、变形和稳定；钢结构屋盖作为荷载，施加于混凝土主体结构上，采用 YJK 程序分析主体结构抗震性能指标、内力及配筋量；将钢结构部分与主体混凝土结构部分统一建模，分析结构总体抗震性能指标，以及连接部位处构件的应力、变形、稳定和配筋量。

建立单独的网架三维模型时，网格杆件采用杆单元铰接连接，将框架柱及下部支承结构简化为模型中网架支承节点的弹性支座，竖向铰接，水平两向弹性约束，其中弹性约束的弹簧刚度按照《空间网格结构技术规程》JGJ 7-2010 附录 K 计算得出，单体模型通过在框架柱顶施加屋盖支座反力，来考虑网架对主体混凝土框架的影响。建立网架-铰接支座-支承框架的整体分析模型时，考虑结构各部分的相互作用，网架支座位置与下层混凝土柱间用短钢柱来代替橡胶支座，通过调整代换构件截面面积，使其侧向刚度接近橡胶支座的剪切刚度。

14.4.3 分析结果

整体模型下，地震作用下的位移角值：$D_x = 1/1080$，$D_y = 1/1580$；第 1 平动周期 0.535s，第 1 扭转周期 0.471s，第 1 扭转周期/第 1 平动周期 = 0.88，皆满足规范要求。混凝土构件截面选用均在合理的范围之内，构件截面承载力计算结果满足规范要求。从计算结果来看，由于是抗震设防 6 度区，地震作用不起控制作用，主要是恒荷载、活荷载及风荷载对构件承载力起控制作用。

从单体网架模型的计算结果来看，在第 50 阶振型之前，全部为构件的局部振动、大悬挑竖向振动、挑檐部分构件扭转等；在第 50 阶振型之后才出现屋盖的整体平动，这与四周大悬挑，刚度小的结构特点基本吻合。单体模型和整体模型模态分析结果差距不大，整体模型中的周期略有所增加，这与网架支座位置水平约束未完全释放有关。

屋盖结构变形计算时，在荷载标准组合作用下，控制荷载工况为恒荷载 + 活荷载 + 0.6 温降作用，内部最大竖向位移为 62mm，挠跨比 62/33200 = 1/535 < 1/250；悬挑端控制荷载工况为恒荷载 + 活荷载 + 0.6 温升作用，最大竖向位移为 165mm，挠跨比为 165/21000 = 1/127 < 1/125，变形均满足规范要求。

在风荷载单独作用下，网架大悬挑部分主要承受向上的风吸力，应控制结构向上的挠度，此时恒荷载对结构有利，取 1.0 风荷载 + 0.4 恒荷载工况，悬挑端最大位移为 119mm，挠跨比 119/21000 = 1/176 < 1/125，满足规范要求。

屋盖构件截面承载力计算考虑 15 种基本荷载组合，其中最不利荷载组合为 1.2 恒荷载 +1.4 × 0.7 活荷载 + 1.4 温降作用，结构最大等效应力为 190MPa < 215 × 0.9 = 194MPa，满足设计要求。

14.4.4 支座设计

本网架结构为双向大跨度、大悬挑，温度变化对结构整体受力和变形影响很大。为此，结构单体模型计算中将支座水平两个方向的约束进行释放，设置弹性滑动支座。设计时，在框架柱上设置带弹簧的板式橡胶支座及成品的双向滑动抗震铰支座，使混凝土柱与支座间可以实现滑移。整体模型中因为采用短柱近似模拟弹性支座，且由于下部混凝土结构刚度的影响，故对比分析时存在一定的偏差，其具体计算结果如表 14.4-2 所示。

支座类型	模型类别	F_x/kN	F_y/kN	F_z/kN	U_x/mm	U_y/mm	U_z/mm
支座 1	单体	75	92	1876	7	9	0
	整体	145	214	1702	2	2	2.1
支座 2	单体	161	100.9	2573（−1650）	15	12	0
	整体	241	335	2410（−1300）	7	5	3

注：表中数据以受压为正，受拉为负。括号内数据为风荷载作用下支座 2 受到的最大拉力。

　　表中支座 1 与支座 2 为屋盖网架支座受力最大的两个典型节点，其中支座 1 选自屋盖网架内部最大的压力支座，支座 2 选自屋盖大悬挑角部，除承受网架压力外，还承受风载下的拉力作用。通过整体模型和单体模型的对比分析，整体模型的水平支座反力大于相应单体模型的支座反力，支座水平位移小于单体模型的支座水平位移；竖向支反力差距不大，相差在 5% 之内，整体模型的支座竖向位移略有增加。支座设计时，取整体模型与单体模型包络设计。板式橡胶支座适用于温度作用和水平位移较大，有滑移与转动要求的中大跨度的网格结构，所以设计时选用橡胶支座，如图 14.4-1 所示。

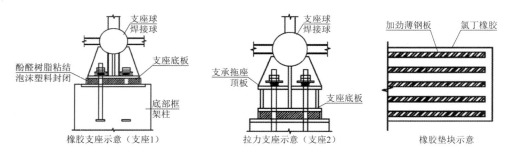

图 14.4-1　橡胶支座构造示意

　　支座尺寸根据支座反力确定，橡胶层的厚度根据支座伸缩量和转角来确定。拉力橡胶支座（支座 2），设置支托并利用锚栓来承受支座的竖向拉力，支托座主要是增强支座的整体刚度。支座 1 与支座 2 的橡胶垫板参数与承载能力取用《公路桥梁板式橡胶支座规格系列》JT/T 663-2006 中表格数据，详见表 14.4-3。

橡胶支座参数及承载力　　　　　　　　　　　　　表 14.4-3

支座编号	橡胶底板尺寸/mm	橡胶垫总厚度/mm	最大位移限值/mm	最大承压力/kN	最大抗拉力/kN	抗滑移承载力/kN
支座 1	500×500	70	31	2401	240	583
支座 2	600×600	90	42	3481	1650	840

　　为提高支座的耐久性及安装的简易度，施工图深化设计时将抗拉橡胶支座 2 改换为成品的抗拉球型钢支座，这种支座传力均匀可靠，转动灵活，允许位移量大，能满足支座 2 的所有力学性能要求，并提供相应的限位装置。

14.5　结语

　　延安大剧院结构，双向超长，主体采用框架-剪力墙结构，屋盖采用双向双层网架结构，充分考虑风荷载和温度变化的影响。对屋盖网架采用单体模型和整体模型分别计算的方法，取包络结果进行设计。框架柱（梁）上设置板式橡胶支座及成品双向滑动抗震铰支座，作为网架的支座，有效减少了网架与主体之间的相互约束，使用效果良好。对于转换柱、梁、桁架进行性能化设计，并提高其抗震构造措施，保证其安全可靠。大悬挑和大跨度的混凝土构件，加设预应力筋，减少挠度和裂缝。

延安大剧院是延安新区的地标性建筑，其造型独特、大气、典雅，是延安新区主轴线上的一道靓丽风景。结构体系充分结合建筑造型，下部混凝土结构、上部钢结构网格屋盖，传力明确、简洁，一气呵成，连贯统一地实现了建筑之美。

设计团队

项目负责人：赵元超、李　强

结构设计团队：王洪臣、郭　东、张　涛、韦孙印、卢　骥、尹龙星、武红姣、郜京锋

获奖信息

2019 年度全国优秀工程勘察设计行业奖一等奖

2017 年度陕西省优秀工程勘察设计一等奖

2017—2018 年度中国建筑学会建筑设计金奖

2017 年度中国建设工程鲁班奖

2018 年度中建西北院优秀施工图（结构）一等奖

2019 年度中建西北院优秀设计奖（结构专项）一等奖

第15章

陕西大剧院

15.1 工程概况

15.1.1 建筑概况

陕西大剧院位于西安市雁塔南路大唐不夜城贞观广场，为一大型剧院演出类仿古建筑，总建筑面积52324m²，鸟瞰图如图15.1-1所示。大剧院地下2~4层，地上2~3层；地下主要功能为舞台台仓、设备机房、停车库；地上主要功能为剧院演出及配套商业。大剧院内设歌剧厅（1971座）、戏剧厅（522座）、排练厅及配套商业四个主要功能分区，其中歌剧厅由主舞台、后舞台、侧舞台及观众厅构成，功能分区示意见图15.1-2。戏剧厅、排练厅、配套商业用房采用单檐歇山顶屋面，主舞台和观众厅分别采用单檐歇山顶屋面和重檐庑殿顶屋面，主舞台屋面屋脊高度35.3m，观众厅屋面屋脊高度33.6m。大剧院建筑典型平、剖面图如图15.1-3、图15.1-4所示。

图 15.1-1　陕西大剧院鸟瞰图

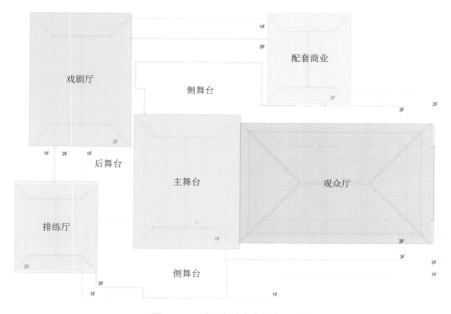

图 15.1-2　陕西大剧院功能分区示意图

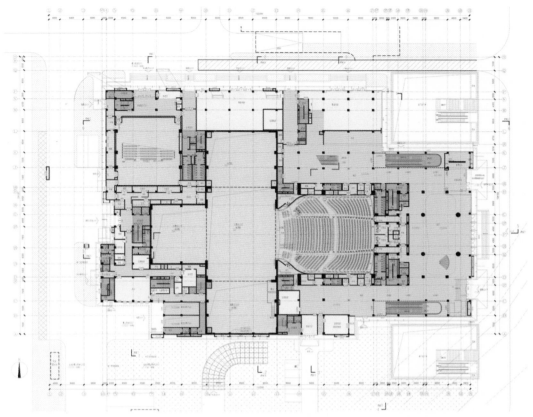

图 15.1-3　首层建筑平面图

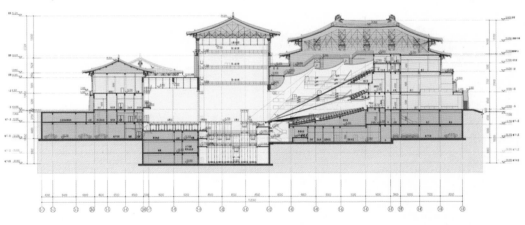

图 15.1-4　建筑典型剖面图

15.1.2　设计条件

1. 主体控制参数

结构主体控制参数如表 15.1-1 所示。

结构主体控制参数表　　　　　　　　　　　　　　　　表 15.1-1

项目	标准
结构设计基准期	50 年
建筑结构安全等级	二级

项目		标准
结构重要性系数		1.0
建筑抗震设防分类		重点设防类（乙类）
地基基础设计等级		甲级
设计地震动参数	抗震设防烈度	8 度
	设计地震分组	第一组
	场地类别	Ⅱ类
	小震特征周期/s	0.35
	大震特征周期/s	0.40
	设计基本地震加速度值/g	0.20
建筑结构阻尼比	多遇地震	钢：0.02；混凝土：0.05
	罕遇地震	0.05
水平地震影响系数最大值	多遇地震	0.16
	设防地震	0.45
	罕遇地震	0.90
地震峰值加速度/（cm/s²）	多遇地震	70

2. 结构抗震设计条件

由于首层在舞台区存在大开洞，并考虑池座斜板的影响，选择地下二层顶板作为上部结构计算模型的嵌固端。大剧院主体结构地下二层及以上区域的框架抗震等级为一级（抗震构造措施为特一级），地下二层以下的框架抗震等级为二级（抗震构造措施为一级）。

3. 舞台结构荷载

作用在主舞台、侧舞台、后舞台台面上的均布活荷载根据舞台工艺设计要求取值，且台面均布活载取值不低于 $5kN/m^2$。作用在屋盖结构的舞台悬挂荷载根据舞台工艺的要求取值，且悬挂荷载取值不低于 $6.5kN/m^2$。

天桥的均布活荷载根据实际荷载取值，放置卷扬机的三层天桥均布活荷载不低于 $4kN/m^2$，其他天桥均布活荷载不低于 $2kN/m^2$。放置卷扬机的天桥的荷载作用按正、反两个方向考虑。天桥处灯光吊笼荷载按舞台工艺设计要求取值，同时考虑灯光吊笼集中布置时的不利情况。

15.2 建筑特点

15.2.1 仿古屋盖造型

陕西大剧院观众厅及主舞台屋盖分别为传统古建筑重檐庑殿顶、单檐歇山顶造型（图15.2-1、图15.2-2），建筑造型复杂，屋盖周边出挑较大，斗拱、飞檐等传统建筑元素丰富，结构与建筑效果匹配度要求较高。

为最大限度呈现传统古建筑屋面效果，观众厅及主舞台屋面均采用传统陶瓦坐浆铺设工艺，屋面恒荷载较重。同时，由于大剧院位于西安大雁塔周边限高区，建筑高度受限；建筑高度受限致使舞台工艺栅顶层及观众厅内装吊顶均需直接吊挂于古建造型屋盖下部，吊挂活荷载较大。

基于屋盖建筑造型要求及结构承载需求，结构设计中依托古建屋盖屋脊及举折走势，构建出了以空间变高度桁架为主受力结构的空间结构体系，满足结构承载能力的同时较好地呈现了单、重檐仿古建筑屋盖造型。

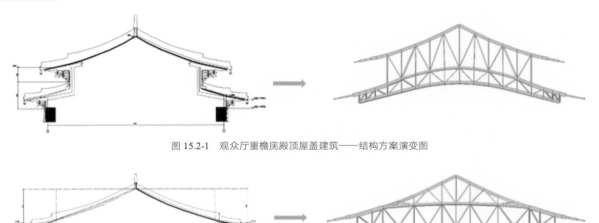

图 15.2-1　观众厅重檐庑殿顶屋盖建筑——结构方案演变图

图 15.2-2　主舞台单檐歇山顶屋盖建筑——结构方案演变图

15.2.2　独立台塔构型

陕西大剧院主舞台采用独立台塔的建筑构型，台塔上设单檐歇山顶仿古钢屋面。大剧院采用传统镜框式的舞台形式，主舞台台塔平面布置见图 15.2-3。因观演需要，在主舞台台塔的四周（观众厅、后舞台、左右侧舞台四个方向）不允许布置较多的竖向抗侧力构件，导致主舞台台塔出大屋面后仅有角部几处墙体可作为上部重型仿古钢屋面的支承结构，垂直台口方向的水平抗侧能力严重不足。

针对台塔出大屋面后竖向抗侧力构件不足的问题，采取了在大屋面以上区域增设承载型层间屈曲约束支撑的措施（图 15.2-4），将台塔出大屋面以上部分的水平地震作用由屈曲约束支撑传递至大屋面层，有效解决了水平地震作用的传递问题，提高了大屋面以上台塔的抗震性能。

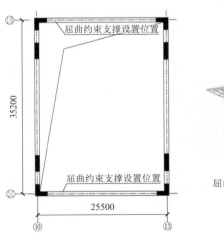

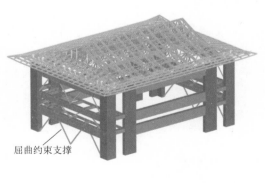

图 15.2-3　主舞台台塔平面布置图　　　图 15.2-4　台塔区域屈曲约束支撑布置示意图

15.2.3 歌剧厅楼板大开洞

陕西大剧院歌剧厅由主舞台、后舞台、侧舞台及观众厅构成，舞台采用传统镜框式舞台，在舞台区及观众厅区域存在楼板大开洞的情况，如图 15.2-5 所示。

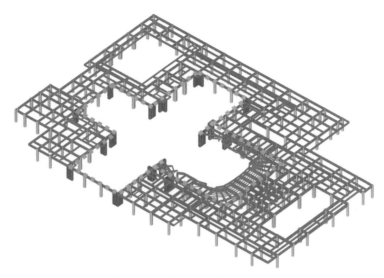

图 15.2-5 舞台及观众厅楼板开洞示意

为加强舞台及观众厅周边楼板的整体性，避免楼板在地震作用下受剪破坏，对开洞周边楼板采取了加强措施，楼板厚度增加至 150mm 并双层双向配筋。同时将舞台及观众厅大开洞周边支承仿古钢屋盖的竖向构件定义为关键构件，对其设置中震抗剪弹性、抗弯不屈服、大震不屈服的性能目标，确保舞台观众席区结构的抗震性能。

15.2.4 观众厅楼座大悬挑

陕西大剧院观众厅内设一层池座、两层楼座，共 1971 座。为减少视线阻挡，二、三层楼座均采用纯悬挑模式，楼座最大悬挑长度约 8.3m，二层楼座典型剖面如图 15.2-6 所示。观众厅二、三层楼座悬挑长度较大，观演人员的舒适度成为一个考验。为提升观众观演时的舒适性，二层楼座中后区采用了刚度更优的型钢混凝土构件，其中型钢混凝土梁截面尺寸 600mm × 1100mm，型钢截面尺寸 H800 × 300 × 24 × 32mm，型钢牌号为 Q345B。同时，对大悬挑楼座进行了舒适度专项分析，楼座的竖向振动频率及加速度峰值均按规范要求进行控制。

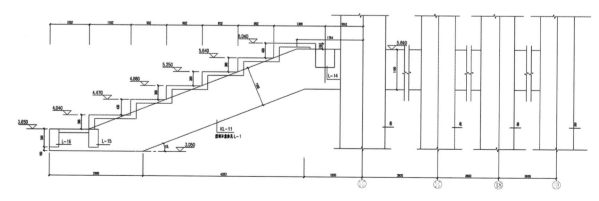

图 15.2-6 观众厅二层楼座典型剖面

15.3 体系与分析

15.3.1 结构体系及布置

1. 下部主体结构体系及布置

陕西大剧院采用传统镜框式舞台的形式，结合剧场建筑空间的特点，在主舞台及侧舞台转角处布置了少量抗震墙，下部结构整体按钢筋混凝土框架结构进行整体指标控制。大剧院主舞台及观众厅屋盖采用钢结构仿古屋面，戏剧厅、排练厅及配套商业用房屋盖采用钢筋混凝土坡屋面。

大剧院结构整体模型见图 15.3-1。

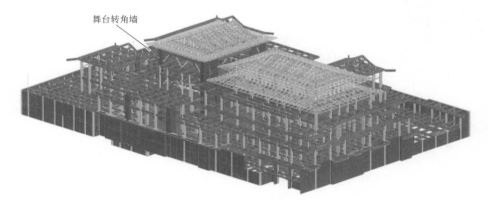

图 15.3-1　陕西大剧院整体模型

2. 观众厅及主舞台仿古钢屋盖结构体系及布置

观众厅屋盖采用重檐庑殿顶构型，下部建筑尺寸为 32.0m × 53.5m，灯光设备面光桥及复杂装饰吊顶均直接吊挂于屋盖下部，加之屋盖采用陶瓦坐浆建筑做法，屋盖荷载较重，常规结构体系难以满足结构受力要求。结合下部主体结构柱网布置及重檐庑殿顶方案构型，在 32.0m 短跨方向设置了 5 榀主受力钢桁架，桁架横向间距约 9m。为保证受力连续性，出挑位置由主桁架上、下重檐位置的弦杆挑出。

观众厅屋盖下部存在复杂建筑装饰吊顶，下部观演大厅净高度要求较高，且局部设有消防水箱等设备，导致屋盖下部建筑净空间严重不足。初始方案的连续性桁架虽然受力较好，但对于建筑使用功能限制较大，故对主桁架构型进行了设计优化。基于转换桁架的思路，拆除跨中部分下弦杆及腹杆，并对拆除腹杆位置的局部杆件截面进行加强处理，使得优化后结构体系在满足建筑功能前提下仍能提供较好的承载能力，观众厅重檐屋盖结构方案优化过程见图 15.3-2。

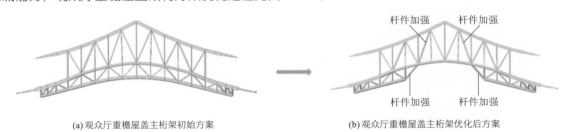

(a) 观众厅重檐屋盖主桁架初始方案　　　　　　　(b) 观众厅重檐屋盖主桁架优化后方案

图 15.3-2　观众厅重檐屋盖结构方案优化过程示意

主舞台屋盖采用单檐歇山顶构型，下部建筑尺寸为 25.5m × 35.2m，所有舞台工艺设备均直接吊挂于屋盖结构下部，荷载较重，结合下部主体结构柱网布置及单檐歇山顶构型，在结构 25.5m 短跨方向设置了 5 榀主受力钢桁架，桁架横向间距约 6.5m。为保证受力连续性，出挑位置由桁架弦杆挑出。

为便于钢构件相贯焊接，观众厅及主舞台屋盖的主桁架杆件主要采用圆管构件，观众厅钢屋盖主桁架弦杆主要截面尺寸有 P560×30、P420×30、P650×30，主舞台钢屋盖主桁架弦杆主要截面尺寸有 P140×8、P219×14、P325×25，钢材均采用 Q345B 级钢，局部个别杆件采用 Q390B 级钢。为便于与下部斗拱及椽子连接，挑檐范围杆件均采用矩形管截面。屋盖周边檐口均由弦杆构件外挑，外挑杆件截面采用圆管变方管处理，见图 15.3-3。

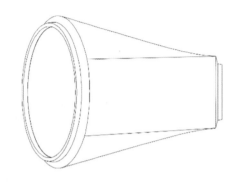

图 15.3-3　桁架弦杆圆管-方管转换节点

为减小桁架弦杆平面外计算长度，增强屋盖结构整体性，观众厅屋盖、主舞台屋盖长向布置一定数量的次桁架及钢梁进行拉结。观众厅及主舞台钢屋盖最终布置方案见图 15.3-4、图 15.3-5。

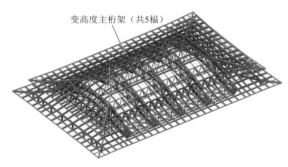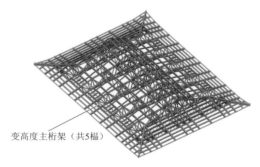

图 15.3-4　观众厅重檐屋盖结构示意图　　　　图 15.3-5　主舞台单檐歇山屋盖结构示意图

3．屋盖支座方案对比

大剧院观众厅及主舞台因有声学要求，坡屋面板均采用 135mm 钢筋桁架楼承板组合楼板。坡屋面均采用卧瓦形式，屋面恒荷载较重，一般区域屋面恒荷载达 8kN/m²，檐口外挑区域恒荷载达 10kN/m²。此外，主舞台屋盖下部悬挂有栅顶层，舞台工艺荷载较大。综合以上因素，大剧院屋面荷载较一般公共建筑大很多，造成正常使用情况下钢屋面主桁架支座推力较大、由重型仿古屋面带来的地震作用大，使得下部结构设计困难。

针对大剧院重型大跨仿古屋面支座推力大及地震作用大的难点，并结合大剧院自身结构特点，引入了屋盖隔震的思想，采用弹性球铰支座＋固定球铰支座相结合的约束边界，在释放部分推力的同时对水平变形进行控制。观众厅及主舞台支座平面布置如图 15.3-6、图 15.3-7 所示。

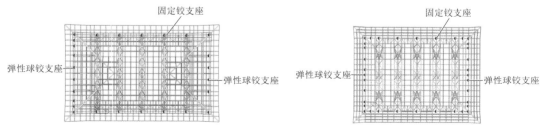

图 15.3-6　观众厅钢屋盖支座平面布置图　　　　图 15.3-7　主舞台钢屋盖支座平面布置图

弹性球铰支座的使用使得结构整体周期有所延长，支座推力亦大大降低，使得屋面钢结构与下部主体的连接变得更为简洁合理。两种支座布置方案下的计算结果如表 15.3-1 所示。

不同支座边界条件下的计算结果对比　　　　　　　　　　　　表 15.3-1

屋盖边界条件	整体模型前三阶周期/s			观众厅主桁架支座最大推力/kN
	T_1	T_2	T_3	
全部固球铰支座	0.8137	0.7479	0.5925	4228
弹性球铰 + 固定支座	1.2187	0.8786	0.7666	429

4．地基基础设计

陕西大剧院台仓区域基础底标高为 −22.500m，非台仓区域基础底标高约为 −12.000m。台仓区域基础采用平筏基础，筏板厚 2500mm；非台仓区域采用梁筏基础，板厚 400～600mm；台仓区及其他区域地基均采用天然地基。因场地地下水位较低，台仓区域未涉及基础抗浮设计。

15.3.2　性能目标

1．抗震超限分析和采取的措施

本工程存在以下超限特征：（1）考虑偶然偏心的扭转位移比大于 1.2；（2）舞台及观众厅楼板不连续；（3）台塔区域竖向构件不连续；（4）前厅局部梁托柱转换；（5）楼座大悬挑；（6）大跨度复杂重型仿古钢屋盖。

针对结构超限问题，设计中采取了如下应对措施以确保结构安全：

（1）分别采用 YJK、MIDAS Gen 软件进行多模型对比分析，复核模型的可靠性；

（2）对结构重点部位设定性能目标，采用抗震性能化设计方法，对结构进行抗震性能化评估；

（3）大悬挑楼座舒适度分析；

（4）对开洞周边楼盖采用弹性楼板进行应力分析；

（5）复杂仿古钢屋盖的稳定性分析；

（6）超长结构温度效应分析。

2．抗震性能目标

陕西大剧院地处 8 度区（0.2g），抗震设防类别乙类，场地类别 Ⅱ 类。根据陕西大剧院结构自身特点及超限情况，并综合考虑其功能和规模、震后损失和修复的难易程度等因素，确定了主要关键结构构件的抗震性能目标，具体性能目标如表 15.3-2 所示。

大剧院主要构件抗震性能目标　　　　　　　　　　　　表 15.3-2

	构件	构件分类	小震	中震	大震
主体结构	主舞台及观众厅周边支承柱	关键构件	弹性	抗剪弹性、抗弯不屈服	不屈服
	台塔处承载型屈曲约束支撑	关键构件	弹性	抗剪弹性、抗弯不屈服	不屈服
	观众厅台口外大梁	关键构件	弹性	抗剪弹性、抗弯不屈服	不屈服
	前厅转换柱	关键构件	弹性	抗剪弹性、抗弯不屈服	不屈服
	前厅转换梁	关键构件	弹性	抗剪弹性、抗弯不屈服	不屈服
钢屋盖	屋面主桁架	关键构件	弹性	弹性	不屈服

15.3.3 结构分析

1. 小震弹性计算分析

采用 YJK 和 MIDAS Gen 软件分别计算,振型数取为 24 个,周期折减系数取 0.7,计算结果见表 15.3-3~表 15.3-5。由表可见,两种软件计算的结构总质量、振动模态、周期、基底剪力、层间位移比等均基本一致,可以判断模型的分析结果准确、可信;结构第 1 扭转周期与第 1 平动周期比值为 0.63,表明结构整体抗扭刚度良好。

总质量与周期计算结果 表 15.3-3

周期		YJK	MIDAS Gen	YJK/MIDAS Gen	说明
模型总质量/t		168291	165825	102%	
周期/s	T_1	1.2187	1.1804	103%	屋盖X平动为主
	T_2	0.8786	0.8803	99%	屋盖Y平动为主
	T_3	0.7666	0.7962	96%	屋盖扭转振型
	T_4	0.7207	0.7131	101%	高阶振型
	T_5	0.5699	0.5571	102%	高阶振型
	T_6	0.5237	0.5048	104%	高阶振型

基底剪力计算结果 表 15.3-4

荷载工况	YJK/kN	MIDAS Gen/kN	YJK/MDIAS Gen	说明
EX	48299	46525	104%	X向地震
EY	42359	41878	101%	Y向地震

层间位移角计算结果 表 15.3-5

荷载工况	YJK	MIDAS Gen	YJK/MIDAS Gen	说明
EX	1/808	1/838	104%	X向地震
EY	1/796	1/825	104%	Y向地震

同时对大剧院整体结构模型进行了小震弹性时程补充分析,选取实际 5 条强震记录和 2 条人工模拟的加速度时程曲线,并按照规范要求,根据小震时程分析结果对反应谱法分析结果进行了相应调整。多遇地震弹性时程计算所得的基底剪力与反应谱计算结果对比见表 15.3-6。

小震弹性时程与反应谱基底剪力对比 表 15.3-6

工况	基底剪力(kN)	
	X方向	Y方向
天然波 1	40277	40459
天然波 2	48777	36865
天然波 3	44445	38472
天然波 4	45173	38507
天然波 5	42957	37862
人工波 1	46183	38817
人工波 2	42552	36534
地震波平均值	44338	38217
反应谱	48299	42359

2.抗震性能化设计

结合第15.3.2节设定的抗震性能目标，采用YJK软件对结构进行中、大震作用下的性能分析，计算方法均采用线弹性有限元计算方法。结果显示，中、大震作用下主要关键构件均能达到表15.3-2预设的抗震性能目标要求。

3.钢屋盖计算分析

（1）承载能力计算

观众厅及主舞台钢屋盖采用3D3S软件进行建模及基本计算，并采用MIDAS Gen软件进行计算校核。桁架均采用一般梁单元进行模拟，屋盖边界采用弹性球铰支座＋固定球铰支座相结合的约束边界。设计中考虑25℃温降和30℃温升的影响。

设计中对钢屋盖杆件的应力比进行了控制，控制原则为：关键构件应力比不大于0.85，其他一般性结构构件应力比不大于0.90；其中，关键构件主要为主桁架弦杆、主桁架支座处的斜腹杆、转换腹杆。观众厅及主舞台钢屋盖主桁架构件类别划分见图15.3-8、图15.3-9。

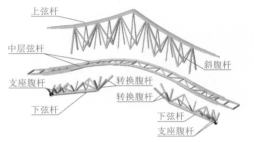
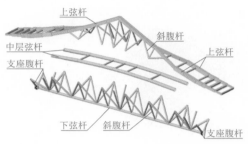

图15.3-8 观众厅钢屋盖主桁架构件类别划分示意　　图15.3-9 主舞台钢屋盖主桁架构件类别划分示意

各荷载组合工况下观众厅钢屋盖关键构件应力比统计如表15.3-7所示。由表可见，结构构件应力比均满足设定的应力比目标限值要求。

各荷载组合工况下观众厅钢屋盖关键构件应力比汇总表　　　　表15.3-7

荷载类型	下弦杆	上弦杆	中层弦杆	支座腹杆	转换腹杆
非地震组合	0.78	0.67	0.76	0.72	0.72
中震弹性组合	0.71	0.61	0.84	0.58	0.80
大震不屈服组合	0.78	0.55	0.75	0.19	0.73

各荷载组合工况下主舞台钢屋盖关键构件应力比统计如表15.3-8所示，可见结构构件应力比均满足设定的应力比目标限值要求。

各荷载组合工况下主舞台钢屋盖关键构件应力比汇总表　　　　表15.3-8

荷载类型	下弦杆	上弦杆	中层弦杆	支座腹杆
非地震组合	0.58	0.42	0.16	0.60
中震弹性组合	0.78	0.51	0.36	0.41
大震不屈服组合	0.84	0.72	0.43	0.23

（2）稳定极限承载力验算

大剧院观众厅钢屋盖是以五榀拱形桁架为主受力结构的空间结构体系，构件受力多以压弯或轴压为主，较大轴压作用下将导致构件自身甚至结构整体失稳，故有必要通过计算结构整体稳定性进一步评价钢屋盖结构体系的承载能力。参照《空间网格技术规程》JGJ 7-2010大跨度网壳结构整体稳定性的计算方法，对观众厅屋盖结构进行了非线性稳定性分析，通过验算安全系数K来达到控制结构稳定极限承载能力目的。

以观众厅整个屋盖为研究对象进行整体稳定加载分析时，稳定破坏模态依次为次要构件、主要结构构件破坏形态，模态系数较大，难以准确考量主要构件破坏机理及安全系数，因此有必要取基本受力单元独立分析。本项目取 3 榀桁架组合单元、单榀桁架单元分别在相应纵向支撑位置施加节点力、设置等效约束刚度进行弹性全过程稳定极限承载力计算。全过程分析时考虑结构初始几何缺陷，初始几何缺陷分布采用第 1 阶屈曲模态，缺陷最大值取3200/300 = 106.7mm，并按规范要求考虑构件初始缺陷，不考虑材料非线性，以更新后结构整体模型进行几何非线性整体稳定验算，验算结果见图 15.3-10～图 15.3-17。可以看出，由于 3 榀桁架结构单元之间存在相互约束支撑的有效作用，相对于单榀桁架结构，安全系数K值更大、稳定极限承载力更大，因此选取最不利工况即单榀桁架的验算结果来评估结构整体稳定性。由荷载-位移曲线（图 15.3-17）可看出，单榀桁架结构单元的稳定系数K大于 4.2 的限值要求，可认为该结构整体具有较好的稳定极限承载能力。

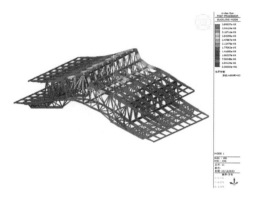

图 15.3-10 3 榀组合桁架第 1 阶线性屈曲模态

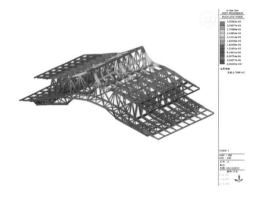

图 15.3-11 3 榀组合桁架第 2 阶线性屈曲模态

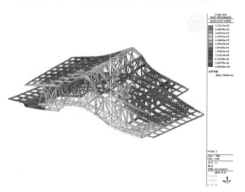

图 15.3-12 3 榀组合桁架第 3 阶线性屈曲模态

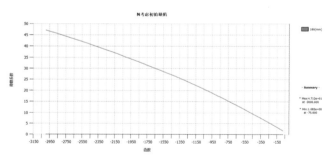

图 15.3-13 3 榀组合桁架几何非线性荷载-位移曲线

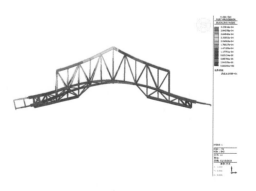

图 15.3-14 单榀桁架第 1 阶线性屈曲模态

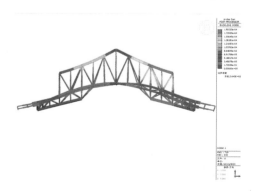

图 15.3-15 单榀桁架第 2 阶线性屈曲模态

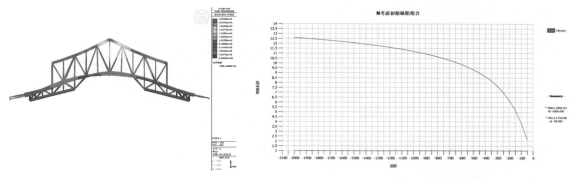

图 15.3-16 单榀桁架第 3 阶线性屈曲模态　　　　图 15.3-17 单榀桁架几何非线性荷载-位移曲线

（3）变形验算

对钢屋盖的竖向变形按《空间网格结构技术规程》JGJ 7-2010 的规定进行了控制。观众厅屋盖及主舞台屋盖下部吊挂有大量工艺设备，为保证工艺设备有效运行，屋盖跨中挠度按设有悬挂起重设备的屋盖结构进行控制，最大挠度值不超过结构跨度的 1/400。屋盖钢结构挑檐挠度按悬挑结构进行控制，最大挠度值不超过悬挑跨度的 1/200。

15.4　专项设计

15.4.1　舞台工艺设计

舞台工艺是剧院中最为核心也是最为复杂的部分，陕西大剧院舞台工艺设计由设计院配合舞台机械厂家完成。大剧院舞台钢结构设计主要包括：主舞台及后舞台栅顶钢结构设计、主舞台后天桥钢结构设计和主舞台渡桥钢码头设计。

1. 主舞台栅顶钢结构设计

为便于检修，主舞台采用满铺式栅顶。因项目地处大雁塔周边限高区域，故采用栅顶与主舞台钢屋盖一体化设计的形式，栅顶层滑轮梁采用转换梁与主舞台钢屋盖相连接，如图 15.4-1 所示。

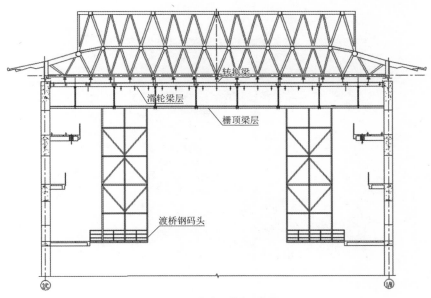

图 15.4-1　舞台工艺立面布置图

2．主舞台后天桥钢结构设计

陕西大剧院中主舞台天桥沿主舞台侧墙和后墙三面布置，其中后天桥跨度约26m。受主舞台后墙幕布的影响，后天桥无法直接从舞台后墙出挑，故采用了从舞台栅顶层下挂钢吊杆的方式。为增加后天桥刚度，增设了斜向钢吊杆，并将后天桥在天桥两端与混凝土侧天桥通过预埋件进行连接。

3．主舞台渡桥钢码头设计

钢码头从一层天桥边缘伸出长度约6m，难以直接悬挑，采用从屋盖栅顶层下挂平面钢桁架的形式实现，钢码头与天桥连接处采用预埋件进行连接，按铰接处理。

15.4.2　观众厅台口外大梁设计

观众厅台口外32m跨度大梁因上负观众厅1/4坡屋面的荷载，荷载重达千吨，且台口位置因观演需要，梁下空间受限。此外，由于钢屋面支座传递下来的推力较大，台口外大梁水平向支承能力不足。如何设计台口外大梁也是设计中的一个难点。

针对台口外大梁跨度大、荷载重、梁下空间受限的情况，提出了上承式预应力混凝土桁架的设计方案（图15.4-2），为提高桁架整体承载能力，在下弦对称布设了直线形缓粘结预应力筋。结合第15.3节中所述的弹性球铰支座的使用，通过降低支座水平推力，在一定程度提高了台口外大梁的侧向稳定性安全储备。

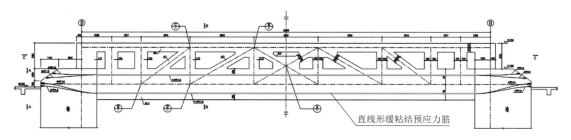

图15.4-2　台口外预应力混凝土桁架示意图

15.4.3　楼座舒适度性能

设计时取二层楼座局部模型进行楼板振动分析，第1阶模态下（图15.4-3）结构竖向振动频率为4.0Hz，满足楼盖自振频率不应小于3.0Hz的要求。

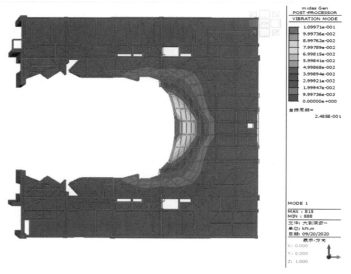

图15.4-3　观众厅二层楼座第1阶竖向振动模态

在楼座舒适度验算时，混凝土的弹性模量采用动弹性模量（1.2倍弹性模量），结构阻尼比取0.02。按照有节奏运动人群的加载模式，对二层楼座进行荷载频率为1.5Hz、2.0Hz及3.0Hz的激励振动分析。楼座激励振动结果（图15.4-4）显示，二层楼座竖向振动加速度峰值为0.14m/s²，满足加速度峰值不应大于0.15m/s²的限值要求。

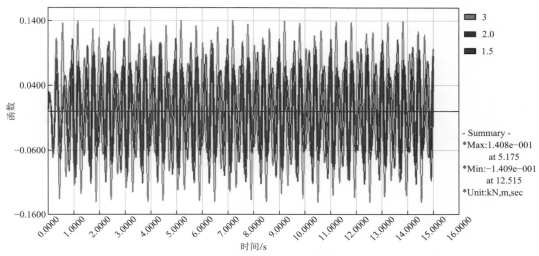

图15.4-4　有节奏人群激励振动分析结果

15.4.4　前厅螺旋楼梯设计

因建筑功能要求，大剧院前厅需布置一部螺旋楼梯，如图15.4-5所示。大剧院前厅层高6.5m，要求螺旋楼梯旋转角度至少在540°以上。如何设计大旋转角度（>360°）的楼梯也是本次设计中的难点。

基于"形是力的秩序"的设计思想，对螺旋楼梯的受力机理进行了剖析，提出了内外双螺旋梁+横向次梁的"双螺旋结构"的设计方案。螺旋楼梯内径1000mm，外径4050mm，各构件均采用箱形截面，构件尺寸如表15.4-1所示，构件钢材牌号均采用Q345B。

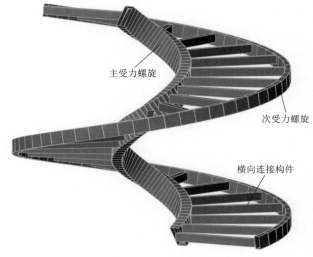

图15.4-5　楼梯双螺旋结构模型

螺旋楼梯构件尺寸表　　　　　　　　　　　　　　　　　　　　　　　　　　表15.4-1

名称	主受力螺旋梁	次受力螺旋梁	横向次梁
尺寸/mm	700×300×20×20	400×150×16×16	250×200×10×10

大剧院钢螺旋楼梯空间尺度较大，空间转角达 540°，为无柱双螺旋梁的结构体系，基本自振频率约为 4.0Hz。对于螺旋楼梯除了进行自振频率控制外（>3.0Hz），还对螺旋楼梯的竖向振动加速度峰值进行了控制。在螺旋楼梯舒适度验算时，结构阻尼比取 0.02，对螺旋楼梯分别进行了内外圈同时走人、仅外圈走人和仅内圈走人三种模式下的行走激励振动分析。

15.4.5 特殊节点分析与设计

1. 仿古钢屋盖关键节点设计

陕西大剧院钢屋盖结构造型独特、截面种类众多、空间关系复杂，在主桁架、次桁架、次梁交接处，存在箱形管、圆管、H 型钢等多种规格的杆件交汇的情况，节点受力复杂，故在大剧院设计过程中对仿古钢屋盖主桁架关键性节点进行了有限元分析，典型节点应力分析结果如图 15.4-6、图 15.4-7 所示。结果显示，节点主体部分的应力均在弹性范围以内，未出现屈服情况，满足第 15.3.2 节制定的性能目标。

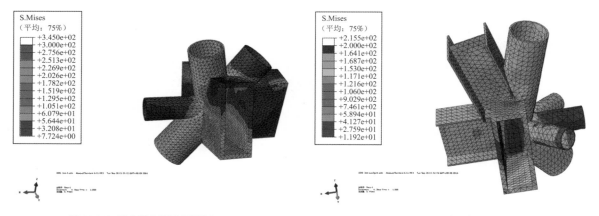

图 15.4-6　观众厅主桁架典型节点 1　　　　图 15.4-7　观众厅主桁架典型节点 2

2. 舞台栅顶吊挂抱箍节点设计

陕西大剧院项目设计施工工期紧张、舞台栅顶招标滞后，待舞台栅顶图纸明确时，舞台钢结构屋面已施工完毕，屋盖钢结构已处于受力状态。此时若在钢屋盖下弦杆直接进行栅顶转换梁的二次焊接吊挂极易产生安全隐患，为此在钢屋盖桁架下弦杆与栅顶层转换梁之间设计了半圆形套筒的抱箍节点（图 15.4-8）进行下部栅顶吊挂，有效解决了舞台栅顶层与钢屋盖的连接问题。

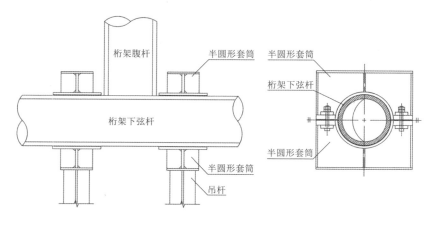

图 15.4-8　舞台栅顶吊挂抱箍节点

15.5 结语

陕西大剧院是西安市大唐不夜城的地标性建筑，大剧院作为一大型剧院演出类仿古建筑，综合了仿古建筑与剧院建筑的特点，复杂程度较高、结构设计难度大。

在结构设计过程中，主要完成了以下结构重难点的梳理及处理工作：

（1）针对大剧院二层楼座的大悬挑问题，对楼座方案选型进行了比选，选用了刚度更优的型钢混凝土楼座，并对楼座进行了专项舒适度分析。

（2）针对主舞台及观众厅仿古钢屋盖造型复杂的问题，设计中依托古建屋盖举折走势，构建了以空间变高度拱桁架为主的主结构受力体系，实现结构承载的同时，完整呈现了仿古建筑屋盖造型，屋盖构型可为未来同类工程提供一定参考。

（3）针对大剧院主舞台及观众厅仿古钢屋盖支座推力大及地震作用大的难点，并结合大剧院自身结构特点，引入了屋盖隔震的思想，提出了弹性球铰支座和固定球铰支座相结合的约束边界方案。

（4）针对台口外大梁跨度大、荷载重的情况，提出了缓粘结预应力混凝土桁架的设计方案，并结合弹性球形支座的使用，在显著提高承载力的同时，一定程度提高了台口外大梁的侧向稳定性安全储备。

（5）针对台塔出大屋面后竖向抗侧力构件不足的问题，提出了在大屋面以上区域增设承载型层间屈曲约束支撑的设计方案，有效解决了台塔部位的水平地震作用传递问题。

（6）针对大剧院的结构不规则情况，并结合大剧院的功能需求，在大剧院设计中引入了性能化设计。对舞台、观众厅周边竖向构件等关键构件制定了相应的性能目标，保证了中、大震下结构的抗震性能。

陕西大剧院项目于2015年底开始基坑开挖至2017年底竣工投入使用，总历时约两年整。面对紧张工期，设计、施工、舞台工艺等单位通力合作、密切协作，按时完成陕西大剧院项目的竣工交付。在保证结构安全合理的前提下，完整实现了舞台功能要求，同时完美呈现了建筑仿古效果，做到了集建筑艺术性、结构技术性、舞台功能性的统一。

参考资料

[1] 朱聪. 陕西大剧院结构设计[C]//《建筑结构优秀设计图集》编委会. 建筑结构优秀设计图集12. 北京：中国建筑工业出版社，2022: 781-791.

[2] 中华人民共和国住房和城乡建设部. 剧场建筑设计规范：JGJ57-2016[S]. 北京：中国建筑工业出版社，2016.

设计团队

项目负责人：安 军、常 青、李 莉

结构设计团队：陶晞暝、张 蕙、苏忠民、朱 聪、张铭兴、曹 莉、王 勉、扈 鹏、杜 文、李 靖、严震霖、冯丽娜、戴凤亭、程凯峰、徐良齐

获奖信息

2019—2020 年度中国建筑学会建筑设计奖建筑结构三等奖

2019 年度中国勘察设计协会优秀勘察设计奖优秀传统建筑设计二等奖

2020 年度陕西省优秀工程设计奖一等奖

2020 年度中国建筑优秀勘察设计奖优秀公共建筑设计一等奖

第16章

西安城市展示中心（长安云）

16.1 工程概况

16.1.1 建筑概况

"一带一路"文化交流中心系列公建项目北地块城市展示中心（以下简称：长安云）为第十四届全国运动会的配套工程，位于陕西省西安国际港务区。地处潘骞路以南，灞河东路以东，建筑总面积为146410m²，地上面积88810m²，地下面积为57600m²。包含南馆、北馆和连桥三部分。

南馆地上4层，地下1层，地下1层层高为8.4m，地上各层层高均为8.0m。主要柱网尺寸为12m，在4层至屋面向南悬挑62m，形成云状漂浮效果。北馆地上共7层，其中首层层高为8m，2~7层层高6m，主要柱网尺寸为12m，在6层形成48m×48m的无柱空间作为模型厅。规划地下为城市展示中心的车库及设备房部分，地下共两层，总面积为33500m²，两层层高分为3.6m和4.8m。连桥位于南馆与北馆西侧，于南馆屋面位置连接两楼，连桥层高6.0m，最大跨度为150m。基础埋深−9.7m，基础形式为桩基承台＋筏形基础。南馆在悬挑端后座跨，连桥桥墩位置及柱底反力较大处采用桩基承台；基桩直径700mm，桩长23m；其他位置采用筏形基础。建筑建成照片如图16.1-1所示，屋面平面及剖面见图16.1-2。项目设计时间为2020年7月。

(a) 西侧实景照片

(b) 东侧实景照片

图16.1-1 建成实景照片

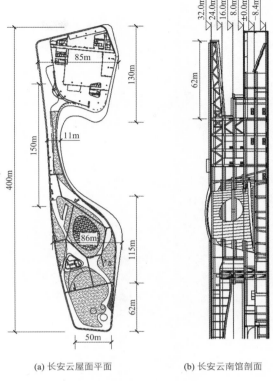

(a) 长安云屋面平面　　　　　(b) 长安云南馆剖面

图 16.1-2　建筑屋面平面、剖面

16.1.2　设计条件

1. 主体控制参数

结构主体控制参数见表 16.1-1。

控制参数表　　　　　　　　　　　表 16.1-1

项目		标准
结构设计基准期		50 年
建筑结构安全等级		一级
结构重要性系数		1.1
建筑抗震设防分类		重点设防类（乙类）
地基基础设计等级		甲级
设计地震动参数	抗震设防烈度	8 度
	设计地震分组	第二组
	场地类别	Ⅱ 类
	小震特征周期/s	0.4
	大震特征周期/s	0.45
	设计基本地震加速度值/g	0.20
建筑结构阻尼比	多遇地震	0.04
	罕遇地震	0.05
水平地震影响系数最大值	多遇地震	0.16
	设防烈度地震	0.45
	罕遇地震	0.90
地震峰值加速度/（cm/s²）	多遇地震	70

2．结构抗震设计条件

结构形式为钢框架-支撑结构，抗震等级为二级。北馆嵌固端在地下一层顶板。南馆由于正负零地面存在较大开洞，嵌固端取为基础顶。

3．风荷载

结构变形验算时，按 50 年一遇取基本风压为 0.35kN/m²，承载力验算时按基本风压的 1.1 倍采用，场地粗糙度类别为 B 类。项目开展了风洞试验[1]，模型缩尺比例为 1∶200。设计中采用了规范风荷载和风洞试验结果进行位移和强度包络验算。

16.2 建筑特点

方案伊始，从河对岸远眺［图 16.1-1（a）］，映入眼帘的是漂浮在灞河上的一朵祥云，在工程师眼中是带悬挑端的单跨连续梁模型。从奥体方向回望［图 16.1-1（b）］，长安云如同蛟龙卧于岸边，在工程师看来是带折角悬挑端的单跨连续梁模型。但仔细研究建筑表皮发现，建筑周圈未与地面相接，宛如一袭浓雾笼罩在灞河之滨，与地面将接未接，意境悠长。轻盈、悬浮、有质感是建筑之美，结构运用钢结构长悬挑、大跨度、超常规连体成就建筑之美，让建筑与结构和谐、自然、相得益彰。

16.2.1 南馆多维超长悬挑

从高空俯瞰南馆（图 16.2-1），分别向东、南、西三个维度悬挑，最长悬挑为向南悬挑 62m，向东、西悬挑 12m。建筑专业对屋面有丰富的土建造型与覆土要求，西侧悬挑部分有上凸的景观平台，局部景观覆土达到 1m。屋面北侧有一处大跨自由曲面采光穹顶，其支座大多也是落在了悬挑端上，最大悬挑长度为 7.5m。

经过多轮方案比选后，采用多维跨层悬挑桁架。为了结构减轻自重，有意识地对屋面体系进行区分，在南侧 62m 悬挑段屋面采用金属屋面 + 轻质腐殖土方案，屋面总重量控制到 3kN/m²。其他地方仍采用钢筋混凝土屋面板。

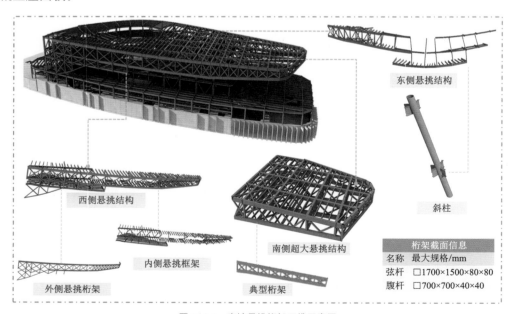

图 16.2-1　南馆悬挑桁架三维示意图

（注：截面规格　宽×高×腹板厚×翼缘厚，余同）

16.2.2 超大跨度连桥

西侧遥看长安云［图16.1-1（a）］，南北两馆由连桥相连。

连桥最大跨度达到150m（以下跨度、高度均指轴线距离），跨中结构高度6m，南馆支座处加腋桁架结构高度14.2m，北馆支座处结构高度6m。跨中宽度11m，南馆支座处最大宽度31m，北馆24m。经过多轮方案比选后，采用平面桁架+立体收边桁架的结构形式（图16.2-2），上下弦平面内设置水平支撑提高结构抗扭刚度。为了减轻屋面自重，在连桥跨中附近也采用了金属屋面+轻质腐殖土方案。其他地方仍采用钢筋混凝土屋面板。

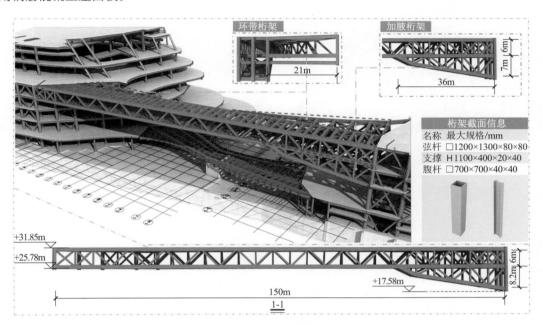

图16.2-2 连桥桁架三维示意图

16.2.3 400m超长连体

项目南北向总长400m，东西向最宽处86m，最窄处11m，连接体偏置于建筑一侧［图16.1-2（a）］。因为连体超长、偏置布置、形体不规则，所以针对分缝可行性进行以下分析。

（1）能否分缝。从建筑功能来看，可以接受将防震缝分到连桥梁端，将结构分为南馆、北馆、连桥三个单独的结构体。通过优化分缝位置和建筑防水做法，可以实现分缝。

（2）分缝后结构合理性分析。对于南馆与北馆来说，分缝与否对其结构方案影响并不大。而对于连桥来说，是否分缝对其影响非常大。当连桥两端分缝时，其简化结构模型是一根两端接近铰接的简支梁；当连桥两端无缝时，连桥桁架可以向两端至少延伸一跨且不小于36m，其简化的结构模型是三跨连续梁。在相同荷载与结构构件尺寸基础上，对比两种模型弯矩、挠度图。由计算结果可知，连续梁模型的跨中挠度和弯矩、支座弯矩分别为简支梁模型的42%、45%、60%。分缝后结构效率降低非常明显，并非最优方案。

（3）不分缝的结构措施。不分缝结构长度达到400m，超长连体结构需要进行补充计算与增加构造措施：①考虑地震行波效应对超长结构的影响，采用多点多维地震动输入时程分析。②对整体结构进行考虑温度效应的施工过程模拟，特别是连桥的整体提升过程模拟。在此基础上进行全年极致温差工况的计算，得到温度效应对结构的影响。③根据计算结果，对楼层、连桥楼板、一层框架梁柱等对温度比较敏感部位采取加强措施。

16.2.4 大跨自由曲面采光穹顶

南馆屋面北侧设有一处大跨自由曲面采光穹顶（图16.2-3），短跨方向跨度32.4m，长跨方向跨度为47.9m，结构矢高4.2m。穹顶支座均位于结构悬挑端上，支承竖向、水平向的支承条件比较复杂。建筑开洞，层层内收，穹顶有防火需求。

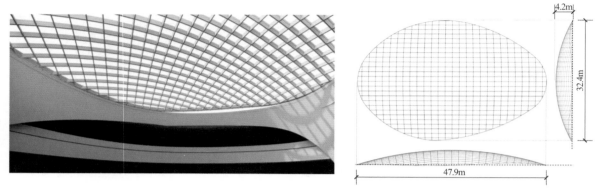

图16.2-3 南馆采光穹顶

16.2.5 北馆大跨重载屋面

北馆定位为规划展览馆，在6层设置城市展示厅，功能要求48m×48m无柱空间，同时需要此范围内6、7层通高，因此屋面此区域投影范围内需设置双向大跨空间结构。

根据建筑造型需求，整体大屋面高低错落不平，中间内部开敞大空间部分为上人屋面，周圈配合造型进行屋面高低布置。外围异形幕墙延续到屋面之后，需要设置幕墙骨架支承于屋面混凝土楼板之上，同时屋面周圈配合幕墙局部设置设备用房。这使得屋面部分从设计条件、设计荷载、设计标准等方面均显著区别于常规屋面。城市展厅对于室内净高有较高要求，但屋面顶部标高受限，因此大跨屋面部分结构占用高度受限，应尽量减小。展厅周边柱受力情况复杂，其中一侧为边框柱，一侧为边框柱加斜柱，边界条件与支承条件受限，不利于屋面结构体系的选型。

经过多轮结构方案比选，同时考虑现场施工因素，屋面结构采用钢梁＋钢筋桁架楼承板结构形式，其中展厅上部空间部分采用正交双向大跨度变截面鱼腹式钢梁，梁端与周圈梁、柱均采用铰接方式进行连接，钢梁对于周边框架柱起到支承作用。钢梁＋混凝土板体系承载力高、刚度大、施工简便，能满足对于屋面体系的各种性能指标要求，同时对整体施工进度有很大的提升。

16.2.6 非线性曲面幕墙

长安云作为奥体中心周边重点配套建筑之一，方案造型流畅、简洁大方，犹如漂浮在水岸上空的一朵星云，构建行云流水般自然的岸线美卷。建筑的外表皮由一层熠熠生辉的浅色金属板覆盖，加之不规则曲面的飘带造型，使整栋建筑体现出云的轻盈，但同时也增加了幕墙设计难度和加工难度。外观创意带来结构技术较大的挑战，如何通过参数化实现非线性形体的优化、幕墙与结构主体的有机融合，幕墙分板的细节深化、优化等成为本结构方案的难点以及亮点。如何既能满足建筑效果的需求，同时又能简化曲面板面形体以降低造价和施工难度，同样是此项目幕墙工作的重点。

本工程结构在设计过程中，前期充分考虑了建筑的体型特点，通过斜柱与悬挑桁架将建筑主要轮廓进行呈现，对于特殊异形区域，考虑使用幕墙作二次受力体系，主体结构将此部分作为荷载进行整体计算。结构主体周边出现了大量的斜柱和悬挑桁架及斜撑，配合建筑立面进行层层缩进。为呈现云的悬浮特征，在主体中间位置外侧幕墙进行了大维度的外展，导致几个特殊角部区域受力极为复杂。其中一个区域为北馆的东南角区域与连桥同高处（图 16.2-4），此处 5 层结构相对于 4 层结构已经出挑 10m 左右。在此基础上，幕墙边线相对 5 层结构边梁继续出挑 10m 以上，幕墙结构通过搭设面内面外支撑龙骨的复杂桁架与 5 层边梁进行铰接连接，与 4 层通过回顶竖杆与基座进行连接。计算中考虑了地震作用与风荷载，相应主体结构部分进行加强处理。北馆与连桥交界处也较为复杂，此处外立面与建筑空间冲突性较大，为满足内外需求，需要建立多层幕墙系统。

此类非线性复杂幕墙表皮，传统的二维图纸很难表现出复杂曲面的形态，因而无法满足设计、加工、安装等诸多方面的要求。设计单位通过参数化设计技术的应用，采用了 Rhinoceros 软件进行初步建模，使用 Grasshopper 运算器对幕墙进行划分和绘制，对其进行计算和分析，之后再提取出施工所需的数据。本工程在施工周期极为紧张的情况下，直面结构、复杂金属表皮幕墙体系及石材幕墙体系的巨大挑战，最终让工程得以较好的呈现，在探索的过程中有诸多收获可供后续类似项目以参考。

图 16.2-4　北馆悬挑幕墙效果图

16.3　体系与分析

16.3.1　方案比选

方案设计阶段，结合项目特点进行了钢框架-中心支撑结构、钢框架-屈曲约束支撑结构两种结构形式的比选。根据计算结果可知，由于超长悬挑、超大跨度、超长连体的存在，支撑的主要作用已经从提供水平刚度变成了提供较大的抗扭刚度。设计中在悬挑段柱阵内、连桥两侧桥墩内、北馆交通核内设置支撑，分别为悬挑、连桥及北馆提供水平、抗扭刚度。在性能目标中，我们将提供抗扭刚度的支撑提到与悬挑、连桥桁架同等高的高度，需要大震不屈服，以保证结构整体不会发生扭转破坏。如果采用钢框架-屈曲约束支撑方案，结合大震不屈服的性能目标，其能屈服不屈曲的特点完全发挥不出来，与普通钢支撑没有区别，且由于截面偏小，无法满足刚度要求，因此选择了钢框架-中心支撑结构。

16.3.2　结构体系与结构布置

1. 结构体系

本工程采用全钢结构，结构采用钢框架-中心支撑体系。抗震设防分类为重点设防类，抗震等级为二级。框架柱采用钢管柱及钢管混凝土柱。框架梁采用实腹梁，支撑采用人字形或 V 形支撑。北馆支撑较少，框架不作为抗震的第 2 道防线。建筑立面层层收进，局部采用斜柱。南馆由于存在大量悬挑结构，内部平衡区设置较多柱间支撑，作为主要的抗侧力体系。南馆与北馆之间的连桥通过两榀桁架连在一起，为增加连桥刚度，在其顶面和底面均设置水平支撑。整体结构模型如图 16.3-1 所示。

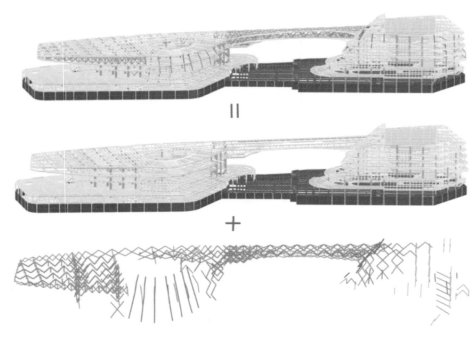

图 16.3-1　整体计算模型

2. 结构构件布置

南馆地下 1 层、层高 8.4m，地上 4 层、层高 8m，局部存在夹层。地下室顶板局部存在大开洞。二层与一层投影面积相同，二层设置大面积上人屋面。三层平面收进严重，二层周边许多竖向构件并未延伸到三层。四层、屋面层平面重新向四周扩展，形成东、西、南三方向悬挑的平面布局。平面东北方向每层均存在一个椭圆形洞口，向上逐层收进，屋顶设置蛋形天窗。洞口东侧有条件设悬挑梁，洞口西侧由于仅存单排柱，故在洞口边设置斜柱，提供竖向支撑。

从图 16.3-2（a）中可以看出，图中填充范围为悬挑区，南侧悬挑最大长度为 62m，东西侧悬挑长度均为 12m。为了解决双向悬挑的问题，在悬挑根部红色方框区域内设置大尺寸柱阵〔柱尺寸为圆管 1800×60（Q355B），内灌 C60 自密实混凝土〕，配合红色粗线表示的竖向支撑，形成刚度较大的后座跨。既能为悬挑区在竖向荷载作用下提供平衡段，又能在地震作用下提供抗扭刚度。南侧悬挑端使用整层桁架，实现大尺度悬挑。在悬挑桁架的端部附近设置 3 道跨层短桁架，平面走向垂直于悬挑桁架走向，用于协调悬挑桁架及封边桁架的竖向变形，使二者能协同工作。东、西两侧外圈设置跨层边桁架，通过柱阵内部挑出的部分跨层短悬挑桁架进行转换，实现东西两侧悬挑。经过桁架形态优化，将悬挑桁架调整为根部高，端部低的楔形。

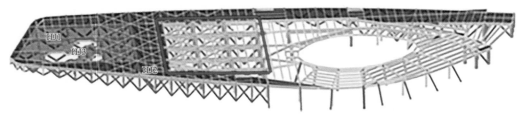

(a) 南馆屋顶平面

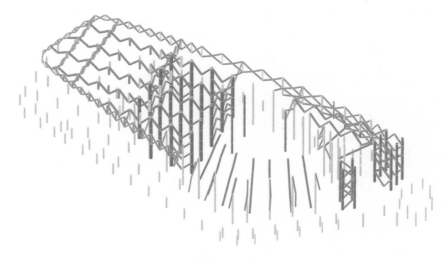

(b) 南馆竖向构件布置图

图 16.3-2　南馆结构构件布置图

北馆地下 2 层、地上 7 层，屋面标高 46.500m。结构体系采用钢框架-中心支撑体系，框架柱采用钢管柱（其中部分为钢管混凝土柱）。结合建筑 3 个交通核布置中心支撑，与连桥相接区域设置用于支承连桥的桥墩，北馆、连桥、南馆连为一体。总体而言，支撑的数量较少，且集中在连桥交接部位，抗侧刚度偏弱；框架梁和次梁均采用钢梁，顶层 48m×48m 大空间采用正交十字钢梁体系，周圈各层悬挑较大处设置局部悬挑桁架。北馆整体平面形状不规则、从下到上立面不规则收进，大跨、局部悬挑、大开洞较多，结构存在局部不规则，局部穿层柱、斜柱，夹层、个别构件错层或转换。

连桥是由两榀跨层平面桁架及一榀环带桁架组成（图 16.2-2）。连桥与南、北两馆相连接处，设置框架柱与竖向支撑组成的桥墩，桁架通过桥墩后，向主体内延伸至少一跨（36m），形成多跨连续桁架。竖向支撑采用人字形、V 形中心支撑。连桥上下弦平面中全桥范围内设置 X 形水平支撑，提高其平面外抗扭刚度。

3．基础结构设计

本工程柱底内力较大，上部结构对差异沉降较为敏感。结合地层分布[2]（基底以下有很厚的砂层），考虑经济性和安全性，地基采用两种形式：北馆大部分采用天然地基，只有连桥基础采用桩基；南馆柱底内力差异很大，且绝对值较大，采用桩基基础。桩基设计采用后插筋混凝土钻孔灌注桩，桩径 700mm，桩长 23.0m。基础底标高为−10.200m，相对于绝对高程为 365.100m，桩端持力层选择⑥层粗砂层，桩极限承载力标准值取为 6000kN。筏板厚度为 800mm、1000mm，柱下局部承台高度为 1800～4300mm，基础底标高约为−12.300m。

16.3.3　性能目标[3]

1．抗震超限分析和采取的措施

结构在如下方面存在超限：（1）扭转不规则，偏心布置；（2）楼板不连续；（3）刚度、尺寸突变；（4）构件间断；（5）承载力突变；（6）局部不规则；（7）超长悬挑、特大跨度连体，属于特殊类型高层建筑。

针对超限问题，设计中采取了如下应对措施：

1）结构整体加强

（1）采用比常规结构更高的抗震设防目标，重要构件均采用中震或大震下的性能标准进行设计。采用两种空间结构计算软件（YJK 和 MIDAS Gen）相互对比验证，并通过弹性时程分析对反应谱法的计算结果进行调整。

（2）采用有限元分析软件对结构进行大震作用下的弹塑性时程分析，分析其耗能机制，控制大震下层间位移角不大于 1/50，并对计算中出现的薄弱部位进行加强。

（3）采用有限元分析软件，对重要的节点进行详细的有限元分析。

（4）对整体结构考虑行波效应和温度效应。

2）不规则性加强

（1）楼板不连续部位，加厚洞口附近的楼板厚度，采用双层双向配筋；采用弹性楼板假定验算结构的内力与构件截面承载力。

（2）对刚度、尺寸突变的楼层、刚度小的楼层，其地震剪力乘以 1.25 的增大系数。

（3）偏心布置时，加强外框架的刚度，提高结构的抗扭刚度。

（4）调整两分塔的构件布置，使两塔的周期、振型尽量相近，减少整体结构的扭转效应。

3）连桥

（1）加强连桥的侧向刚度和抗扭刚度，楼板平面内设水平支撑，形成平面桁架。

（2）增加大震下连桥可能破坏的工况，分塔计算，进行包络设计，保证各塔的可靠性。

（3）连桥、连桥与塔楼相连的结构构件，在连桥高度范围及其上、下层构件的抗震等级应提高一级。

（4）连桥进入主体至少 1 跨，与连桥相连的相关构件（包含梁、柱、支撑）作为关键构件进行验算、加强；对楼板进行应力分析，并对楼板加厚，采用双层双向配筋。

4）悬挑桁架

（1）悬挑桁架进入主体结构 3 跨，在两边跨设置垂直于桁架的支撑，增加结构的抗扭刚度，减小扭转效应。

（2）悬挑桁架上、下弦悬挑位置的楼层处，设置水平支撑，加强侧向刚度。计算时，采用弹性膜楼板假定计算，并考虑楼板可能开裂对面内刚度的影响；对下弦楼面采用平面内零刚度楼盖（零楼板）假定进行验算。

（3）悬挑结构及其竖向支承结构作为关键构件进行验算、加强，抗震等级提高一级。

（4）对悬挑结构、连桥竖向振动舒适度进行验算。

（5）对悬挑结构、连桥分别按照规范系数法、反应谱法和时程分析法计算竖向地震作用，对结果取包络。多遇地震竖向地震作用系数不小于 0.1，设防烈度地震竖向地震作用系数不小于 0.3，罕遇地震竖向地震作用系数不小于 0.6。

2. 抗震性能目标

根据抗震性能化设计方法，确定了主要结构构件的抗震性能目标，如表 16.3-1 所示。

主要构件抗震性能目标 表 16.3-1

地震水准			多遇地震	设防烈度地震	罕遇地震
性能水准			完好无损	轻度损坏	中等损坏
层间位移角限值			$h/300$	$h/150$	$h/60$
关键构件	悬挑桁架	悬挑桁架部分（根部弦杆和腹杆）	弹性	弹性	不屈服
		与悬挑桁架直接相连的框架支撑及框架柱	弹性	弹性	
	连桥	连桥部分（桁架根部弦杆和腹杆）	弹性	弹性	不屈服
		与连桥直接相连的框架柱	弹性	弹性	
		与连桥直接相连的框架支撑	弹性	不屈服	个别框架支撑屈服
	扭转位移角接近限值时，位移较大的框架柱		弹性	弹性	不屈服

地震水准		多遇地震	设防烈度地震	罕遇地震
普通构件	框架柱	弹性	不屈服	轻度破坏，部分构件屈服
	框架支撑中的斜撑	弹性	轻微损坏，允许个别构件屈服	部分构件中等损坏，但不破坏
耗能构件	框架支撑间的框架梁	弹性	部分构件进入屈服，但不破坏	大部分构件中等损坏，但不破坏。部分损坏比较严重
	框架梁	弹性	部分构件进入屈服，但不破坏	大部分构件中等损坏，但不破坏
节点		不先于构件破坏		

16.3.4　结构分析

1．小震弹性计算分析

按照连体结构和多塔结构的要求，分别建立整体连体结构模型和分塔单体模型进行结构计算分析对比，分塔单体模型中，将连接体竖向荷载施加于相连接位置以考虑连接体对单体的影响。采用 YJK 和 MIDAS Gen 两种软件分别计算，分塔单体模型振型数取为 81 个，整体模型振型数取为 60 个，振型参与质量系数不小于 90%，周期折减系数取 0.7。根据规范要求，对于周期比、位移比等抗震性能指标的计算，采用刚性板假定。在计算内力及截面配筋时，计算中采用弹性楼板假定。单塔模型计算抗震性能指标时，各层采用刚性楼板假定；整体模型计算抗震性能指标时，由于中间连桥跨度大、刚度小，为反映实际楼板刚度，连桥部分按弹性膜考虑，塔楼部分按刚性板假定考虑。本项目地下室顶板可作为地上结构的嵌固部位进行计算。但南馆地下室顶板存在较多洞口，设计时分别按照地下室顶板和基础嵌固作承载力包络设计。计算结果见表 16.3-2～表 16.3-4。计算结果表明，两种软件计算的结构总质量、振动模态、周期、基底剪力、层间位移比等均基本一致，可以判断模型的分析结果准确、可信。同时进行了小震弹性时程补充分析，并按照规范要求，根据小震时程分析结果对反应谱法的分析结果进行了相应调整。

总质量与周期计算结果　表 16.3-2

周期			YJK	MIDAS Gen	YJK/MIDAS Gen	说明
总质量/t			278010（整体）	278178（整体）	99%	
周期/s	南馆	T_1	0.782	0.773	101%	Y平动
		T_2	0.694	0.686	101%	X平动
		T_3	0.573	0.569	100%	X平动
	北馆	T_1	1.481	1.536	96%	X平动
		T_2	1.274	1.386	91%	Y平动
		T_3	1.033	1.051	98%	扭转振型
	整体	T_1	1.411	1.534	92%	X平动
		T_2	1.266	1.442	88%	Y平动
		T_3	0.928	1.037	89%	扭转振型

基底剪力计算结果　表 16.3-3

荷载工况		YJK/kN	MIDAS Gen/kN	YJK/MIDAS Gen	说明
南馆	SX	46292	41429	112%	X向地震
	SY	64557	62953	102%	Y向地震
北馆	SX	35633	34289	104%	X向地震
	SY	33306	30946	108%	Y向地震

荷载工况		YJK	MIDAS Gen	YJK/MIDAS Gen	说明
南馆	SX	1/752	1/702	93%	X向地震
	SY	1/1302	1/1125	86%	Y向地震
北馆	SX	1/732	1/640	87%	X向地震
	SY	1/755	1/704	93%	Y向地震

2．动力弹塑性时程分析

采用 SAUSAG 进行结构的弹塑性时程分析，并考虑以下非线性因素：几何非线性、材料非线性、施工过程非线性。分析中考虑了连桥和周边楼层的施工顺序。

1）材料本构模型及杆件弹塑性模型

钢材的非线性材料模型采用双线性随动硬化模型，在循环过程中，无刚度退化，考虑了包辛格效应。钢材的强屈比设定为 1.2，极限应力所对应的极限塑性应变为 0.025。

一维混凝土材料模型采用混凝土规范指定的单轴本构模型，其能反映混凝土滞回、刚度退化和强度退化等特性，其轴心抗压和轴心抗拉强度标准值按《混凝土结构设计规范》GB 50010-2010 表 4.1.3 采用。二维混凝土本构模型采用弹塑性损伤模型，该模型能够考虑混凝土材料拉压强度差异、刚度及强度退化以及拉压循环裂缝闭合呈现的刚度恢复等性质。

杆件非线性模型采用纤维束模型。模型中钢管混凝土柱、钢梁、钢支撑等构件均采用杆系非线性单元模拟，可模拟钢支撑的受压屈曲。墙板构件采用弹塑性分层壳单元模拟。

2）地震波输入

根据抗震规范要求，在进行动力时程分析时，按建筑场地类别和设计地震分组选用二组实际地震记录和一组人工模拟的加速度时程曲线。计算中，地震波峰值加速度取 400Gal（罕遇地震），正交水平方向和竖向的地震动记录按 1：0.85：0.65 进行三维输入。

3）动力弹塑性分析结果

（1）基底剪力响应

地震作用开始阶段，结构整体处于弹性状态，弹性时程分析与弹塑性时程分析所得的结构基底剪力基本一致，曲线基本重合。随着地震剪力增大，部分构件（主要为耗能构件）屈服，结构刚度退化，结构阻尼增大，周期变长，吸收的地震剪力减小，弹塑性时程分析所得的基底剪力逐渐小于弹性时程分析结果，如表 16.3-5 所示。

（2）顶点位移响应

地震作用刚开始阶段，结构整体处于弹性状态，弹性与弹塑性时程分析所得的结构顶点位移基本一致，曲线基本重合。随着地震作用持续进行，地震输入能量加大，结构开始出现损伤，耗能构件屈服，结构刚度退化，周期变长，结构弹性与弹塑性位移时程曲线不再重合，弹塑性位移峰值出现时刻晚于弹性位移。

大震弹塑性和弹性分析最大基底剪力（单位：kN） 表 16.3-5

地震波	X主方向输入			Y主方向输入		
	弹塑性	弹性	弹塑性/弹性	弹塑性	弹性	弹塑性/弹性
人工波	751888	935060	0.8	726510	885987	0.82
天然波 1	763367	826574	0.92	630500	700055	0.90
天然波 2	693435	797951	0.87	811568	977792	0.83

（3）结构弹塑性层间位移角

大震弹塑性时程分析所得的结构层间位移角：南馆X向最大层间位移角为1/143（第1层），Y向最大层间位移角1/120（第1层）；北馆X向最大层间位移角1/83（第1层），Y向最大层间位移角1/101（第2层），均小于《建筑抗震设计规范》GB 50011-2010第5.5.5条要求，小于1/50的规定，满足"大震不倒"的抗震性能目标要求。

（4）结构构件损伤情况

钢支撑：南馆钢支撑未发生屈服，连桥两端以及北馆的个别支撑出现了屈服，其最大塑性压应变约为0.012，最大受拉塑性应变约为0.009，均小于钢材极限应变0.025，说明构件进入了屈服，但未发生破坏。满足罕遇地震水准下部分构件中等损坏但不破坏的性能目标要求。

钢柱、钢管混凝土柱：南馆的钢柱和钢管柱均未出现屈服，北馆的钢柱和钢管柱柱脚发生屈服。在Y向地震作用下，北馆柱脚出现了一些屈服情况，连桥两端的框架柱钢材应变/塑性应变小于1.0，钢材未发生屈服。地震作用下大部分钢管混凝土柱受压损伤因子D_c不大于0.2，处于轻度损伤或者无损伤之间。框架柱作为本结构的第2道抗震防线，整体损伤较轻，钢管柱塑性发展程度较轻，具有较高的承载力储备。

钢梁：大部分钢梁发生屈服，连桥端部延伸段个别钢梁发生屈服，框架梁最大受拉塑性应变约为0.006，小于钢材极限应变0.025，未发生破坏，满足大部分构件中等损坏但不破坏的性能目标要求。

16.4 专项设计

16.4.1 超长悬挑、超大跨度结构屋楼盖舒适度设计

舒适度验算时，首先对各区域全面进行竖向自振频率分析，参数及计算方法按照《建筑楼盖结构振动舒适度技术标准》JGJ/T 441-2019，混凝土弹性模量取静弹模的1.35倍，南馆悬挑桁架部分阻尼比取0.02，连桥结构阻尼比取0.01，有效活载0.2kN/m²。表16.4-1、表16.4-2分别为南馆悬挑桁架及连桥自振模态表，由表可知，连桥与南馆悬挑桁架部分竖向自振频率不满足规范要求。

南馆悬挑桁架自振模态表　　　　　　　　　　　　表16.4-1

阶数	模态	周期/s	频率/Hz
1		0.658	1.52
2		0.514	1.95
3		0.252	3.97

阶数	模态	周期/s	频率/Hz
1		0.704	1.42
2		0.376	2.66
3		0.293	3.41

1. 南馆悬挑桁架部分

悬挑端楼面面积及屋面面积均约为 1600m²，行人密度取为 1.5 人/m²，等效人群密度为 91 人。考虑最不利工况，上下层同时存在行走激励。由图 16.4-1 可知，竖向峰值加速度 0.346m/s² 大于限值 0.15m/s²，需要增设 TMD。TMD 设置情况如图 16.4-2 所示。由图 16.4-1 可知，竖向峰值加速度由 0.346m/s² 减小到 0.138m/s²，减振率为 60%，减振后竖向峰值加速度满足规范要求。

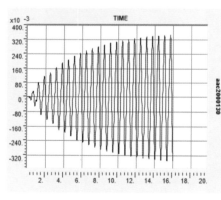 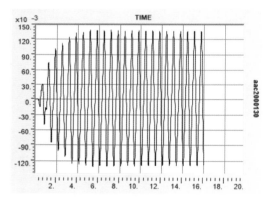

(a) 减振前关注点竖向加速度时程　　　　　　　　(b) 减振后关注点竖向加速度时程

图 16.4-1　南馆悬挑桁架 TMD 减振效果示意图

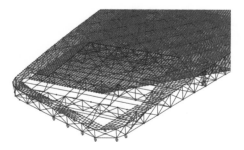

图 16.4-2　南馆悬挑桁架 TMD 布置图

2. 连桥

连桥楼面面积及屋面面积均约为 2500m²，行人密度取为 1.5 人/m²，等效人群密度为 114 人。考虑最不利工况，上下层同时存在行走激励。由图 16.4-3 可知，竖向峰值加速度 0.346m/s² 大于限值 0.15m/s²，需要增设 TMD。TMD 设置情况如图 16.4-4 所示。

由图 16.4-3 可知，竖向峰值加速度由 0.25m/s² 减小到 0.148m/s²，减振率为 40.8%，减振后竖向峰值加速度满足规范要求。

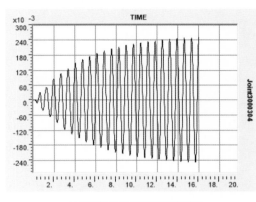

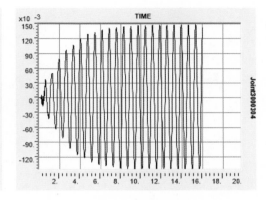

(a) 减振前关注点竖向加速度时程　　(b) 减振后关注点竖向峰值加速度时程

图 16.4-3　连桥 TMD 减振效果示意图

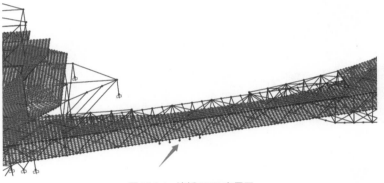

图 16.4-4　连桥 TMD 布置图

3. 实测 TMD 减振效果

在主体与外观幕墙施工完成后，对连桥进行了人群荷载激励下振动测试。表 16.4-3 为连桥实测竖向峰值加速度统计表。

连桥实测竖向峰值加速度统计表　　**表 16.4-3**

	测点	指标		
		峰值/（m/s²）		减振率（峰值）
		减振前	减振后	
1.687Hz 步行（45 人）	测点 1	107.1	16.23	84.85%
	测点 2	169.1	99.11	41.39%
	测点 3	50.17	21.22	57.70%
	测点 4	143.3	23.30	83.74%
	测点 5	66.21	58.88	11.07%
	测点 7	60.01	29.19	51.36%
	测点 8	36.10	32.38	10.30%

从表 16.4-3 可以看出，TMD 对结构的减振效果显著，对由人群激励引起的结构自振频率附近的加

速度响应抑制作用明显。

16.4.2　超长连体结构

本工程地下室平面尺寸为 420m×110m，屋面尺寸为 400m×110m，属于超长连体结构。下面就温度效应、地震行波效应对结构的影响进行详细分析，对单塔大震作用下性能进行补充分析。

1. 施工全过程模拟

由于南馆悬挑超长、连桥跨度超大，采用整体提升、吊装焊接的施工工艺，其施工过程对结构最终的内力分布与结构变形影响很大，因此有必要进行全过程施工模拟。

将全楼整个施工过程分为 12 步，我们重点关注连桥的提升、合拢、卸载、拆除临时支撑过程。

连桥提升合龙工艺分为 4 步：第 1 步：整体提升连桥结构。第 2 步：整体同步提升至设计标高约 200mm，降低提升速度，提升器微调作业，对口处精确就位。液压缸锁紧，对口焊接，安装后补杆件。第 3 步：提升器卸载，荷载转移至预装段上，拆除临时结构和提升器。第 4 步：浇筑混凝土楼板，考虑二次铺装恒载。连桥整体提升如图 16.4-5 所示。

取连桥为研究对象，通过对比考虑提升过程与一次成形两种工况的位移和应力图，可以发现两者在主桁架位置处的应力变化很小，最主要的差别在于跨中最大挠度。考虑提升过程工况，跨中挠度达到了 208mm（图 16.4-6），一次成形工况跨中挠度为 160mm。究其原因，我们认为连廊在提升过程中接近三跨连续梁变形模式，在提升就位时连廊两端桁架不可避免地发生了自由转动。这就导致在合龙时，连廊上下弦与墩柱并非平接，而是均有一个向内转动的角度。即使这个角度很小（经换算这个角度约为 0.001335rad），由于连桥跨度很大，累积跨中挠度已经达到 40mm。因此实际在钢构件拼装时，考虑适当增加起拱值，抵消提升过程对连廊跨中挠度的不利影响。

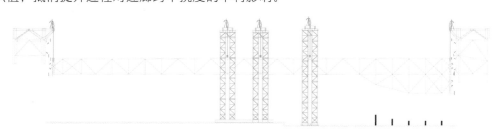

图 16.4-5　连桥整体提升示意图

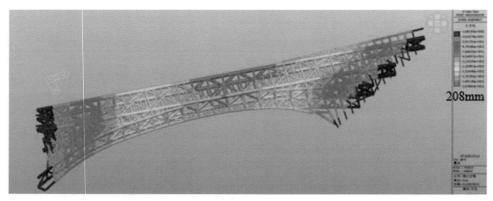

图 16.4-6　考虑提升过程连廊恒载下变形图

2. 温度效应

（1）计算假定

采用带地下室的整体模型进行计算；考虑钢梁、混凝土板连接处，栓钉与混凝土之间的相对微应变松弛效应，楼板的温差收缩效应折减系数取为 0.5。

（2）温度取值

根据西安市气温统计资料，考虑建筑可能经历的施工期、空置期、使用期三个时期，综合选取合适的合龙温度。最终得到合拢温度为 15℃，地下室以上钢结构起控制作用的工况为整体温升 = 25℃，整体温降 = −24℃。地下 2 层温度工况取为整体温升 = 5℃，整体温降 = −5℃。地下 1 层温度工况取为地下 2 层与 1 层温差平均值，温度作用工况为整体温升 = 15℃，整体温降 = −15℃。

（3）计算结果分析

通过分析应力云图（图 16.4-7）可知，各层典型区域（占本楼层面积 80%以上）混凝土楼板主拉应力均不大于 C35 混凝土轴心抗拉强度标准值 2.2MPa。局部超过 2.2MPa，但均不大于 2.5MPa，部分应力集中区域可考虑拉应力由钢筋承担。整体温升工况下，与连廊所在层相连的框架梁、框架柱及支撑内力变化明显，延伸范围较大。一层钢柱在温升工况下应力变化较为明显，但应力值不超过 50MPa。其他各层桥墩处框架柱及支撑内力变化较大，其他框架梁、框架柱、支撑内力变化不明显。

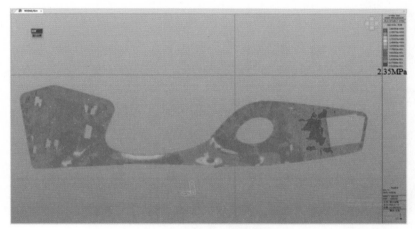

图 16.4-7　6 层顶板温升工况最大主应力云图

3．地震行波效应

（1）计算方法及地震波输入

采用位移行波法考虑地震行波效应，根据场地条件，选择地震波视波速 250m/s，按照 0.1s 时间差（即 25m 距离）分成若干区块进行多点地震输入。分别选取 0°、45°、135°作为主方向，90°、135°、225°作为次方向，分别输入 7 组地震波的 3 个分量记录进行计算。分析时，混凝土构件阻尼比取 5%，钢构件阻尼比取 2%，峰值加速度取 70Gal。每个工况地震波峰值按水平主方向∶水平次方向∶竖向 = 1∶0.85∶0.65 进行调整。

（2）计算结果分析

各主方向多点输入的结构基底总剪力结果均小于一致输入分析结果。二者比值平均数为 0.17。各主方向多点输入的关键构件（图 16.4-8）轴力结果均小于一致输入分析结果。二者比值平均数为 0.43。

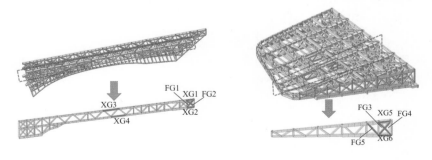

图 16.4-8　连桥、悬挑桁架关键构件

多点输入与一致输入相比，由于行波效应使得结构的扭转效应增大，反映在框架柱内力上，即角柱、边柱内力变化较大，因此主要比较位于结构周边的角柱、边柱的内力变化。分别选取5块区域（图16.4-9）具有代表性的角柱、边柱进行对比。

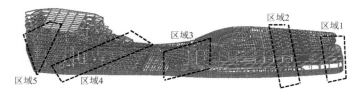

图16.4-9 典型框架柱分区示意图

对角柱、边柱而言，多点激励与一致激励相比，不同区域柱底剪力的影响不同。区域1位于南馆端部，但由于地上只有一层，扭转效应产生的剪力放大较小，影响因子平均值均小于1；区域4位于北馆连桥支座处，对于整体结构而言，其位于结构的中部，扭转效应不明显，框架柱影响因子平均值均小于1；区域2为南馆大悬挑的支承框架柱，由于质量偏心，行波效应对扭转的放大较为明显，影响因子平均值达到1.25，对应的区域3为南馆另一端，受区域2的影响导致此区域的扭转效应也较为明显，影响因子平均值达到1.22；区域5位于整体结构端部，受行波效应影响较为明显，影响因子平均值达到1.15。此外，整体来看，Y主方向多点地震输入比45°、135°主方向多点地震输入的行波效应明显。

综上所述，结构设计时可按不同区域考虑行波效应的影响，区域1和区域4影响因子平均值小于1，可以按照一致输入地震进行计算；区域2、区域3和区域5，可根据多点输入分析结果，对相应区域框架柱内力放大1.15～1.25进行承载力验算。

4. 单塔大震作用下补充计算

为充分保证建筑物的安全，考虑极限工况，连桥在大震作用下断掉，变为两个独立的单塔，验算其构件截面承载力和主体结构变形是否满足规范要求。连桥断掉后，各单塔主体保留一跨桥体荷载的工况，进行分析。

分析结果表明：南馆X向最大层间位移角为1/252，Y向为1/246；北馆X向为1/113，Y向为1/64。最大层间位移角均小于1/50，满足规范要求。

在大震作用下，北馆框架柱在下面几层基本没有屈服，屋面比较空旷，个别框架柱屈服，满足性能目标要求。框架梁和支撑各层屈服较多，但没有完全破坏，结构整体安全。南馆框架柱在1层极个别柱屈服，2层至屋面层没有柱达到屈服。框架梁和支撑各层屈服较多，但没有完全破坏，结构整体安全。

16.4.3 大跨自由曲面采光穹顶结构设计

（1）结构选型：根据建筑形态，采用单层网壳结构。由于周边支座支承条件不佳，在网壳支座处设置一圈环梁，与上部网壳一起形成自平衡体系，减小支座水平力，较小支座竖向位移差异对网壳内力的影响。考虑到温度工况起控制作用，且需要进行抗火计算，采用带水平位移的建筑钢结构球形支座。该支座能有效释放温度应力，提高结构构件效率。

（2）形态优化：方案阶段根据建筑初步犀牛模型，进行参数化的单元划分与形态优化（图16.4-10），经过试算得到建筑师满意且结构效率较高的结构形态。最后在形态优化后的模型基础上进行下一步工作。由于建筑效果与施工工艺限制，最终落地方案采用了矩形网格划分。

（3）结构设计要点：恒载不超过2kN/m²，活荷载不超过0.5kN/m²，雪荷载不超过1kN/m²，考虑雪荷载的不利布置。温度效应考虑温升35℃，温降−25℃，考虑防火计算。

（4）施工工艺要求：设计要求先将滑移支座固定在零位移状态，将周圈环梁施工完成，再施工上面网壳和上部建筑做法，最后才解开滑移支座呈可滑移的状态。这样能尽量保证在恒、活荷载作用下，支座较小位移，以保证在温度作用下有足够的位移余量。在支座边与女儿墙之间预留100mm防震缝，以防地震工况下的剧烈碰撞。

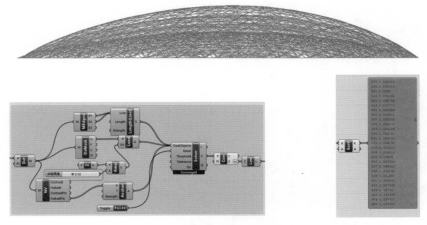

图 16.4-10　南馆采光穹顶形态优化图

16.4.4　多杆件复杂交汇节点有限元分析

悬挑桁架悬挑长度与连桥桁架跨度均很大，弦杆较宽，造成弦杆与腹杆、弦杆与钢框柱连接处出现一些多杆件复杂交汇节点，有必要进行有限元分析。采用通用有限元程序 ANSYS 进行分析，采用 SHELL63 单元进行模拟。SHELL63 单元为 4 节点弹性壳单元，具有弯曲和膜特性，能承受面内和法向荷载。

1. 连桥典型节点有限元分析

连桥典型节点有限元模型见图 16.4-11。

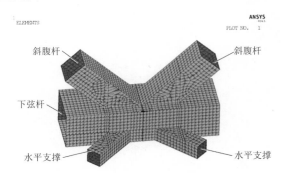

图 16.4-11　连桥典型节点有限元模型

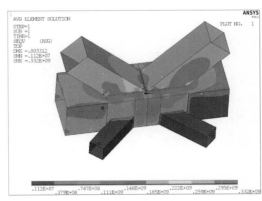

(a) 薄膜加弯曲应力云图

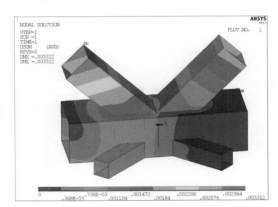

(b) 节点整体变形云图

图 16.4-12　连桥典型节点有限元分析结果

由图 16.4-12 中计算结果可知，斜腹杆与桁架下弦的应力最大，有局部的变形，最大应力为332MPa <
400MPa（钢材屈服强度），满足大震不屈服的性能设计要求。节点整体应变为 0.27%，节点最大变形为
3.3312mm，出现在左侧斜腹杆上。斜腹杆最大应力为 347MPa，出现在与下弦杆连接处；下弦杆最大应力
为 175MPa，水平杆最大应力为 84.2MPa。节点附近各杆件最大应力均未到达钢材的屈服强度。

2. 悬挑桁架典型节点有限元分析

悬挑桁架典型节点有限元模型和分析结果见图 16.4-13、图 16.4-14。

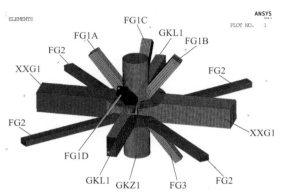

图 16.4-13　悬挑桁架典型节点有限元模型

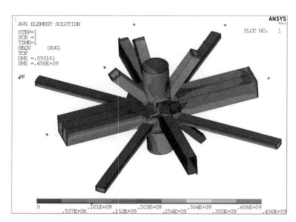

(a) 整体薄膜加弯曲应力云图

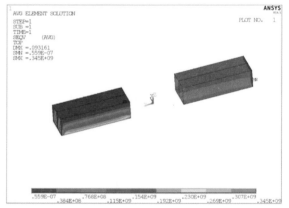

(b) 下弦杆薄膜加弯曲应力云图

图 16.4-14　悬挑桁架典型节点有限元分析结果

节点由钢柱 GKZ1、下弦杆 XXG1、水平梁 GKL1、斜腹杆 FG1A～D 及水平杆 FG2 组成，GKZ1 最
大应力为 340MPa，XXG1 最大应力为 365MPa，GKL1 最大应力为 164MPa，均小于钢材屈服强度。节
点整体最大应力为 456MPa，最大应力位置出现在外环转角处，为应力集中区域，节点各组件在最不利工
况下均未屈服。因此节点满足大震不屈服的性能设计要求。

16.4.5　北馆大跨重载屋面结构设计

北馆 6 层展厅使用空间跨度为 48m × 48m，屋面结构跨度为 48m × 56m，屋面采用正交双向大跨度
变截面鱼腹式钢梁 + 混凝土板结构形式，有利于整体结构计算指标的实现，同时对于总体施工进度有很
大的提升。屋面恒荷载取 5.0kN/m²（周圈有局部机房及造型部分取 8.0kN/m²），活荷载按上人屋面取
2.0kN/m²。钢梁具有自重轻、强度高、施工简单的优点，但其刚度小、变形大，通常需预先通过起拱解
决部分变形。对于简支钢梁，还可以考虑组合梁，进一步减小梁截面控制净高。

通过调整钢梁翼缘板宽度和厚度，屋顶钢梁取 H2500 × 500 × 40 × 60（Q355B），两端高度缩小到

1500mm 后进行铰接连接，最大计算应力比 0.92，跨中最大竖向变形 180mm，约为跨度的 1/267，结构层（含楼板）总高度 2.65m。钢梁竖向变形超过规范允许值，后期施工时通过预起拱解决竖向变形过大的问题，改善建筑外观效果。计算中如考虑部分组合梁效应后，钢梁应力比与竖向变形可减少 20% 左右，组合梁效应可作为结构的安全储备。

对于此类结构需要进行舒适度验算。首先对各区域全面进行竖向自振频率分析，参数及计算方法按照《建筑楼盖结构振动舒适度技术标准》JGJ/T 441-2019。大跨部分自振频率小于 3Hz，需补充加速度验算。对于屋面规范中没有舒适度验算相关要求，但本工程为上人屋面，周圈设置有部分机房，同时有 3 部楼梯均可上至屋面，考虑到后期人员聚集的可能性，按照连廊对屋面进行舒适度计算。按规范公式及参数要求，进行计算，发现最大竖向振动加速度峰值为 $0.05m/s^2 < 0.15m/s^2$，满足舒适度设计要求。

本工程对结构在整个施工阶段及后续过程中的温度应力进行分析。建筑从施工到使用，结构构件所经历的整体温差可分为施工期、空置期及使用期 3 个阶段。施工期阶段，预留后浇带，能解决施工期间的混凝土收缩及温度作用应力；空置期阶段，内外墙保温无法施工，整体温差＝结构构件经历最不利温度－合拢温度；使用期阶段，考虑建筑保温及空调采暖，整体温差＝结构构件经历最不利温度－合拢温度。根据施工进度，考虑合拢时间及最不利温度后，取钢结构起控制作用的工况为整体温升＝25℃，整体温降＝－24℃。屋面层顶板温升、温降工况下最大应力除个别应力集中区域外，大面积区域混凝土楼板主拉应力均不大于 C35 混凝土轴心抗拉强度标准值 2.2MPa。将温度作用下与地震作用及静力作用工况下所需配筋进行组合，控制大跨屋盖楼板满足正常使用需求。

16.5 结构监测

16.5.1 监测目的

长安云结构体系受力复杂，建造周期长，施工工况多，加上结构本身的投资大，结构的重要性极高。通过采用 4G、无线传输、数据实时监控、数据溢出自动报警、大数据分析等技术，建立了一套健康监测系统，对施工和运营阶段进行实时跟踪健康监测。这种实时跟踪健康监测，是为保障施工准确性和运营阶段结构安全，确保结构或构件不至于在施工过程中出现过度的变形或破坏，达到设计要求，为结构竣工验收提供重要技术依据；在结构正常运营期间，获得其受各种环境因素影响下的结构响应行为的健康状态参数，对结构的安全性、适用性和耐久性做出综合的科学评定，提出主体结构在正常使用期间的维护措施。

16.5.2 监测方案

采用振弦式应变计进行监测，其可以同时进行应变和温度监控。其主要组成为钢弦、线圈、热敏电阻、保护管等元件。振弦式应变计在钢构件表面安装时，采用焊接安装块的方式。当待测部位钢材产生应变量时，应变计同步感受变形，变形通过前、后端座传递给振弦转变成振弦应力的变化，从而改变振弦的振动频率。电磁线圈激振振弦，并测量其振动频率，频率信号经电缆传输至读数装置，即可测出被测结构物内部的应变量。然后，根据钢构件应变和弹性模量换算出其应力值。

为了保证数据的准确和实时性，监测数据采集系统采用全自动采集系统，采集过程中由计算机自动采集并存储。采集时间间隔为 1h，可根据施工需求进行适时调整。采集系统由计算机和数据采集系统（含主机和测量模块等）组成，二者之间通过网络无线连接传输。每个数据采集模块可以接 40 个应变计。

16.5.3　监测测点布置

根据结构受力特点、施工过程重点和关注点，将测点布置在一些关键构件上，图 16.5-1、图 16.5-2 展示部分测点布置位置。

图 16.5-1　测点现场照片

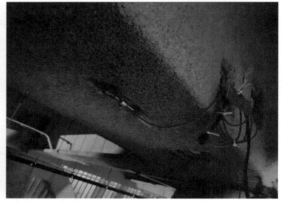

图 16.5-2　测点振弦式应变计特写

16.5.4　监测结果分析

通过连桥提升、卸载作业全过程监测，南馆悬挑桁架卸载作业的全过程监测，以及从主体结构施工完成后经过 8 个月的健康监测，结果表明：所测钢构件应力随各施工阶段出现明显变化，变化趋势与实际受力相符，表明施工过程可控；所测钢构件应变在健康监测过程中的监测值变化正常，无异常突变，钢结构工作状态正常；所测钢构件在施工过程、健康监测过程中未出现受力损伤，且应力变化值均远小于钢材设计强度。

16.6　结语

长安云为第十四届全国运动会的配套工程，是长安系列建筑群的重要节点。长安云结构复杂程度极高，具有多维超长悬挑的南馆，超大跨度的连桥，400m 超长连体，大跨重载屋面的北馆，大跨自由曲面采光穹顶和非线性曲面幕墙等。同时也是全运会开工最晚，施工时间最短的建筑，从建筑方案确定到结构主体施工结束仅用了 6 个月时间。这对设计与施工团队都带来了巨大的挑战。

在紧张的设计过程中，设计团队逢山开路、遇水搭桥，直面问题，解决问题。重点解决了以下几个难点问题：（1）结构选型与是否采用连体结构；（2）多杆件复杂交汇节点有限元分析；（3）设置 TMD 解决悬挑桁架、连桥桁架楼盖舒适度问题；（4）大跨自由曲面采光穹顶结构形态优化、自平衡体系确定与支座形式的选择。

在建造过程中，根据施工进度、温度效应、连桥提升、卸载实际过程，进行了细致的施工模拟分析；分析结果不断与结构监测结果数据进行对比，从理论上为施工过程提供建议，为施工过程提供有力的技术支持；保证了施工过程的可行性与安全性，为主体结构顺利提前竣工奠定了坚实的基础。

长安云作为奥体中心周边重点配套建筑，以动感有力、简洁大气的造型，犹如一朵祥云飘浮在灞水东岸。建筑以地脉视角，对骊山进行映射，底层错落有致的台塬式基座与大地景观交融，以山水文脉的概念重塑场地的氛围；建筑悬挑段形成的架空部分将与城市开放空间相结合，形成一个完全开放、无边界的公共活动平台。功能上，规划展示与科技馆两馆合一，通过架空连桥紧密衔接，将规划展示、科学博览、科学启蒙、科技体验等复合功能精心策划，有机融合。与周边功能产生联动，构建综合性城市展示中心，打造奥体辐射圈。

现在长安云已经成为市民的休闲、打卡胜地，节日烟火中总有其英姿飒爽的身影。相信随着奥体中心板块的发展，规划馆、科技馆的开馆，长安云将为服务人民、激发经济活力发挥更大的作用，成为长安系列建筑中的精品力作。

参考资料

[1] 中建研科技股份有限公司. 西安城市展示中心项目风洞测压试验报告[R]. 2020.

[2] 中国有色金属工业西安勘察设计研究院有限公司. "一带一路"文化交流中心系列公建项目（北地块）岩土工程勘察报告书（详勘阶段）[R]. 2020.

[3] 中国建筑西北设计研究院有限公司. "一带一路"文化交流中心系列公建项目北地块项目超限高层建筑工程抗震设计可行性论证报告[R]. 2020.

设计团队

项目负责人：赵元超、王　敏

结 构 设 计：王洪臣、杨　琦、韦孙印、卢　骥、尹龙星、郜京锋、王　磊、周文兵、张　涛、郭　东、柴　源、武红姣、田　金、辛　力、李　彬、韩刚启

第17章

西安曲江国际会议中心

17.1 工程概况

17.1.1 建筑概况及设计依据

西安曲江国际会议中心位于西安曲江国际会展产业园区，东临翠华路、南临雁南五路、西临汇新路。基底尺寸 232.0m × 90.0m，总建筑面积 76868m²。项目集宴会、会议、多功能厅为一体的大型综合性建筑。图 17.1-1 是会议中心实景。工程地下 1 层为车库及设备用房，1 层是一个多功能的能同时容纳 3500 人的宴会及展览大厅，2～6 层为会议区，其中包含若干贵宾室、国际会议厅、新闻发布会场及一个采用国际最高水准进行设计的、总共可容纳 2024 人的主会议厅。7 层为设备用房层。

图 17.1-1　西安曲江国际会议中心

本工程抗震设防烈度为 8 度，基本地震加速度值为 0.20g，设计地震分组为第一组，多遇地震水平地震影响系数最大值为 0.16，罕遇地震水平地震影响系数最大值为 0.90。工程建筑场地类别为Ⅱ类，特征周期为 0.35s。50 年一遇的基本风压为 0.35kN/m²，50 年一遇的基本雪压为 0.25kN/m²，地面粗糙程度为 C 类。根据本工程地质勘察报告，勘察期间，稳定水位深度介于 12.25～14.44m 之间，场地为非自重湿陷性黄土场地，地基湿陷等级均为Ⅰ级（轻微）。本场地可不考虑地震液化问题。f_{11}地裂缝在场地西侧通过，距离大于 30m，可不考虑其影响。场地内无其他不良地质作用，适宜建筑。

本项目屋面造型为曲面，围护体系有较大凹口，屋面体型系数不易确定。项目在长安大学实验室进行了风洞试验。设计中采用了规范风荷载和风洞试验结果进行位移和强度包络验算。

本工程 2009 年底确定建筑方案并开始初步设计及施工准备，2010 年开始施工图设计及施工，2011 年底竣工投入使用。

17.1.2 地基与基础设计

拟建场地地形较为平坦，地貌单元属黄土梁洼。钻探显示，自上而下所见地层依次为人工填土（Q^{ml}）、第四系上更新统风积（Q_3^{2eol}）黄土、残积（Q_3^{1el}）古土壤、中更新统风积（Q_2^{2eol}）黄土、冲积（Q_2^{al}）粉质黏土。各层岩性特征见表 17.1-1。

地层划分及岩性特征					表 17.1-1
地层编号	成因年代	岩性描述	层厚/m	层底深度/m	层底标高/m
①	Q^{ml}	杂填土：土质松散，局部为素填土夹层	0.80～4.60	0.80～4.60	429.410～434.330
②₁	Q_3^{2eol}	黄土：具有湿陷性，可塑状态	3.90～9.00	8.50～10.50	423.340～426.490
②₂		黄土：具大孔隙，含钙质结核。可塑状态	2.30～6.00	12.50～15.00	420.030～421.670
③	Q_3^{1el}	古土壤：含钙质条纹及钙质结核。可塑状态	3.70～4.60	16.90～18.80	415.840～417.070
④	Q_2^{2eol}	黄土：土质均匀，含钙质结核，软塑状态	12.60～14.80	30.20～32.50	401.310～403.510
⑤		粉质黏土：含氧化铁，可塑状态	9.50～11.70	41.50～43.00	391.010～392.550
⑥	Q_2^{al}	粉质黏土：含氧化铁，可塑状态	8.80～11.00	51.00～52.50	381.010～383.350
⑦		粉质黏土：含氧化铁，可塑状态	未穿透，最大揭露厚度18.70m		

经典回眸　中国建筑西北设计研究院有限公司篇

本工程由于体型非常复杂，不同部位柱（墙）底内力相差悬殊，根据计算结果：柱（墙）底轴力为100～7500kN，荷载分布非常不均匀。考虑到本工程属于对不均匀沉降非常敏感的大跨度空旷类人员密集的公共建筑，基础采用桩筏基础。本工程主体结构采用框架-剪力墙结构，剪力墙集中布置在6～7轴，10～11轴，14～15轴、18～19轴、22～23轴、26～27轴间，形成12个钢筋混凝土筒体，1层墙、柱布置如图17.1-2所示。钢筋混凝土筒体承担了大部分屋盖系统荷载和几乎全部的大跨型钢混凝土桁架传导的荷载，筒体底部内力非常大，而周边框架柱的柱底内力则相对较小。为了减小混凝土筒体和周边框架柱的差异沉降，降低承台内力及上部结构次内力，确保结构的正常使用功能，本工程桩基设计采用变刚度调平概念设计，即混凝土筒体采用剪力墙下布置长桩（33m），周边柱底内力相对较小的框架柱下采用1～5桩的短桩（31m）。桩径均为700mm，桩端持力层位于⑤层粉质黏土层，单桩极限承载力标准值分别为6500kN和6000kN。桩体穿过湿陷性黄土层。

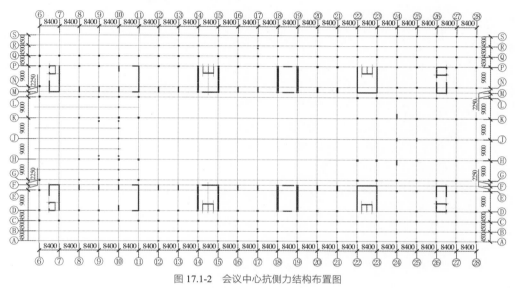

图 17.1-2　会议中心抗侧力结构布置图

17.2　建筑特点

17.2.1　无柱大空间及报告厅楼座转换

本工程建筑方案为地下1层，地上4层，局部7层。图17.2-1是会议中心沿东西向主轴的剖面图。主体主要分为门厅区、宴会厅区和报告厅区三大部分。

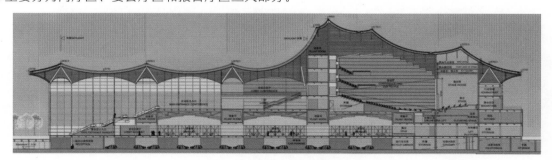

图 17.2-1　会议中心主轴剖面图

门厅区在6～11轴为1～4层通高，3～4层11～18轴40.5m×58.8m范围内为通高无柱布置。宴会厅区在1～2层11～22轴40.5m×92.4m空间范围内同样为通高无柱，在14～15轴为型钢混凝土桁架以及18～19轴采用了型钢混凝土转换桁架结构，桁架内部为设备用房，宴会厅顶部采用纵向跨度为25.2m

的钢梁连接于横向的型钢混凝土桁架或混凝土梁之间（图17.2-2），宴会厅上部为门厅区，为增加楼板舒适度及平面刚度，板厚取140mm；报告厅区位于18～24轴宴会厅顶上的3～6层。

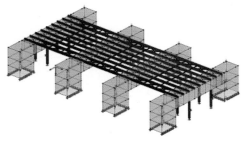

图17.2-2　宴会厅区结构布置示意图

建筑方案要求本工程设备用房以外的绝大多数框架柱截面控制在 500mm×500mm 以下，纯框架结构无法满足建筑功能及现行规范的各项指标要求。为了满足建筑方案空旷无遮挡大空间的功能要求，同时考虑屋盖系统管桁架支座的布置，以及 14、15、18、19 轴净跨 40m 型钢混凝土桁架的支座受力要求，本工程主体结构采用钢筋混凝土框架-剪力墙结构。14、15 轴剪力墙厚度为 700mm，18、19 轴剪力墙厚度为 900mm，电梯筒局部墙厚 250mm，其他剪力墙厚均为 500mm。由表 17.2-1、表 17.2-2 结果可以看出，框架柱承担的地震倾覆力矩和地震剪力百分比都非常小，本工程框架柱截面大多控制在500mm×500mm，由于个别框架柱承担长悬挑构件及舞台周边单榀框架承担较大地震作用，这些部位设置了 600mm×600mm 的型钢混凝土柱。

框架柱地震倾覆力矩百分比　　　　　　　　　　　　　　　　　表 17.2-1

地震方向	柱倾覆力矩/（kN·m）	墙倾覆力矩/（kN·m）	柱倾覆力矩百分比
4 层X向地震	79327.4	615724.9	11.41%
4 层Y向地震	43093.9	954000.6	4.32%
3 层X向地震	116497.5	889649.8	11.58%
3 层Y向地震	56331.3	1284263.0	4.20%
2 层X向地震	150817.3	1215642.4	11.04%
2 层Y向地震	72955.3	1777249.4	3.94%
1 层X向地震	158367.2	1582977.6	9.09%
1 层Y向地震	76363.7	2025765.1	3.63%

框架柱地震剪力百分比　　　　　　　　　　　　　　　　　表 17.2-2

层号	塔号		柱剪力/kN	墙剪力/kN	柱剪力百分比
1	1	X	595.5	33138.9	1.77%
		Y	82.1	20015.4	0.41%
2	1	X	5248.3	60737.3	7.95%
		Y	1952.5	70347.7	2.70%
3	1	X	5608.7	50488.4	10.00%
		Y	1135.6	60321.4	1.85%
4	1	X	5006.5	40754.4	10.94%
		Y	1994.0	47788.1	4.01%

本工程主报告厅位于3～6层，为减小结构自重，在有限的空间高度内实现楼座的长悬挑构件，报告厅主体结构采用全钢结构体系（梁、柱均采用 Q345B 级钢）。图 17.2-3 为会议中心报告厅楼座剖面示意

图。3、4 层为报告厅的池座部分，5、6 层为悬挑楼座部分。GKZ1 及 GKZ2 生根于 18、19 轴的型钢混凝土转换桁架，GKZ2a 及 GKZ3 生根于 19～22 轴跨度为 25.2m 的 H 型钢梁。为实现纯钢框架部分与主体框架-剪力墙的有效连接，钢框架梁与主体框架柱及剪力墙的连接部位，在框架柱及剪力墙中设置了焊接 H 型钢，形成型钢混凝土柱和剪力墙中的型钢混凝土端柱。本工程钢框架梁与箱形截面钢柱（GKZ1～3）、钢框架梁与两侧的型钢混凝土柱、剪力墙中的型钢混凝土端柱的连接均为刚性连接。钢框架梁与箱形截面钢柱刚性连接采用栓焊连接，即腹板采用高强度螺栓连接，翼板采用全熔透破口焊接连接。钢次梁与混凝土墙或梁的连接采用墙、梁中预埋件的铰接连接。钢梁之间铰接连接的形式为腹板高强度螺栓连接。

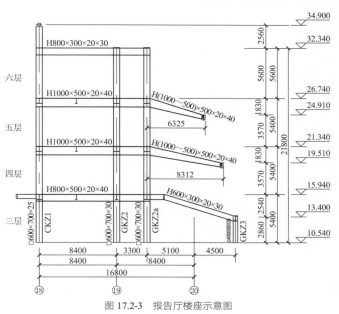

图 17.2-3 报告厅楼座示意图

17.2.2 曲面屋顶

本工程的屋盖建筑外形呈长方形，长 193.2m，宽 90m，立面标高从 25.3m 到 46.135m。图 17.2-4 为屋面夜景图。结构由南北向的正三角空间钢管桁架构成结构主体桁架，每榀桁架采用 16 个特制支座支承在南北两端钢筋混凝土墙和柱上，主体桁架最大长度为 90m，最大管径为 φ610mm；主桁架之间采用最大跨度为 33.6m 的倒三角变截面空间钢管次桁架连接，构成屋面的弧线造型，屋盖东西侧各有 5 榀悬挑跨度达 7.95m 的管桁架，南北侧各有 6 榀悬挑 4.5m 的管桁架；立面标高变化较大处的曲面屋顶部分由箱形片式桁架及局部钢管网架组成。空间管桁架不仅能够实现大跨度、大空间的需求，而且能够充分体现结构构件的力度和美感，通过和局部片式桁架及网架的连接，将结构的受力体系化繁为简，从而形成错落有致的多层次曲面屋顶。图 17.2-5、图 17.2-6 分别为屋面钢结构平面布置和纵向剖面图。

图 17.2-4 会议中心屋面夜景

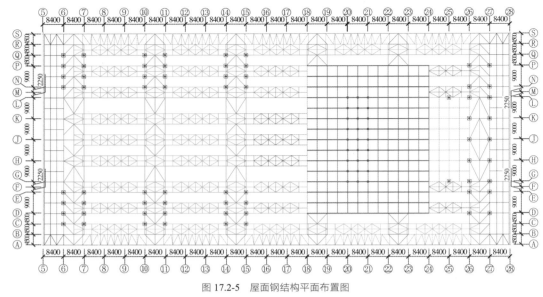

图 17.2-5 屋面钢结构平面布置图

图 17.2-6 屋面结构纵向剖面图

17.3 结构计算

17.3.1 主体结构的规则性及特点

（1）平面不规则

最大位移与层平均位移比值的最大值大于 1.2（表 17.3-1），本工程属于平面不规则中的扭转不规则。

4 层结构平面凹进尺寸大于相应投影方向总尺寸的 30%，属于平面不规则中的凹凸不规则。

本工程楼板的尺寸和平面刚度急剧变化，2~7 层均存在有效楼板小于该层楼板典型宽度的 50%，或开洞面积大于该层楼面面积的 30%，属于平面不规则中的楼板局部不连续。

（2）竖向不规则

为满足 1 层宴会厅空旷大开间，以及竖向 1、2 层通高的建筑功能要求，图 17.3-1 中钢结构楼座及池座的竖向抗侧力构件不能连续向下穿越 2 层、1 层直至地下室基础，只能通过 18、19 轴的型钢混凝土转换桁架把荷载传导至两侧的钢筋混凝土筒体。因此，属于竖向不规则中的竖向抗侧力构件不连续。

17.3.2 主体结构计算及构造加强措施

由于本工程体型复杂，且为不规则类型建筑，需在计算及构造措施两方面采取加强措施。

1. 结构计算

（1）采用 SATWE 作为主计算程序进行结构分析、设计，采用空间有限元分析软件 ETABS 作为辅助计算程序，对特殊部位和关键构件进行内力复核分析并与 SATWE 程序分析结果比对，取二者不利结果对特殊部位和关键构件进行设计。

经典回眸 中国建筑西北设计研究院有限公司篇

（2）本工程屋面为钢管桁架屋面，为全面考虑钢屋盖和下部混凝土主体的共同作用及相互影响，本工程在计算时分别设置了4种计算模型。模型1为SATWE建模时不考虑钢屋盖，仅在柱（墙）顶管桁架支座处施加钢屋盖传导的竖向及水平力。模型2为SATWE建模时不考虑钢屋盖，在柱（墙）顶管桁架支座处施加钢屋盖传导的竖向及水平力的同时在这些位置设置水平铰接刚杆，以等效管桁架，来考虑管桁架对整个结构的影响。模型3为ETABS建模时不考虑钢屋盖，仅在柱（墙）顶管桁架支座处施加钢屋盖传导的竖向及水平力。模型4为ETABS建模时把钢屋盖和下部主体结构一同考虑，这个模型作为钢屋盖施工图的设计依据。表17.3-1列出了为模型1和模型4的计算结果。

主要计算结果对比 表17.3-1

主要控制参数		模型一（SATWE计算结果）		模型四（ETABS计算结果）	
作用方向		X	Y	X	Y
楼层最小剪重比		5.16%	5.68%	5.5%	4.7%
最大位移与层平均位移比值的最大值		1.12	1.48	1.05	1.94
最大层间位移角		1/995	1/1986	1/927	1/1587
周期/s	振型	1	0.6425		0.782
		2	0.3794		0.503
		3	0.2968		0.450

（3）计算模型同时考虑单、双向水平地震作用下的扭转耦联作用；单向地震作用时考虑偶然偏心；同时对本工程的大跨度、长悬挑构件，计算时考虑竖向地震作用。

（4）对结构进行小震弹性动力时程分析作为补充计算。

（5）由于本工程具有多项平面不规则的特点，计算模型采用符合楼板平面内实际刚度变化的计算模型，并考虑楼板局部变形的影响。具体措施为计算时把开大洞周边楼边及有较大尺寸凹入的楼板设置为弹性膜，真实地计算楼板平面内刚度。计算位移比、周期比等控制参数时，选择对所有楼层强制采用刚性楼板假定，以满足规范要求的分析条件，在配筋等计算时不选择此项，按符合实际情况的弹性楼板假定进行分析。

（6）将18、19轴的型钢混凝土转换桁架的上弦型钢梁，在程序计算时设置为转换梁，将型钢混凝土转换桁架两侧的支承柱设置为框支柱，程序自动将其地震作用乘以增大系数。

2．构造措施

（1）本工程基底平面尺寸为232m×90m，由于建筑功能要求不允许混凝土主体结构设置变形缝，属双向超长结构。为缩短施工工期，实现超长结构的连续无缝施工，在楼板上设膨胀加强带，以减少温度变化影响。膨胀带内、外均掺入一定量的外加剂以补偿混凝土的收缩。并在混凝土梁、板及地下室挡土墙中添加聚丙烯纤维，尽可能减小超长结构的裂缝宽度。

（2）本工程属于平面不规则类型建筑，设计时将大洞周边、楼边及有较大尺寸凹入部位周边的楼板厚度增大，这些楼板采用双向双层通长配筋，并加大其配筋率。增大大洞周边梁的截面尺寸，增大洞口边梁的梁侧抗扭纵筋。在洞口四周角部增设角部抗裂钢筋。

3．转换桁架设计

考虑到建筑功能要求，在14~15轴、18~19轴采用型钢混凝土转换桁架以满足宴会厅区净跨40m无柱设置。其中，14、15轴转换桁架分别承担由11~14轴、15~18轴跨度25.2m的钢梁传导的荷载。18、19轴转换桁架除承担由15~18轴、19~22轴跨度为25.2m的钢梁传导的荷载外，还承担4~6层长悬挑楼座传导的荷载以及7层的水箱间和冷却塔的荷载，其承担的荷载远远大于14、15轴型钢混凝土桁架承担的荷载，为典型的局部转换构件。设计时除在整体模型中进行计算分析外，同时建立转换桁架和两边筒体的局部模型，构件的设计结果以两种模型的包络作为施工图的设计依据。

17.3.3 屋盖体系的计算

1. 屋盖的计算模型

屋盖结构采用空间大跨度钢结构，它和下部的钢筋混凝土及型钢混凝土结构在受力性能上有很大的差别，因此设计计算时采用 ETABS 软件分别建立了屋盖整体模型和整体结构模型，如图 17.3-1 所示。屋盖整体模型将其和下部结构之间的连接点视为屋盖体系的固定端，根据实际的边界约束条件求出支座反力，作为支座设计以及输入到下部钢筋混凝土结构中荷载的依据；而整体模型能够将风荷载以及地震作用较为真实地在二者之间传递，更有利于发现设计中的薄弱环节，作为 SATWE 程序设计的补充。

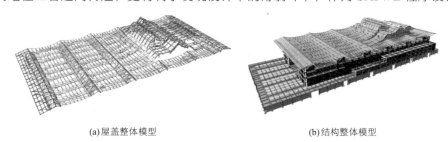

(a)屋盖整体模型　　　　　　　(b)结构整体模型

图 17.3-1　结构计算模型

两种模型的荷载工况及荷载组合参照 SATWE 模型取值，屋盖体系中屋面板自重为 0.25kN/m²，屋面隔热层、防水层、暖通管道、消防喷淋设备等按 1.0kN/m² 的附加荷载考虑。屋面活荷载标准值按 0.5kN/m² 考虑。雪荷载标准值按 0.25kN/m² 考虑。按照本工程的风洞试验[1]结果确定的屋面各部分的体形系数，考虑局部风压的不利影响。经过对试验数据的分析比较，选择风压系数较大的 30°、45°、60°、135°、150°、165°、195°、300°作为主风向角。根据西安地区年平均季节温差，取温差±30°进行温度作用计算，并考虑温度作用与结构恒荷载、活荷载、风荷载以及雪荷载的组合[2]，包括：1）恒荷载±1.4 温度作用；2）1.2 恒荷载 + 1.4 活荷载±0.84 温度作用；3）1.2 恒荷载 + 0.98 雪荷载 − 1.4 温度作用；4）恒荷载±1.4 温度作用 + 0.84 风荷载。通过计算分析结果，屋盖系统的钢结构构件的轴向变形主要由温度作用起主要控制作用。

各个杆件的挠度限值[3]，在恒荷载作用下，取 1/500；恒荷载 + 可变荷载作用下，挠度限值取 1/400；各钢构件的应力比限值取：$\sigma/f \leqslant 0.9$，构件的设计结果以两种模型的包络作为施工图的设计依据。

2. 支座设计

在设计屋盖体系的支座时，支座除应承受较大的拉力和压力外，还应具有足够的变形能力。这样才能使支座避免各个支座在温度变化及风荷载作用下出现不同方向的水平位移对屋盖结构产生不利影响。根据计算中的假定及连接位置，分别采用了固定、单向滑动以及双向滑动支座，如图 17.3-2 所示。

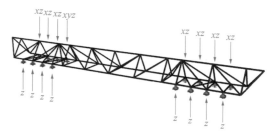

图 17.3-2　屋盖支座设置简图

3. 节点设计

屋面结构中的圆钢管桁架、箱形片式桁架及网架均采用直接相贯焊接的节点连接方法，从而避免了

经典回眸　中国建筑西北设计研究院有限公司篇

传统的设置节点板进行焊接或采用螺栓球结点的连接方法，使桁架结构轻巧、美观的特性能得以充分展现。由于节点的承载力设计值决定了整个结构体系的承载性能，故节点设计必须加以重视。钢管相贯节点为主管连通，使用多维数控切割机对支管进行相贯线切割，焊接连接到主钢管上。节点类型为 X 型、T 型，此外还有空间 KK 型、空间 TT 型等，按照《钢结构设计规范》GB 50017-2003 的承载力设计公式进行设计计算。

17.4 转换桁架和屋盖结构设计

17.4.1 转换桁架结构设计及构造

1. 转换构件的方案确定

根据建筑功能要求，为了实现本工程 1 层同时容纳 3500 人的宴会及展览大厅，40m 净跨无柱设计形成 92.4m×40m 开阔大空间，18、19 轴水平承重构件除承担由 15~18 轴、19~22 轴跨度为 25.2m 的钢梁传导的荷载外，还承担 4~6 层钢结构楼座传导的荷载以及 7 层的水箱间和冷却塔的荷载，为典型的局部转换构件。图 17.4-1 为转换构件立面布置示意图。图 17.4-2 为转换构件平面布置图。

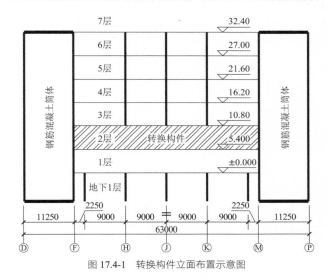

图 17.4-1 转换构件立面布置示意图

本工程结构设计时否定了建筑方案提出的 18、19 轴在 F~M 轴间 2 层（5.4~10.8m 标高）整层设置净跨 40m 的混凝土转换梁的方案，改为整层设置型钢混凝土转换桁架，转换方式的选择考虑到以下两个方面的原因：

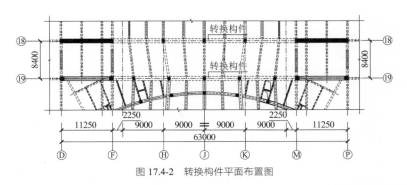

图 17.4-2 转换构件平面布置图

（1）经计算分析截面高度 5.4m 的转换大梁，受剪不能满足规范要求且受弯钢筋数量巨大，大跨度钢筋混凝土转换大梁施工难度极大。转换梁下部筒体剪力墙抗剪承载力严重不足，混凝土墙体越厚，抗剪承载力越是不足，这是因为转换构件既是承重构件同时也是抗侧力构件，结构的楼层水平地震作用是按照抗侧力构件的等效刚度按比例分配到抗侧力构件上的，梁式转换大大增加了该榀抗侧力构件的水平地震作用。

（2）本工程 18～19 轴间空调机房在 5.400～10.800m 标高需要在侧面开设数量众多且布置没有规律的大出风口，这样桁架腹杆之间或腹杆与上下弦杆之间空格部位，设备专业可以根据空调机房需要任意布置出风口，既为设备专业设备布置提供了很大的方便，同时也减轻了结构自重，避免了数量众多且布置没有规律的大出风口对混凝土转换梁带来的截面削弱，使结构受力分析变得相对简单且结构受力更为合理。

2. 型钢混凝土转换桁架腹杆选型

为了选择安全可靠、传力明确、受力合理的转换桁架，设计过程中做了如下 4 种不同腹杆布置方式的桁架模型进行比较分析：模型 1（空腹桁架模型）、模型 2（人字形腹杆模型）、模型 3（人字形 + 竖杆模型）、模型 4（X 型 + 竖杆模型）。图 17.4-3 为 4 种模型在恒载作用下的杆件轴力图；表 17.4-1～表 17.4-3 是 4 种模型在恒荷载作用下的跨中竖向位移、上、下弦杆最大弯矩和剪力的计算结果。

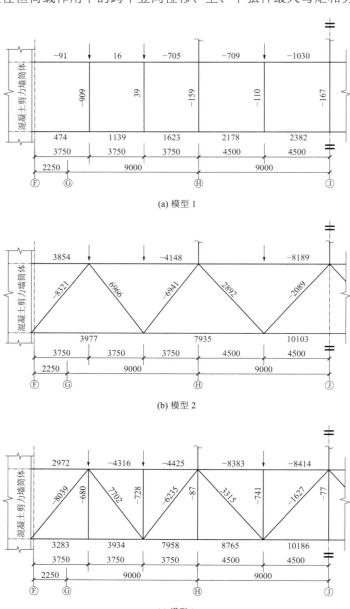

(a) 模型 1

(b) 模型 2

(c) 模型 3

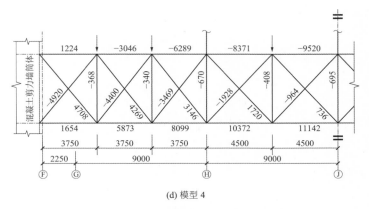

(d) 模型 4

图 17.4-3　4 种模型转换桁架恒载作用下轴力图（单位：kN）

由表 17.4-1～表 17.4-3 及图 17.4-3 的 4 种模型在恒荷载作用下的计算结果对比可知：

（1）转换桁架在恒荷载和活荷载作用下的跨中竖向最大位移即桁架挠度：模型 1 的计算挠度最大，模型 4 的计算挠度最小，表明随着桁架刚度增加桁架挠度是随之减小的。模型 2 和模型 3 的计算结果完全一样，分析表明人字形腹杆模型加竖杆后对转换桁架的结构挠度改善有限。

四种模型跨中竖向最大位移结果对比（单位：mm）　　　　　表 17.4-1

模型分类	模型 1		模型 2		模型 3		模型 4	
荷载工况	恒荷载	活荷载	恒荷载	活荷载	恒荷载	活荷载	恒荷载	活荷载
位移	96	48	26	12	26	12	20	9

四种模型弦杆在恒载作用下计算弯矩最大值结果对比（单位：kN·m）　　　　　表 17.4-2

模型	模型 1		模型 2		模型 3		模型 4	
杆件	正弯矩	负弯矩	正弯矩	负弯矩	正弯矩	负弯矩	正弯矩	负弯矩
上弦杆	15266	−22087	3297	−7575	2997	−7551	2724	−5722
下弦杆	4696	−12504	1215	−3733	1267	−3733	722	−3744

四种模型弦杆在恒载作用下计算剪力最大值结果对比（单位：kN）　　　　　表 17.4-3

模型	模型 1	模型 2	模型 3	模型 4
上弦杆	4020	2056	2118	1693
下弦杆	2742	831	1232	1087

（2）空腹桁架（模型 1）在竖向力作用下各杆件受力具体表现为靠近支座处杆件内力大，桁架中部杆件内力较小。靠近支座处杆件的弯矩和剪力起控制作用，跨度越大这一现象越明显。具体设计时，可以通过调整桁架不同部位节间跨度即增大桁架中部节间跨度同时减小端节间跨度来调整杆件内力，使得各杆件内力相对较为均匀。但端节间跨度不宜过小，以免杆件的剪跨比过小形成短柱导致压杆的脆性破坏。根据相关研究结果表明，空腹桁架宜用于跨度 15m 以下的转换结构中（预应力空腹转换桁架跨度可适当增加）[4]，对于本工程跨度为 40m 的转换桁架采用空腹桁架这一转换方式显然是不合适的。

（3）模型 2、3、4 属于超静定斜腹杆桁架，其杆件受力性能表现与静定斜腹杆桁架表现基本相同，具体表现为：①上弦杆（中部杆件）受压，下弦杆受拉（上弦端节间由于承受较大的负弯矩，为受拉杆件）；②跨中弦杆（包含上弦杆及下弦杆）轴力大，端部弦杆（包含上弦杆及下弦杆）轴力小；③端部腹杆轴力大，跨中腹杆轴力小；④斜腹杆向外倾斜（腹杆上端指向跨中）时腹杆受压，斜腹杆向内倾斜（腹杆上端指向支座）时腹杆受拉；⑤对称桁架在对称外力作用下，左右对称位置的杆件轴力大小相等、拉压相同，即内力也是对称的。

（4）模型2和模型3两种模型相比较，模型3由于竖杆的存在造成模型中下弦受拉杆拉力减小而腹杆中的受拉杆拉力增加的同时，上弦受压杆压力增加和腹杆中的受压杆压力减小。模型3上弦杆正弯矩最大值略有减小，剪力最大值略有增大。但是以上杆件内力变化的幅度均非常小。

（5）模型3与模型4两种模型相比较，模型4由于反方向增设的斜腹杆的存在造成模型4中上弦杆及下弦杆轴力略有增加，幅度很小；由于反方向增设的斜腹杆的存在造成模型4中斜腹杆轴力大幅减小，各杆内力均为模型3中对应位置斜腹杆轴力的1/2。模型4的上、下弦杆弯矩最大值及剪力最大值均有所减小。

综合比较上述4个模型转换桁架的受力性能，最终选取模型4作为施工图设计方案，图17.4-4为18轴型钢混凝土桁架施工模板简图。

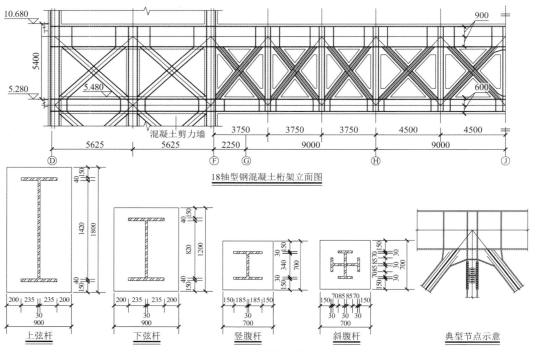

图 17.4-4　18 轴型钢混凝土桁架设计简图

3. 转换桁架设计及关键节点构造措施

1）型钢混凝土转换桁架的设计

本工程中转换桁架跨度达到40m，转换桁架承担很大的竖向荷载，桁架中部分斜腹杆及下弦杆件承受非常大的拉力。型钢混凝土构件与普通钢筋混凝土构件相比，其含钢率不受限制，在提高构件抗弯、抗剪能力的同时大幅度提高构件的受拉承载能力，较好地解决了桁架结构中受拉杆件的强度问题，使构件截面和材料使用更加经济；型钢混凝土构件与钢构件比较，由于型钢包裹在混凝土内，因此型钢混凝土在耐久和耐火、防腐等性能上均具有优势，不需要额外的防火耐火涂层。型钢混凝土构件中混凝土与型钢共同承担荷载，充分发挥了材料的作用，是节约钢材的一个重要手段[5]。基于以上型钢混凝土构件的诸多优点，经计算分析，本工程转换桁架采用型钢混凝土结构。本工程中转换桁架设计要点如下：

（1）桁架上、下弦杆各节间均为互相刚接，斜腹杆与上下弦杆也为刚接。下弦杆因其受有轴向拉力、剪力以及弯矩，按偏心受拉构件设计；上弦杆因其受有轴向压力、剪力以及弯矩，按偏心受压构件设计；斜腹杆受有轴向压力或拉力以及弯矩（可以忽略不计），按轴心受压构件或轴心受拉构件设计。杆件的计算长度无论平面内还是平面外均取杆件的几何长度。

（2）桁架中的受拉杆件根据结构类别及环境类别按《混凝土结构设计规范》GB 50010-2002选用相应的裂缝控制等级及最大裂缝宽度限值，验算杆件正常使用状态下的裂缝宽度，以满足规范要求；桁架中的受压杆件应满足轴压比限值的要求。

（3）桁架中受拉弦杆的纵向受力钢筋沿截面周边均匀、对称布置，受拉钢筋全部贯通，并满足规范要求的最小配筋率的要求。纵向受力钢筋在节点区的锚固长度起算点为节点中心、且末端应伸至节点边弯折15d（d为纵向受力钢筋直径）。

（4）桁架中受压弦杆的纵向受力钢筋应沿截面周边均匀、对称布置，受压钢筋全部贯通，并满足规范要求的最小配筋率的要求。受压弦杆的箍筋采用井字复合箍且箍筋直径应大于10mm，间距小于100mm。

（5）桁架端节点由于多根杆件汇交，受力复杂，端节点宽度与上、下弦杆保持一致，高度局部加大以满足节点受力和构造要求；同时为了抵御斜腹杆引起的巨大的水平剪力，端节点应有足够的水平长度；桁架中部节点宽度与上、下弦杆保持一致，高度的确定通过汇交的斜腹杆情况确定。节点斜面长度应大于斜腹杆截面高度至少50mm。桁架节点抗震设计应满足"强节点"的设计要求，节点截面及箍筋配置应满足节点区域抗剪承载力要求，以保证桁架整体具有足够的延性不致发生脆性破坏，确保各杆件有效地共同工作；节点区内侧配置直径不小于16mm、间距不大于150mm的周边附加箍筋，以加强斜腹杆的锚固、抵御节点间杆件内力差产生的剪力以及防止桁架节点外侧转折处混凝土开裂[4]。

2）转换桁架平面外稳定的构造措施

转换桁架上、下弦平面楼板均采用现浇板，楼板厚度为200mm。板采用双层双向拉通配筋，配筋率不小于0.35%；在楼板及设备洞口边缘设置边梁予以加强，边梁宽度不小于楼板厚度的2倍。

图17.4-5、图17.4-6分别为转换桁架上、下弦平面图。转换桁架上弦平面设置了联系18、19轴上弦节点的型钢混凝土梁，转换桁架下弦平面交叉设置了拉结下弦节点的型钢混凝土梁，使得18、19轴的型钢混凝土构件通过上、下弦的型钢混凝土梁的拉结，大大加强了桁架平面外刚度，使整个桁架转换结构在非对称荷载作用下（18轴和19轴转换桁架上部结构和转换桁架所受竖向力差异巨大）能够形成有效的空间整体受力体系。同时因为上、下弦所在楼板的加厚及两榀桁架上、下弦之间交叉连系梁的拉结作用，使转换桁架上、下弦杆件刚度以及转换桁架体系的整体刚度有较大提升，有效地控制了楼面变形。

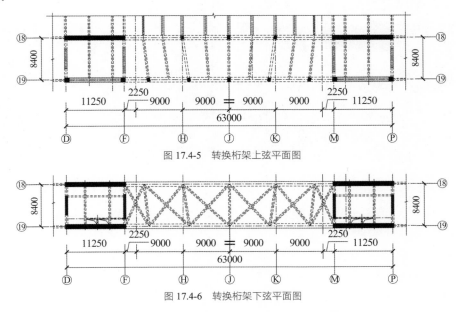

图17.4-5 转换桁架上弦平面图

图17.4-6 转换桁架下弦平面图

图17.4-7为转换桁架型钢拼装图，图17.4-8为转换桁架土建完成实景图。

图 17.4-7　型钢混凝土桁架型钢拼装图　　　　　　　图 17.4-8　转换桁架实景照片

3）转换桁架关键节点构造措施

经计算分析，本工程转换桁架的计算挠度为 55mm，跨中起拱值按混凝土桁架跨度的 1/800 起拱，即 40000/800 = 50mm。桁架起拱以后会对下部支承结构产生较大的水平推力，需要较强的抗侧力构件与之抗衡，否则由于下部支承结构的过大侧移，起拱产生的挠度控制效果将大大削弱。通过桁架起拱可有效地控制大跨度转换结构由于承担巨大的竖向力形成的较大挠曲，明显改善结构的外观和正常使用性能。

转换桁架下部支承结构由于承受的竖向荷载巨大且受力状况复杂，因此转换桁架下部支承结构的选型及设计应采取相应的措施，保证支承结构既具有足够的承载力又有很好的延性。本工程转换桁架下部支承结构在设计时采取了以下措施：

（1）作为转换桁架下部支承结构的剪力墙端部和中部分别设置截面尺寸为 900mm × 900mm 型钢混凝土柱。

（2）支承转换桁架的混凝土筒体构造

①转换桁架伸至剪力墙远端时，混凝土墙体中局部最大应力为：

$\sigma = 23.691\text{N/mm}^2 > f_c = 23.5\text{N/mm}^2$（C50 型钢混凝土），见图 17.4-9，不满足要求。

②水平桁架伸入混凝土墙体中，同时在混凝土墙体中进行竖向桁架的应力分析。钢筋混凝土墙体局部最大压应力为：$\sigma = 20.993\text{N/mm}^2 < f_c = 23.5\text{N/mm}^2$（C50 型钢混凝土），见图 17.4-10，满足要求。

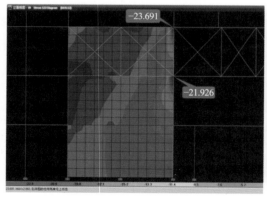
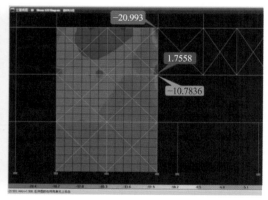

图 17.4-9　墙中未设置型钢支撑　　　　　　　图 17.4-10　墙中设置型钢支撑

通过计算分析发现，不仅转换桁架的上、下弦杆件进入支承体系并一直延伸至混凝土剪力墙筒体的远端，且混凝土剪力墙筒体除按计算要求（并满足规范最小配筋率）配置水平向及竖向分布钢筋外，从基础顶至转换桁架顶部另外增配焊接工字钢，形成 X 形支撑。X 形支撑与进入支承体系的转换桁架的上、下弦杆件，剪力墙端部和中部分别设置的型钢混凝土柱的钢骨部分焊接在一起，在混凝土剪力墙筒体中形成钢骨桁架。作为转换桁架下部支承结构的混凝土剪力墙筒体成为内藏钢桁架的混凝土剪力墙结构。该结构的开裂荷载、屈服荷载和极限荷载明显高于普通混凝土剪力墙结构，又由于内藏钢桁架的存在能够延缓裂缝的开展，致使混凝土在裂缝的开裂闭合过程中的耗能能力得以充分发挥，抗震性能更为优越。

17.4.2 屋盖系统结构方案选型

1. 屋盖结构概况及屋盖结构设计中存在的问题

屋面结构长 193.2m、宽 90m，由管桁架及箱形桁架结构组成；钢管主桁架截面为正三角钢管桁架，长 90m，最大跨度 45m，每榀桁架由 16 个特制支座，固定在两端钢筋混凝土剪力墙及柱上。建筑的初步设计方案中各钢管主桁架之间采用了两种结构形式连接：在西侧 3 榀主桁架中间采用预应力悬索结构；在屋盖体系的四周采用跨度为 33.6m 的倒三角形变截面钢管次桁架连接。立面标高变化较大处的曲面屋顶部分由箱形片式桁架及局部的网架结构组成。整个屋盖体系的建筑外形平面呈长方形，立面标高 25.300～46.100m，错落有致的屋顶呈飘逸感很强的多层次曲面，展现出独特的美感。图 17.4-11 为效果图。

图 17.4-11　屋盖结构效果图

曲江国际会议中心的屋盖体系体形巨大，各部分结构构件之间的空间关系复杂，给结构设计带来了很大困难，所面临的问题包括：

（1）屋盖结构采用多种不同受力特性的空间结构构件，各种结构单元之间的连接、受力以及共同作用关系复杂，要做到共同受力、协同工作以及变形协调具有一定的难度。

（2）屋盖体系在选型中需要探讨是否加入具有高度非线性的索结构，因此在计算分析时势必要考虑两方面的问题：其一，分析预应力作用下的索结构，要考虑其大变形的影响，对其进行的荷载工况分析都将是基于几何非线性的分析，若将索结构纳入整个屋盖体系中会使计算量巨大、迭代过程不易收敛；其二，索结构仅设置在屋盖结构的中间 3 跨，应和周围的管桁架共同构成屋盖的曲面造型及承受相应荷载，悬索结构和桁架在受力和变形上存在着较大差异，二者之间能否协同工作、变形协调。

（3）屋盖结构采用的是空间钢结构，它和下部的钢筋混凝土及型钢混凝土结构在受力性能上有很大的差别，需考虑二者之间的连接以及计算模型的选取问题。

2. 悬索结构的计算分析

初步设计方案中，悬索结构由作为上弦的受拉带和作为下弦的预应力索构成，二者之间用垂直索相联系，以保证下弦悬索的弧度与相邻倒三角次管桁架下弦的曲率相同。悬索结构的上弦采用矩形实心钢构件，截面为 240mm×25mm（用 Q345 级钢）；下弦用直径为 36mm 的 1×91 不锈钢钢绞线；上下弦间垂直连接用直径为 20mm 的 1×37 不锈钢钢绞线。三者共同构成悬索大梁结构连接于主桁架之间，如图 17.4-12、图 17.4-13 所示。

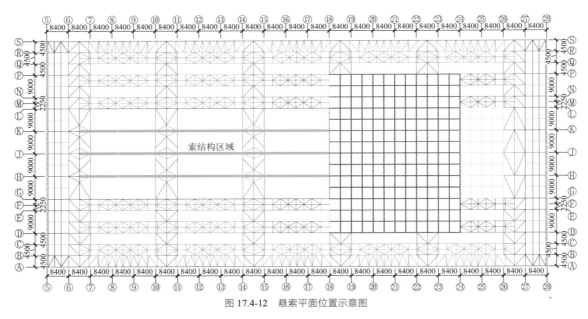

图 17.4-12 悬索平面位置示意图

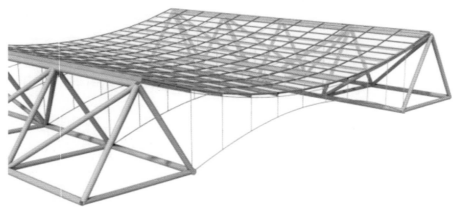

图 17.4-13 悬索结构单跨三维图

1）悬索单元的模拟

本节采用 SAP2000 程序中的索单元对于悬索结构进行模拟计算。对于空间索对象的模拟，一般需要考虑其在自重作用下的几何变形，即需要通过解析的方法计算出索的垂度。SAP2000 中的索单元在模拟索对象时，通过使用弹性悬链公式来模拟柔性索在自重、温度和应变荷载作用下的行为[6]，自动考虑索的松弛与张紧，从而体现索行为中高度非线性（包括 P-Δ 效应和大变形效应）的特点。因此，索单元在分析时被自动划分为一些小段，通过指定每个索单元中离散段的最大长度和数量可以控制单元施加在结构上的荷载和分析结果的精度。

索结构的分析应考虑到几何非线性，包括 P-Δ 效应和大变形效应，因此，其他荷载分析工况应该在预应力非线性工况的基础上进行，且需考虑相同的非线性参数设置，比如 P-Δ 效应和大变形效应等。SAP2000 程序会通过分析工况之间的接力行为将前一个分析工况的荷载以及结构刚度包含在分析工况的结果中，后一个分析工况将包含前一个分析工况的结果。例如，本工程应该先从预应力工况开始分析计算，设置 P-Δ 效应和大变形效应相应的参数，其他的荷载工况，如恒荷载、活荷载、风荷载、雪荷载以及温度作用分析工况都应从预应力工况的结束开始，分析时设置相应的非线性效应参数。

同时，在考虑各个工况之间的荷载组合时，和线性工况之间的组合不同，并不是简单地线性叠加，而应该在预应力工况分析的基础上施加相应的组合荷载而进行非线性分析，即需要安排好各个分析工况之间的先后顺序。因为随后的分析工况是基于相同的刚度矩阵，因此可以进行叠加[7]。

2）悬索结构的计算分析

（1）分析模型：由于悬索结构中第 1 跨和第 2 跨的曲面曲率相同，屋面所受荷载相同，为减少计算量，采用 SAP2000 程序建立了悬索结构（第 2、3 跨）及周边主要构件的局部模型，如图 17.4-14 所示。

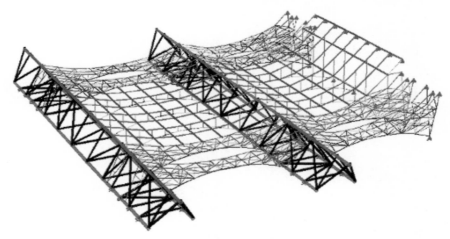

图 17.4-14　悬索结构计算模型

（2）荷载工况：该工程所在区域抗震设防烈度为 8 度，设计基本地震加速度值为 0.2g，设计地震分组为第一组，多遇地震时水平地震影响系数最大值为 0.16，场地类别为 Ⅱ 类，特征周期为 0.35s。屋面荷载取值：屋面恒载 1.0kN/m²，屋面活载 0.5kN/m²，50 年一遇的基本风压值为 0.35kN/m²（风压系数按照本工程的风洞试验[1]对屋盖不同分区的进行取值），50 年一遇的基本雪压值为 0.25kN/m²。温度作用取值：西安地区年平均气温 13.6℃，最冷 1 月份平均气温 −0.4～0.9℃，最热 7 月份平均气温 25～26.6℃，极端最低气温为 −20.6℃（1995 年 1 月 11 日），极端最高气温为 43.4℃（1966 年 6 月 19 日）。假定屋盖合拢温度为 10～20℃之间，考虑屋盖温升 30℃，温降 30℃。

（3）预应力的设计：由于目前我国现行规范中没有明确规定索结构的结构设计控制指标，参照《网壳结构技术规程》JGJ 61-2003 和《钢结构设计规范》GB 50017-2003 并结合本工程的工程情况确定其预应力控制原则[3,8]：①在正常使用荷载情况下，索结构不退出工作，并保持一定的张力，使结构形成初始刚度，最小应力不能小于 50MPa；②满足结构的位移及变形要求；③保证悬索结构其他杆件的应力比满足设计标准；④在非地震组合和多遇地震组合下，索结构不失效，索的最大应力与其极限抗拉强度的比值不得大于 0.4；⑤挠度控制：预应力 + 恒荷载作用下，挠度限制取 1/500；预应力 + 恒荷载 + 可变荷载，挠度限制取 1/400。

基于上述设计目标，结合工程设计经验，索中施加的预应力值设定为 350kN。

（4）荷载组合：考虑了恒荷载、活荷载、风荷载、温度作用、雪荷载以及反应谱工况之间的组合，并按照《建筑结构荷载规范》（2006 年版）GB 50009-2001 的有关规定选取相应的组合值系数。对于局部悬索结构模型，其施加的各个荷载工况以及进行的相应荷载之间的组合均是在预应力工况分析结束的基础上进行的接力分析，并考虑了几何非线性影响。典型的荷载组合包括：①恒荷载 + 活荷载（线性及非线性）；②恒荷载 + 活荷载 + 风荷载（线性及非线性）；③恒荷载 + 活荷载 + 温度作用（线性及非线性）；④恒荷载 + 活荷载 + 风荷载 + 温度作用（线性及非线性）；⑤恒荷载 + 活荷载 + 地震作用（线性）。其中，温度作用考虑了以下 6 种组合[7]：恒荷载 + 1.4 温升作用；恒荷载 + 1.4 温降作用；1.2 恒荷载 + 0.98 雪荷载 + 1.4 温降作用；恒荷载 + 1.4 温升作用 + 0.84 风荷载；1.2 恒荷载 + 1.4 活荷载 + 0.84 温升作用；1.2 恒荷载 + 1.4 活荷载 + 0.84 温降作用。

（5）计算结果及分析：经计算，表 17.4-4 给出了预应力索轴力及拉应力指标，表 17.4-5 给出了悬索结构的变形值。

内力/应力	第一跨（第二跨）			第三跨			对应荷载组合（预应力工况下）
	H 轴	J 轴	K 轴	H 轴	J 轴	K 轴	
N_{max}/kN	480.10	495.18	465.95	496.01	509.99	480.19	1.2 恒荷载 + 0.98 雪荷载 − 1.4 温度作用
σ_{max}/MPa	493.42	508.92	478.88	509.77	524.14	493.51	
N/kN	178.82	181.35	178.82	203.58	205.78	203.58	恒荷载
σ/MPa	182.78	186.38	182.78	209.23	211.49	209.23	
N_{min}/kN	100.33	98.74	93.28	107.30	102.16	107.31	恒荷载 + 0.84 风荷载 + 1.4 温度作用

类别	第一跨（第二跨）			第三跨			对应荷载组合（预应力工况下）
	H 轴	J 轴	K 轴	H 轴	J 轴	K 轴	
竖向位移U_z/mm	69.31	71.95	69.31	60.29	61.51	60.29	恒荷载 + 0.84 风荷载 + 1.4 温度作用
挠度/跨度（v/l）	1/484	1/467	1/484	1/488	1/478	1/488	
竖向位移U_z/mm	45.08	46.47	45.08	39.80	40.39	39.80	恒荷载
挠度/跨度（v/l）	1/745	1/723	1/745	1/739	1/730	1/739	
竖向位移U_z/mm	28.10	25.73	28.10	26.93	22.96	26.93	1.2 恒荷载 + 0.98 雪荷载 − 1.4 温度作用
挠度/跨度（v/l）	1/1195	1/1306	1/1195	1/1092	1/1280	1/1092	

从表 17.4-4 和表 17.4-5 可以看出，两个模型索中最大轴力均在预应力、恒荷载、雪荷载和降温的荷载组合中产生，索的最大拉应力为 524.14MPa，约为0.33P（P为索的破断力），索的强度利用较为充分，索的最小拉应力为 95.87MPa，大于 50MPa 的设计要求；最大的竖向位移发生在预应力、恒荷载、风荷载和升温荷载组合，最大位移在第二跨索结构中产生，为 71.95mm，约为$L/467$，小于设计控制目标，索结构在预应力和恒载组合下的最大挠度为 46.47mm，约为$L/723$，同样小于设计控制目标。

考虑到悬索结构上弦的变形对于屋面的造型及屋面板的布置起主导作用，因此选取 H 轴悬索结构上弦节点和 G 轴桁架上弦节点进行竖向变形的计算分析，以对比二者之间的变形对屋面的影响。

①第二跨悬索结构和相邻跨桁架的变形对比

H 轴悬索结构上弦节点在主要荷载工况及组合下的竖向变形图如图 17.4-15 所示。相对于预应力 + 恒荷载作用下的索结构的上弦节点，在无温度作用的荷载组合作用下相对竖向变形的最大值为 17.1mm，在有温度作用的荷载组合作用下相对竖向变形的变化范围为−14.00～28.90mm。G 轴桁架的上弦节点，在无温度作用的荷载组合作用下相对竖向变形的最大值为 23.96mm，在有温度作用的荷载组合作用下竖向变形的变化范围为−2.15～9.13mm。图 17.4-16 中对比了索结构上弦节点和桁架上弦节点在不同工况下的相对竖向变形。在相同无温度作用的荷载组合下，二者之间的最大差值为 28.47mm，在相同的有温度作用的荷载组合下，二者之间的最大差值为 50.74mm。

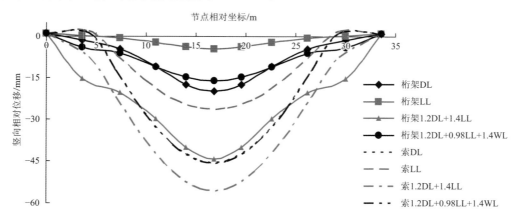

节点相对坐标/m

桁架DL
桁架LL
桁架1.2DL+1.4LL
桁架1.2DL+0.98LL+1.4WL
索DL
索LL
索1.2DL+1.4LL
索1.2DL+0.98LL+1.4WL

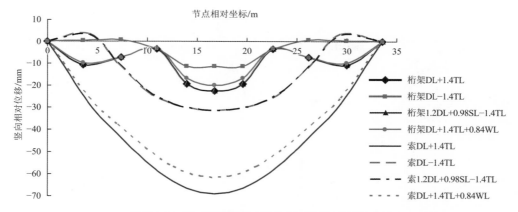

图 17.4-15　第二跨悬索结构上弦节点在各工况下的竖向变形

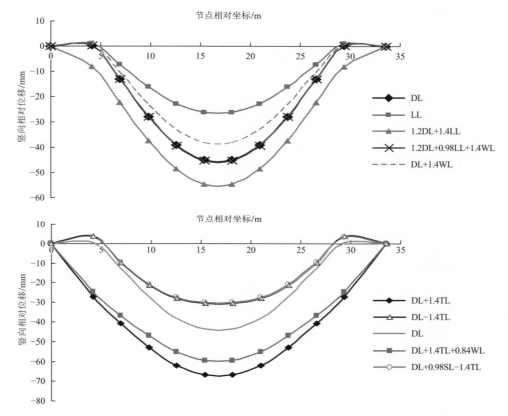

图 17.4-16　第 2 跨 H 轴索结构上弦及 G 轴桁架上弦节点在不同工况下的竖向变形

②第 3 跨悬索结构和相邻跨桁架的变形对比

根据建筑立面的造型要求，第 3 跨悬索结构采用了高出两侧屋面的曲面，在 L 轴、G 轴产生高度差的部分，采用单榀片式钢管桁架形成和悬索结构相同曲率的造型，支承于下部的倒三角次桁架。

H 轴悬索结构上弦的节点在主要荷载工况及荷载组合下的竖向变形图如图 17.4-17 所示。相对于预应力 + 恒荷载作用下的索结构的上弦节点，在无温度作用的荷载组合作用下相对竖向变形的最大值为 9.22mm，在有温度作用的荷载组合作用下相对竖向变形的变化范围为−26.95～24.47mm。G 轴单榀片式钢管桁架的上弦节点，在无温度作用的荷载组合作用下竖向变形的最大值为 2.96mm，在有温度作用的荷载组合作用下竖向变形的变化范围为−9.77～9.83mm。图 17.4-18 中对比了索结构上弦节点和桁架上弦节点在不同工况下的相对竖向变形。在相同无温度作用的荷载组合作用下，二者之间的最大差值为 11.93mm，在相同的有温度作用的荷载组合作用下二者之间的最大差值为 37.93mm。

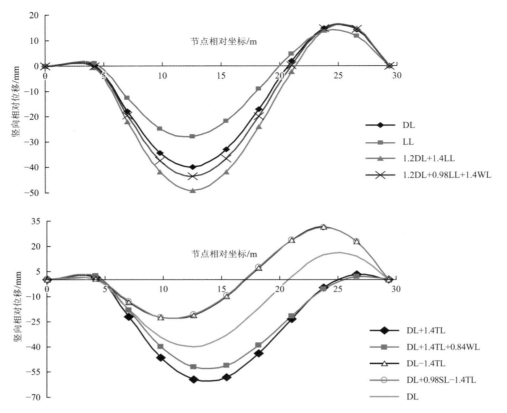

图 17.4-17　第三跨悬索结构上弦节点在各工况下的竖向变形

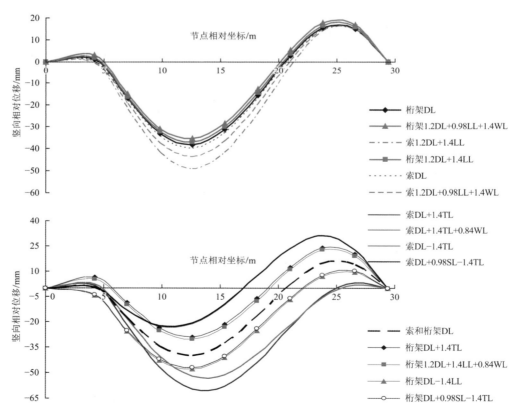

图 17.4-18　第三跨 H 轴悬索结构上弦及 G 轴桁架上弦节点在不同工况下的竖向变形

由上面的分析可知，索结构在不同荷载工况作用下其变形的范围比较大，而且其变形受温度变化的影响较大。在某些工况组合下，桁架上弦的变形方向和索结构上弦的变形方向相反，一方面是由于索结构和桁架的受力性能及承载方式的不同所造成，另一方面，由于 L 轴、G 轴两侧屋面的风压体型系数不同，风荷载对二者的变形也有一定的影响。

基于上述分析，如果在屋盖结构中采用索结构和桁架两种不同体系，在二者相连接部分会产生较大的变形差异，变形不易于协调，同时出于对建筑立面造型的考虑以及屋面板、屋面天窗的铺设、屋面防水及排水等诸多因素的考虑，在最终方案中，在原先方案中的悬索位置采用倒三角次桁架取代悬索结构，最终的屋面布置图如图 17.2-5 所示，图 17.4-19 为屋盖的三维计算模型，组装完成后的屋盖结构局部如图 17.4-20 所示。

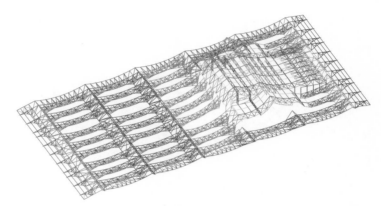

图 17.4-19　屋盖钢结构构件的三维计算模型

图 17.4-20　组装完成后的屋盖结构局部

3．屋盖结构计算

屋盖方案确定后，采用 ETABS 软件分别建立了两种计算模型：屋盖整体计算模型和整体结构模型，如图 17.3-1 所示。对两种模型进行模态分析时，按照动力参与系数应超过 90% 的原则，由于屋盖模型跨度较大，结构的竖向刚度相对较低，其前 3 阶振型均为竖向振动，如图 17.4-21（a）～图 17.4-21（c）所示；整体模型的前两阶振型分别为 Y 向和 X 向的平动，第 3 阶振型为屋盖的竖向振动，如图 17.4-21（d）～图 17.4-21（f）所示。

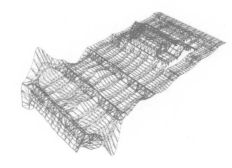

(a) $T_1 = 0.601s$　　　　　　　　　　　　　　　(b) $T_2 = 0.451s$

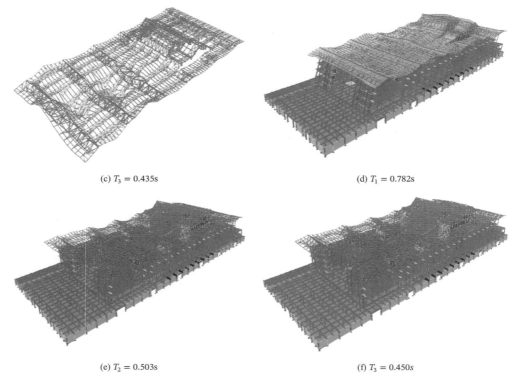

(c) $T_3 = 0.435s$ (d) $T_1 = 0.782s$

(e) $T_2 = 0.503s$ (f) $T_3 = 0.450s$

图 17.4-21　屋盖模型及整体模型前 3 阶振型

4. 屋盖支座设计

整个屋盖体系通过沿结构宽度方向的 4 榀正三角形钢管桁架支承在下部钢筋混凝土核心筒上，每个桁架和核心筒通过 16 个支座相连接。考虑到主桁架跨度较大，为了避免温度作用对下部结构的影响，将主桁架沿长度方向一侧的 8 个支座节点释放两个水平方向的约束；另一侧支座节点除一个完全固定外，其余 7 个节点释放沿桁架长度方向的约束，使其能够产生滑动以释放温度作用。

在设计屋盖体系的支座时，必须解决两个关键问题：其一是支座能够承受较大的拉力和压力，风洞试验[1]表明，屋盖的风压系数在多数情况下为负值，在荷载组合下，支座在多数情况下既有可能受压也有可能受拉；二是支座应具有足够的变形及限位的能力。具备这两种特性才能避免各个支座在温度变化及风荷载作用下出现不同方向的水平位移对屋盖结构产生不利影响。计算采用 ETABS 建立整个屋盖体系的计算模型，在支座的相应位置设置相应的约束，通过对其计算可求出每个支座上的反力，将其作为支座设计的指标和下部混凝土结构传递荷载的依据。通过计算分别采用了固定、单向滑动以及双向滑动支座。表 17.4-6 为支座类型及设计指标。

主桁架支座类型及指标   表 17.4-6

类型	压力/kN	拉力/kN	水平力		位移	转角/rad
			F_x/kN	F_y/kN		
固定	4000	900	3500	2000		
	1500	900	3500	4000		
单向滑动	2500	700	1200		±50mm 并限位	0.02
单向滑动	4000	900	3500			
双向滑动	3000	800				

17.5 结语

（1）本工程剪力墙筒体底部内力与周边框架柱的柱底内力相差巨大，故桩基设计采用变刚度调平概念设计，即混凝土筒体采用剪力墙下（或满堂）布置长桩，周边框架柱下采用疏桩、短桩。

（2）平立面均不规则的建筑应根据不规则的类型在计算时采用符合实际的计算模型，在构造措施方面采取有针对性的加强措施。

（3）与实腹梁转换相比，桁架转换这一转换方式更加适合类似本工程的超大跨度转换结构。超大跨度的实腹梁转换构件因为截面巨大，大幅度增加了该榀抗侧力构件的水平地震作用，转换梁自身及其下部支承结构很难满足相关规范的要求。转换桁架因为腹杆的存在大大削弱了其有效抗侧刚度，使转换构件及相关抗侧力构件分配的地震作用相比实腹梁转换模型减少很多，抗震性能更为优越，相关计算的各项指标均非常合理。

（4）为了保证下部支承结构既具有足够的承载力又有很好的延性，将作为转换桁架下部支承结构的混凝土剪力墙筒体设计成为内藏钢桁架的混凝土剪力墙筒体。

（5）建立了局部悬索结构模型，通过对比分析索结构和相邻桁架结构在不同工况下的变形，结果表明二者连接部分在不同的荷载工况下会产生较大的变形差异，变形不易于协调。

（6）对屋盖结构建立了屋盖的整体模型和整体结构的计算模型，采用屋盖模型作为结构构件设计以及支座设计的依据，采用整体结构模型作为构件设计计算的补充，构件的设计结果以二者的包络作为施工图的设计依据。

（7）钢屋盖设计时，由于主桁架的钢管长度及截面较大，温度作用的影响不可忽略。在支座设计时，应考虑可滑移支座，以释放温度作用产生的应力及屋架受荷变形对主体结构产生的推力。

参考资料

[1] 长安大学风洞实验室. 西安曲江国际会议中心风洞试验[R]. 2009.

[2] 北京金土木软件技术有限公司, 中国建筑标准设计研究院.ETABS 中文版使用指南[M]. 北京:中国建筑工业出版社， 2004.

[3] 范重, 尤天直, 等. 宁波国际会展中心主展厅结构设计[J]. 建筑结构, 2003(6): 49-53.

[4] 张维斌. 钢筋混凝土带转换层结构设计释疑及工程实例[M]. 北京: 中国建筑工业出版社, 2008.

[5] 孔雅莎, 张凌云. 北京大兴文图馆型钢混凝土桁架作为结构转换构件的设计[J]. 工业建筑, 2005.

[6] Computers & Structures, Inc., 北京金土木软件技术有限公司.CSI 分析参考手册[M]. 2006.

[7] 北京金土木软件技术有限公司, 中国建筑标准设计研究院.SAP2000中文版使用指南[M]. 北京: 人民交通出版社, 2006.

[8] 黄伟, 史德博, 等. 某新建机场航站楼屋面预应力索拉拱桁架结构设计[J]. 深圳土木与建筑, 2009(9): 17-21.

设计团队

项目负责人：赵元超、安　军、吴宝泉

结构设计团队：王　进、李春光、荆　罡、曹　莉、曾凡生、张顺强

致　　　谢：在西安曲江国际会议中心结构设计过程中，得到了中建西北院徐永基总工程师和刘大海总工程师的指导和帮助，在此谨表示衷心的感谢！

获奖信息

2011 年度优秀勘察设计一等奖（中国建筑工程总公司，中国建筑股份有限公司）

2013 年度陕西省建筑结构专业专项工程设计一等奖（陕西省住房和城乡建设厅）

2013 年度全国优秀工程勘察设计行业建筑结构专业三等奖（中国勘察设计协会）

第18章

中央礼品文物管理中心

18.1 工程概况

18.1.1 建筑概况

中央礼品文物管理中心项目位于首都中央政务区内，祈年大街与西兴隆街西北角，与天坛比邻相望。占地约 27 亩，总建筑面积 6.73 万 m²，地上 4 层，地下 4 层。项目集文物馆藏、文物研究、陈列展示、外事活动和爱国教育为一体，是一座综合性文博建筑。中央礼品文物管理中心建成照片如图 18.1-1 所示。

主楼设计采用集约的方形重檐廊式构形，传承了新中国成立以来共和国传统建筑的范式，同时也吸收了西方古典建筑的特点，中西合璧，古今交融。温润如玉的白色石材体现了中国彬彬有礼、君子坦荡的大国形象，包容和合的建筑语言反映礼仪天下的大国胸怀。设计吸收了中西方千年文化，表现出经典、简约、时尚的特色。

主楼建筑高度约为 23m，标准层平面为矩形，1～3 层展厅为无柱大空间，东、西、南侧为通高柱廊。建筑剖面图见图 18.1-2，典型平面图见图 18.1-3。

博物馆设计工作年限为 100 年，结构安全等级为一级，主体建筑采用钢筋混凝土框架-剪力墙结构。本工程已于 2021 年 5 月通过竣工验收并投入使用。

图 18.1-1　中央礼品文物管理中心建成照片

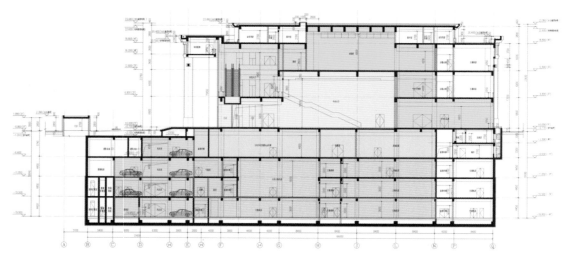

图 18.1-2　建筑剖面图

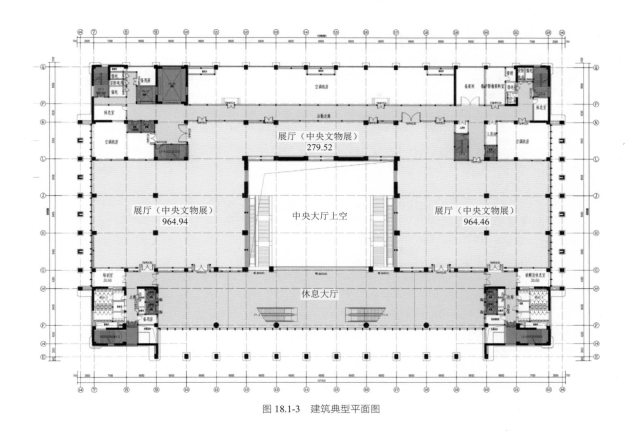

图 18.1-3　建筑典型平面图

18.1.2　设计参数

控制参数见表 18.1-1。

控制参数表　　　　　　　　　　　　　　　　　　　　　表 18.1-1

项目		标准
结构设计基准期		100 年
建筑结构安全等级		一级
结构重要性系数		1.1
建筑抗震设防分类		重点设防类（乙类）
地基基础设计等级		甲级
设计地震动参数	抗震设防烈度	8 度（0.20g）
	设计地震分组	第二组
	场地类别	Ⅱ类
	小震特征周期/s	0.40
	大震特征周期/s	0.45
建筑结构阻尼比		0.05
基本风压/（kN/m²）		0.50（100 年）
基本雪压/（kN/m²）		0.45（100 年）

抗震规范确立了"三水准设防目标，两阶段设计步骤"的抗震设计思想，即"遭受低于本地区抗震设防烈度的多遇地震影响时，一般不受损坏或不需修理可继续使用；当遭受相当于本地区抗震设防烈度的地震影响时，可能损坏，经一般修理或不需修理仍可继续使用；当遭受高于本地区抗震设防烈度的预

估的罕遇地震影响时，不至倒塌或发生危及生命的严重破坏"。三水准的地震作用，仍按 3 个不同超越概率（或重现期）区分，见表 18.1-2。

地震水准、超越概率及重现期之关系 表 18.1-2

序号	地震水准	50 年超越概率	重现期/年
1	多遇地震	63.2%	50
2	设防烈度地震	10%	475
3	罕遇地震	2%~3%	1641~2475

对于本工程，确定 100 年工作年限的抗震参数时，按地震烈度和重现期的概念以及等超越概率的原则，与 50 年设计基准期的各项参数相对比，求解出放大系数，便于设计计算。

计算可得：

（1）多遇地震影响系数最大值（水平地震作用）α_{max} 为：

$$\alpha_{max} = 1.45 \times 0.16 = 0.232$$

（2）设防烈度地震影响系数最大值（水平地震作用）α_{max} 为：

$$\alpha_{max} = 1.35 \times 0.45 = 0.608$$

（3）罕遇地震影响系数最大值（水平地震作用）α_{max} 为：

$$\alpha_{max} = 1.25 \times 0.90 = 1.125$$

18.2 结构设计与计算

18.2.1 地基及基础工程

1. 地基

本工程的拟建场地位于北京市东城区西兴隆街。场地地形基本平坦，岩土工程勘察期间实测的钻孔孔口处地面标高为 43.790~45.640m，本工程±0.000 标高绝对高程定为 45.000m。

博物馆主楼、办公楼及纯地下车库基础基底标高在 23.930m 左右，相应的直接持力层主要为第四纪沉积的④黏质粉土、砂质粉土及④₂细砂、粉砂，局部为④₁粉质黏土、重粉质黏土层，综合考虑后，地基承载力标准值取 200kPa。

门房和车库坡道基底下人工填土层全部挖除后，换填 1m 厚级配砂石，按规范要求分层夯实并检验，压实系数 λ_c 不小于 0.97，地基承载力标准值取 180kPa。

拟建工程场区近 3~5 年最高地下水位标高为 29.200m 左右，历年（自 1959 年以来）最高地下水位标高为 40.100m 左右。

2. 基础

本工程地基基础控制指标见表 18.2-1。

地基基础控制指标 表 18.2-1

项目	指标
地基基础设计等级	甲级
建筑桩基设计等级	甲级
岩土工程勘察等级	乙级

本工程采用平板式筏基加下柱墩，筏板厚度 0.8m（局部 1.6m），下柱墩附加厚度为 0.2m、0.4m、0.6m、0.8m 和 0.9m 共 5 种。

本工程抗浮设计水位标高为 40.000m，且基础埋深较深，筏板顶标高为 24.010m，地下水对结构的浮力较大。本工程采用抗拔桩进行整体抗浮设计，采用一柱一桩的布置方案，共计 249 根抗拔桩（含试桩），单桩竖向抗拔极限承载力为 2000kN，桩径为 0.8m，桩长为 20.1m。设计时不考虑桩抗压对基础受力的有利影响，但确保桩受压时桩身不发生破坏。抗拔桩桩身裂缝按单桩承载力特征值 1000kN 进行验算，裂缝宽度不大于 0.2mm。

本工程柱底内力相差较大，为减少差异沉降，博物馆主楼与办公楼、博物馆主楼与纯地下车库之间均设置沉降后浇带，同时，要求合理规划主体结构与办公楼之间的施工顺序。

基础采用 YJK 软件进行设计，由计算结果可知，基底压力标准值最大为 338kPa，小于修正后的地基承载力特征值。桩在 1.0 浮力 − 1.0 恒荷载作用下，桩最大抗拔力为 797kN，小于桩的抗拔承载力特征值。基础的最大沉降量为 16.9mm，远小于规范的限值 200mm，沉降差也满足规范 0.002m 的限值要求。柱墙对筏板的冲切及柱墩对筏板的冲切均满足《建筑地基基础设计规范》GB 50007-2011 的要求。

桩基施工采用后插钢筋笼工艺，有效提高了施工质量和施工进度。基础采用厚筏板，柱下区域加厚，满足冲切要求，同时保证筏板上表面平整，方便后期面层施工及地下 3 层的施工支模。桩基施工现场见图 18.2-1。

图 18.2-1　桩基施工现场

18.2.2　上部结构

1. 结构体系

结构选型考虑了几方面的内容，最主要的是结构布置的合理性和使用维护。本工程主要功能是重要礼品的布展和存放，对防火的要求很高，布展完成后，大范围改动的可能性不大，而钢结构的后期维护频率和难度相比较混凝土结构要高一些。经过一系列的结构方案比选，综合考虑经济性和后期布展时结构的包容性，最终采用钢筋混凝土框架-剪力墙结构，剪力墙主要集中在四角交通核范围，中部加设 4 组剪力墙，中间区域设置尽量少的框架柱，这样既可保证结构的整体刚度，又能最大限度地为布展提供充足的、连续的、完整的空间，同时在百年使用期内可以有最高和最灵活的空间利用率。

框架柱底部倾覆力矩比例 X 向为 36%，Y 向为 29%。框架抗震等级为二级，剪力墙抗震等级为一级。因为应同时满足底部大空间和整体限高的要求，顶层办公楼部分的框架柱为梁抬柱，局部另加设斜撑满足转换要求，如图 18.2-2 所示。

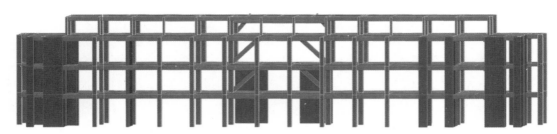

图 18.2-2　结构构件剖面示意

2．计算结果

结构整体计算采用设计软件 YJK1.9 版进行计算，主要计算结果如下所示。

（1）周期

结构平面布置规则，抗侧力构件分布均匀，周期比为 $T_3/T_1 = 0.77$，满足规范要求。

（2）位移

在考虑偶然偏心影响的规定水平地震作用下，楼层竖向构件最大水平位移和楼层平均位移值的比值（扭转位移比）为 1.2，为扭转规则结构。X 向最大位移角为 1/834，Y 向最大位移角为 1/803，均满足规范要求。

（3）楼层侧向刚度比及受剪承载力比

侧向刚度比：本结构楼层与相邻上层的侧向刚度比值均大于 0.7，与相邻上部三层刚度平均值的比值大于 0.80，满足规范要求。

受剪承载力之比：结构楼层层间受剪承载力与其相邻上层承载力之比大于 0.8，满足规范的要求。

18.2.3　弹塑性时程分析

1．性能目标

设防烈度地震、罕遇地震作用下，结构将进入非线性，刚度变化引起内力重分布，这与弹性阶段内力分布表现出较大的差异性。为保证大震作用下结构的安全性，量化结构的非线性性能水平，有必要对结构进行中震、大震作用下的弹塑性分析。本工程地震作用明显、荷载大、竖向布置不规则、存在大跨度预应力混凝土梁和竖向转换构件，因此有必要通过中震、大震弹塑性时程分析评估结构地震作用下的性能表现，实现结构预设的性能目标。根据《高层建筑混凝土结构技术规程》JGJ 3-2010 第 3.1 节的规定，本工程结构抗震性能目标定为 C 级，主要构件的性能要求见表 18.2-2。

结构抗震性能目标　　　　　　　　　　　　　　　　　表 18.2-2

地震水准		多遇地震	设防烈度地震	罕遇地震
性能水准		完好无损	轻度损坏	中度损坏
层间位移角限值		$h/800$	—	$h/100$
剪力墙	底部加强区（关键构件）	完好无损伤	轻度损坏	中度损坏
	非底部加强区（普通竖向构件）		部分构件中度损坏	部分构件比较严重损坏
框架柱	转换柱（关键构件）		轻度损坏	中度损坏
	普通框架柱减跨斜撑（普通竖向构件）		部分构件中度损坏	部分构件比较严重损坏
框架梁、连梁（耗能构件）			中度损坏 部分比较严重损坏	比较严重损坏
转换梁、大跨预应力梁（关键构件）			轻度损坏	中度损坏

2．设防烈度地震作用下结构性能分析

中震弹塑性时程分析所得的结构层间位移角，X 向最大层间位移角为 1/302（第 3 层），Y 向最大层间

位移角为 1/278（第 3 层）。

结构在中震作用下的性能表现良好，剪力墙处于轻度损伤状态（图 18.2-3），连梁出现比较严重的破坏，起到一定的耗能作用；框架柱处于轻微损伤状态，框架梁处于轻微损伤状态，转换梁、大跨预应力混凝土梁处于轻微损伤状态，转换柱处于轻微损伤状态。主要构件性能满足预设的性能目标 C。

图 18.2-3　中震作用下剪力墙混凝土累计损伤分布

3．罕遇地震作用下结构性能分析

大震弹塑性时程分析所得的结构层间位移角，X 向最大层间位移角为 1/118（第 1 层），Y 向最大层间位移角为 1/102（第 1 层），均小于《建筑抗震设计规范》GB 50011-2010 第 5.5.5 条要求小于 1/100 的规定，满足"大震不倒"的抗震性能目标要求。

结构在大震作用下的性能表现良好，剪力墙处于中度损伤状态（图 18.2-4），连梁比较严重破坏，有一定的耗能能力；框架柱处于轻度损伤状态，大部分框架梁处于轻微损伤状态，转换梁、大跨预应力混凝土梁处于轻微损伤状态，转换柱处于轻度损伤状态。构件性能满足预设性能目标 C。在地震作用下，对比预应力混凝土框架梁与钢筋混凝土框架梁损伤情况，预应力混凝土梁端基本处于轻微损伤或无损伤状态，非预应力钢筋已经屈服，预应力筋未屈服；钢筋混凝土梁端已经出现轻度损伤，钢筋已经屈服。

 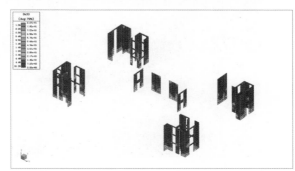

图 18.2-4　大震作用下剪力墙混凝土累计损伤分布

18.3　专项设计

18.3.1　大跨梁设计

3 层及屋面结构平面，因展厅的大空间要求，存在较多大跨空间，使用荷载大，且每层大空间位置错开，没有规律，跨度为 20～33m，经过方案比选，综合考虑耐久性、楼板振动舒适度、建筑净空要求、设备隔声等因素后，选用后张法预应力混凝土梁来解决挠度和裂缝问题，3 层预应力混凝土梁平面布置见图 18.3-1。梁截面高度 1.3m（图 18.3-2），预应力钢绞线直径 15.2mm，抗拉强度标准值为 1860MPa。后张法预应力筋张拉施工见图 18.3-3。同时，对大跨范围楼板的竖向振动舒适度进行验算（图 18.3-4），楼盖竖向自振频率不低于 3Hz，楼盖最大竖向加速度 0.13m/s²，小于 0.15m/s² 的限值要求。

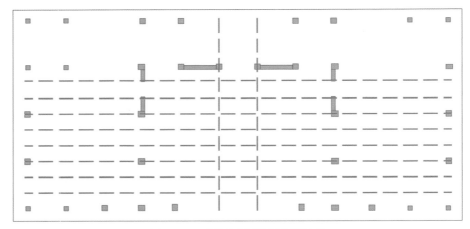

图 18.3-1　3 层预应力混凝土梁平面布置

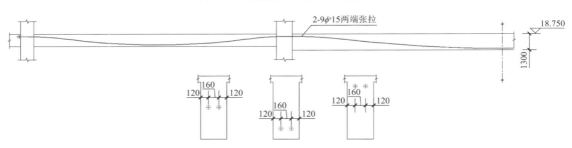

图 18.3-2　预应力混凝土梁剖面图

图 18.3-3　后张法预应力筋张拉施工

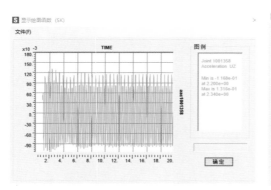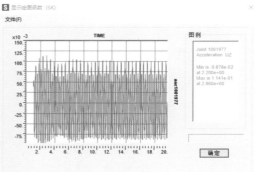

图 18.3-4　大跨楼盖不同测点的竖向加速度图

18.3.2 转换构件设计

由于限高要求，博物馆主楼建筑高度不能超过 23.95m，为保证展厅高度要求，顶层办公层层高很低，只能在顶层增加柱减小跨度以控制梁截面高度。所以出现竖向构件不连续的问题，本工程采用两种方式来解决，一种是直接采用梁上起柱的方式，计算时相关梁、柱定义为转换构件，抗震等级提高一级；另一种是在不影响建筑功能的前提下，局部增加斜撑，采用八字形撑。本工程按 100 年设计基准期确定抗震参数、荷载取值后，地震作用大幅度提高，如果采用传统的整跨转换桁架，其对整体的刚度影响很大，且扭转效应明显。局部框架柱难以匹配桁架刚度，受力性能非常差。经过分析对比，最终采用八字形撑，其对结构刚度影响很小，不会引起刚度突变，且传力途径明确，同时施工难度大大降低。八字形撑转换构件施工现场见图 18.3-5，转换斜撑做法见图 18.3-6。

图 18.3-5　转换构件施工现场

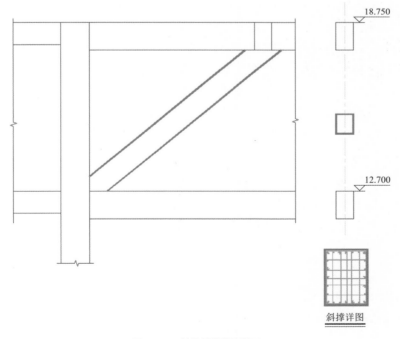

斜撑详图

图 18.3-6　转换斜撑做法详图

18.3.3 抗裂专项设计

1. 构件抗裂标准

本工程主楼为 100 年设计工作年限，附属楼为 50 年设计工作年限。根据《混凝土结构设计规范》（2015 年版）GB 50010-2010 第 3.4.5 条，将相应标准提高如下：

总体裂缝标准提高 15%～25%，其中一类环境提高较少，二类环境提高较多，预应力混凝土构件提高较多，表 18.3-1 为构件正常使用阶段的裂缝控制等级及裂缝宽度限值。

裂缝控制等级及裂缝宽度限值表　　　　　　　　　　　　　　　　表 18.3-1

环境类别	钢筋混凝土结构		预应力混凝土结构	
	裂缝控制等级	w_{lim}/mm	裂缝控制等级	w_{lim}/mm
一	三级	0.25	三级	0.15
二 a		0.15		0.075
二 b			二级	—

对于施工期间防止混凝土收缩开裂，以控制温度、加强养护、合理布置施工方案为主。温度的主要控制标准如下：混凝土中心温度与表面温度不宜大于 25℃，表面温度与大气温度的差值不应大于 20℃。

2. 超长结构设计

本工程为双向超长结构，设计、施工和使用三个阶段皆应考虑温度作用，并采取有效措施，以减小构件的开裂损坏。

根据现有的温度荷载理论状况，难以将各类因素完全考虑周全精确，因为影响温度作用的因素很多，如施工进度、施工顺序及施工期间的天气变化、各工种提前交叉作业（砌体与安装等）、使用过程中温度不均匀等，所以在进行温度作用分析时，采取以计算分析和实践经验、构造措施、施工措施、建筑措施等相结合的方式综合考量。

1）计算分析

施工阶段和使用阶段进行包络设计。

（1）施工阶段

地下部分 2020 年 3 月份完成施工，两个月后，即 5 月份后浇带合拢，月平均气温 13℃。地上部分 2020 年 6 月份完成施工，8 月份后浇带合拢，月平均气温 25℃。混凝土最终收缩应变取 3.6×10^{-4}，混凝土线膨胀系数取 1×10^{-5}。后浇带推迟 2 个月合拢后，其残余收缩应变取 40%，则当量温差为 14.4℃，收缩当量温差取 15℃。

最高气温 36℃，最低气温 −13℃。

地下部分　正温差：$36 - 13 - 15 = 8℃$；

　　　　　负温差：$-13 - 13 - 15 = -41℃$。

地上部分　正温差：$36 - 25 - 15 = -4℃$；

　　　　　负温差：$-13 - 25 - 15 = -53℃$。

荷载组合：

$$S = 1.3S_{恒} + 1.5S_{温} + 1.5 \times 0.7S_{活}$$

$$S = 1.3S_{恒} + 1.5 \times 0.6S_{温} + 1.5S_{活}$$

式中：$S_{恒}$——静荷载标准值（只有自重）；

　　　$S_{温}$——温度作用标准值；

　　　$S_{活}$——施工活荷载标准值，取 $1.0kN/m^2$。

经典回眸　中国建筑西北设计研究院有限公司篇

（2）正常使用阶段：

冬季室内温度 20℃；夏季室内温度 26℃。

地下部分　正温差：26 − 13 − 15 = −2℃

负温差：20 − 13 − 15 = −8℃

地上部分　正温差：26 − 25 − 15 = −14℃

负温差：20 − 25 − 15 = −20℃

荷载组合：

$$S = 1.3S_{恒} + 1.5S_{温} + 1.5 × 0.7S_{活}$$

$$S = 1.3S_{恒} + 1.5 × 0.6S_{温} + 1.5S_{活}$$

式中：$S_{恒}$——使用阶段的静荷载标准值；

$S_{温}$——温度作用标准值；

$S_{活}$——试用阶段的活荷载标准值。

考虑混凝土徐变影响，上述温度作用乘以 0.5 后，由 YJK 软件进行整体模型计算分析（计算结果见图 18.3-7），找出应力集中部位，进行构件加强。

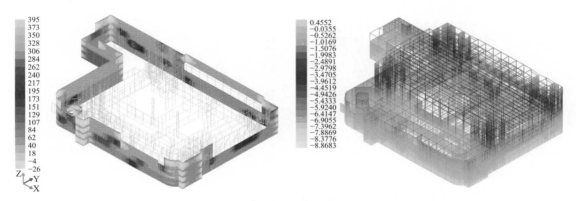

图 18.3-7　温度作用工况下的内力及变形云图

2）各类措施

（1）设置温度后浇带，后浇带的宽度，根据相关文献由 800mm 增加到 1100mm，合拢时间推迟 2 个月以上。

（2）板面、板底钢筋拉通率皆不小于 0.25%，梁腰筋配筋率不小于 0.20%。

（3）本工程地下 4 层，建筑功能为文物库房，对防水、防潮的要求极高。地下室周边的混凝土墙、顶板、基础厚度很大，混凝土强度等级高，约束条件复杂，温度荷载作用下很容易产生裂缝，而地下水位又很高，为避免有害裂缝的产生，在基础底板、地下室外墙地下 3 层至 1 层梁板中添加 Ⅱ 型高性能膨胀剂，掺量为胶凝材料的 8%～10%，以补偿混凝土的收缩。

（4）肥槽及时回填，减小温度的影响。

（5）根据施工阶段的施工情况，可适当推迟后浇带的合拢时间（不影响后续其他专业交叉施工的情况）。

（6）建筑专业加强防水措施，如较长年限的防水材料，多道防水材料等。

（7）施工中加强混凝土的养护。

18.3.4　防连续倒塌设计

本工程为重要的国家级文化博物馆，百年使用期内，结构在正常使用阶段遭遇偶然荷载作用时，如破坏性较大的爆炸、冲击作用等，某些关键构件会失效进而导致一系列连续破坏，最终由于局部破坏而引发结构大范围倒塌或整体倒塌。为防止此类情况的发生，采用概念设计和拆除构件相结合的方法进行抗连续倒塌设计。

概念设计法：（1）主体结构采用多跨超静定结构，提高结构冗余度，使结构具有较多的荷载传递路径；（2）结合抗震性能化分析设计，提高构件的延性，避免局部失稳和整个构件失稳；（3）框架梁柱采用刚接；（4）加强节点和连接构造，保证结构的连续性和构件的变形能力，以形成抗连续倒塌机制。

拆除构件法：逐个分别拆除结构周边柱、内部柱、八字形转换处的斜撑，其中周边柱在竖向位置，拆除首层、3层，内部柱拆除1层，见图18.3-8。拆除构件后，按静力弹性方法验算剩余结构的内力和变形。

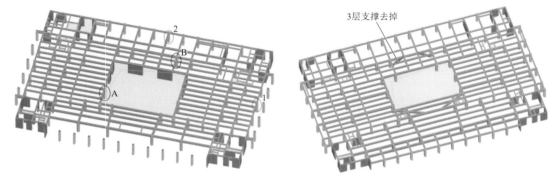

图18.3-8 拆除位置示意

18.3.5 钢连廊设计

配合建筑充分利用空间，在南侧门头内加设连廊，设计中，为保证建筑正面幕墙的通高要求，同时尽可能保证连廊的使用净高，采用钢结构吊挂形式，减小自重，剖面如图18.3-9所示。

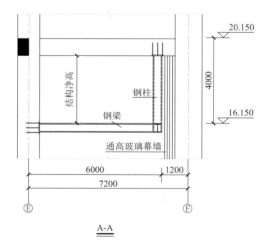

图18.3-9 钢连廊剖面示意

18.3.6 梁上开大洞设计

顶层为尽量增加使用净高，屋面层暖通管道按穿梁设计，洞口尺寸较大，位置集中，且洞口周边有很大的次梁，使用设计手册方法计算得出补强钢筋配筋图（图18.3-10）后，再通过有限元软件受力分析，对薄弱部位复核及做加强处理。开洞梁的有限元模型见图18.3-11，其应力云图见图18.3-12，施工现场见图 18.3-13。

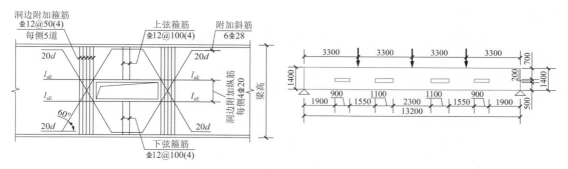

图 18.3-10　洞边补强钢筋及计算简图

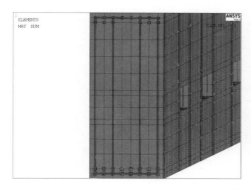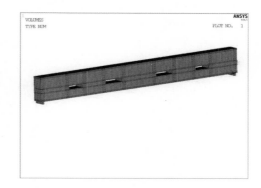

图 18.3-11　有限元模型

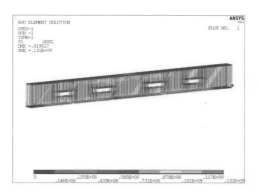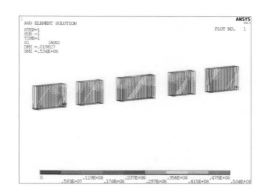

图 18.3-12　应力分布云图

图 18.3-13　梁上开大洞施工现场

18.4 结语

中央礼品文物管理中心项目地处北京城市核心区，为举行建党 100 周年系列庆祝活动的重要场馆之一，是承载国家重要外事活动的场馆之一。工程挺拔的柱廊、硬朗的线条，强化了的空间仪式感，映射出多元包容的特质，中正大气的整体形态、集中高效的功能布局，体现出大国之风、和平之气。

极高的工程定位决定了本场馆"与历史对话，天人合一"的建筑设计理念以及百年使用的特殊功能需求。在具体的设计工作中，实现建筑物的功能要求是首要任务。

在结构设计过程中，主要完成了以下几方面的工作：

（1）在当前行业内尚无抗震设防烈度 8 度区 100 年设计基准期相关规范说明的条件下，本工程以现行 50 年设计基准期规范为基础，通过量值上调，对抗震设防烈度 8 度区 100 年设计基准期进行专项计算，包括荷载取值、抗震参数等，建立了适用于抗震设防烈度 8 度区 100 年设计工作年限建筑的设计方法，充分保证了结构安全性和可靠性，为同类条件下建筑物的结构及建筑设计提供了可靠的借鉴依据。

（2）综合采用大跨双向混凝土预应力混凝土梁、转换结构、斜撑桁架及钢结构吊柱等方式，最大程度地满足了建筑对空间使用的要求。

（3）对超长结构，尤其是双向超长的地下室进行了专项的抗裂及温度作用计算和分析，从定量和定性两个方面采取了有效措施满足了结构的耐久性要求，保证地下室对博物馆高级别收藏的要求。

中央礼品文物管理中心项目建成以来，使用方给予项目完全肯定和高度赞扬，项目气势雄宏，简洁大气。这里已经成为党员干部接受党性教育的重要平台，面向社会公众、展示党和国家辉煌历史的爱国主义教育基地，充分发挥了中央文物在加强党史教育、国史教育、爱国主义教育、革命传统教育中的重要作用。

设计团队

项目负责人：赵元超、白正建

结构设计团队：王洪臣、杨　琦、王　磊、邰京锋、韦孙印、尹龙星、武红姣、张　涛、卢　骥、郭　东、周文兵

获奖信息

2020 年度中国建筑优秀勘察设计奖优秀建筑方案设计一等奖

2022 年度陕西省优秀工程勘察设计奖优秀建筑工程设计一等奖

第19章

西安市幸福林带工程

19.1 工程概况

19.1.1 建筑概况

幸福林带工程位于西安市幸福路与万寿路之间，北起华清路，南至长乐路，幸福林带地下空间建筑两侧为市政管廊、地铁 8 号线南北纵贯。同时，地铁 7 号线在华清路至长缨路段从幸福林带工程斜穿而过，已建成的地铁 1 号线从长乐路地下穿过，已设计的地铁 6 号线从咸宁路地下穿过。

幸福林带地下空间建筑处于地铁 8 号线及两条城市管廊中间，地下 2 层，局部地面以上 1 层。总长 5.85km，宽度 100～50m。地下 2 层主要为停车库、设备用房，部分为"核 6 常 6"人员掩蔽所；地下 1 层为综合商业、冰球馆、游泳馆、篮球馆、电影院、健身房、非物质文化遗产展示中心、应急避难教育中心、智能图书馆、市民活动中心、超市、餐饮等公共建筑。幸福林带工程由北到南，与华清路、兴工路、长缨路、长乐路、韩森路、共青团路、咸宁路、建工路、西影路、新兴南路等主要的城市道路东西交会。幸福林带地下空间建筑鸟瞰图如图 19.1-1 所示，羽毛球馆、篮球馆鸟瞰图如图 19.1-2 所示，冰球馆鸟瞰图如图 19.1-3 所示。幸福林带地下空间建筑设计时间为 2018 年 1～9 月。

图 19.1-1　幸福林带鸟瞰图

图 19.1-2　羽毛球馆、篮球馆鸟瞰图

图 19.1-3　冰球馆鸟瞰图

幸福林带地下空间建筑按道路区间划分为以下 6 段：

（1）华清路—长缨路段-A 段：长约 1160m，地裂缝 F4 从场地北侧穿过，建筑地下 1 层平面如图 19.1-4 所示。

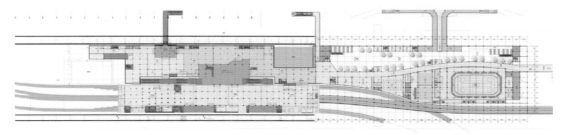

图 19.1-4　华清路—长缨路段-A 段

（2）长缨路—长乐路段-B 段：长约 882m，建筑地下 1 层平面如图 19.1-5 所示。

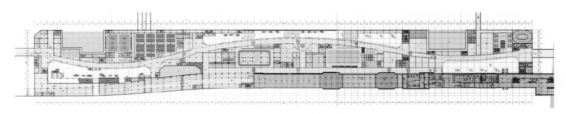

图 19.1-5　长缨路—长乐路段-B 段

（3）长乐路—韩森路段-C 段：长约 1173m，地裂缝 f5 从场地北侧穿过，建筑地下 1 层平面如图 19.1-6 所示。

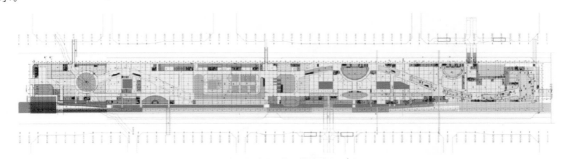

图 19.1-6　长乐路—韩森路段-C 段

（4）韩森路—咸宁路段-D 段：长约 863m，地裂缝 f6 从场地南北中间穿过，建筑地下 1 层平面如图 19.1-7 所示。

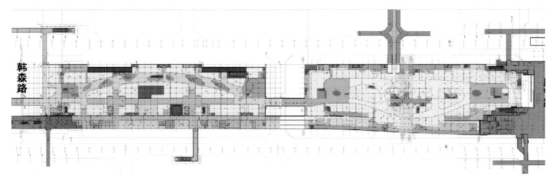

图 19.1-7　韩森路—咸宁路段-D 段

（5）咸宁路—西影路段-E 段：长 1311m，地裂缝 f7 从场地靠南侧穿过，建筑地下 1 层平面如图 19.1-8 所示。

西影路—新兴路段-F 段：长 410m，宽约 75m。地裂缝 f8 从场地靠中间穿过。

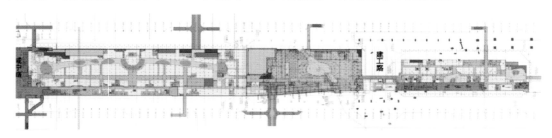

图 19.1-8　咸宁路—西影路段-E 段

幸福林带分段示意图如图 19.1-9 所示，建筑典型平面图如图 19.1-10 所示。

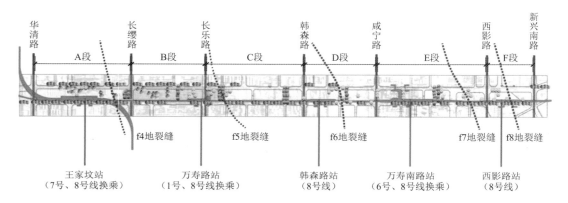

图 19.1-9　幸福林带分段示意图

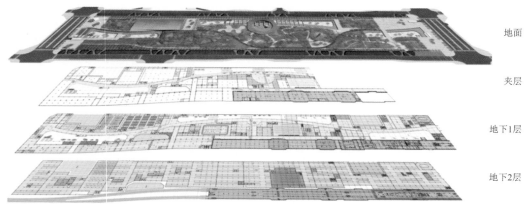

图 19.1-10　建筑典型平面图

19.1.2 设计条件

本工程一般为地下 2 层，地下 2 层层高一般为 4.2m 左右，地下 1 层层高一般为 7m 左右。

主体控制参数见表 19.1-1。

主体控制参数表   表 19.1-1

结构重要性系数	1.1（重点设防类建筑）、1.0（标准设防类建筑）	
环境类别	地下室室内	二 a 类
	基础、地下室外墙、地下车库有覆土顶板	二 b 类
	地面以上室内	一类
结构设计工作年限	50 年	
混凝土结构耐久性	根据设计工作年限 50 年和混凝土结构的环境类别设计，混凝土材料宜符合《混凝土结构设计规范》GB 50010-2010 表 3.5.3 耐久性的要求	
混凝土构件裂缝控制	一类环境（地上室内）	不大于 0.3mm
	二 a 类环境、二 b（地下室）	不大于 0.2mm
	预应力混凝土构件裂缝	按二级裂缝控制标准
抗震设防分类	公共服务配套一个区段公共服务配套营业面积超过 7000m² 按重点设防（乙类）类	
	其他建筑：一般设防（丙类）类	
地基基础设计等级	甲级	
湿陷性黄土地区建筑物分类	篮球馆、游泳馆、冰球馆等跨度大于等于 24m 的建筑	乙类
	其余建筑	丙类
地下室防水设计等级	三级	
抗震设防烈度	8 度	
设计基本地震加速度值/g	0.20	
场地类别	Ⅱ 类	
设计地震分组	第二组	
特征周期/s	$T_g = 0.40$	
水平地震影响系数最大值	$\alpha_{max} = 0.16$	
建筑物抗震等级	冰球馆、游泳馆、篮球馆、IMAX 电影院（跨度大于 18m）	一级
	地下 1 层商业 1 个区段营业面积超过 7000m²	一级
	A3、B1、B2 段地下 1 层以上	一级
	其余结构	二级
风荷载基本风压	0.35kN/m²	
地面粗糙度类别	B 类	

可变荷载按《建筑结构荷载规范》GB 50009-2012 的规定取值，见表 19.1-2。

可变荷载表（单位：kN/m²）   表 19.1-2

基本风压	0.35（50 年）	基本雪压	0.25（50 年）
商业	5.0（考虑后期增加分隔墙）	下沉广场	4
电影院	4	冰球馆、篮球馆、健身房	4
书库	5	电梯机房	7
小汽车通道	4	消防疏散楼梯	3.5
制冷机房	12	水泵房、变配电房	12
卫生间	8（考虑分隔墙）	地下室顶板非消防车通道	10
消防车通道	35（按规范）	货车通道	10
卸货平台	12		

19.2 建筑结构设计特点及结构方案

19.2.1 市政管廊、地铁与地下空间建筑同槽施工

工程在万寿路与幸福路之间，靠近万寿路及幸福路一侧，同时需要建设市政管廊，地铁 8 号线靠近万寿路管廊内侧，设计的地铁 7 号线在华清路至长缨路段从场地斜向穿越，已建成的地铁 1 号线从长乐路地下穿越，已设计的地铁 6 号线从咸宁路地下穿越。幸福林带工程作为西安最大的地下空间建筑，其功能比较复杂，地下空间建筑与市政管廊、地铁 8 号线的典型剖面图如图 19.2-1 所示。

为了提升地下空间利用率，协调复杂的城市功能，确保城市安全，设计中需要考虑城市管线迁改可行性、不能拆改的城市管线如何横穿林带地下空间以及地铁区间和林带地下建筑之间的沉降、振动、功能衔接等问题。另外，市政交通与地下空间结合的空间布置方式、施工顺序组织、支护方案等，都是结构设计需要考虑的，这使得结构设计变得更加复杂。图 19.2-2 为市政管道横穿林带地下空间剖面图，图 19.2-3 为管廊纵剖面图。地下空间与两侧市政管廊，由于管廊底、顶高程与地下空间建筑基础底、板顶差异较大，因此本工程地下空间建筑与两侧市政管廊结构完全脱开，两者外墙之间距离不小于 1.5m。

图 19.2-1　建筑典型剖面图

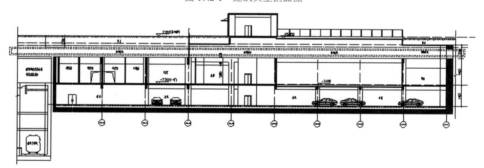

图 19.2-2　市政管道横穿林带地下空间剖面图

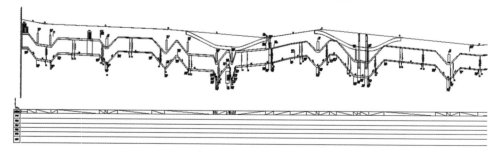

图 19.2-3　管廊纵剖面图

经典回眸　中国建筑西北设计研究院有限公司篇

幸福林带工程地下综合体从华清路到西影路与地铁 8 号线、7 号线共 4 个站房衔接，地下综合体与 8 号线区段、7 号线区段也有连接，如何处理地下综合体与地铁的连接问题，对两个方案进行了探讨，并进行比较分析。

方案 1：地铁站房、区间段涵洞与地下综合空间连成一整体，不脱开，见图 19.2-4（a）。

方案 2：地铁站房、区间段涵洞与地下综合空间完全脱开，各自独立，地下 1 层通过连接通道连接，见图 19.2-4（b）。

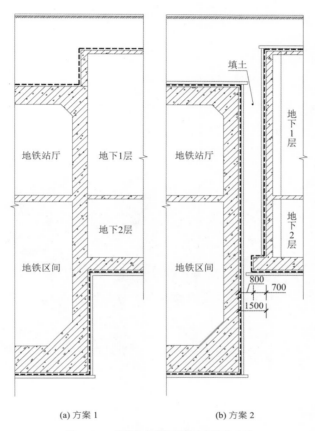

(a) 方案 1 　　　　　　　(b) 方案 2

图 19.2-4　地铁与林带地下综合体连接方案

方案 1 的优缺点分析结果见表 19.2-1。

方案 1 优缺点分析表　　　　　　　　　　　　　　　表 19.2-1

	优点	缺点
方案 1：连成整体	（1）地铁站房与地下空间建筑间可以节省一道剪力墙，节省一道防水。工期相对短。建筑在地下一层处连接更直接、方便。 （2）无连接通道，两者间无伸缩缝。相对减少了防水隐患。 （3）减少了用地面积，或增加了建筑面积。 （4）经济性好	（1）地铁站房、区间基础埋深浅于或深于地下空间建筑基础埋深，最深处深 10m，这时地铁外墙在地下空间基础底板标高处宜设水平施工缝，先施工施工缝以下部分（混凝土、外墙防水），然后做地下空间地基处理（2～2.5m 换填处理），再施工地下空间的基础垫层、防水层、绑扎基础钢筋，然后再与地铁外墙同时浇筑混凝土。施工周期长，对施工要求高。否则地铁外墙一次施工、预埋地下空间基础钢筋，地下空间基础位于高填方回填土上，回填厚度大、回填质量不易保证，易造成地下空间建筑沉降，为工程安全留下隐患。 （2）地铁站房、区间与地下商业连为一个整体，地铁有振动，特别是与图书馆、阅览厅、电影院连为一个整体时。建议地铁做隔振处理，以最大限度不影响图书馆阅读人员要求安静的使用要求。 （3）地下空间建筑与地铁站房、区间涵洞设计为一个整体，地下空间与地铁设计标准不同、设计工作年限不同，连在一起的设计标准、设计年限如何确定？地铁设计与地下空间建筑要更紧密配合，以满足各自的要求

方案 2 的优缺点分析见表 19.2-2。

	优点	缺点
方案 2：完全脱开	地铁站房、区间设计、施工与地下空间建筑设计各自独立，设计、施工相互干扰少，仅连接通道处需相互配合。各自按自己的标准设计、运营产权明确	（1）地铁站房与地下空间建筑相邻处各自有独立外墙，净距不小于 1.5m，各自都需要做防水，两外墙间需要回填土，工程量加大，工期也相对长，建筑使用面积减少。 （2）各自均需做外墙及防水，工程量加大。连接通道处留有伸缩缝，给防水留下隐患

经与使用方、建设单位协商，最终确定如下方案（图 19.2-5）：

为保证地铁整体地下室的侧限要求，地下空间建筑的地下室钢筋混凝土外墙与地铁外墙间留 300mm 空隙。先施工深的一侧外墙及其防水层，防水层外侧用不小于 240mm 厚实心砖墙砌筑；后施工浅的外墙，240mm 砖墙作为其模板，墙面做找平层及防水层，使得地下空间建筑与地铁各自完全嵌固。在地下 1 层楼板及屋面板，两者楼板仅用钢筋断开，混凝土板用一层油毡隔开，按各自标准设计，减少了地铁振动对地下空间建筑的影响，同时地铁建设造价与地下空间建设造价划分清晰。地铁基础较深时，可先做支护桩，防止地铁基坑开挖放坡，肥槽回填厚度较大影响地下空间安全。

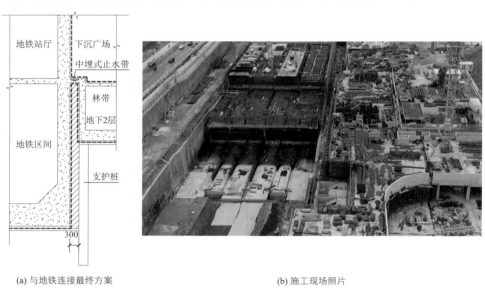

(a) 与地铁连接最终方案   (b) 施工现场照片

图 19.2-5   地铁与林带综合空间连接最终方案

19.2.2 多条地裂缝穿越建筑场地

幸福林带场地地裂缝分布示意图如图 19.1-9 所示，共 5 条地裂缝穿越场地，裂缝分布情况如下：

华清路—长缨路段-A 段：地裂缝 f4 从场地靠北侧穿过。

长乐路—韩森路段-C 段：地裂缝 f5 从场地靠北侧穿过。

韩森路—咸宁路段-D 段：地裂缝 f6 从场地南北中间穿过。

咸宁路—西影路段-E 段：地裂缝 f7 从场地靠南侧穿过。

西影路—新兴路段-F 段：地裂缝 f8 从场地靠中间穿过。

地裂缝大致走向均为 NE，倾向 SW，倾角约 80°，表现为上盘（东南盘）下降，下盘（西北盘）相对上升的断层性质。其中地裂缝 f6，北侧为主地裂缝，南侧为次地裂缝。

f4 地裂缝在地下空间建筑 A2 段以北约 100m，A2 段地下空间建筑设计不考虑其影响。

f5 地裂缝位于长乐路以南靠近长乐路，采用避让做下沉广场，仅地下 2 层有连接通道。做法同跨 f6 地裂缝的地下通道。

f6 地裂缝位于地下空间韩森路和咸宁路路间靠近爱民路，主体结构避让跨地裂缝建筑做南北通道连接，连接通道在主变形区间每隔 6m 设一条伸缩缝，以适应地裂缝两侧的不同变形要求。

f7 地裂缝位于地下空间咸宁路和西影路间，此部分采用避让，地下 2 层无建筑，地下 1 层做下沉广场。

本工程遇地裂缝时采取的处理方法：可避让时，优先选择避让；无法避让时，地裂缝变形区段设伸缩缝。

按照《西安市地裂缝场地勘察与工程设计规程》DB 61-6-2006（简称《地裂缝规程》）的要求：本地下空间建筑在地裂缝处均为一般车库和商业用房，按《地裂缝规程》分类均为三类建筑，避让距离从基础边算起，上盘（东南）为 6m，下盘（西北）为 4m。

本工程上盘钢筋混凝土基础外边缘距离地裂缝最小距离为 6.850m，下盘钢筋混凝土基础外边缘距离地裂缝最小距离为 5.840m（图 19.2-6），均满足《地裂缝规程》要求。

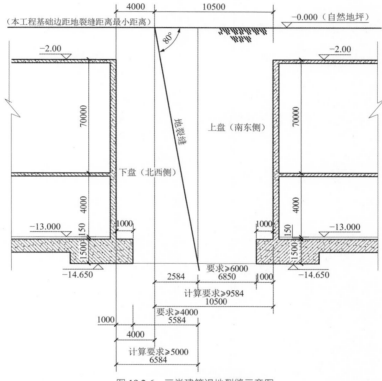

图 19.2-6 三类建筑退地裂缝示意图

无法避让时，在跨越地裂缝的连接通道设若干条一定间距的伸缩缝（图 19.2-7、图 19.2-8），以适应地裂缝两侧不同变形需要。

地铁站房采取避让，区间可跨地裂缝，变形（主次）区间设变形缝。

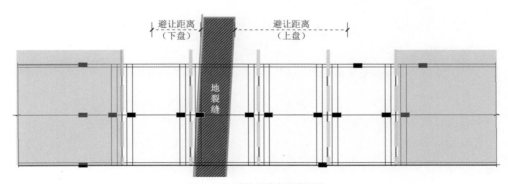

图 19.2-7 跨地裂缝变形缝设置

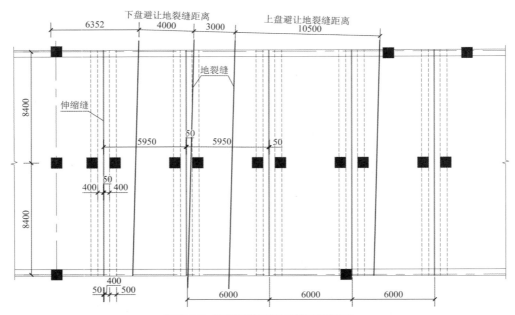

图 19.2-8　连接通道通过地裂缝伸缩缝做法

19.2.3　幸福里林带工程为超长结构

幸福林带全长 5.85km，结构超长，本工程解决结构超长问题主要采取以下措施：

（1）根据东西方向的市政道路，将地下空间建筑结构分为 6 大段，每段结构长度在 1000m 左右。市政道路下方采用连接通道连接两侧的地下空间建筑，通道两侧均设伸缩缝。根据建筑平面布置，在平面宽度相对较窄部位以及地裂缝穿越部位，再设永久的伸缩缝，把 6 大段结构再用伸缩缝划分为若干相对独立的结构单元（段），使每段结构长度一般控制在 350m 左右。如图 19.2-9 为 B 段的分缝示意图。

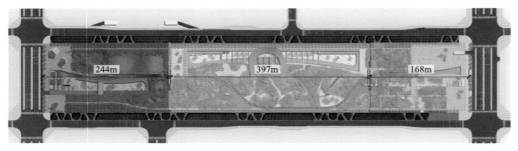

图 19.2-9　B 段分缝示意图

（2）计算考虑温度作用。温度作用计算结果显示，在楼板不连续开大洞周边和剪力墙分布集中部位有较大温度作用，故应在楼板温度作用较大位置加强配筋。

（3）设置施工收缩后浇带，有效控制混凝土施工过程中的早期收缩，收缩后浇带间距 40m 左右，解决施工期间混凝土收缩。45d 后用强度等级高一级的微膨胀混凝土封闭后浇带。后浇带封闭时应选择温度较低时段，特别是长度大于 300m 的区段，应严格控制后浇带混凝土封闭温度。以此主要解决混凝土浇捣前期收缩问题。

（4）通过加强配筋抵抗长期温度作用。

沿楼长向：板配筋沿板长向配筋率不宜小于 0.25%，间距为 100～200mm。框架梁截面不少于 4 根纵筋拉通，腰筋不小于 $\phi16@200$；次梁截面应有 2 根纵筋拉通，腰筋不小于 $\phi14@200$。超长梁腰筋构造按间距不大于 200mm，配筋率每侧按梁腹高与梁宽乘积的 0.1% 取用。

经典回眸　中国建筑西北设计研究院有限公司篇

沿楼宽向：板截面配筋率不小于 0.20%。框架梁截面应有 4 根纵筋拉通，腰筋不小于 $\phi14@200$；次梁截面有 2 根纵筋拉通，腰筋不小于 $\phi2@200$，沿楼长向端部配筋率增大 25%。外墙水平筋间距不大于 150mm，且在墙高中部 800mm 范围内间距不大于 100mm，单侧水平筋配筋率构造要求 0.25%。基础筏板构造配筋率按 0.15%～0.20% 采用，楼板、基础筏板、外墙水平筋配筋原则为细而密，以利于抗裂。

（5）基础梁、楼层梁板、地下室外墙均掺入混凝土纤维抗裂剂，并采用低水化热水泥减少混凝土浇捣过程的收缩。

19.2.4 基础抗浮和湿陷性处理

黄土湿陷等级，北侧从华清路开始 A 段湿陷等级为自重Ⅲ级，越往南黄土湿陷性等级越轻，到 E 段已无湿陷性。场地黄土湿陷等级为，Ⅰ级轻微、Ⅱ级自重（中等）～Ⅲ级自重（严重）。处理均采用 1∶6 水泥土换填处理，处理厚度 0.5～2.5m。

咸宁路—韩森路段，地下水位较高进行了抗浮设计。

抗浮稳定不满足要求的区段需考虑采取抗浮桩抗浮，抗浮桩桩径 600mm，桩长 15m、18m，预估单桩抗拔承载力特征值分别为 750kN、950kN。

若适当增加配重可以满足抗浮要求时，可考虑在基础筏板面加 1m 以内覆土或混凝土。

19.2.5 地下空间形态复杂，大型场馆屋盖多样

根据大型场馆屋面的形状，不同的覆土厚度，不同的跨度采取不同的结构形式。

B1 段有篮球馆、羽毛球馆（图 19.2-10），为双曲面种植屋面。建筑方案初步跨度为 33.6m，覆土 0.6m，活荷载 5kN/m²。若做预应力混凝土大梁，预应力筋无法张拉；若做钢桁架结构，钢桁架截面梁高在 2600mm 左右，且纵向布置有钢桁架。因影响室内建筑效果，建筑专业不同意该方案，而同意篮球馆跨度改为 21m，羽毛球馆跨度改为 18.10m，均采用普通钢筋混凝土主次梁结构，次梁按井字梁布置，屋面板厚 150mm。框架梁截面为 500mm×1800mm。为减小支座配筋和裂缝，框架梁支座处加腋。

篮球馆、羽毛球馆混凝土双曲面屋面，施工比较复杂，故借助 BIM 技术对屋面进行建模提供网格化标高控制点，供现场控制模板高程。同时现场通过 BIM 模型及软件二次开发，准确定位支模立杆高程，辅助现场施工，解决了双曲面屋面定位支模的难点问题，使得满足不错的设计效果。图 19.2-11 为篮球馆、羽毛球馆建造现场照片。

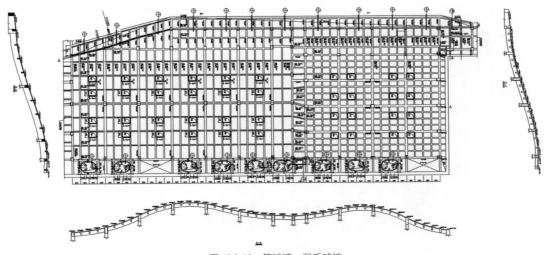

图 19.2-10 篮球馆、羽毛球馆

图 19.2-11　篮球馆、羽毛球馆建造过程

　　游泳馆相对体型简单，屋盖平面尺寸为 33.6m × 59.1m，覆土厚度 0.6m，考虑净高和耐久性方面要求，采用预应力混凝土大梁，如图 19.2-12 所示。

图 19.2-12　游泳馆

　　冰球馆为双曲面屋面，局部覆土 0.6m，经过多方案比较最终采用钢桁架屋盖结构，很好地实现了屋面效果，如图 19.2-13 所示。

图 19.2-13　冰球馆

幸福林带全长地下室顶板大多处存在开大洞和开敞步行街，如图 19.2-14 所示。结构设计时应该考虑地下室顶板开大洞的不利影响，因此将结构嵌固端选择在地下 2 层顶板位置。利用电梯筒和楼梯间布置剪力墙，形成多个剪力墙围合成筒体以增强结构的抗侧刚度，混凝土结构的典型柱网尺寸为 8.4m × 10.5m。该工程位于 8 度地震区，车库顶板有大厚度覆土，地震响应明显，挡土侧存在土压力须通过剪力墙提高结构的整体抗侧刚度，必要部位通过单跨框架复核配筋，同时根据现场实际情况采用悬臂式挡墙或扶壁式挡墙考虑土压力。

图 19.2-14　开敞步行街

19.3　结构体系与结构分析

19.3.1　结构体系

本工程采用钢筋混凝土框架结构或框架-剪力墙结构。按《湿陷性黄土地区建筑规范》GB 50025-2004 的相关规定，本工程除游泳馆、冰球馆、篮球馆建筑分类为乙类建筑外，其余建筑均为丙类建筑。

对丙类建筑，除 A、B、C、D 段外（华清路—咸宁路），其他地段基础底以下湿陷土层大部分或全部挖除，基础底剩余湿陷量小于 200mm，按 GB 50025-2004 要求可不作处理，地基持力层土质均匀，原土夯实即可。局部有异常者另行处理。防空洞位于基础以下者，全部挖出湿陷性黄土，并用素土夯填。

对基础底黄土剩余湿陷量大于 200mm 的 A、B、C、D 段，根据勘察报告提供的数据，采用整片换填处理，其中 A、D 段基础底用 1：6 水泥土（体积比）换填处理 1m，处理范围从基础边外放 2m。其中冰球馆基础底用 1：6 水泥土（体积比）换填处理 2m；B 段基础底用 1：6 水泥土（体积比）换填处理 2m，处理范围从基础边外放 2m。水泥土压实系数不小于 0.97。C 段中的 C1 大部分基础底用 1：6 水泥土（体积比）换填处理 1.2m，处理范围从基础边外放 2m，其余地裂缝附近及其北侧采用夯扩挤密桩进行湿陷性处理，孔内夯填 1：7 水泥土（体积比）。D2、E 段局部抗浮验算不满足要求，需做钢筋混凝土抗浮桩。

本工程基础形式为平板筏形基础下翻柱墩。游泳馆、冰球馆、篮球馆基础，为减少基坑开挖，基础一般采用柱下筏板基础，预估筏板厚度 700mm，柱墩高 1200mm。

本工程典型柱网 8.4m × 10.5m，框架柱截面一般为 800mm × 800mm，地下一层规则板块一般做双向密肋梁结构，密肋梁截面高度一般为 440mm，板厚 120mm，下沉广场有消防车处密肋梁截面高度 600mm，板厚 150mm，不规则板块按一般主次梁结构布置。屋面梁一般为井字梁结构形式，框架梁截面尺寸一般为 500mm × 1100mm、500mm × 1300mm，井字梁截面尺寸一般为 350mm × 900mm。

幸福林带工程特殊屋面楼盖形式有 A3 段冰球馆双曲面屋面，采用空间钢桁架结构。B 段篮球馆、羽毛球馆均采用普通钢筋混凝土主次梁结构，次梁按井字梁布置，屋面板厚 150mm，框架梁截面尺寸为 500mm×1800mm。游泳馆采用预应力混凝土梁。C 段 IMAX 影厅部分超过 20m 的大跨度框架，综合考虑计算后采用部分型钢混凝土梁柱。

19.3.2 结构方案比较分析

1. 基础方案比较分析

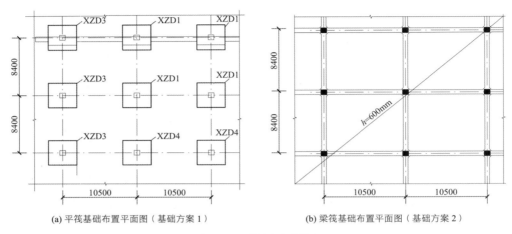

(a) 平筏基础布置平面图（基础方案 1）　　(b) 梁筏基础布置平面图（基础方案 2）

图 19.3-1　基础方案示意图

基础方案 1 采用平筏基础，其平面布置见图 19.3-1（a）；基础方案 2 采用梁筏基础，其平面布置见图 19.3-1（b）。

平筏基础（方案 1）：板厚 700mm，柱墩截面为 3200mm×3600mm×1200mm（下翻）。混凝土用量为 0.81m³/m²，钢筋用量为 58.3kg/m²，土方量为 42543m³。综合造价为 1353.26 元/m²（含土方）。

梁筏基础（方案 2）：基础梁截面为 900mm×1200mm（上翻），板厚 600mm。混凝土用量为 0.72m³/m²，钢筋用量为 49.55kg/m²，土方量为 45093m³。综合造价为 1306.21 元/m²（含土方）。

平筏基础比梁筏基础综合造价高 47.6 元/m²，但基坑开挖深度少了 0.5m，节省了室内回填土深度 0.5m，造价 50 元/m²，最终平筏基础比梁筏基础综合造价省 2.4 元/m²，且省去了室内土回填，支护深度减少 0.5m，施工更简便，施工周期短。因此，本工程基础方案采用平筏基础，板厚 700mm，采用 C35 混凝土，柱底设置下翻柱墩，以提高基础底板抗冲切能力。

2. 楼盖结构形式方案比较分析

对典型柱网 8.4m×10.5m，采用 5 种楼盖布置方案（图 19.3-2）进行对比。

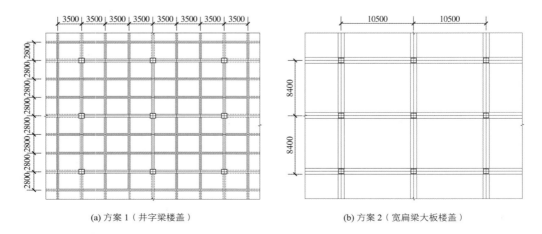

(a) 方案 1（井字梁楼盖）　　　　　　(b) 方案 2（宽扁梁大板楼盖）

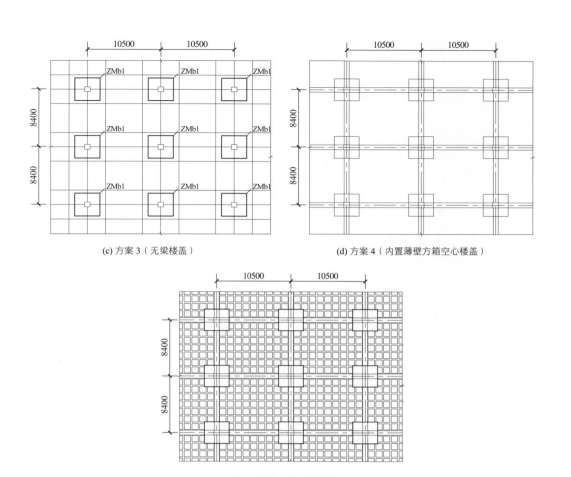

(c) 方案 3（无梁楼盖）　　　　　　　(d) 方案 4（内置薄壁方箱空心楼盖）

(e) 方案 5（蜂巢空腹双向密肋梁）

图 19.3-2　楼盖方案示意图

　　对于图 19.3-2 所示的 5 种楼盖结构方案，其楼板厚度、梁截面或柱帽截面尺寸、混凝土用量、钢筋用量以及单位面积造价分析结果，见表 19.3-1。经方案对比，最终地下室顶板采用井字梁方案，地下 1 层采用双向密肋梁方案。

主体结构楼层结构形式表　　　　　　　　　　　　　　　　　表 19.3-1

楼层号	方案名称	结构形式	板厚/mm	梁截面/柱帽截面/mm	混凝土用量/（m³/m²）	钢筋用量/（kg/m²）	每平米造价/（元/m²）	备注
地下一层	方案 1	井字梁	120	450×950 300×750	0.39	69.8	752.0	每柱距间距布两道次梁
	方案 2	宽扁量大板	250	900×800 900×650	0.39	146.2	1096.5	
	方案 3	无梁楼盖	400	3300×3600×800	0.51	85.4	823.5	
	方案 4	薄壁方箱空心板	600（上 200/下 80）	700×600 3200×3500×1000	0.54	63.0	989.8	方箱尺寸 600mm×600mm
	方案 5	双向密肋梁	500	700×500 200×500 3200×3500×900	0.40	65.1	752.6	密肋梁间距 1100mm
顶层	方案 1	井字梁	200	500×1100 300×750	0.38	91.4	842.0	每柱距间距布两道次梁
	方案 2	宽扁量大板	300	900×900 950×900	0.49	163.5	1285.2	
	方案 3	无梁楼盖	450	3300×3600×1050	0.60	143.6	1160.3	
	方案 4	薄壁方箱空心板	600（上 150/下 90）	700×600 3200×3500×1100	0.55	65.0	995.5	方箱尺寸 600mm×600mm
	方案 5	双向密肋梁	600	700×600 200×600 3200×3500×1100	0.41	69.5	778.6	密肋梁间距 1100mm

3．冰球馆屋盖多方案对比

幸福林带工程冰球馆项目，位于幸福林带项目 A3 段。冰球馆平面尺寸为 42m×73.5m。屋盖采用大型双曲屋面空间屋盖，屋盖投影面积为 3365m²，屋盖顶面高差为 7.880m。冰球馆屋面西侧 8.4m 宽、南北各 6.4m 宽范围考虑厚度为 0.60m 种植土。

本工程屋盖为双曲面结构，屋盖的选型及结构布置方案将直接影响建筑效果和经济性指标。设计之初建筑专业主张采用木结构绿色环保、室内效果温馨舒适。胶合木张弦梁结构见图 19.3-3、H 形截面主次梁结构见图 19.3-4、矩管截面主次梁结构见图 19.3-5、空间钢桁架结构见图 19.3-6。

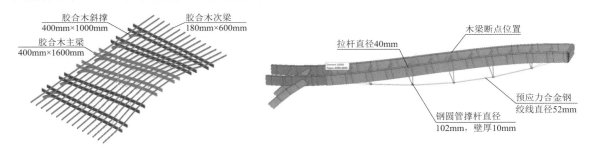

图 19.3-3　胶合木张弦梁结构

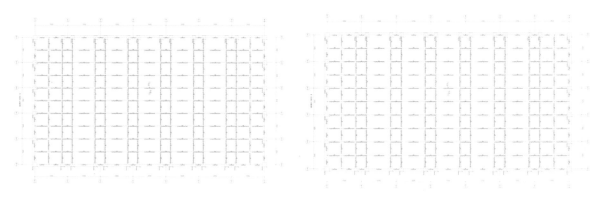

图 19.3-4　H 形截面主次梁（单位：mm）

H 形主梁 40×2450×550×40×700×46、

36×2350×500×36×650×46

H 形次梁 22×700×250×26×400×30、

14×600×250×26×150×16

图 19.3-5　矩管截面主次梁（单位：mm）

矩管截面主梁 650×2100×36×44×44×44、

650×1900×30×38×38×38

矩管截面次梁 300×700×24×24×24×24、

200×500×16×18×18×18

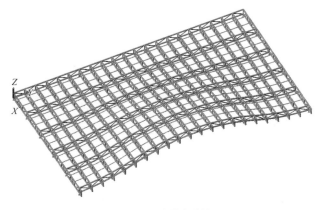

图 19.3-6　钢桁架结构

桁架中心高度：2400mm

表 19.3-2 对上述 4 种屋盖结构方案的经济性进行了对比分析。由表可见，空间钢桁架结构方案经济

性最好。

屋盖结构经济性分析表 表 19.3-2

屋盖结构	结构自重/（kg/m²）	预估总造价/（元/m²）	优缺点
胶合木张弦梁结构	—	12000	造型优美，材质温暖，呼应林带主题，造价高
H 形截面主次梁	238	3570	施工简单，造型美观
矩管截面主次梁	367	5505	造型美观，用钢量大，施工复杂
钢桁架结构	181	2715	结构轻巧，用钢量小，施工复杂

19.3.3 结构设计分析

1. 地下空间结构抗震设计措施

考虑地下一层有商业露天内廊、下沉广场，内廊、下沉广场两侧无土体约束，此部分按地下 1 层和地下 2 层分别计算，结构取两者包络值设计。均验算罕遇地震作用下结构的弹塑性变形，弹塑性层间位移角限值取 1/250。

对大跨度冰球馆等钢结构屋盖，其与下部混凝土结构整体计算。

对地下 1 层不规则综合商业连系薄弱处，采取增强连接处的刚度和延性（增加板厚不小于 150mm，板双层双向拉通钢筋，配筋率不小于 0.25%），考虑到设缝会增加防水困难，故一般不再设防震缝。

控制结构扭转：在考虑偶然偏心影响的规定水平地震作用作用下，楼层最大水平位移和层间位移与该楼层平均值之比：不宜大于 1.2，不应大于 1.5；位移比大于 1.2 时考虑双向地震作用。

由于地下一层顶板结构设下沉广场、冰球馆、游泳馆、篮球馆顶层楼板开大洞及平面细长，故计算时大洞口周边楼板及细长处楼板定义为弹性模板，同时加强板厚，使其不小于 150mm；板上层配筋双向拉通，配筋率不小于 0.25%；适当增加洞口周边楼板及细长板的刚度，增加洞口周边梁配筋。

柱纵筋最小配筋率：一级 1.2%，二级 1.0%。

2. 游泳馆预应力混凝土屋盖设计分析

游泳馆平面布置图见图 19.3-7。其中预应力混凝土大梁截面尺寸 700mm × 2500mm，竖向加腋 4000（长）mm × 1250（高）mm，计算跨度 $L_0 = 33.0$m。

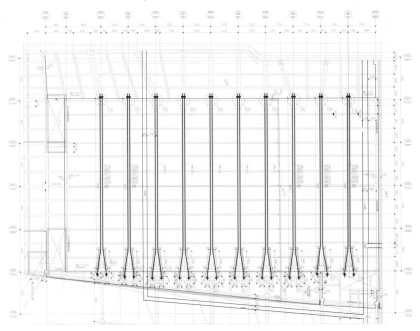

图 19.3-7 游泳馆平面布置图

混凝土强度等级为 C45，预应力筋采用ϕ^s15.2低松弛钢绞线，抗拉强度设计值 1320MPa；非预应力钢筋采用 HRB400 级钢筋，抗拉强度设计值 360MPa。现浇板厚为 160mm。

预应力混凝土框架梁轴力很大，刚性板不能算出梁轴力，故楼板必须采用弹性膜模拟。

预应力筋索形：本工程采用 2 排 2 列18ϕ^s15.2有粘结预应力钢绞线，极限强度标准值 1860N/mm^2，波纹管直径 100mm。预应力筋选择 4 段抛物线线型，反弯点位置取为 4050mm，约为0.123L_0；第 1 排钢绞线支座处距离梁顶面为 380mm，跨中处距离梁底面 440mm，曲线总矢高 1680mm；第 2 排钢绞线支座处距离梁顶面为 790mm，跨中处距离梁底面 220mm；曲线总矢高：1490mm。预应力筋曲线图见图 19.3-8。

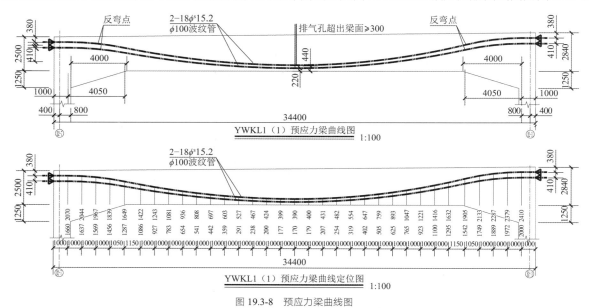

图 19.3-8　预应力梁曲线图

预应力混凝土框架梁跨度大于 30m，采用两端张拉以减少摩擦损失。本工程采用 YJM15-18 锚具。张拉端张拉节点示意图见图 19.3-9。游泳馆东侧张拉端锚固做法见图 19.3-10、图 19.3-11。预应力梁最终配筋图见图 19.3-12，游泳馆预应力梁建成效果见图 19.3-13。

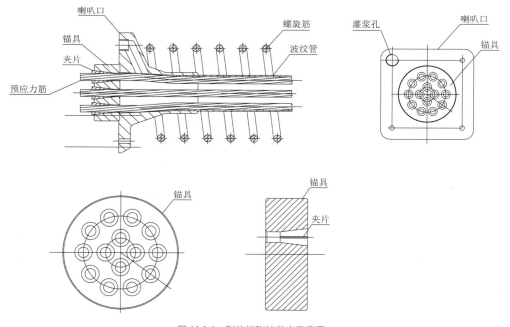

图 19.3-9　张拉端张拉节点示意图

经典回眸　中国建筑西北设计研究院有限公司篇

图 19.3-10 游泳馆东侧张拉端

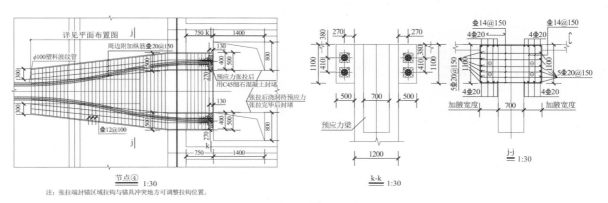

图 19.3-11 游泳馆东侧张拉端采用梁宽加腋构造

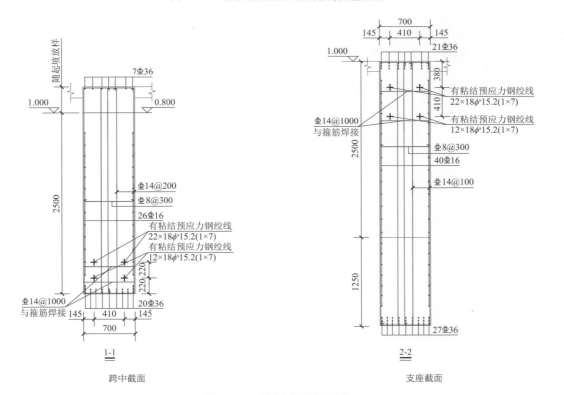

图 19.3-12 预应力混凝土梁配筋

图 19.3-13　游泳馆

3．冰球馆结构及双曲面屋盖设计分析

冰球馆为框架-剪力墙结构，地下 1 层，地上 3 层。屋盖东侧柱顶标高为 3.000～8.910m，其余 3 边柱顶标高为 3.000m，剖面见图 19.3-14。同时地下室顶板楼板中部开大洞，楼板有效宽度小于该层典型宽度的 50%，属于平面不规则结构，平面布置见图 19.3-15。针对柱顶标高高差较大，在柱顶标高沿南北方向设框架梁协调南北向柱顶变形，同时柱顶与钢结构屋盖采用铰接支座，可以部分协调柱顶在东西向的变形。设计时柱采取性能化设计，设计性能目标：中震抗剪弹性，抗弯不屈服。屋盖四周框架柱采取型钢混凝土柱，经性能化设计满足性能目标。

楼板结构体系是传递竖向荷载和水平荷载的重要组成部分。竖向荷载主要通过板传递给楼面梁，再通过楼面梁传递给剪力墙和柱，并向基础传递；在地震过程中，楼板是使得结构变形协调、发挥结构空间整体性能的重要构件。楼板中部开大洞导致楼板不连续，为保证楼板在多遇地震作用下能有效地传递竖向荷载和水平荷载，采取加强洞口周边板厚，板厚不小于 200mm，双层双向配筋等。图 19.3-15 中阴影区域剪力墙较少，为与周边抗侧力体系协调，楼板厚度增加到 250mm。主体结构计算时，洞口周围楼板按弹性膜计算。

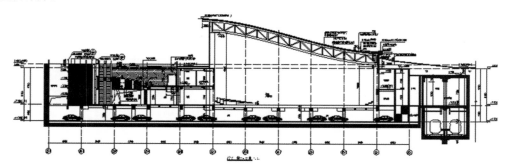

图 19.3-14　冰球馆剖面图

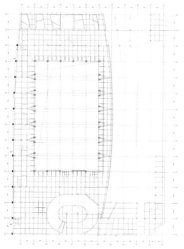

图 19.3-15　冰球馆平面图

冰球馆屋盖采用空间钢桁架双曲屋面结构，平面投影尺寸 42m × 73.5m。整个屋盖体系主结构由东西向 6 榀空间主桁架以及 2 榀单榀主桁架构成，主桁架之间采用单榀次桁架及屋面次梁连接构成整个屋盖结构，见图 19.3-16。结构主桁架、次桁架以及次梁均采用 H 型钢，主桁架上下弦杆采用 H500 × 300 × 18 × 24 型钢，其余腹杆及次桁架、钢梁杆件截面根据实际受力情况，采用截面高度为 200～600mm 的 H 型钢。桁架高度 2.4m，跨度 42m。屋面东侧最高点出地面高度 20.37m，西侧与室外地面平齐，南北两侧高出室外覆土面 1.5m，见图 19.3-14。

图 19.3-16　冰球馆屋盖模型

本工程钢结构屋盖采用 3D3S 程序建立模型，控制其变形、稳定、杆件应力。计算结果满足要求后导入 YJK 模型空间结构，空间结构与 YJK 下部模型采用连接单元连接，用于模拟与下部型钢混凝土柱的铰接，整体分析。柱顶采用铰接钢支座（图 19.3-17）可以很好地满足设计计算假定，设计时将主要杆件的应力比指标控制在 0.80 以下，详细的杆件应力比如图 19.3-18 所示，同时控制好整体桁架变形，主桁架最大挠度与其跨度之比为 1/485，均满足规范要求。设计图纸对支座反力提出要求，见表 19.3-3。冰球馆建设实景照片见图 19.3-19。

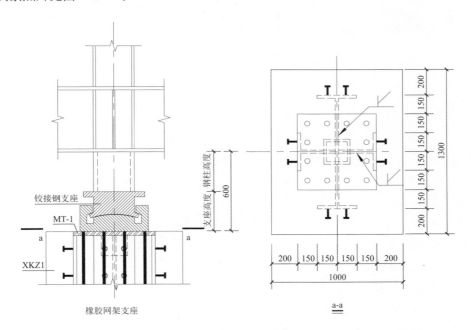

图 19.3-17　支座做法

结构支座最大反力及支座位移 　　　　　　　　　　　　　　　　　　表 19.3-3

支座编号	支座类型	压力/kN	水平力/kN
ZZ-1	橡胶网架支座	2000	2500
ZZ-2	橡胶网架支座	2000	1800
ZZ-3	橡胶网架支座	1500	1300
ZZ-4	橡胶网架支座	1000	600

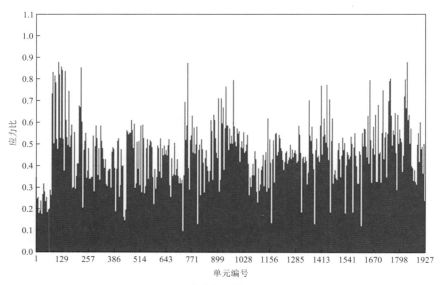

图 19.3-18　冰球馆屋盖杆件应力比统计

图 19.3-19　冰球馆实景

19.4　结语

西安幸福林带项目设计时是全球最大的地下空间建筑之一，建筑功能复杂。幸福林带作为城市绿肺，融市政道路、地下空间、综合管廊、地铁配套为一体的城市综合开发利用项目，更好地综合利用地下空间对于实现城市功能，实现韧性城市发展至关重要。

在结构设计过程中，为使结构设计安全、经济、合理，主要思考了以下几方面的问题：

（1）地下空间形态复杂，大型场馆功能多样。根据不同的建筑功能跨度、屋面形状、屋面覆土厚度以及屋盖造型，采取不同的结构方案，并通过多种方案综合对比，选择相对合理的结构方案，使屋盖结构设计做到安全、经济、合理。

（2）幸福林带为超长结构。幸福林带全长 5.85km，综合考虑分成 6 大段，各段再划分为 2～3 段的超长结构，减少结构长度；考虑温度作用，设后浇带、加强配筋；采取合理的技术措施应对混凝土收缩及温度作用，可以避免出现混凝土裂缝，实现较好的使用和耐久性要求。

（3）幸福林带全长有多个地裂缝穿越场地。地裂缝是一种独特的城市地质灾害，通过调查分析准确确定地裂缝的位置，采取合理的避让，一定要穿越时，采取适当措施以适应地裂缝两侧不同的变形，满足建筑使用功能要求。

（4）市政、管廊、地铁与地下空间同槽施工。对于林带地下空间与市政、管廊、地铁之间的衔接，进行多方面综合比较，最终确定三者完全脱开，形成各自独立的结构体系。施工设计尽量互不干扰，保障了施工进度、安全施工，解决了沉降、振动、功能衔接问题。

本设计很好地解决了结构超长的地铁、管廊、地下空间建筑同槽施工，多条地裂缝跨越等问题。从基础设计到上部结构布置，进行了多方案的综合比较分析，以求最佳的结构方案，特别是对双曲大跨重屋面的冰球馆、篮球羽毛球馆，采用不同的结构形式很好地满足建筑功能及景观要求，做到最佳的结构方案与建筑的统一。幸福林带项目是城市地下空间综合利用开发的一个成功案例。

设计团队

项目负责人：赵元超、刘　斌、乔　欣、辛　伟

结构设计团队：唐旭阳、彭麟燕、段小东、荆　罡、薛　雷、张生涛、邬培文、何靖华、庞　翊、王洪臣、任同瑞

获奖信息

2022年度陕西省优秀工程勘察设计奖一等奖